高等职业教育系列教材

AutoCAD 2018 机械产品辅助设计案例教程

主　编　李会文　冯光林
副主编　皮云云
参　编　严健荣　罗志强

机 械 工 业 出 版 社

本书以 AutoCAD 2018 中文版应用软件为基础操作平台，以典型的工程案例应用为主线，有针对性地介绍了使用该软件进行机械产品设计及绘图的方法和技巧。全书共 9 章，主要内容包括 A4 样板图绘制案例、一般平面图形绘制案例、复杂平面图形绘制案例、零件三视图绘制案例、二维装配图绘制案例、一般零件三维建模案例、复杂零件的三维设计与装配案例、图形转换案例和 AutoCAD 应用常见问题处理等内容。本书安排了大量工程实例帮助学生熟练掌握各种机械产品设计及绘图的方法和技巧。

本书可作为大专院校、高职高专院校的专业课程教材，也可作为培训机构和广大工程技术人员的参考用书。

本书配有授课电子课件、案例源文件、习题答案、操作视频等资源，需要的教师可登录机械工业出版社教育服务网 www. cmpedu. com 免费注册后下载。

图书在版编目（CIP）数据

AutoCAD 2018 机械产品辅助设计案例教程/李会文，冯光林主编．—北京：机械工业出版社，2019. 1（2025. 1 重印）
高等职业教育系列教材
ISBN 978-7-111-61648-1

Ⅰ. ①A…　Ⅱ. ①李…　②冯…　Ⅲ. ①机械设计—计算机辅助设计—AutoCAD 软件—高等职业教育—教材　Ⅳ. ①TH122

中国版本图书馆 CIP 数据核字（2018）第 286837 号

机械工业出版社（北京市百万庄大街 22 号　邮政编码 100037）
策划编辑：曹帅鹏　责任编辑：曹帅鹏
责任校对：张　薇　责任印制：常天培
北京机工印刷厂有限公司印刷
2025 年 1 月第 1 版第 4 次印刷
184mm×260mm · 18. 5 印张 · 449 千字
标准书号：ISBN 978-7-111-61648-1
定价：55. 00 元

电话服务	网络服务
客服电话：010-88361066	机　工　官　网：www. cmpbook. com
010-88379833	机　工　官　博：weibo. com/cmp1952
010-68326294	金　　书　　网：www. golden-book. com
封底无防伪标均为盗版	机工教育服务网：www. cmpedu. com

出 版 说 明

《国家职业教育改革实施方案》（又称“职教20条”）指出：到2022年，职业院校教学条件基本达标，一大批普通本科高等学校向应用型转变，建设50所高水平高等职业学校和150个骨干专业（群）；建成覆盖大部分行业领域、具有国际先进水平的中国职业教育标准体系；从2019年开始，在职业院校、应用型本科高校启动“学历证书+若干职业技能等级证书”制度试点（即1+X证书制度试点）工作。在此背景下，机械工业出版社组织国内80余所职业院校（其中大部分院校入选“双高”计划）的院校领导和骨干教师展开专业和课程建设研讨，以适应新时代职业教育发展要求和教学需求为目标，规划并出版了“高等职业教育系列教材”丛书。

该系列教材以岗位需求为导向，涵盖计算机、电子、自动化和机电等专业，由院校和企业合作开发，多由具有丰富教学经验和实践经验的“双师型”教师编写，并邀请专家审定大纲和审读书稿，致力于打造充分适应新时代职业教育教学模式、满足职业院校教学改革和专业建设需求、体现工学结合特点的精品化教材。

归纳起来，本系列教材具有以下特点：

1）充分体现规划性和系统性。系列教材由机械工业出版社发起，定期组织相关领域专家、院校领导、骨干教师和企业代表召开编委会年会和专业研讨会，在研究专业和课程建设的基础上，规划教材选题，审定教材大纲，组织人员编写，并经专家审核后出版。整个教材开发过程以质量为先，严谨高效，为建立高质量、高水平的专业教材体系奠定了基础。

2）工学结合，围绕学生职业技能设计教材内容和编写形式。基础课程教材在保持扎实理论基础的同时，增加实训、习题、知识拓展以及立体化配套资源；专业课程教材突出理论和实践相统一，注重以企业真实生产项目、典型工作任务、案例等为载体组织教学单元，采用项目导向、任务驱动等编写模式，强调实践性。

3）教材内容科学先进，教材编排展现力强。系列教材紧随技术和经济的发展而更新，及时将新知识、新技术、新工艺和新案例等引入教材；同时注重吸收最新的教学理念，并积极支持新专业的教材建设。教材编排注重图、文、表并茂，生动活泼，形式新颖；名称、名词、术语等均符合国家标准和规范。

4）注重立体化资源建设。系列教材针对部分课程特点，力求通过随书二维码等形式，将教学视频、仿真动画、案例拓展、习题试卷及解答等教学资源融入到教材中，使学生的学习课上课下相结合，为高素质技能型人才的培养提供更多的教学手段。

由于我国高等职业教育改革和发展的速度很快，加之我们的水平和经验有限，因此在教材的编写和出版过程中难免出现疏漏。恳请使用本系列教材的师生及时向我们反馈相关信息，以利于我们今后不断提高教材的出版质量，为广大师生提供更多、更适用的教材。

机械工业出版社

前　言

随着计算机技术的飞速发展和迅速普及，AutoCAD 被广泛应用于机械、建筑、家装等诸多领域，成为广大工程技术人员的必备工具。AutoCAD 2018 引入了全新功能，能灵活地完成机械产品概念和细节设计。

本书为满足机械类专业学生的设计需求，适应产业、行业对职业岗位的新要求，以实际应用为目标，以企业实际工程案例为载体组织内容，有针对性地介绍了 AutoCAD 2018 软件在二维绘图和三维设计等方面的基础知识与应用技巧，注重在实践中培养技艺与才能。

本书为体现“工学结合”内涵，强化校企合作共同开发，在内容上做出了相应的调整和创新。最大程度地将职业精神和职业能力高度融合和多元统一，贯彻党的二十大提出的悉心育才、守正创新，以培育造就大国工匠、高技能人才为目标，着力夯实创新发展人才基础。本书的内容不仅满足 1+X 职业技能等级证书（机械产品三维模型设计）考证学生的需求，而且尽量满足职业院校课证融通的教学需求，充分贯彻“立德树人、德技兼修、行动与成果导向、以学生为中心”的理念。

本书具有如下主要特点。

1）本书以 AutoCAD 2018 中文版软件为基础，重点介绍该软件在机械图样绘制及机械产品辅助设计方面的具体运用。

2）本书在内容安排上循序渐进，内容设置由浅入深、环环相扣、紧密相连，学生每一阶段要达到的学习目的很明确。

3）本书内容安排的重心体现在其实用性上，书中所有案例全部源于工程实际，并融入新知识、新技术、新规范、新案例，读者可通过学习、应用达到提高机械产品辅助设计能力的目的。

4）本书内容采用项目式编排方式，并以典型的工程案例为各章的切入点引出章节内容，有利于引导学生自主学习，贯彻了现代职业教育“以学生为主体、教师为主导”的教学理念。

5）本书第 1~8 章的“熟能生巧”部分旨在针对本章内容，辅以大量的工程实例来促进学生的学习，并达到熟练掌握、精益求精的程度。

6）本书第 9 章总结了学生在学习过程中可能遇到的问题及解决方法，有助于学生高效自学。

7）书中对应章节有视频教学资源，读者可扫描二维码进行参考和学习，还可以在智慧职教平台完成课程的学习。

参加本书编写的有顺德职业技术学院李会文（第 1、7、8 章）、冯光林（第 3、4 章）、皮云云（第 5、6 章）、严健荣（第 2、9 章）。罗志强整理了每章“熟能生巧”部分的习题。

本书在编写过程中得到了黄劲枝教授等同事的悉心指导和帮助，在此谨致衷心感谢。

鉴于编者水平有限，书中不足之处难免，恳请各位读者提出宝贵意见和建议，以便我们进一步提高和改进。

编　者

二维码资源索引

目　录

第 1 章

A4 样板图绘制案例

知识目标	◆ 熟悉 AutoCAD 2018 软件各常用工具的应用及基本功能 ◆ 了解国家标准在图样中的应用
能力目标	◆ 能对绘图环境进行正确设置 ◆ 能正确输入坐标参数 ◆ 能掌握管理图形文件的方法
素质目标	◆ 培养工程软件的应用能力 ◆ 培养规范、良好的工作态度
推荐学时	4 学时

1.1 典型工程案例——A4 样板图

A4 样板图如图 1-1 所示。

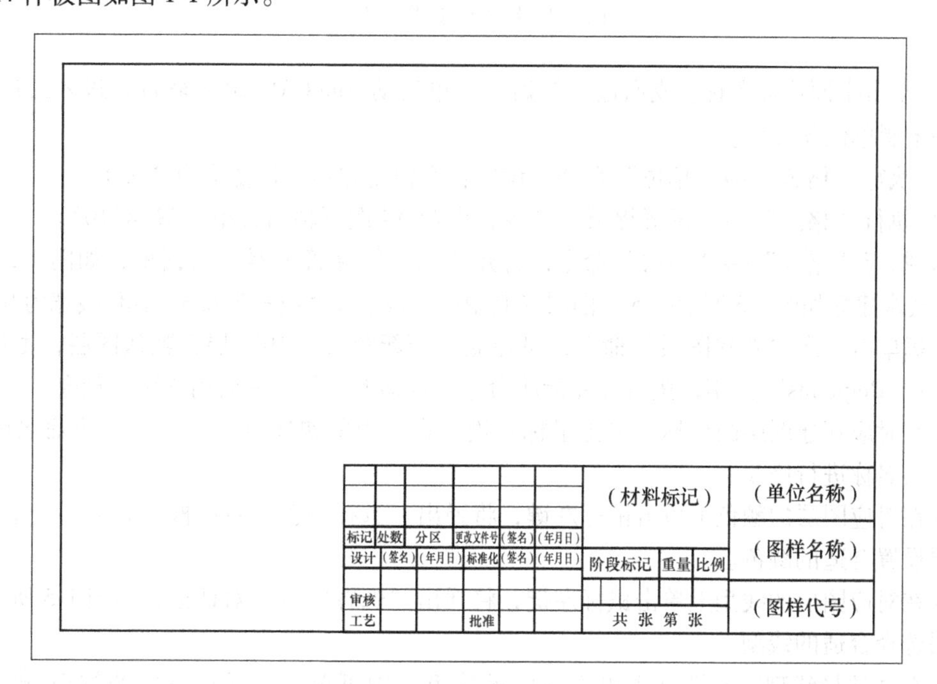

图 1-1 A4 样板图

该案例主要用于将设计方案或绘制的零件图形用国家标准规定或规范的图样形式表达出来。它是用户将设计思想转化为成果并成为用于交流的技术文件时所必需的组成部分。通过对样板图的绘制，使用户了解 AutoCAD 2018 软件界面的组成、菜单的操作方法，掌握绘图的基本功能以及管理图形文件、设置绘图环境的方法和技巧等。

绘制好样板图，在后续的工程设计中可反复地调用，从而大大提高绘图、设计效率。

1.2 案例解析

依据《机械制图国家标准》，绘制如图 1-1 所示的 A4 幅面和不留装订边的图框及如图 1-2 所示的标题栏，并保存为样板文件，其文件名为“A4 样板图”。具体操作步骤如下：

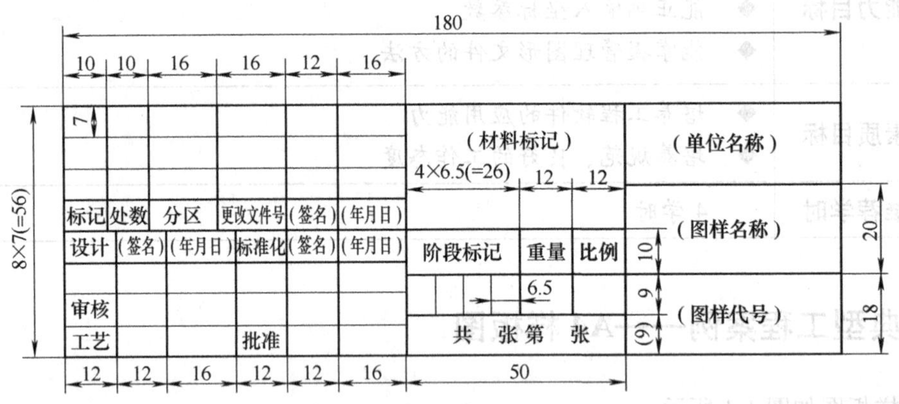

图 1-2 标题栏格式及尺寸

1）双击桌面快捷图标或通过“开始”菜单启动 AutoCAD 2018 软件，进入工作界面，新建一米制单位新文件。

2）执行“格式”→“单位”命令，设置长度精度和角度精度均为“0.0”。

3）执行“格式”→“图形界限”命令，设置 A4 图纸幅面大小（297×210）。

4）执行“格式”→“图层”命令，打开“图层特性管理器”对话框，如图 1-3 所示。按下述要求建立如图 1-3 所示的 5 个图层（其中粗实线层线宽设置为 0.3，其他线宽为 0.15）。

①每单击一次“新建图层”命令，可建立一个新图层。“0”层为默认图层，由系统自动建立；“Defpoints”是用户执行尺寸标注命令时自动增加的，一般用户可不理会。

②在对应新建图层的名称上单击鼠标右键，在弹出的快捷菜单中选择“重命名图层”，可对图层名称进行修改。

③在对应图层的颜色上单击鼠标左键，将弹出“选择颜色”对话框，如图 1-4 所示，可为图层设置合适的颜色。

④在对应图层的线型上单击鼠标左键，将弹出“选择线型”对话框，如图 1-5 所示，可为图层选择合适的线型。

如在“选择线型”对话框中没有所需的线型，则可单击对话框下方的按钮 加载(L)...。弹出如图 1-6 所示的“加载或重载线型”对话框，移动右侧的上下游标，选择所需的线型，

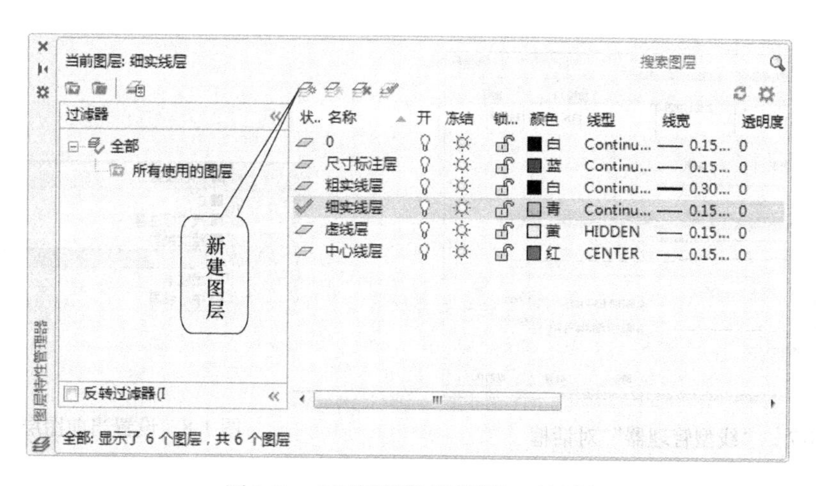

图 1-3 “图层特性管理器”对话框

再单击“确定”按钮退出。

☞**提示：**

在绘图过程中，常发现点画线或虚线之间的间隔太小或太大，使得用户看不到线的形状或与实线混淆，可用修改线型比例改变其外观。

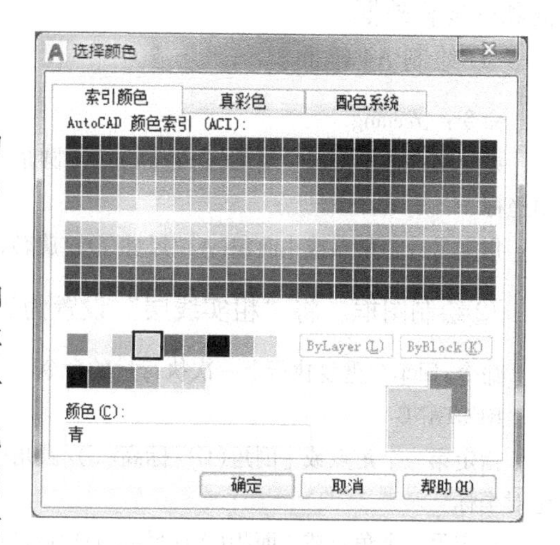

图 1-4 “选择颜色”对话框

执行“格式”→“线型…”命令，出现如图 1-7 所示的“线型管理器”对话框。选择需要改变比例的线型，再单击按钮“显示细节 (D)”，可在对话框的下方“详细信息”栏中设置线型的全局比例因子和当前对象缩放比例。其中“全局比例因子”是用来设置图形中所有线型的比例；“当前对象缩放比例”是用来设置选择框中高亮显示线型的比例。

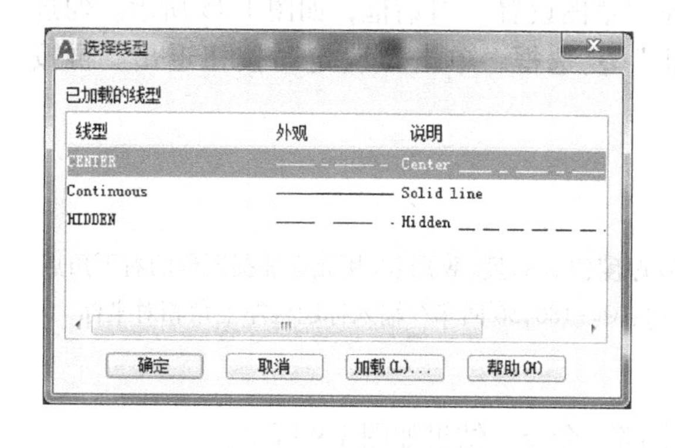

图 1-5 “选择线型”对话框

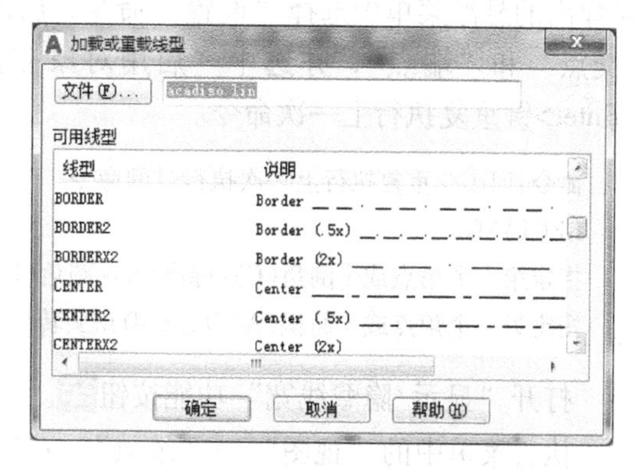

图 1-6 “加载或重载线型”对话框

5）单击“图层”工具栏下拉列表中的下箭头，选择“细实线层”，将“细实线层”设置为当前图层，如图 1-8 所示。

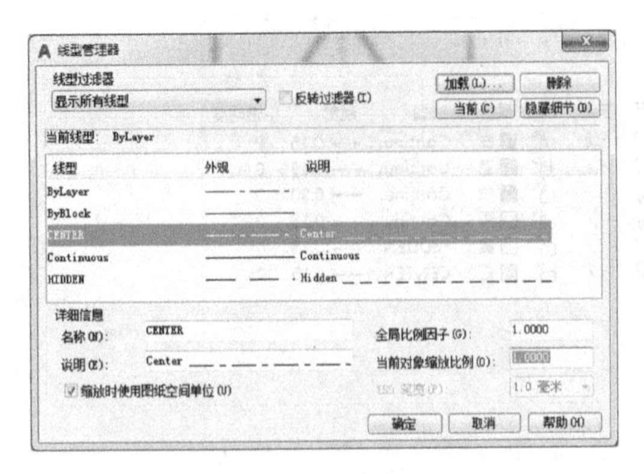

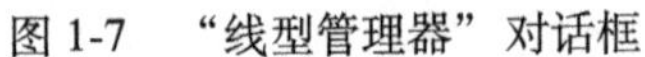

图 1-7 “线型管理器”对话框

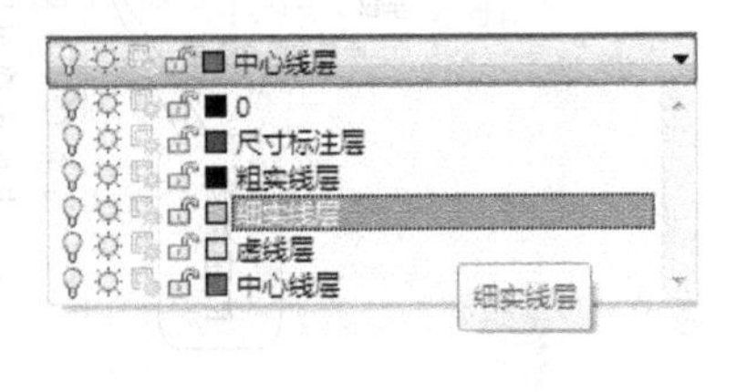

图 1-8 设置当前图层

6）单击“绘图”工具栏中的“矩形”命令按钮，绘制 A4 幅面、不留装订边的图框和标题栏外框。

① 绘制 A4 幅面。

命令：_rectang

指定第一个角点或［倒角(C)/标高(E)/圆角(F)/厚度(T)/宽度(W)］：0,0 回车//输入 A4 幅面左下角坐标

指定另一个角点或［面积(A)/尺寸(D)/旋转(R)］：297,210 回车//输入 A4 幅面右上角坐标

②绘制图框。将“粗实线层”设置为当前图层。按<Enter>键重复执行上一次命令。

命令：回车//重复执行上一次执行过的命令

RECTANG

指定第一个角点或［倒角(C)/标高(E)/圆角(F)/厚度(T)/宽度(W)］：10,10 回车//输入图框左下角绝对坐标

指定另一个角点或［面积(A)/尺寸(D)/旋转(R)］：@277,190 回车//输入图框右上角的相对坐标

③绘制标题栏外框。在 AutoCAD 2018 软件的“对象捕捉”功能按钮上单击鼠标右键，在弹出的悬浮菜单中选择“设置”命令，出现“草图设置”对话框，如图 1-45 所示。勾选“交点”和“端点”，并选中“启用对象捕捉”复选框，单击“确定”按钮退出。再按<Enter>键重复执行上一次命令。

命令：回车//重复执行上一次执行过的命令

RECTANG

指定第一个角点或［倒角(C)/标高(E)/圆角(F)/厚度(T)/宽度(W)］：//用光标捕捉图框的右下角点

指定另一个角点或［面积(A)/尺寸(D)/旋转(R)］：@-180,56 回车//输入标题栏左上角相对坐标

打开“显示/隐藏线宽”功能按钮。

执行菜单中的“视图”→“缩放”→“全部”命令，结果如图 1-9 所示。

7）单击“修改”工具栏中的“分解”命令按钮，将标题栏外框分解为 4 条线段。

命令：_explode

选择对象：找到 1 个//在标题栏外框上任意位置单击

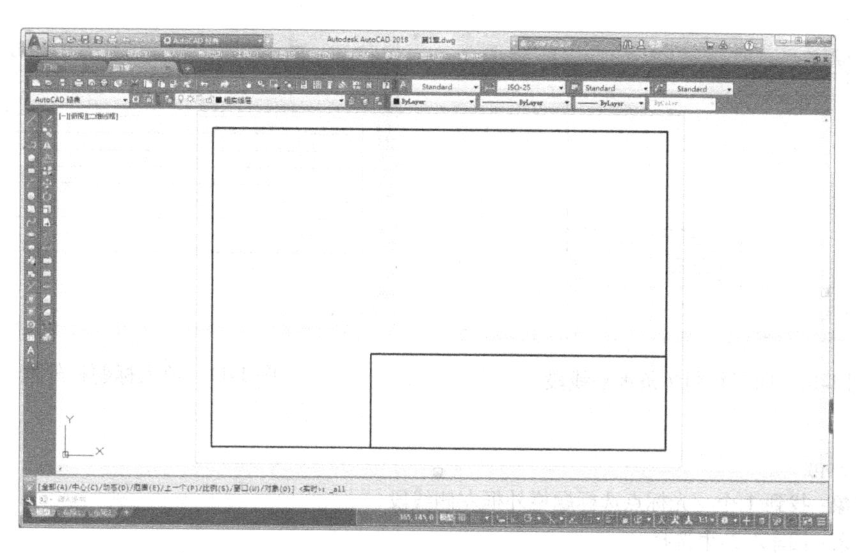

图 1-9　绘制并显示 A4 幅面、图框及标题栏外框

选择对象:回车//退出命令

8）启用功能按钮中的“正交模式”。单击“修改”工具栏中的“复制”命令按钮，将标题栏外框最上方的线段向下复制 7 条水平线段到 7、14、21、28、35、42、49 处，操作步骤如下：

命令：_copy
选择对象：找到 1 个//光标点选标题栏外框最上方的线段
选择对象:回车//结束选择
当前设置：　复制模式 = 多个
指定基点或 [位移(D)/模式(O)] <位移>://光标捕捉线段的左端点,并将光标向正下方拉出要复制对象的方向
指定第二个点或 <使用第一个点作为位移>：　<正交 开> 7 回车
指定第二个点或 [退出(E)/放弃(U)] <退出>:14 回车
指定第二个点或 [退出(E)/放弃(U)] <退出>:21 回车
指定第二个点或 [退出(E)/放弃(U)] <退出>:28 回车
指定第二个点或 [退出(E)/放弃(U)] <退出>:35 回车
指定第二个点或 [退出(E)/放弃(U)] <退出>:42 回车
指定第二个点或 [退出(E)/放弃(U)] <退出>:49 回车
指定第二个点或 [退出(E)/放弃(U)] <退出>:回车//退出命令

显示结果如图 1-10 所示。

9）执行菜单“视图”→“缩放”→“窗口”命令或单击“标准”工具栏中的“窗口缩放”命令，运用光标拉出矩形框，框住标题栏的外框，使标题栏外框尽量完整地显示在屏幕可见区域，以便下一步操作。结果如图 1-11 所示。

10）将标题栏左侧线段向右复制 6 条竖直线段到 52、64、80、106、118、130 处，操作步骤如下：

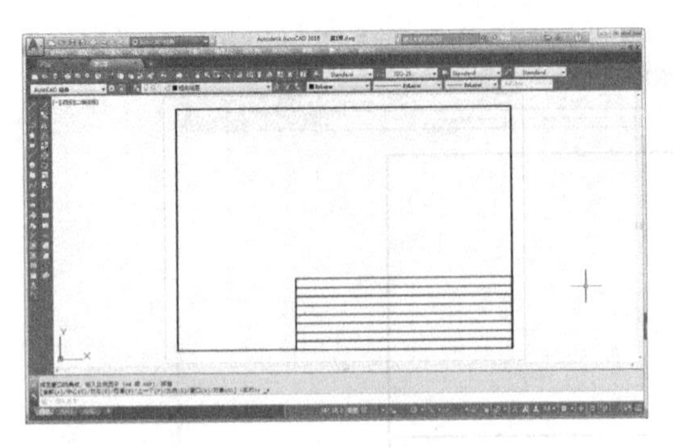
图 1-10 向下复制 7 条水平线段

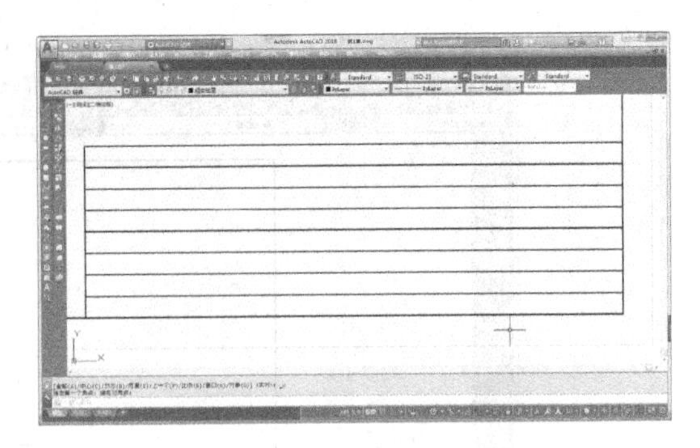
图 1-11 放大标题栏外框

命令：_copy

选择对象：找到 1 个//光标点选标题栏外框左侧线段

选择对象：回车//结束选择

当前设置： 复制模式 = 多个

指定基点或［位移(D)/模式(O)］<位移>：//光标捕捉标题栏外框左侧线段的上端点，并将光标向正右方拉出要复制对象的方向

指定第二个点或 <使用第一个点作为位移>：52 回车

指定第二个点或［退出(E)/放弃(U)］<退出>:64 回车

指定第二个点或［退出(E)/放弃(U)］<退出>:80 回车

指定第二个点或［退出(E)/放弃(U)］<退出>:106 回车

指定第二个点或［退出(E)/放弃(U)］<退出>:118 回车

指定第二个点或［退出(E)/放弃(U)］<退出>:130 回车

指定第二个点或［退出(E)/放弃(U)］<退出>:回车//退出命令

显示结果如图 1-12 所示。

11）单击“修改”工具栏中的“修剪”命令按钮 ，将水平方向多余线段去除。操作步骤如下：

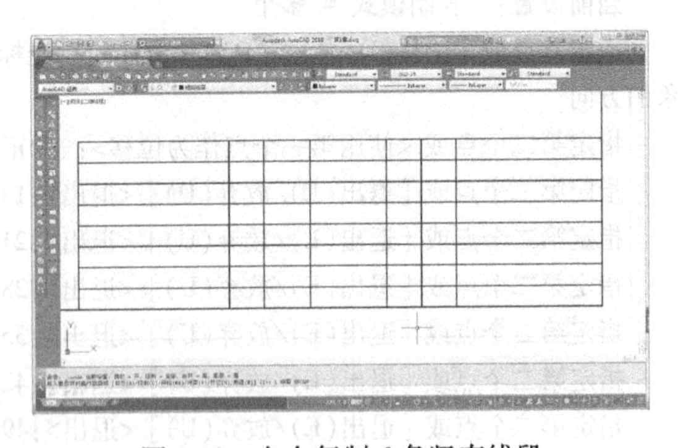
图 1-12 向右复制 6 条竖直线段

命令：_trim

当前设置:投影=UCS,边=无

选择剪切边...

选择对象或 <全部选择>： 找到 1 个//点选 80 处竖直线段为剪切边界

选择对象：回车

选择要修剪的对象,或按住<Shift>键选择要延伸的对象,或［栏选(F)/窗交(C)/投影(P)/边(E)/删除(R)/放弃(U)］://选择剪切距离标题栏上方为 7 的水平线段

选择要修剪的对象,或按住<Shift>键选择要延伸的对象,或［栏选(F)/窗交(C)/投影(P)/边(E)/删除(R)/放弃(U)］://选择剪切距离标题栏上方为 14 的水平线段

选择要修剪的对象,或按住<Shift>键选择要延伸的对象,或［栏选(F)/窗交(C)/投影(P)/边(E)/删除(R)/放弃(U)］：//选择剪切距离标题栏上方为 21 的水平线段

选择要修剪的对象,或按住<Shift>键选择要延伸的对象,或［栏选(F)/窗交(C)/投影(P)/边(E)/删除

(R)/放弃(U)]://选择剪切距离标题栏上方为35的水平线段

选择要修剪的对象,或按住<Shift>键选择要延伸的对象,或[栏选(F)/窗交(C)/投影(P)/边(E)/删除(R)/放弃(U)]://选择剪切距离标题栏上方为42的水平线段

选择要修剪的对象,或按住<Shift>键选择要延伸的对象,或[栏选(F)/窗交(C)/投影(P)/边(E)/删除(R)/放弃(U)]://选择剪切距离标题栏上方为49的水平线段

选择要修剪的对象,或按住<Shift>键选择要延伸的对象,或[栏选(F)/窗交(C)/投影(P)/边(E)/删除(R)/放弃(U)]://按<Esc>键退出

显示结果如图1-13所示。

12）直接按<Enter>键，重复执行剪切命令。将水平方向中间线段右侧剪切去除。操作步骤如下：

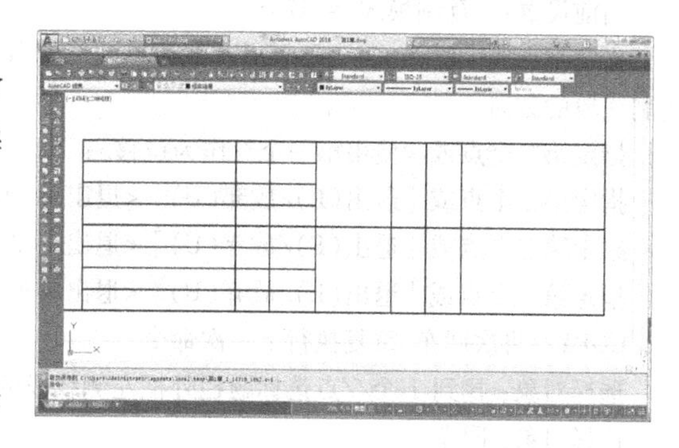

图1-13　修剪水平线段

命令:_trim

当前设置:投影=UCS,边=无

选择剪切边...

选择对象或 <全部选择>:　找到1个//点选标题栏内右侧第一条竖直线段作为剪切边界

选择对象:回车//结束选择

选择要修剪的对象,或按住<Shift>键选择要延伸的对象,或[栏选(F)/窗交(C)/投影(P)/边(E)/删除(R)/放弃(U)]://点选水平方向中间线段右侧

选择要修剪的对象,或按住<Shift>键选择要延伸的对象,或[栏选(F)/窗交(C)/投影(P)/边(E)/删除(R)/放弃(U)]://按<Esc>键退出

显示结果如图1-14所示。

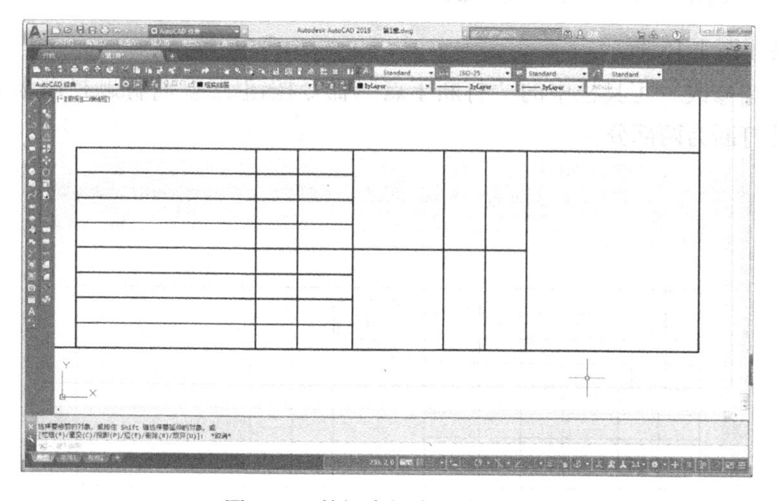

图1-14　剪切中间水平线段右侧

13）单击“修改”工具栏中的“打断于点”命令按钮。将标题栏外框左侧线段分为两部分。操作步骤如下：

命令:_break 选择对象://点选标题栏外框左侧线段

指定第二个打断点 或 [第一点(F)]:_f

指定第一个打断点://光标捕捉该线段的中点,将该线段分为两部分

指定第二个打断点: 回车//退出命令

14）将打断线段的上、下两部分分别按尺寸向右复制 3 条竖直线段。操作步骤如下:

命令: _copy

选择对象: 找到 1 个//点选标题栏外框左侧线段的上部分

选择对象: 回车//结束选择

当前设置: 复制模式 = 多个

指定基点或[位移(D)/模式(O)] <位移>://选取上端点为复制基点,在正交模式下由光标向右拉出需复制线段的方向

指定第二个点或 <使用第一个点作为位移>: 10

指定第二个点或[退出(E)/放弃(U)] <退出>: 20

指定第二个点或[退出(E)/放弃(U)] <退出>: 36

指定第二个点或[退出(E)/放弃(U)] <退出>:回车//退出

COPY//再次回车,重复执行上一次命令

选择对象: 找到 1 个//点选标题栏外框左侧线段的下部分

选择对象: 回车

当前设置: 复制模式 = 多个

指定基点或[位移(D)/模式(O)] <位移>://选取下端点为复制基点,在正交模式下由光标向右拉出需复制线段的方向

指定第二个点或 <使用第一个点作为位移>: 12

指定第二个点或[退出(E)/放弃(U)] <退出>:24

指定第二个点或[退出(E)/放弃(U)] <退出>:40

指定第二个点或[退出(E)/放弃(U)] <退出>:回车//退出

显示结果如图 1-15 所示。

15）单击“修改”工具栏中的“打断于点”命令按钮。将标题栏内水平线段在如图 1-15 中点 *A* 处打断为两部分。

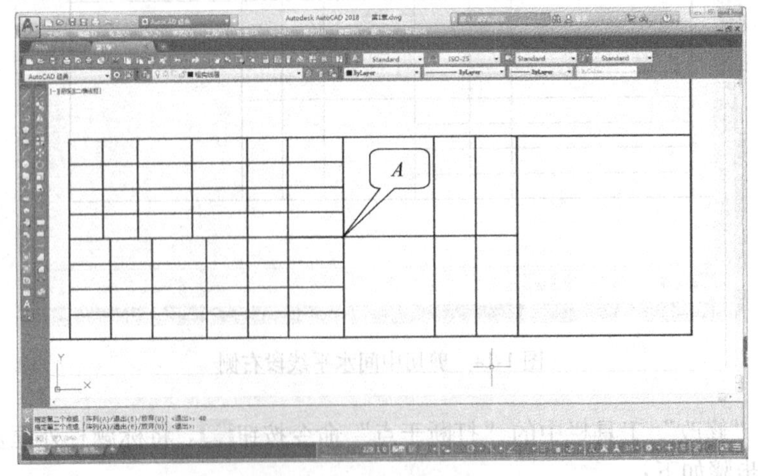

图 1-15 打断和复制对象

16）单击“修改”工具栏中的“偏移”命令按钮 。将 *A* 点右侧水平线段向下偏移 10、19。操作步骤如下：

命令：_offset
当前设置：删除源=否　图层=源　OFFSETGAPTYPE=0
指定偏移距离或［通过(T)/删除(E)/图层(L)］<通过>：10
选择要偏移的对象,或［退出(E)/放弃(U)］<退出>://选择 *A* 点右侧水平线段
指定要偏移的那一侧上的点,或［退出(E)/多个(M)/放弃(U)］<退出>://将光标置于线段下方任意位置单击
选择要偏移的对象,或［退出(E)/放弃(U)］<退出>:回车//退出
命令:回车//重复执行偏移命令
OFFSET
当前设置：删除源=否　图层=源　OFFSETGAPTYPE=0
指定偏移距离或［通过(T)/删除(E)/图层(L)］<10.0000>：19
选择要偏移的对象,或［退出(E)/放弃(U)］<退出>://选择 *A* 点右侧水平线段
指定要偏移的那一侧上的点,或［退出(E)/多个(M)/放弃(U)］<退出>://将光标置于线段下方任意位置单击
选择要偏移的对象,或［退出(E)/放弃(U)］<退出>:回车//退出

显示结果如图 1-16 所示。

17）执行“修剪”命令，将多余图线去除。操作步骤如下：

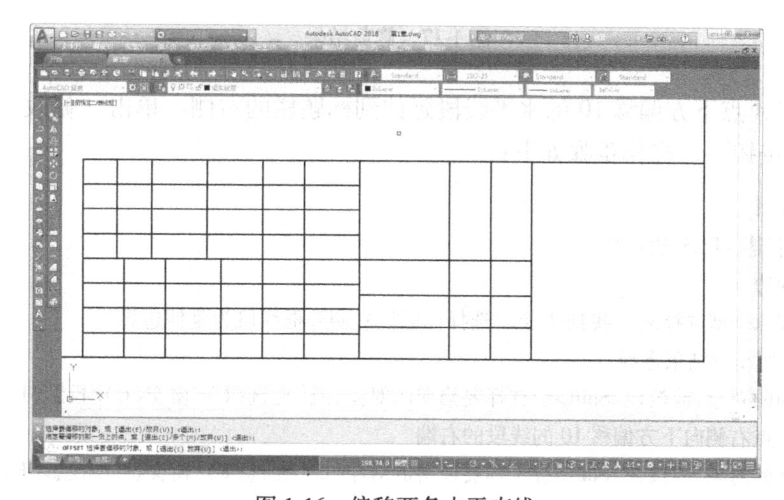

图 1-16　偏移两条水平直线

命令：_trim
当前设置:投影=UCS,边=无
选择剪切边...
选择对象或 <全部选择>：　找到 1 个//选择图 1-15 中 *A* 点右侧水平线段作为剪切边界
选择对象：找到 1 个,总计 2 个//选择 *A* 点下方偏移 19 的直线作为剪切边界
选择对象:回车//结束选择
选择要修剪的对象,或按住<Shift>键选择要延伸的对象,或［栏选(F)/窗交(C)/投影(P)/边(E)/删除

(R)/放弃(U)]: 指定对角点://交选 A 点右侧水平线段上方需修剪的两条竖直线段

选择要修剪的对象,或按住<Shift>键选择要延伸的对象,或[栏选(F)/窗交(C)/投影(P)/边(E)/删除(R)/放弃(U)]: 指定对角点://交选 A 点下方偏移 19 的直线下方需修剪的两条竖直线段

选择要修剪的对象,或按住<Shift>键选择要延伸的对象,或[栏选(F)/窗交(C)/投影(P)/边(E)/删除(R)/放弃(U)]:回车//退出

显示结果如图 1-17 所示。

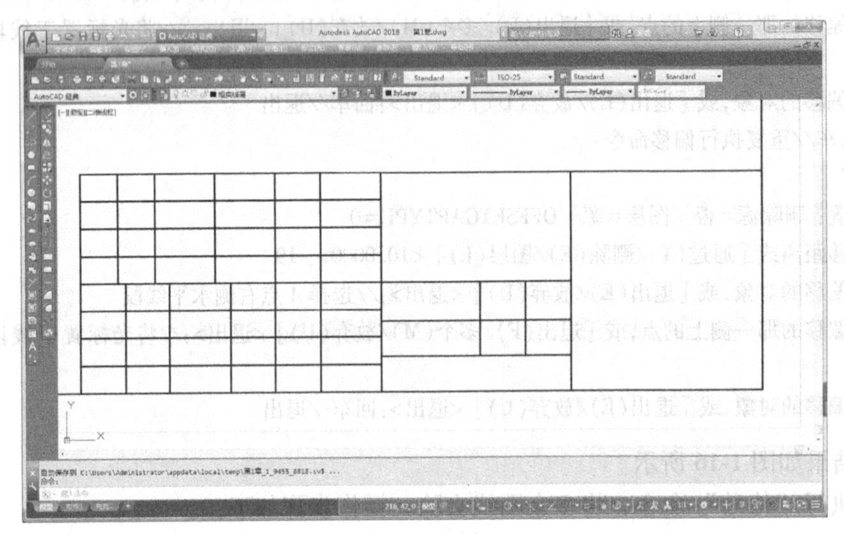

图 1-17 修剪结果

18）将向 A 点下方偏移 10 的水平线段延伸到标题栏的右侧。单击“修改”工具栏中的“延伸”命令按钮 。操作步骤如下：

命令：_extend

当前设置:投影=UCS,边=无

选择边界的边...

选择对象或 <全部选择>: 找到 1 个//选择标题栏右侧外框线段为延伸边界

选择对象: 回车//结束选择

选择要延伸的对象,或按住<Shift>键选择要修剪的对象,或[栏选(F)/窗交(C)/投影(P)/边(E)/放弃(U)]://单击 A 点右侧向下方偏移 10 的线段的右端

选择要延伸的对象,或按住<Shift>键选择要修剪的对象,或[栏选(F)/窗交(C)/投影(P)/边(E)/放弃(U)]:回车

显示结果如图 1-18 所示。

19）将上一步延伸部分的线段用“打断于点”命令 打断，再将延伸部分的线段向上偏移 20，结果如图 1-19 所示。

20）将竖直短线段在如图 1-19 所示的 B 点打断；关闭“正交模式”，并向左复制三条间距为 6.5 的线段。操作步骤如下：

命令：_break

选择对象://选择 B 点所在位置的竖直短线段

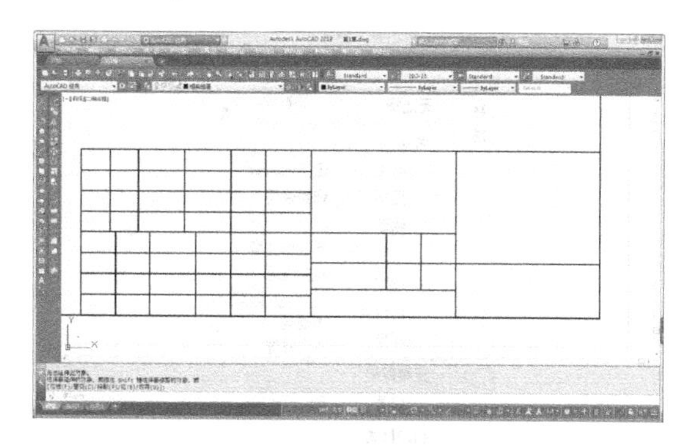

图 1-18 延伸结果

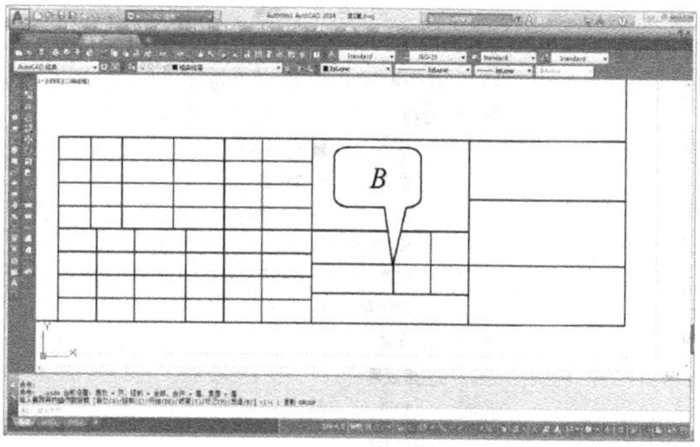

图 1-19 打断和偏移结果

指定第二个打断点 或 [第一点(F)]: _F

指定第一个打断点: <打开对象捕捉>//捕捉 *B* 点

指定第二个打断点: @//退出

命令: _copy

选择对象: 找到 1 个//选择 *B* 点下方的竖直线段

选择对象:回车//结束对象选择

当前设置: 复制模式 = 多个

指定基点或 [位移(D)/模式(O)] <位移>: 指定第二个点或 <使用第一个点作为位移>://捕捉 *B* 点下方的竖直线段的下端点

指定第二个点或 <使用第一个点作为位移>:@ -6.5,0//输入相对坐标

指定第二个点或 [退出(E)/放弃(U)] <退出>:@ -13,0//输入相对坐标

指定第二个点或 [退出(E)/放弃(U)] <退出>:@ -19.5,0//输入相对坐标

指定第二个点或 [退出(E)/放弃(U)] <退出>:回车//退出

其结果如图 1-20 所示。

21）点选如图 1-21 所示的夹持点显示的线段。

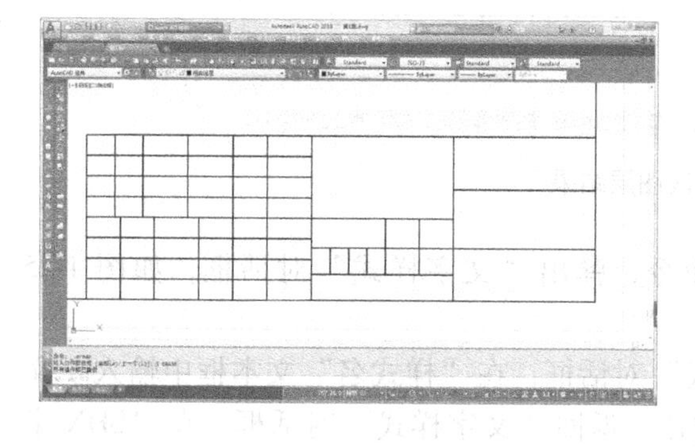

图 1-20 复制结果

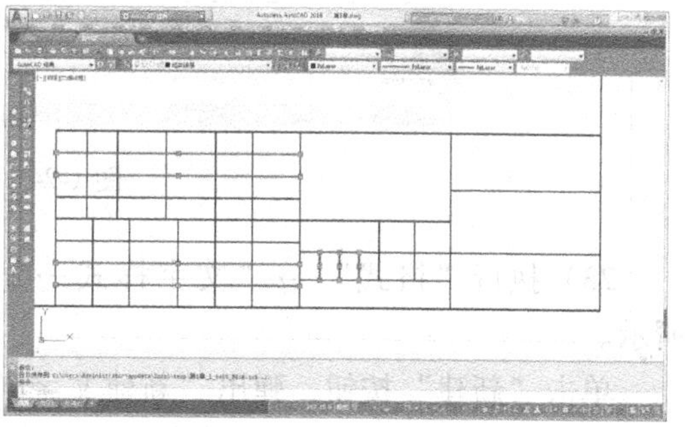

图 1-21 点选结果

22）单击“标准”工具栏的“特性”按钮，弹出如图 1-22 所示“特性”对话框。在该对话框中单击“粗实线层”，再单击右侧的下拉列表，选择“细实线层”。如图 1-23 所示，将所选的线段更改到“细实线层”，关闭“特性”对话框，结果如图 1-24 所示。

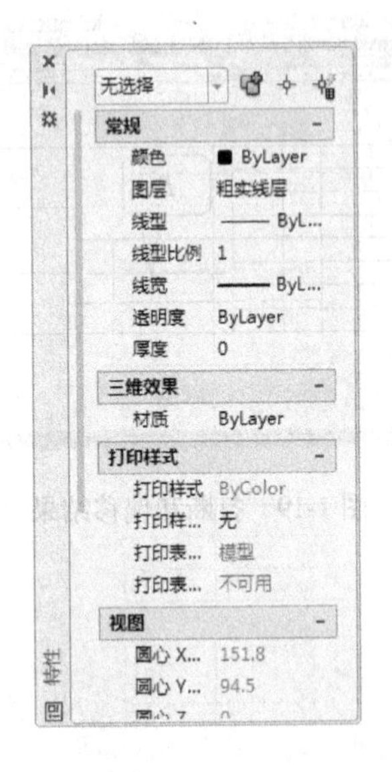

图 1-22 “特性”对话框

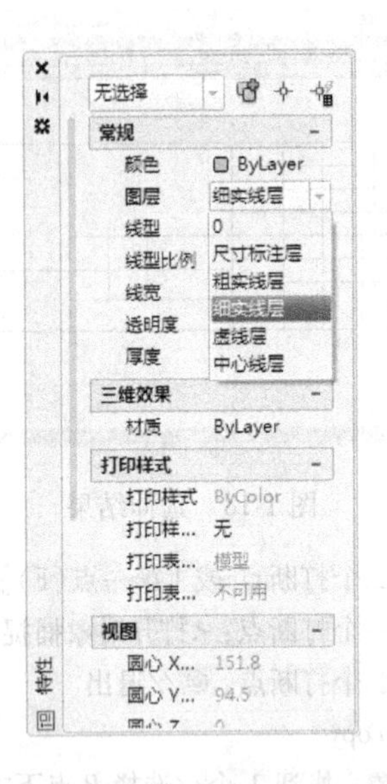

图 1-23 更改图层

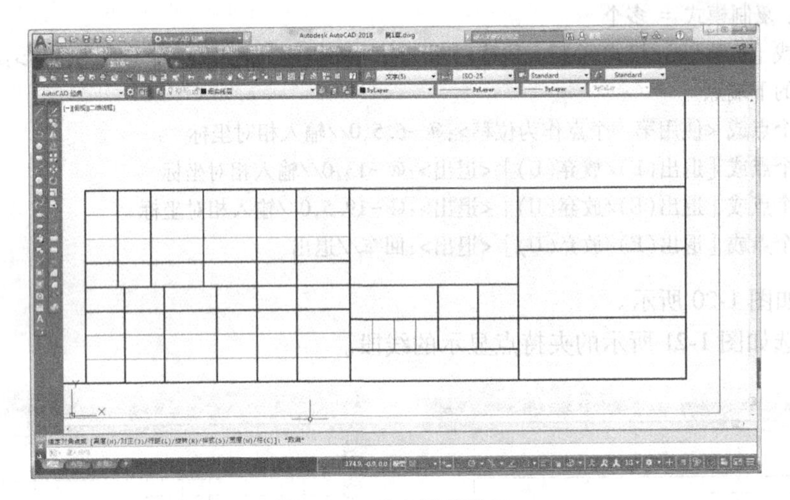

图 1-24 更改图层结果

23）执行“格式”→“文字样式…”命令，弹出“文字样式”对话框，如图 1-25 所示。

单击“新建”按钮，弹出“新建文字样式”对话框，在“样式名”文本框中输入“文字（5）”，如图 1-26 所示，单击“确定”按钮，返回“文字样式”对话框。在“SHX 字体”下拉列表中选择 gbeitc. shx 字体样式；选中“使用大字体”。在“大字体”下拉列表中选择 gbcbig. shx 字体样式，在“高度”文本框中输入文字高度“5”，在“宽度因子”文本框中输入“0. 7”。设置结果如图 1-27 所示。更改完参数后，先单击“应用”按钮，再单击“关闭”按钮。

24）单击“图层”工具栏下拉列表中的下拉箭头，选择“细实线层”为当前图层。执行“绘图”→“文字”→“多行文字”命令，或单击“绘图”工具栏“多行文字”命令按

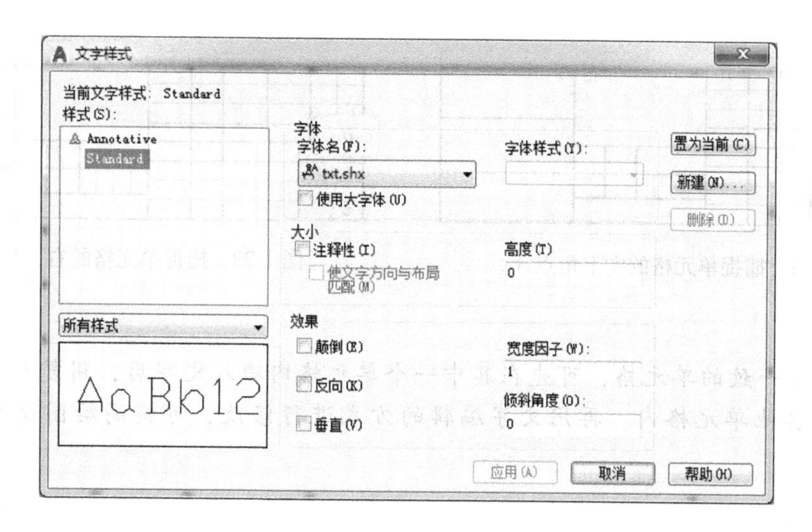

图 1-25　“文字样式”对话框

钮A，填写标题栏中的文字。操作步骤如下：

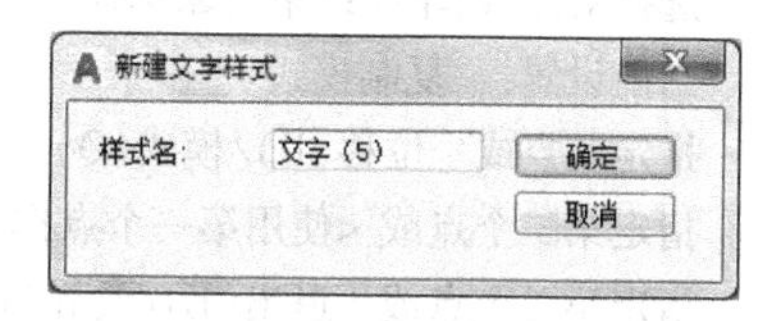

图 1-26　“新建文字样式”对话框

命令：

_mtext 当前文字样式："文字(5)" 文字高度：5　注释性：否

指定第一角点：//用光标指定文字填写区域的第一个角点，如图 1-28 所示的单元格左上角点 *A*

指定对角点或［高度(H)/对正(J)/行距(L)/旋转(R)/样式(S)/宽度(W)/栏(C)］：//用光标指定文字填写区域的第二个角点，如图 1-29 所示的单元格右下角点 *B*

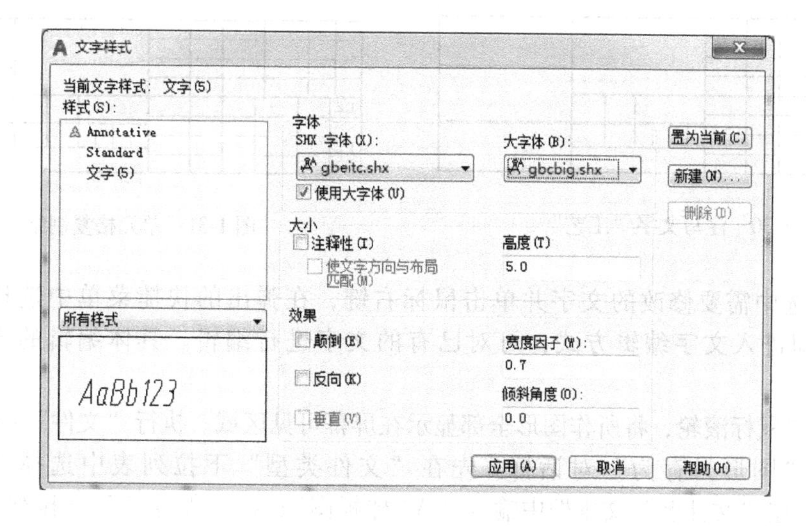

图 1-27　新建文字样式

系统弹出“多行文字编辑器”对话框。在带标尺的文本框中单击鼠标右键，在弹出的快捷菜单中选择段落对齐方式为“居中”。然后在文本框中输入“工艺”（建议两文字之间空一格）。最后单击“确定”按钮退出，结果如图 1-30 所示。用同样的方法注写标题栏内其他文字。

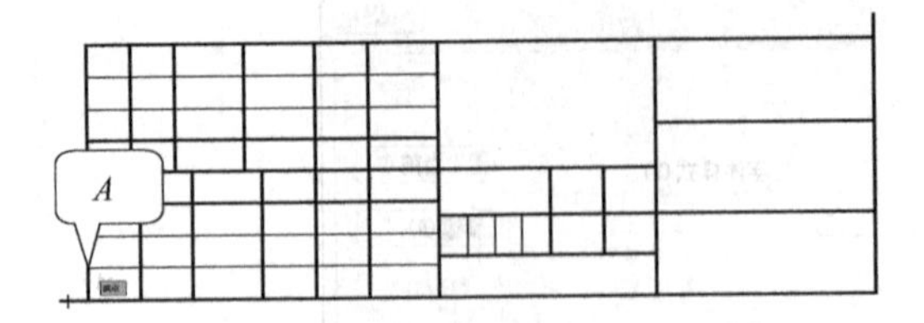

图 1-28　捕捉单元格的左上角点 A

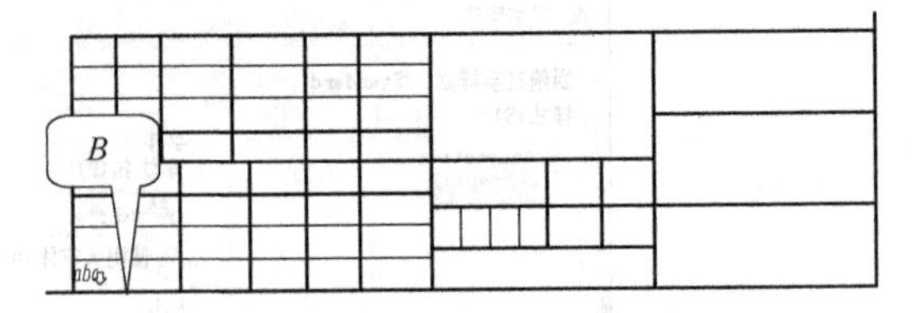

图 1-29　捕捉单元格的右下角点 B

☞**技巧：**

对于宽度一致的单元格，可先在其中一个单元格内输入文字后，用复制的方法，将文字复制到其他单元格内。再用文字编辑的方式进行修改，可提高绘图速度。操作步骤如下。

命令：_copy

选择对象：找到 1 个//选择文字“工艺”为复制对象

选择对象：回车//结束对象选择

当前设置：　复制模式 = 多个

指定基点或［位移(D)/模式(O)］<位移>：//捕捉“工艺”单元格的左下角点

指定第二个点或 <使用第一个点作为位移>：//捕捉“工艺”单元格上方单元格的左下角点

指定第二个点或［退出(E)/放弃(U)］<退出>：//捕捉“工艺”单元格上方第三单元格的左下角点

指定第二个点或［退出(E)/放弃(U)］<退出>：//按<Esc>键退出

结果如图 1-31 所示。

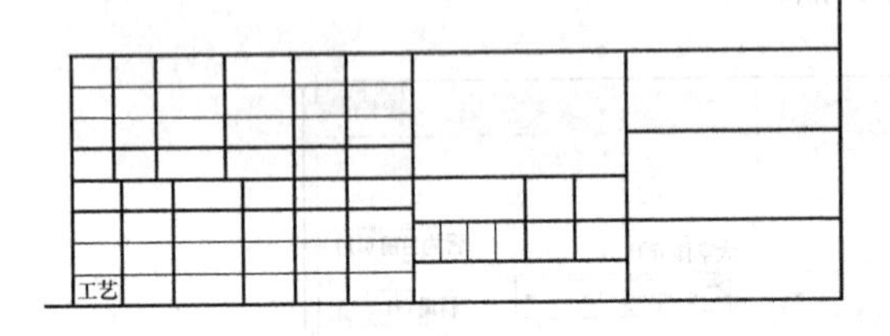

图 1-30　注写文字“工艺”

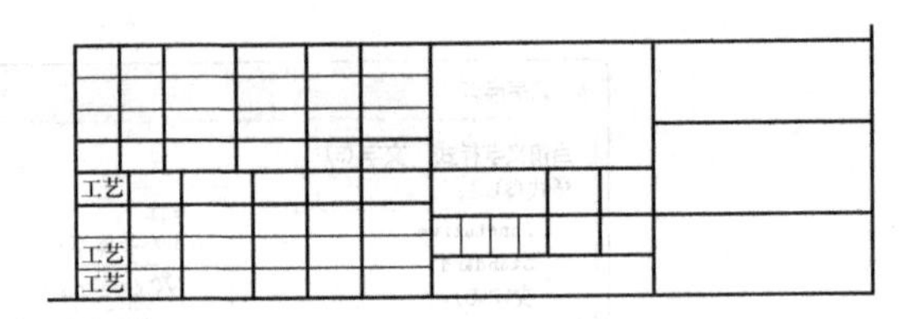

图 1-31　单元格复制结果

然后，选中需要修改的文字并单击鼠标右键，在弹出的快捷菜单中选择“编辑多行文字”。即进入文字编辑方式，可对已有的文字进行编辑。具体编辑的方法详见第 2 章。

25）双击鼠标滚轮，将所作图形全部显示在屏幕可见区域。执行“文件”→“另存为”命令，弹出“图形另存为”对话框。先在“文件类型”下拉列表中选择“图形样板(＊.dwt)”；在“文件名”文本框中输入“A4 样板图”；在“保存于”下拉列表中可选择文件存放的位置，如图 1-32 所示。

再单击“保存”按钮，弹出“样板选项”对话框，在“说明”文本框中可输入“机械图样样板”，如图 1-33 所示。然后单击“确定”按钮。

26）完成样板图的绘制，关闭或退出 AutoCAD 2018 软件。

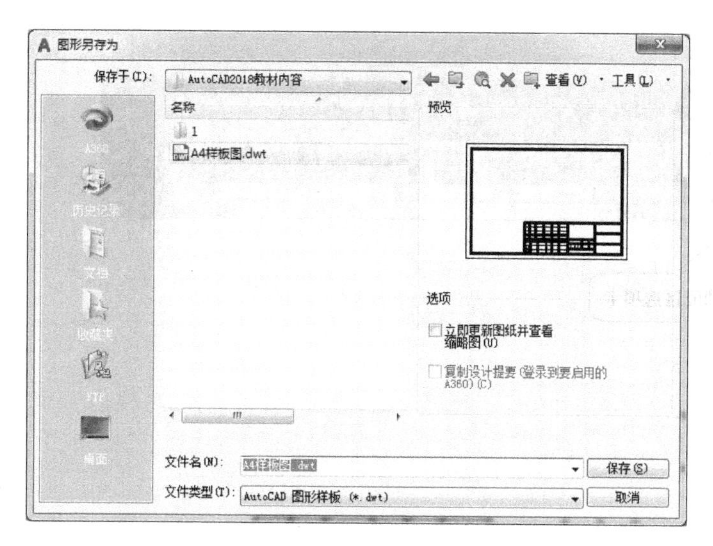

图 1-32　A4 样板图的保存

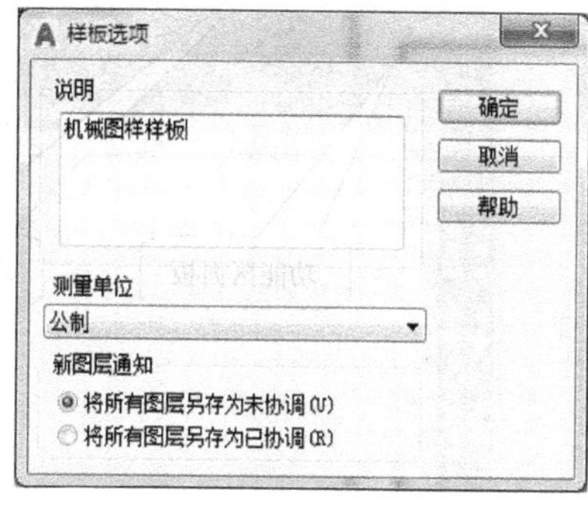

图 1-33　“样板选项”对话框

1.3　知识要点及拓展

1.3.1　AutoCAD 2018 用户界面

双击桌面快捷图标或通过开始菜单启动 AutoCAD 2018 后，单击新建文件图标，弹出“选择样板”对话框，再单击打开(O)右侧的下三角按钮，选择“无样板打开—公制”，进入软件工作界面，即如图 1-34 所示“AutoCAD 经典”工作空间 1。如果通过执行“工具”→“选项板”→“功能区”命令选项，启动功能区选项卡和面板，则用户界面为如图 1-35 所示“AutoCAD 经典”工作空间 2。

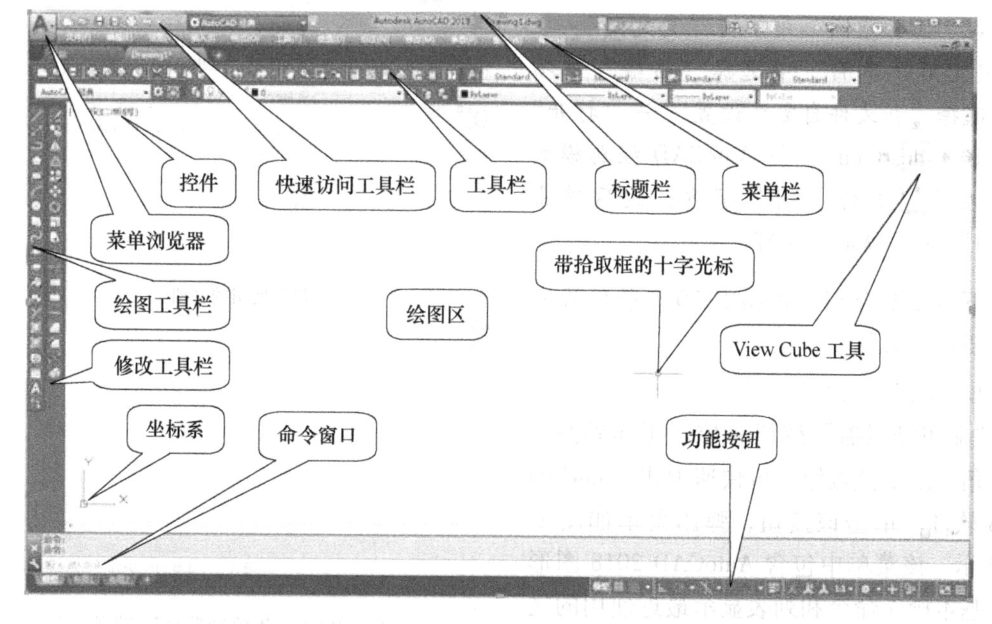

图 1-34　“AutoCAD 经典”工作空间 1

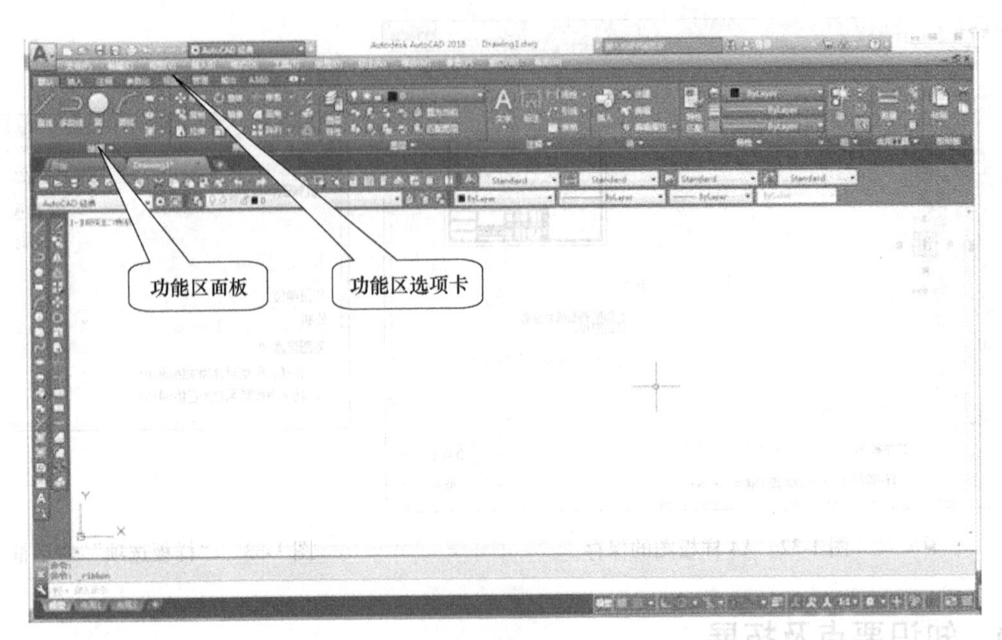

图 1-35 “AutoCAD 经典”工作空间 2

“AutoCAD 经典”工作空间 1 的窗口界面主要由菜单浏览器、标题栏、菜单栏、工具栏、绘图区、命令窗口和一系列的功能按钮等组成。

☞提示：

如果软件中没有“AutoCAD 经典”工作空间，则可通过“百度”搜索并下载“CAD 经典模式界面配置文件 acad. cuix”，然后在“工作空间”中单击“自定义”，在“自定义用户界面”中选择“传输”选项卡，选择“新文件自定义设置”并“打开”下载好的 acad. cuix；把 AutoCAD 经典模式拖到左边“工作空间”下方；最后单击“应用”并“确定”即可。

下面简要介绍 AutoCAD 2018 软件界面的主要组成部分。

1. 菜单浏览器

“菜单浏览器”按钮位于工作界面的左上角。双击该按钮，可快速退出 AutoCAD 2018 软件。单击该按钮，弹出菜单如图 1-36 所示。该菜单中包含 AutoCAD 2018 图形文件基本操作命令和列表显示最近使用的文档，用户选择后即可执行相应的操作。

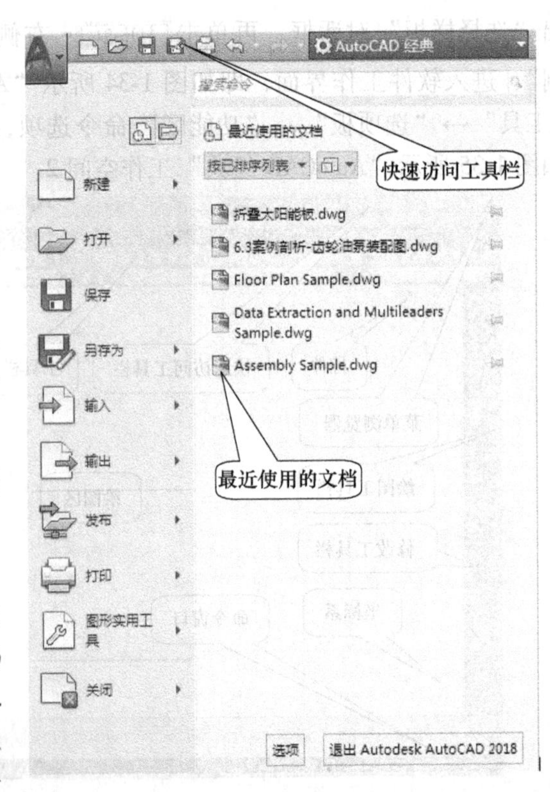

图 1-36 “菜单浏览器”菜单

2. 快速访问工具栏

快速访问工具栏中包含 AutoCAD 2018 最常用的快捷按钮，使用户操作简便。如图 1-36 所示，默认显示的按钮包括“新建”、“打开”、“保存”、“另存为”、“输出”和“打印”等按钮，这些命令按钮可根据需要在菜单中将其设置为显示或隐藏。如果需在工具栏中添加或删除按钮，可右键单击快速访问工具栏，在弹出的快捷菜单中选择“自定义快速访问工具栏”选项，在弹出的“自定义用户界面”对话框中，将所需的命令用鼠标拖放至工具栏中即可。

3. 标题栏

AutoCAD 2018 用户界面最顶部的中间处为标题栏。如图 1-34 所示，主要用于显示当前正在运行的程序名称和当前被激活的图形文件名称。如果是 AutoCAD 2018 默认的图形文件，其图形文件名称为 Drawing*N*. dwg（*N* 为阿拉伯数字）。其右侧可以进行最小化、最大化和还原窗口、关闭或退出软件等，用于对操作窗口进行控制。

4. 菜单栏

标题栏的下方是菜单栏。AutoCAD 2018 软件为用户提供了“文件”、“编辑”、“视图”、“插入”、“格式”、“工具”、“绘图”、“标注”、“修改”、“参数”、“窗口”和“帮助”12 个主菜单，如图 1-37 所示。用户可根据需要调用相应的命令。

文件(F)　编辑(E)　视图(V)　插入(I)　格式(O)　工具(T)　绘图(D)　标注(N)　修改(M)　参数(P)　窗口(W)　帮助(H)

图 1-37　菜单栏

“文件”菜单：主要用于对图形文件进行设置、管理、打印和发布。

“编辑”菜单：主要用于对图形或文本进行一些常规的编辑，如复制、粘贴、链接等操作。

“视图”菜单：主要用于调整和管理视图，以方便窗口内的图形显示。

“插入”菜单：主要用于在当前文件中引用外部资源，如图块、参照、图像等。

“格式”菜单：用于设置与绘图环境有关的参数和样式等，如绘图单位、颜色、线型、文字、尺寸样式等。

“工具”菜单：设置了一些辅助工具和常规的资源组织管理工具。

“绘图”菜单：包括所有的二维图样绘制工具和三维建模工具等。

“标注”菜单：主要用于对图形标注尺寸，它包含了所有与尺寸标注有关的工具。

“修改”菜单：主要用于对图样进行修整、编辑和完善。

“参数”菜单：主要用于控制图形对象的相对位置，如几何约束、尺寸约束等。

“窗口”菜单：主要对 AutoCAD 2018 文档窗口和工具栏状态进行控制。

“帮助”菜单：主要为用户提供一些帮助信息。

5. 工具栏

工具栏是应用程序调用命令的另一方式，它包含了很多由图标表示的命令按钮。如将光标放置在某一图标上稍停 1~2s，工具栏提示框将显示该按钮的名称、功能和使用方法；如将光标置于直线图标上，将弹出提示框，如图 1-38 所示。

AutoCAD 2018 为用户提供了 40 多种工具栏，如图 1-39 所示为部分工具栏。在任一工具图标上单击右键，即可弹出相应菜单，然后在所需的工具名称上单击鼠标左键，在对应工具栏名称前出现“√”，即可打开相应的工具栏并显示在工作界面上。AutoCAD 2018 的工具栏主要包括“固定工具栏”、“浮动工具栏”和“嵌套工具栏”。其中，“固定工具栏”一般是固定在窗口的上侧和左、右两侧；“浮动工具栏”是以浮动的形式存在于程序窗口中，它带有标题栏，用户可在绘图窗口中任意拖动；“嵌套工具栏”是嵌套在某一工具栏中的子工具栏，与菜单栏中的级联菜单一样，这种工具栏右下侧有一小三角形标志，将光标移至三角形标志上并按住鼠标左键不放松，即可打开“嵌套工具栏”，如“窗口缩放命令图标”等。

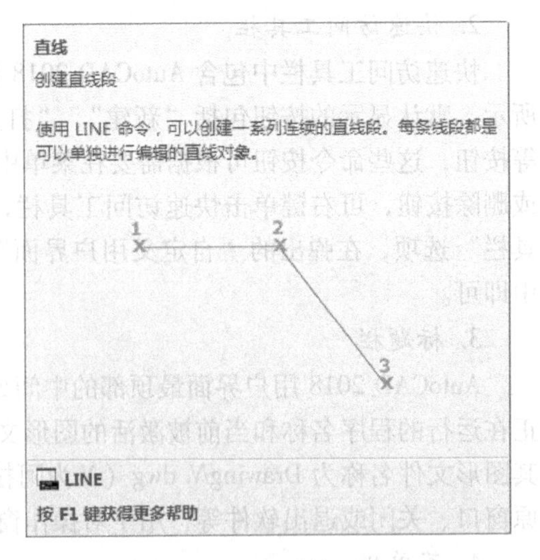

图 1-38　工具栏提示框

工具栏可以采用浮动的方式显示，也可以采用固定的方式显示。浮动工具栏可以显示在绘图区的任何位置，可随意拖动到新位置、调整大小或被固定。而固定工具栏则附着在绘图区的周边，可以将光标置于固定工具栏一端的两条灰色的暗杠处，按住鼠标左键不放，可将固定工具栏拖放到绘图区的任一位置，而成为浮动工具栏。

CAD 标准
UCS
UCS II
Web
标注
标注约束
✓ 标准
标准注释
布局
参数化
参照
参照编辑
测量工具
插入
查询
查找文字
点云
动态观察
对象捕捉
多重引线
✓ 工作空间
光源
✓ 绘图
绘图次序
绘图次序, 注释前置
几何约束
建模
漫游和飞行
平滑网格
平滑网格图元
曲面编辑
曲面创建
曲面创建 II
三维导航
实体编辑
视觉样式
视口
视图

图 1-39　工具栏

6. 绘图区

绘图区位于软件界面的正中，是用户的工作区域，图形的设计与编辑在此区域内完成。

默认状态下的绘图区是一个无限大的空间，无论尺寸多大或多小的图形，都可以在绘图区中绘制和显示。

绘图区通过视图控制，可显示出多个绘图窗口，每个窗口显示一个图形文件，标题高亮显示的为当前窗口。

在绘图窗口中除了显示当前的绘图结果外，还在左上角显示[-][俯视][二维线框]控件，可直接用光标点击，在弹出的快捷菜单中选择相应的显示模式即可。在左下角显示当前使用的坐标系类型、坐标原点、坐标轴的方向等。在二维绘图环境中默认坐标系为世界坐标系（WCS），在三维环境中显示的是用户坐标系（UCS）。

7. 命令窗口

命令窗口如图 1-40 所示，位于绘图区的下方，它是用户与软件之间进行数据交流的平台，主要用于提示和显示命令、系统变量、选项、信息等。

“命令窗口”分为两部分，上方为“命令历史窗口”，用于记录用户执行过的操作信息；下方为“当前命令窗口”，用于提示用户输入当前命令、命令选项或输入参数。如果需查看更多的历史输入命令或系统变量等信息，可按<F2>键，系统将以“文本窗口”的方式进行显示。再次按<F2>键，可隐藏“文本窗口”。

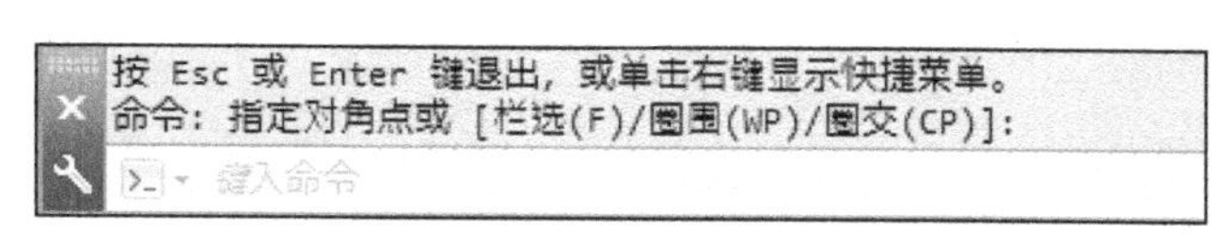

图 1-40　命令窗口

8. 带拾取框的十字光标

当用户将鼠标移到绘图区时会出现一个随光标移动的带拾取框的十字光标。当执行绘图命令时，显示为十字光标；当选择对象时，显示为矩形拾取框；当等待执行命令时，则显示为带拾取框的十字光标。

9. ViewCube 工具

ViewCube 工具是在二维模型空间或三维视觉样式中处理图形时显示的导航工具。使用 ViewCube 工具，可以在标准视图和等轴测视图间切换。

ViewCube 工具显示后，将在窗口一角以不活动状态显示在模型上方。ViewCube 工具在视图发生更改时可提供有关模型当前视点的直观反映。将光标放置在 ViewCube 工具上后，ViewCube 将变为活动状态。可以拖动或单击 ViewCube，来切换到可用预设视图之一、滚动当前视图或更改模型的主视图。

10. 功能按钮

功能按钮位于 AutoCAD 操作界面的最底部，它由坐标显示器、辅助绘图功能按钮、菜单部分等组成，如图 1-41 所示。

图 1-41　功能按钮

坐标显示器用于显示十字光标所在位置的坐标值；辅助绘图功能按钮包括“推断约束”、“栅格”、“正交”、“三维对象捕捉”、“对象追踪”、“动态 UCS”、“动态输入”、“线宽”、“透明度”、“快捷特性”和“选择循环”等，可通过单击右下角的“自定义”图标，打开状态栏菜单如图 1-42 所示。勾选相应的选项，可在功能按钮区显示对应的功能图标。这些辅助功能是 AutoCAD 精确绘图的关键，单击这些按钮，可以进行“开/关”状态的切换。将光标放置在某些对应功能按钮上单击鼠标右键，可以在弹出的快捷菜单中选择“设置”选项，弹出“草图设置”对话框，对其进行相关内容的设置。

（1）设置捕捉和栅格

“捕捉”是用于限定光标移动的距离；“栅格”是以一定距离存在于指定绘图窗口内的一些点。在“捕捉”或“栅格”功能按钮上单击鼠标右键，在弹出的快捷菜单中选择“设置”，弹出如图 1-43 所示的“草图设置”对话框并显示“捕捉和栅格”选项卡。在对话框中可以选择启用或关闭“捕捉”和“栅格”功能，并进行一些相关参数的设置。

☞提示：

在主菜单中单击“工具”，在下拉菜单中选择“绘图设置”也可以打开“草图设置”对话框。

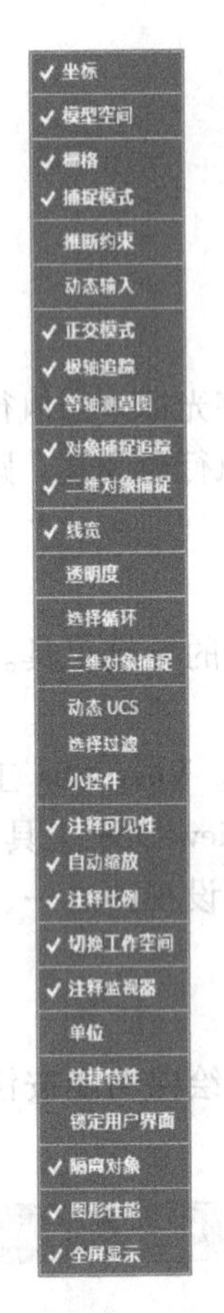

图 1-42　状态栏菜单

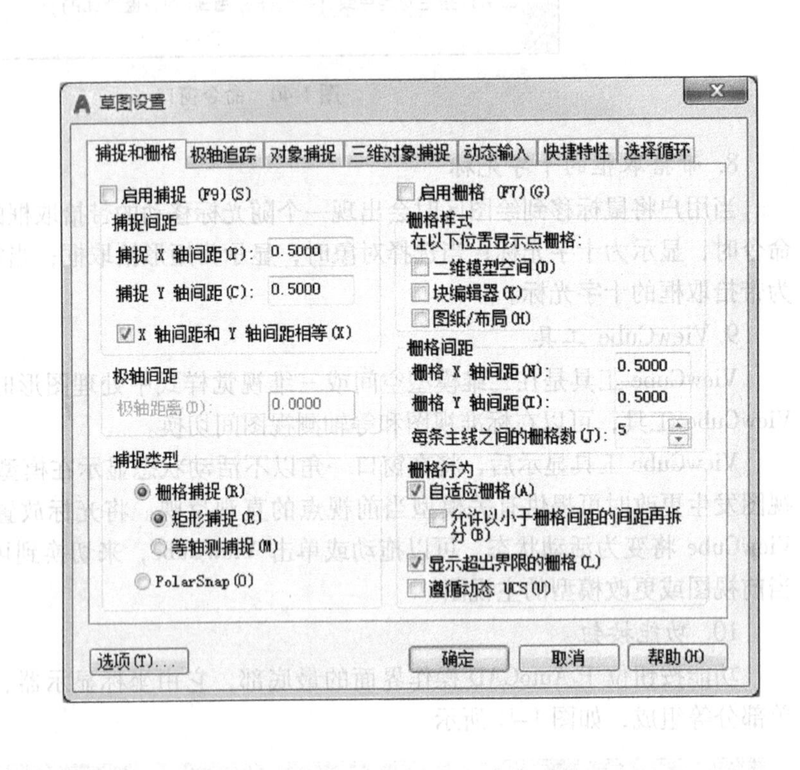

图 1-43　“捕捉和栅格”选项卡

“启用捕捉”复选框：用于打开或关闭捕捉模式。

“捕捉间距”设定栏：用于设定 X 轴和 Y 轴的捕捉间距。

“X 轴间距和 Y 轴间距相等”复选框：用于使 X 轴和 Y 轴的捕捉间距相等。

“极轴间距”设定栏：当选择捕捉类型为“PolarSnap”时，用于设定极轴方向捕捉增量距离。

“栅格捕捉”单选按钮：用于设定捕捉样式为“栅格捕捉”。当选择“矩形捕捉”时，光标将捕捉矩形栅格；当选择“等轴测捕捉”时，光标将捕捉等轴测栅格。

“PolarSnap”单选按钮：用于将捕捉类型设置为极轴捕捉。

“启用栅格”复选框：用于打开或关闭栅格模式。

“二维模型空间”复选框：栅格样式中的一种，用于将二维模型空间的栅格样式设定为点栅格。

“块编辑器”复选框：栅格样式中的一种，用于将块编辑器的栅格样式设定点栅格。

“图纸/布局”复选框：栅格样式中的一种，用于将图纸和布局的栅格样式设定为点栅格。

“栅格间距”栏：用于设定 X 轴和 Y 轴的栅格间距，并可以设定每条主线的栅格数。

“自适应栅格”复选框：用于放大或缩小时，是否限制栅格密度。

“显示超出界限的栅格”复选框：用于是否显示超出图形界限区域外的栅格。

“遵循动态 UCS”复选框：用于更改栅格平面以跟随用户坐标系（UCS）的 *XY* 平面。

（2）设置正交模式

在功能按钮区上单击“正交”命令按钮，打开“正交”模式。在“正交”模式下，使用光标只能绘制水平直线和竖直直线，如此时想绘制其他方向的直线，则应需输入坐标或运用光标捕捉。

（3）设置极轴追踪

“极轴追踪”是指通过追踪指定极轴角来绘制对象。“极轴追踪”模式和“正交”模式两者不能同时启用。在“极轴”功能按钮上单击鼠标右键，在弹出的快捷菜单中选择“正在追踪设置”，出现如图 1-44 所示的对话框。

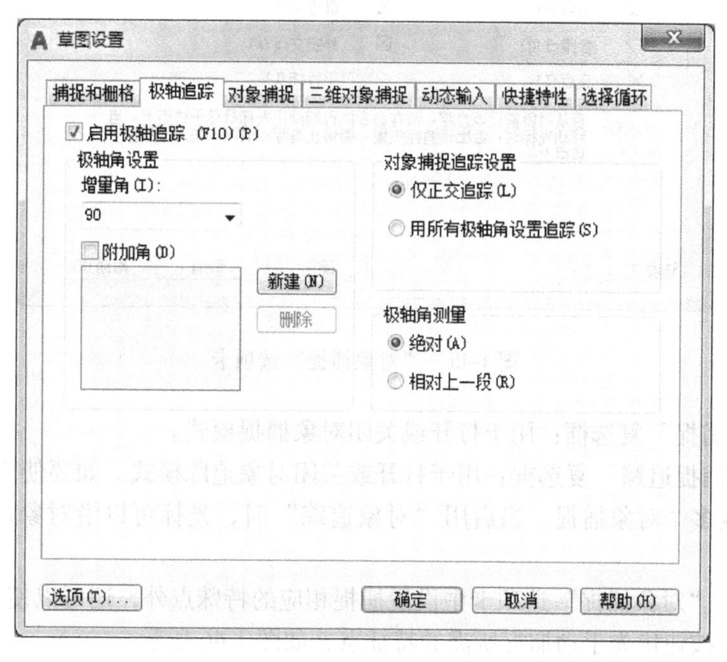

图 1-44 “极轴追踪”选项卡

“启用极轴追踪”复选框：打开或关闭极轴追踪模式。

“增量角”下拉列表：用于设定极轴追踪极轴角的增量，可以从下拉列表中选取已有的增量角，也可以输入任何角度。

“附加角”复选框：当选中“附加角”时，通过新建附加角，在启用极轴追踪时，除了追踪增量角，还追踪附加角。当要删除某个附加角时，选中此附加角，单击删除即可。

“仅正交追踪”单选按钮：当启用对象捕捉追踪时，仅显示已获得的对象捕捉点的正交对象捕捉追踪路径。

“用所有极轴角设置追踪”单选按钮：用于将极轴追踪设置应用于对象捕捉追踪。

“绝对”单选按钮：用于根据当前用户坐标系（UCS）确定极轴追踪角度。

“相对上一段”单选按钮：用于根据上一个绘制的线段来确定极轴追踪角度。

（4）设置对象捕捉和对象追踪

在“对象捕捉”功能按钮上单击鼠标右键，在弹出的快捷菜单中选择“对象捕捉设置”，出现如图 1-45 所示的对话框。

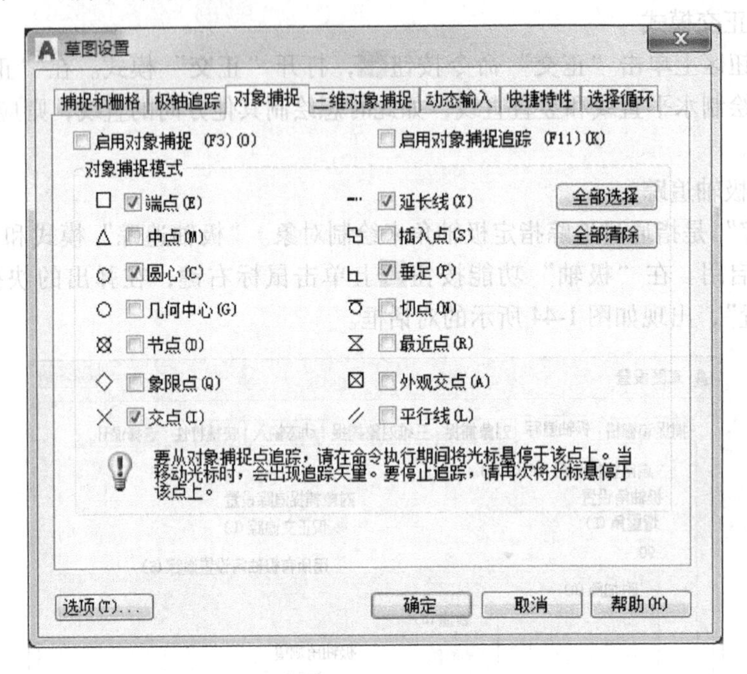

图 1-45 “对象捕捉”选项卡

“启用对象捕捉”复选框：用于打开或关闭对象捕捉模式。

“启用对象捕捉追踪”复选框：用于打开或关闭对象追踪模式。如要使用“对象追踪”，必须打开一个或多个对象捕捉。当启用“对象追踪”时，光标可以沿对象捕捉点的对齐路径进行追踪。

除了可以在“对象捕捉”选项卡中设置捕捉相应的特殊点外，还可以使用“对象捕捉”工具栏中的命令按钮优先手动捕捉所需的特征点，如图 1-46 所示。

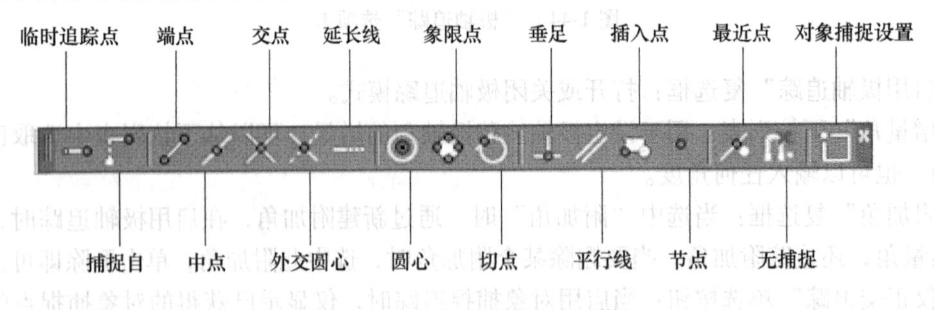

图 1-46 “对象捕捉”工具栏

在绘图区中按住<Shift>键并单击鼠标右键，将弹出“对象捕捉”快捷菜单，如图 1-47 所示。在弹出的快捷菜单中选择相应的捕捉特征点命令，然后移动光标即可捕捉到相应的特征点。也可直接在“对象捕捉”命令按钮上单击鼠标右键，在弹出的快捷菜单中勾选相应的捕捉特征点命令，如图 1-48 所示。

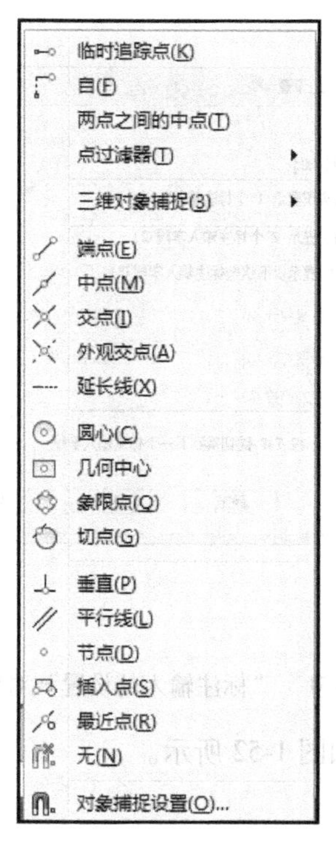

图 1-47　“对象捕捉”菜单一

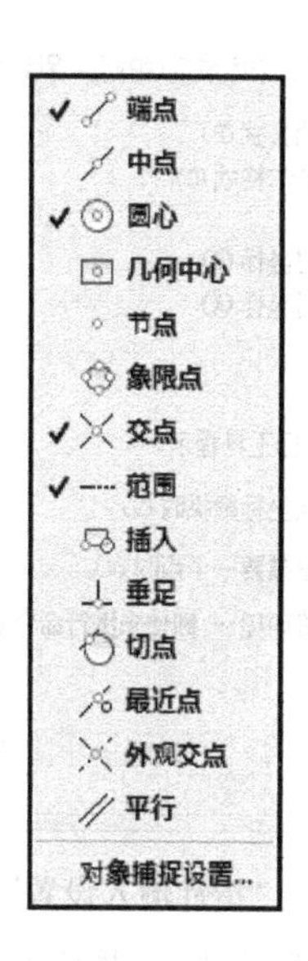

图 1-48　“对象捕捉”菜单二

（5）设置三维对象捕捉

在“三维对象捕捉（3DOSNAP）”功能按钮上单击鼠标右键，在弹出的快捷菜单中选择“设置”。

“三维对象捕捉”是对三维对象特征的捕捉，用户在绘制三维图形时更方便、更快捷、更准确。

（6）设置动态输入

在“动态输入（DYN）”功能按钮上单击鼠标右键，在弹出的快捷菜单中选择“设置”，弹出如图 1-49 所示的对话框。“动态输入”用来控制指针输入、标注输入、动态提示和绘图工具提示的外观及坐标输入方式。

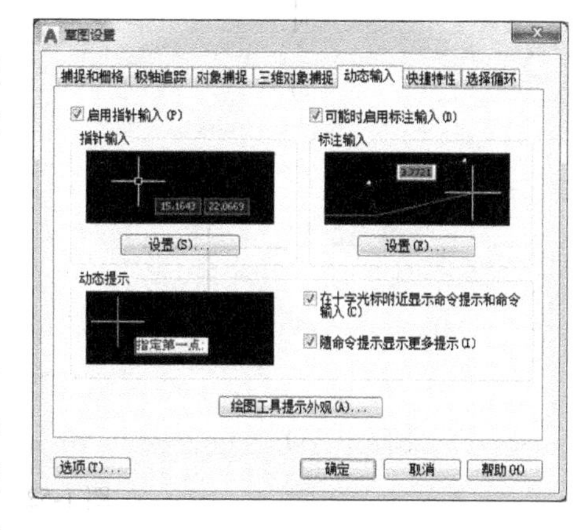

图 1-49　“动态输入”选项卡

“启用指针输入”复选框：打开或关闭指针输入模式。单击“指针输入”下面对应的“设置”按钮，弹出如图 1-50 所示的对话框。可对对话框中对应的格式和可见性特性进行设置。

“可能时启用标注输入”复选框：打开或关闭标注输入模式。单击“标注输入”下面对应的“设置”按钮，弹出如图 1-51 所示的对话框，可对对话框中对应的可见性特性进行设置。

“在十字光标附近显示命令提示和命令输入”复选框：当选中此复选框时，在执行命令过程中，在十字光标附近将会显示命令提示和命令输入。

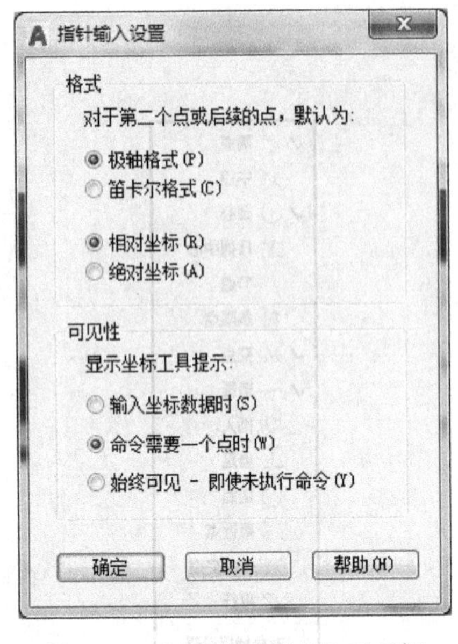

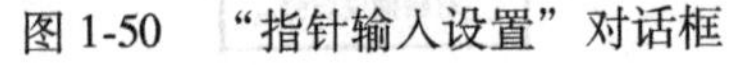
图 1-50　“指针输入设置”对话框

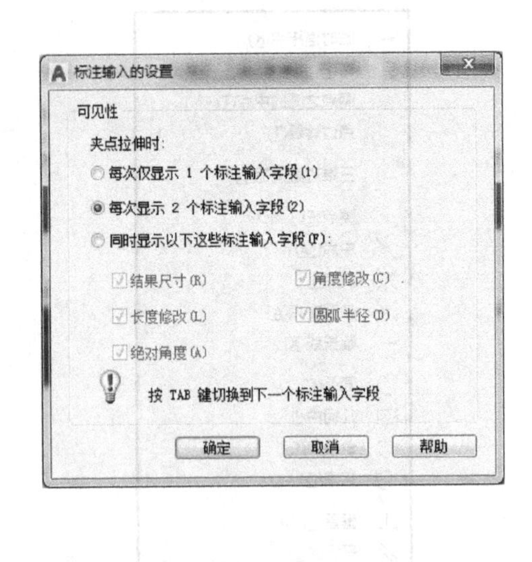

图 1-51　“标注输入的设置”对话框

在对“动态输入”进行不同设置时绘制直线的情况如图 1-52 所示。

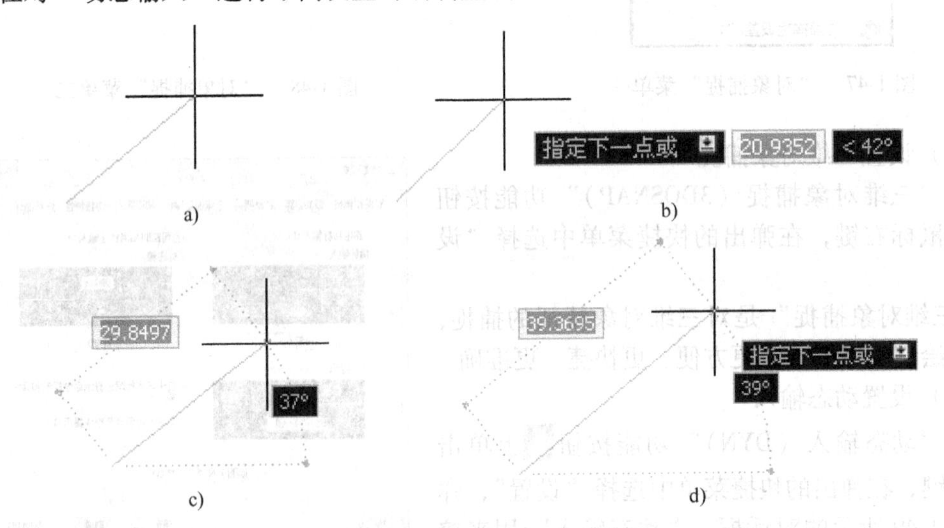

图 1-52　绘制直线时的状态

a）关闭“动态输入”　b）仅启用“坐标输入”　c）仅启用“标注输入”　d）同时启用“坐标输入”和“标注输入”

（7）设置快捷特性

在“快捷特性（QP）”功能按钮上单击鼠标右键，在弹出的快捷菜单中选择“快捷特性设置”，弹出如图 1-53 所示的对话框。

“启用快捷特性选项板”复选框：打开或关闭快捷特性。

“针对所有对象”单选按钮：用于设定对所有对象显示“快捷特性”选项板。

“仅针对具有指定特性的对象”单选按钮：用于设定对具有指定特性的对象显示“快捷特性”选项板。

“由光标位置决定”单选按钮：当选中此特性后，可以由象限点和距离来决定选项板的位置。

“固定”单选按钮：当选中此特性后，选项板在图形窗口中的位置就定下来，即为静态。选项板的位置不会随着图素位置的不同而发生变化。

“自动收拢选项板”栏：通过设定最小行数使“快捷特性”选项板在空闲状态下只显示指定数量的特性。最小行数在 1 ~ 30 取值，且只能够取整数。

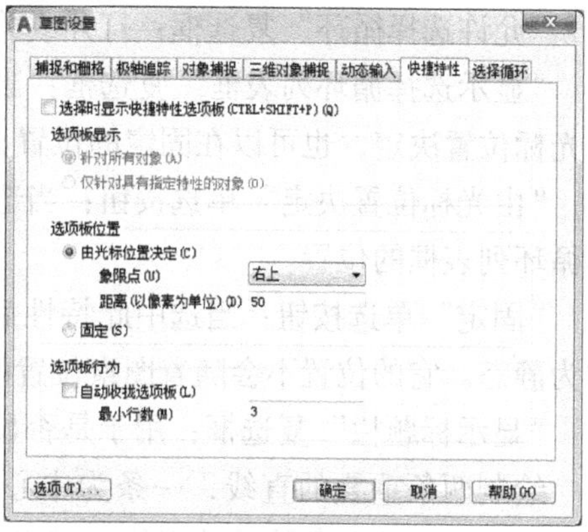

绘制一条直线，当选中直线时，在图形窗口内出现直线选项板，如图 1-54 所示。在该选项板中显示出该直线的基本特性。

图 1-53 “快捷特性”选项卡

☞**提示：**

当将鼠标移至选项板下方的边框时，收拢的选项板将展开。

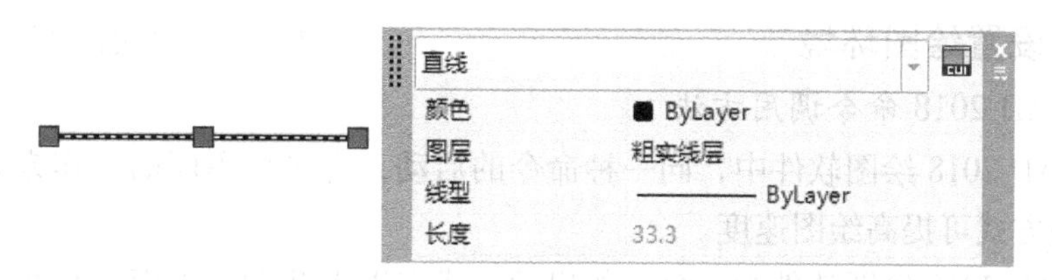

图 1-54 “直线”快捷特性选项板

（8）设置选择循环

在“选择循环（SC）”功能按钮上单击鼠标右键，在弹出的快捷菜单中选择“选择循环设置”，弹出如图 1-55 所示的对话框。“选择循环”是允许用户选择重叠的对象。

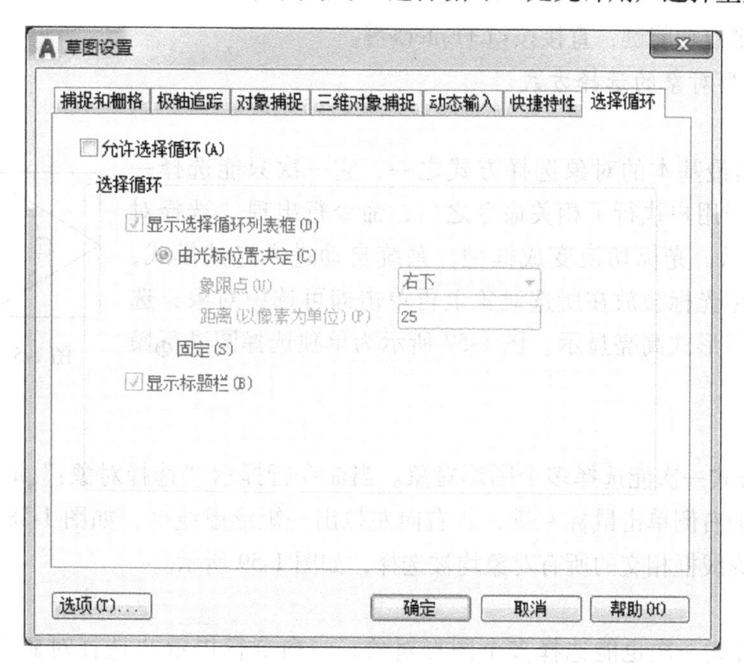

图 1-55 “选择循环”选项卡

“允许选择循环”复选框：打开或关闭选择循环。

“显示选择循环列表框”复选框：当选中此复选框时，显示的选择循环列表框的位置可由光标位置决定，也可以在固定的位置显示。

“由光标位置决定”单选按钮：当选中此特性时，可以通过设定象限点和距离来决定选择循环列表框的位置。

“固定”单选按钮：当选中此特性后，选择循环列表框在图形窗口中的位置就定下来，即为静态。它的位置不会随着图素位置的不同而发生变化。

“显示标题栏”复选框：用于是否显示标题栏。

绘制两条重叠的直线，一条为中心线，一条为细实线。单击这两条重叠的直线，弹出如图 1-56 所示的“选择集”对话框，可在对话框中移动鼠标，选择所需对象。

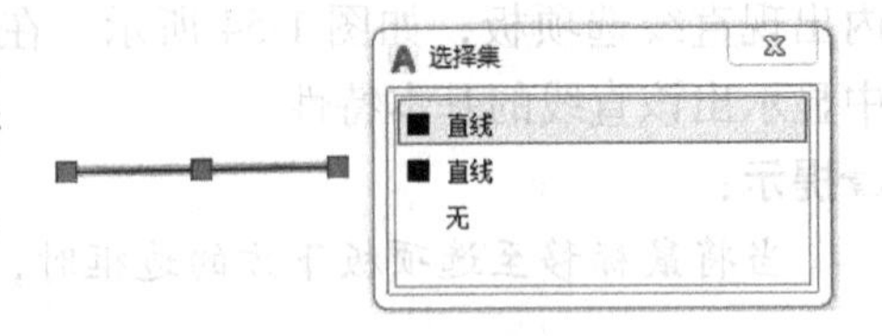

图 1-56 “选择集”对话框

1.3.2 设置绘图环境

1. AutoCAD 2018 命令调用方法

在 AutoCAD 2018 绘图软件中，同一种命令的启动，有多种不同的操作方式。灵活地选择命令启动的方式可提高绘图速度。

在 AutoCAD 2018 绘图软件中，命令的启动方式有以下几种。下面以直线命令为例进行说明。

单击工具栏图标：单击绘图工具栏中的直线图标。

使用菜单命令：执行“绘图”→“直线”命令。

在命令行输入操作命令：在命令行输入“Line”。

使用快捷键或功能键：直接按<L+Enter>键。

2. 常用图形对象的选择方式

(1) 点选

“点选”是最基本的对象选择方式之一，它一次只能选择一个图形对象。当用户执行了相关命令之后，命令行出现“选择对象”的操作提示，光标切换变成框型，系统自动进入点选模式，用户只需将框型光标叠放在所选对象上再单击即可选中对象，选中的对象以虚线形式高亮显示。图 1-57 所示为单独选择圆进行操作的结果。

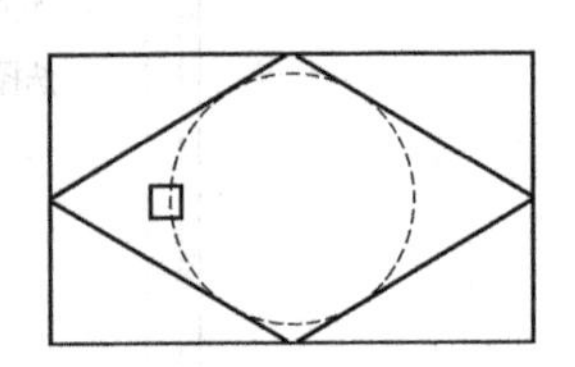
图 1-57 点选对象

(2) 交选

“交选”方式一次能选择多个图形对象。当命令行提示“选择对象:”时，用户在图形对象所在位置的右侧单击鼠标左键，从右向左拉出一矩形虚线框，如图 1-58 所示，则在该虚线框内和与虚线框相交的所有对象均被选择，如图 1-59 所示。

(3) 窗选

“窗选”方式一次也能选择多个图形对象，当命令行提示“选择对象:”时，用户在图形对象所在位置的左侧单击鼠标左键，从左向右拉出一矩形实线框，如图 1-60 所示，则完全位于实线框内的所有对象才被选择，与实线框相交的对象不被选择，如图 1-61 所示。

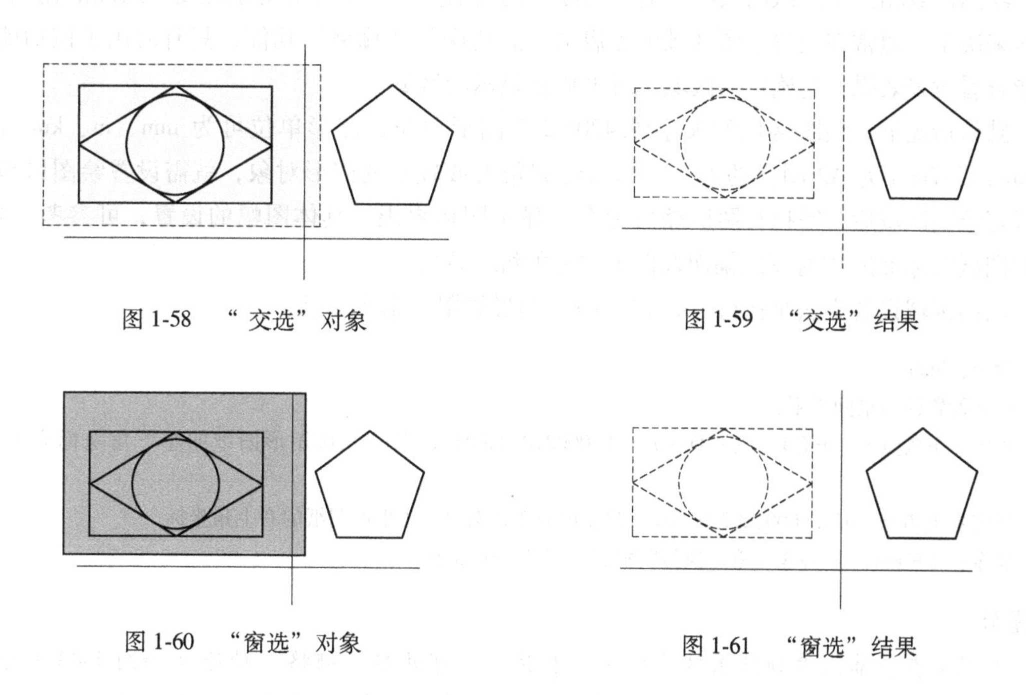

图 1-58　“交选”对象　　　　图 1-59　“交选”结果

图 1-60　“窗选”对象　　　　图 1-61　“窗选”结果

（4）快速选择

“快速选择”方式可根据对象的图层、线型、颜色和图案填充等特性来创建选择集，可准确快速地从复杂的图形中选择具有某些特性的对象。

通过执行“工具”→“快速选择”命令，打开“快速选择”对话框。在对话框中指定对象应用范围和选择类型后，单击“确定”按钮，即可快速完成该类型对象的选择，如图 1-62 所示。

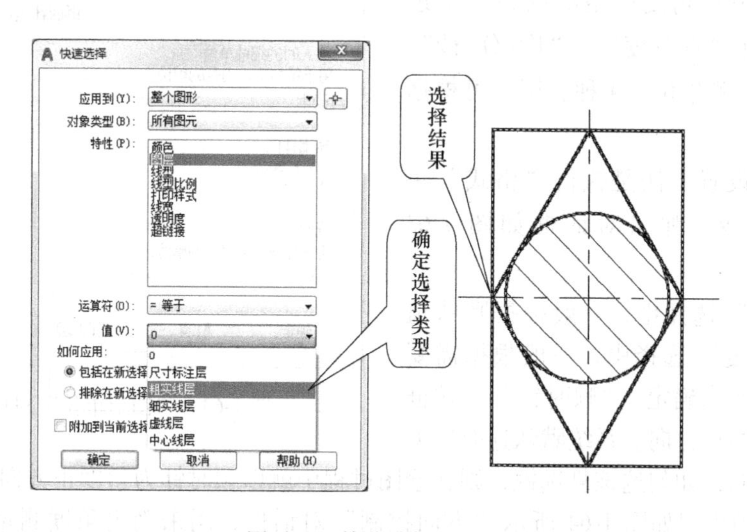

图 1-62　快速选择及结果

3. 绘图区域大小设置

绘图区域相当于图纸的大小，需根据零件的真实大小、零件的复杂程度、绘图的比例等因素来决定。通常在设置绘图区域前需启动状态栏中的“栅格”功能，只有启用了该功能，才能查看设置效果，它确定的区域是可见栅格显示的区域。

默认情况下，绘图区域的大小为 420×297 图形单位，图形单位可为 mm、m、km 等，420mm×297mm 为 A3 图样的大小。如需绘制很大或较小的图形对象，就需设置绘图区域。设置好绘图区域后，需执行图形缩放命令，显示图形界限。具体图幅的设置，可参考《机械制图国家标准》中对图纸幅面及图框尺寸的统一规定。

绘图区域设置方法是执行“格式”→“图形界限”命令选项。

命令:_limits

重新设置模型空间界限:

指定左下角点或[开(ON)/关(OFF)] <0.0000,0.0000>:回车// 默认矩形图纸的左下角坐标为坐标原点

指定右上角点 <420.0000,297.0000>:297,210 回车//输入 A4 矩形图纸的右上角坐标

命令:回车或按<Esc>键//重复执行“图形界限”命令或退出

☞提示:

如果需在屏幕上看到绘图区域的大小和位置，可开启“栅格”功能（如图 1-43 所示，并将“显示超出界限的栅格”前的“√”去掉)，并在绘图区双击鼠标滚轮即可。

4. 绘图单位设置

绘图单位的设置主要包括“长度”和“角度”两大部分，系统默认的长度类型为“小数”，另有“建筑”、“工程”、“分数”和“科学”4 种；角度类型默认为“十进制度数”，另有“百分度”、“度/分/秒”、“弧度”和“勘测单位”4 种。用户可根据需要进行选择。

绘图单位设置方法是执行“格式”→“单位…”命令，弹出对话框如图 1-63 所示。

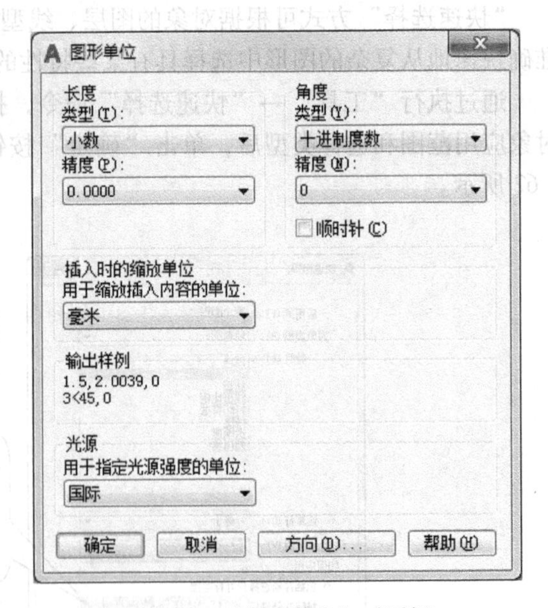

图 1-63 “图形单位”对话框

在“类型”选择中，一般根据默认值即可，在“精度”选择中，一般根据需要保留的小数位数来确定。“顺时针”复选框用于确定角度的正方向。系统默认逆时针方向为角度正方向，如勾选该复选框，则在绘图过程中就以顺时针为角度正方向。如单击按钮 方向(D)... ，则出现如图 1-64 所示“方向控制”对话框，用来确定角度测量的起始位置。系统默认水平向右为“0”度。

5. 绘图区域显示设置

为了绘图方便或在 Word 文档中插入 AutoCAD 图形文件方便，绘图区域的底色可由默认的黑色修改为白色或其他颜色。

在绘图区域单击鼠标右键，在弹出的悬浮菜单中选择“选项”，弹出“选项”对话框。再切换至“显示”选项卡，即可对屏幕底色等进行设置。在此对话框中，还可进行文件自动保存时间、光标大小的调节、自动捕捉标记的颜色等一些常规设置，如图 1-65 和图 1-66 所示。

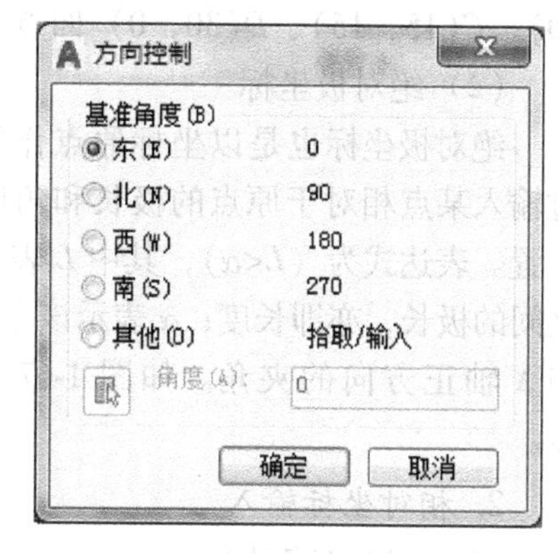

图 1-64 “方向控制”对话框

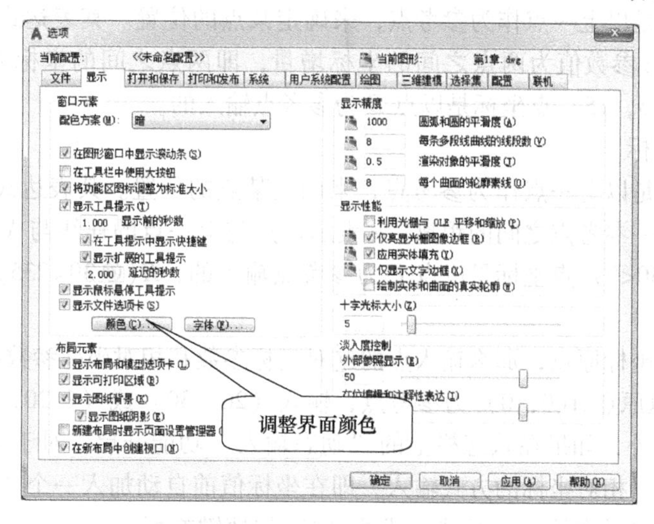

图 1-65 “显示”选项卡

1.3.3 坐标及其参数的输入

在 AutoCAD 设计过程中，基本上所有的图元均是以点来定位，所以要进行精确绘图，必须掌握好在 AutoCAD 软件中点的输入方法。其中坐标输入是常用点的输入方式，如图 1-67 所示。

1. 绝对坐标输入

(1) 绝对直角坐标

绝对直角坐标是以坐标原点（0，0，0）作为参考点来定位某点的位置。其表达式为（x，y，z）。用户可直接输入点的坐标参数来定位该点。一般二维绘图在默认状态下，可只输入点的 x 坐标和 y 坐标即可。如图 1-67 中 A（0，0）、B（20，

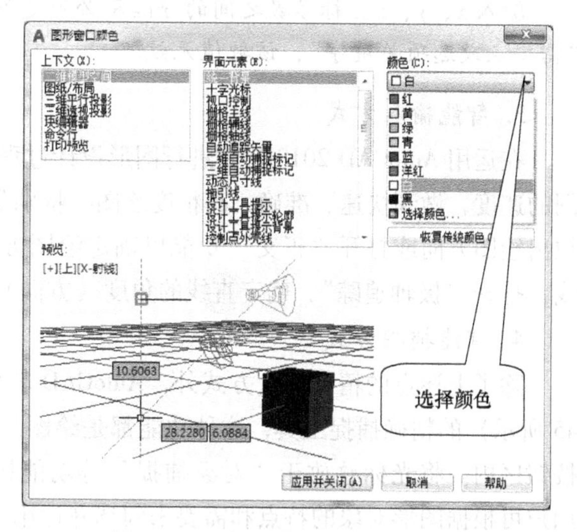

图 1-66 “图形窗口颜色”对话框

30)、C(15，15)、D(30，0) 四点。

(2) 绝对极坐标

绝对极坐标也是以坐标原点作为参考点，通过输入某点相对于原点的极长和角度来定义点的位置。表达式为 ($L<\alpha$)，其中 L 表示该点到原点之间的极长，亦即长度；α 表示该点与原点的连线与 X 轴正方向的夹角。如图 1-67 中 E (50<45) 点。

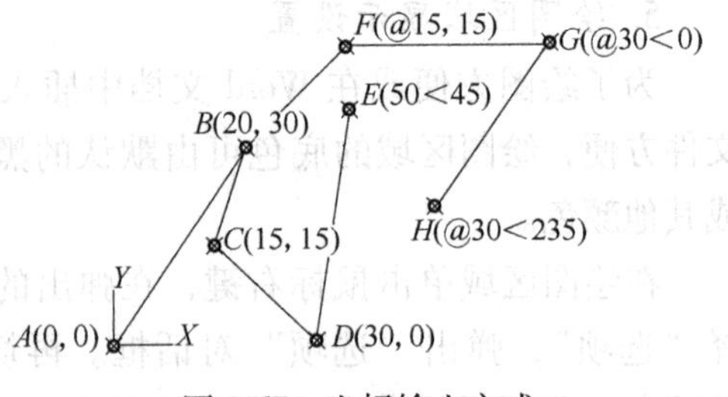

图 1-67 坐标输入方式

2. 相对坐标输入

(1) 相对直角坐标

相对直角坐标是以上一点作为参考点，来确定某点的位置。其表达式为 (@x，y，z)。其中此处的 x、y、z 参数值为两点之间的坐标增量，即两点之间的坐标差值 Δx、Δy、Δz。如图 1-67 中 F(@15，15) 点坐标是以点 B 为参考点输入的。

(2) 相对极坐标

相对极坐标也是以上一点作为参考点，来确定某点的位置。其表达式为 (@$L<\alpha$)。其中 L 是指该点与上一参考点之间的距离。α 表示该点与上一点的连线与 X 轴正方向的夹角。如图 1-67 中 G(@30<0) 点坐标是以点 F 为参考点输入的，H(@30<235) 点坐标是以点 G 为参考点输入的。

如果上一点为坐标原点，那么输入点的绝对坐标参数和相对坐标参数结果相同，如图 1-67 中 B 点坐标，以原点 A(0，0) 为参考点，输入 (20，30) 或 (@20，30)，其结果均在图中点 B 位置。另外，如果在状态栏上的“动态输入”功能开启，对于第二点和后续点的输入，系统都自动以相对坐标的方式输入，即在坐标值前自动加入一个“@”，如需输入绝对坐标，则要关闭“动态输入”功能，或按<F12>快捷键亦可。

☞提示：

输入 x、y、z 坐标参数之间的分隔符必须是英文输入状态下的逗号；否则，系统将提示“需要点或选项关键字”，该数值无效。

3. 智能输入方式

在运用 AutoCAD 2018 软件进行图形设计过程中，一般可通过坐标的智能输入来提高绘图的速度，做到快速、准确、高精度绘图。特别是绘制水平和竖直方向直线时，可用光标先拉出绘图方向或打开“正交”功能以确定绘图方向，再直接输入线段长度作图。对于斜直线，打开“极轴追踪”，确定直线的角度（方向）后，再直接输入长度即可。

4. 智能捕捉方式

除了上述点的精确输入方式外，AutoCAD 软件还为用户提供了对图形特征点（如图 1-45 所示）的精确捕捉工具，这种功能都是绘图过程中的辅助工具，均位于绘图界面的功能按钮区内。将光标叠放于“对象捕捉”等功能按钮上，单击鼠标右键可进行相应的设置。用户可根据图形对象的特点和需要来勾选并运用该特征点，以实现快速、准确地作图，从而提高绘图效率和精确度。

1.3.4　管理图形文件

1. 创建新文件

在 AutoCAD 软件界面启动“新建”命令，系统打开如图 1-68 所示的“选择样板”对话框。在对话框中，软件为用户提供了很多基本样板文件，根据需要选择其中一种再单击按钮 打开(O) ，即可创建一个新的空白样板文件。

图 1-68　“选择样板”对话框

如用户不需软件自身提供的样板，也可用“无样板”方式创建新的绘图文件，具体操作是在“选择样板”对话框中单击按钮 打开(O) 右侧的下三角按钮，在弹出的快捷菜单上选择“无样板打开-公制（M）”选项，即可创建一个新的公制单位的绘图文件。

2. 保存文件

在设计过程中，为避免出现意外情况或当绘图结束时，均需及时保存图形文件。保存图形文件的方法主要有“保存”和“另存为”两种。

当启动 AutoCAD 2018 软件后，系统会自动为新图形预命名为 Drawing1. dwg，以后每新建一图形文件，名称中的数字会自动加 1，如 Drawing2. dwg、Drawing3. dwg 等。在图形未被重命名之前，单击“标准”工具栏中的“保存”命令按钮或执行“文件”菜单中的“保存”命令，将弹出“图形另存为”对话框，如图 1-69 所示。在“文件类型”下拉列表中选择所希望的文件类型，在“保存于”下拉列表中选择文件存放的地址。在“文件名”文本框中输入合适

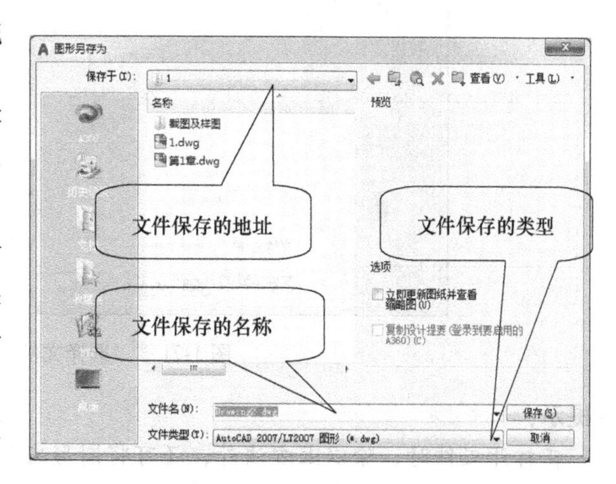

图 1-69　“图形另存为”对话框

的图形文件名称，再单击“保存”按钮即可保存当前图形。若图形已被重命名，则不会出现“图形另存为”对话框，用户只需随时单击“保存”按钮即可。

此外，用户还可在设计过程中设置由计算机自动保存图形文件，在软件界面的绘图区内单击鼠标右键，选择悬浮菜单的最后一项“选项”，打开“选项”对话框选择“打开和保存”选项卡，如图 1-70 所示。启用该选项卡中的“自动保存”复选框，在其文本框中输入自动保存间隔分钟数。这样在绘图过程中，将以此数字为间隔时间自动对文件进行保存。

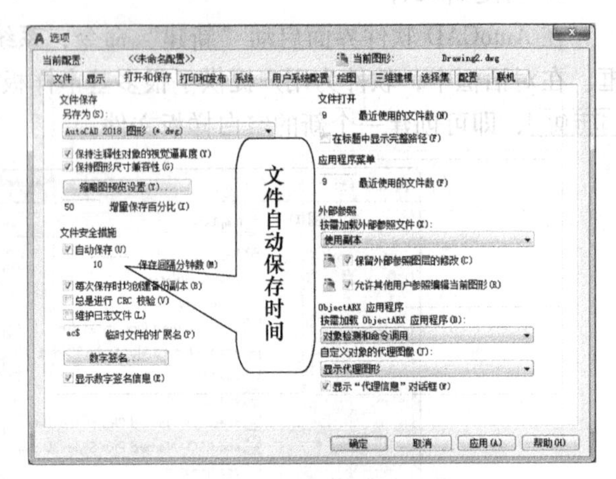

图 1-70 “打开和保存”选项卡

3. 打开文件

在进行机械零件设计过程中，可根据需要随时打开已有的图形文件。要打开现有的图形文件，可直接单击快捷工具栏或“标准”工具栏上的打开按钮 ，或执行“文件”→“打开”命令。进入“选择文件”对话框，如图 1-71 所示。在对话框的最下方“文件类型”下拉列表中选择要打开的文件类型。在“查找范围”下拉列表中确定文件存储的位置。如文件存储在某文件夹中，则需双击该文件夹，再在中间列表中选择要打开的文件名。最后选择合适的打开方式，单击按钮 打开(O)，即可打开所需的图形文件。

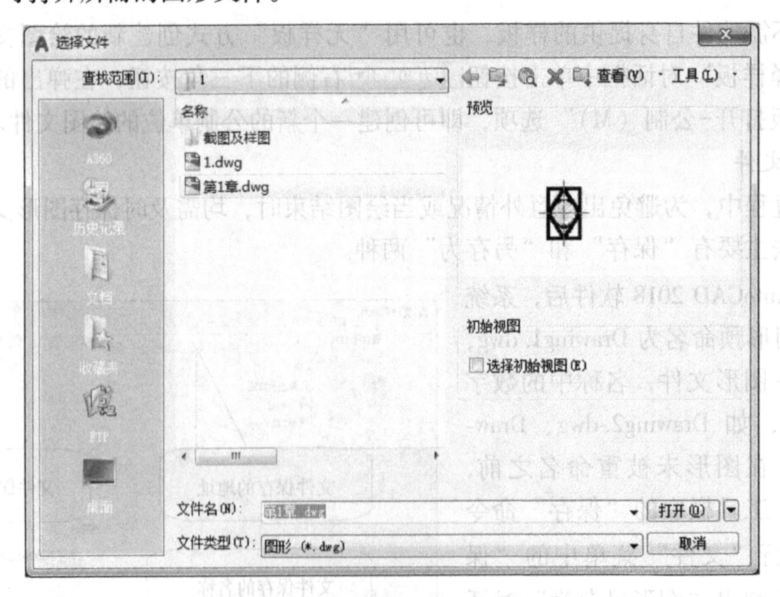

图 1-71 “选择文件”对话框

☞提示：

在打开文件时，除以上方法外，还可将图形文件直接从 Windows 资源管理器中拖放到绘图区域，也可通过设计中心来打开图形文件。

1.4　熟能生巧

1）将软件界面的背景颜色更改为白（黑）色。

2）建立如图 1-72 所示的图层，并将“点划线层”设置为当前图层。

3）设置字高为 5，字体为宋体，高宽比为 0.8 的文字样式。命名为“中文样式（5）”。

4）参照《机械制图国家标准》，建立用户练习用 A3 样板图，保留装订边，标题栏的形式及尺寸如图 1-73 所示。

状.	名称	开	冻结	锁..	颜色	线型	线宽	打印...
	0				白	Continuous	默认	Color_7
	轮廓线层				蓝	Continuous	0.50 毫米	Color_5
✓	点划线层				红	CENTER	0.25 毫米	Color_1
	尺寸标注层				白	Continuous	0.25 毫米	Color_7
	文字注写层				青	Continuous	0.25 毫米	Color_4
	细实线层				绿	Continuous	0.25 毫米	Color_3
	虚线层				洋红	HIDDEN	0.25 毫米	Color_6

图 1-72　建立图层

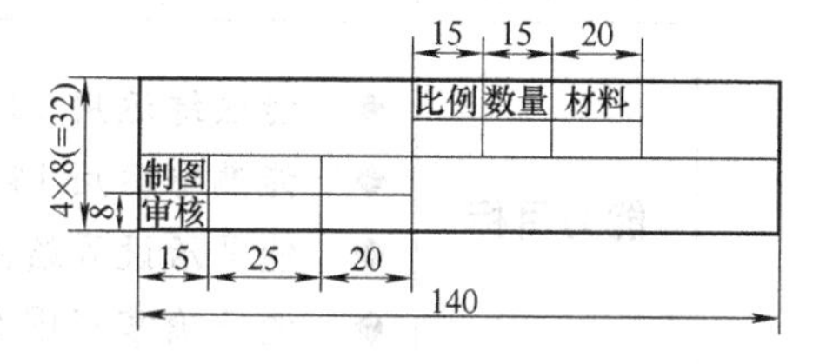

图 1-73　用户练习用标题栏尺寸

5）将 4）中用户练习用 A3 样板图以文件名“A3 样板图 . dwt”保存。

第 2 章

一般平面图形绘制案例

知识目标	◆ 熟悉 AutoCAD 2018 一般图形的绘制
能力目标	◆ 能熟练运用 10 种常用的绘图命令 ◆ 能熟练运用 14 种常用的修改命令 ◆ 能灵活设置绘图辅助功能 ◆ 能正确掌握图层的设置和管理方法
素质目标	◆ 培养工程软件的应用能力 ◆ 培养规范、良好的工作态度
推荐学时	12 学时

2.1 典型工程案例——连杆

连杆图样如图 2-1 所示。

该案例用于提高用户对各种基本绘图命令、基本编辑修改命令及绘图辅助功能的综合运用能力，为提高绘图及设计效率奠定基础。

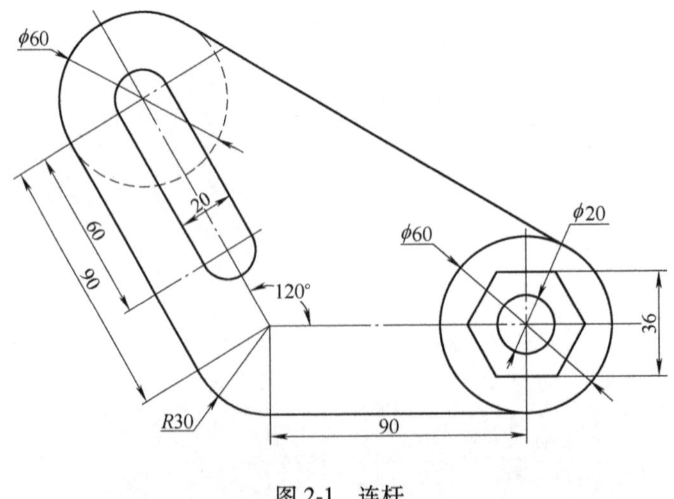

图 2-1 连杆

2.2　案例解析

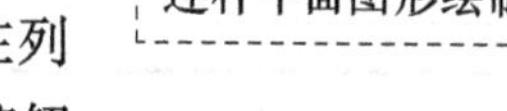

操作视频

连杆平面图形绘制

绘制如图 2-1 所示的连杆平面图形。

1）双击桌面上的快捷图标，启动 AutoCAD 2018。单击标准工具栏中的“新建”命令按钮，弹出“选择样板”对话框，在列表中选择“A4 样板图”（第 1 章完成内容），然后单击“打开”按钮。

2）执行菜单“格式”→“图形界限”命令，设置当前图形界限，操作过程如下：

```
命令:_limits
重新设置模型空间界限:
指定左下角点或[开(ON)/关(OFF)]<0,0>:回车//默认左下角点的坐标为 0,0
指定右上角点<420,297>:回车//默认右下角点的坐标为 420,297
```

3）执行菜单“视图”→“缩放”→“全部”命令，把当前视口大小调整为设置的图形界限的大小。单击“修改”工具栏中的“拉伸”命令按钮，将幅面扩大到 A3 幅面，操作过程如下：

```
命令:_stretch
以交叉窗口或交叉多边形选择要拉伸的对象...
选择对象://用交叉窗口的方式选中 A4 幅面的右半部分,如图 2-2 所示
指定对角点:找到 18 个
选择对象:回车//结束对象的选择
指定基点或[位移(D)]<位移>: //单击绘图窗口内的任意一点
指定第二个点或<使用第一个点作为位移>:@ 123,0 回车//输入点的相对坐标
```

拉伸结果如图 2-3 所示。

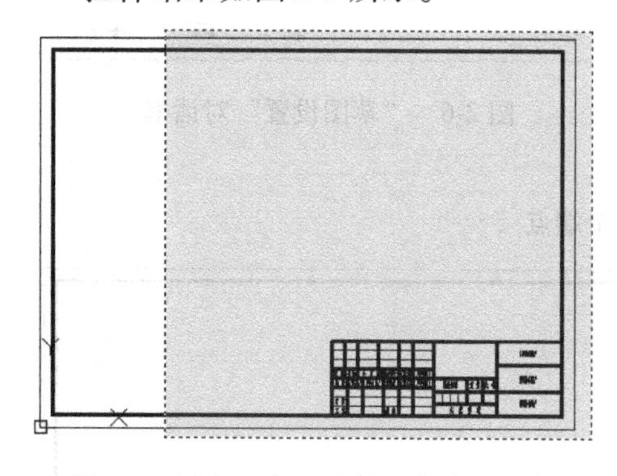

图 2-2　用交叉窗口选择要拉伸的对象

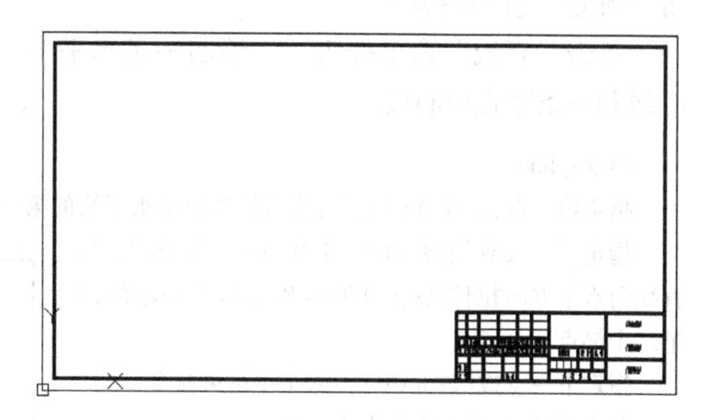

图 2-3　水平方向拉伸的结果

按<Enter>键重复执行拉伸命令。

```
命令:回车
STRETCH
以交叉窗口或交叉多边形选择要拉伸的对象...
选择对象://用交叉窗口的方式选中 A4 幅面的上半部,如图 2-4 所示
```

指定对角点：找到 2 个

选择对象：回车//结束对象的选择

指定基点或[位移(D)]<位移>：//单击绘图窗口内的任意一点

指定第二个点或<使用第一个点作为位移>：@0,87 //输入点的相对坐标

拉伸结果如图 2-5 所示。

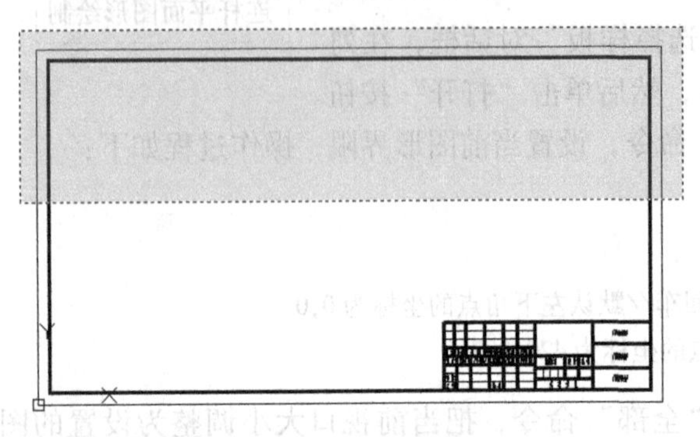

图 2-4　用交叉窗口选择图形的上半部

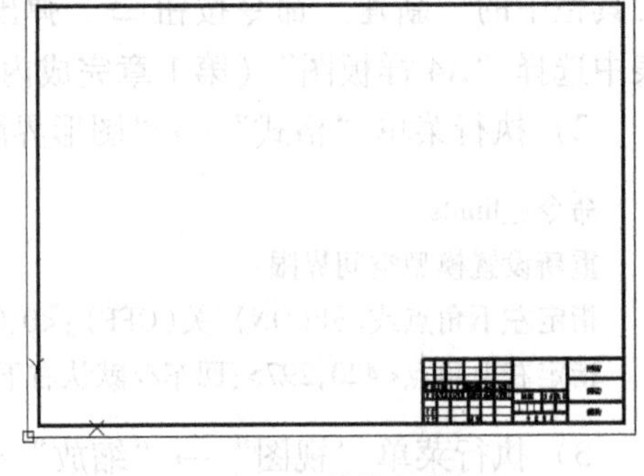

图 2-5　拉伸结果

4）选择中心线层为当前图层。打开 AutoCAD 2018 状态栏中的功能按钮“极轴”、“对象捕捉”和“对象追踪”。在“极轴”按钮上单击右键，在出现的悬浮菜单中选择“设置”命令，出现“草图设置”对话框，在对应的“极轴追踪”选项卡中选择附加角，单击“新建”按钮，增加一个 120°的极轴追踪角，如图 2-6 所示。单击“对象捕捉”，选择“端点”、“交点”和“切点”。单击“确定”按钮后退出。

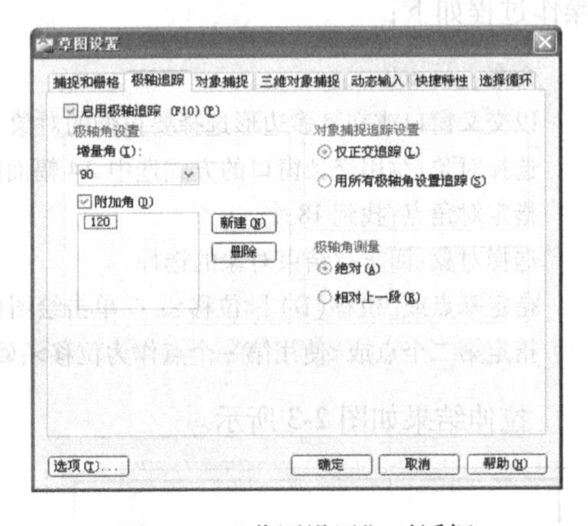

图 2-6　“草图设置”对话框

单击“直线”命令按钮，绘制一条水平中心线和一条竖直中心线。

命令：_line

指定第一点：//在 A3 图框内适当位置指定水平线的第一个端点

指定下一点或[放弃(U)]：130 回车//用鼠标将直线向水平方向拉伸，输入 130 以确定水平中心线的第二个端点

指定下一点或[放弃(U)]：回车//结束命令

命令：回车//重复执行直线命令。

LINE

指定第一点：//用鼠标指定竖直线的第一个端点

指定下一点或[放弃(U)]：//用鼠标指定竖直线的第二个端点

指定下一点或[放弃(U)]：回车//结束命令

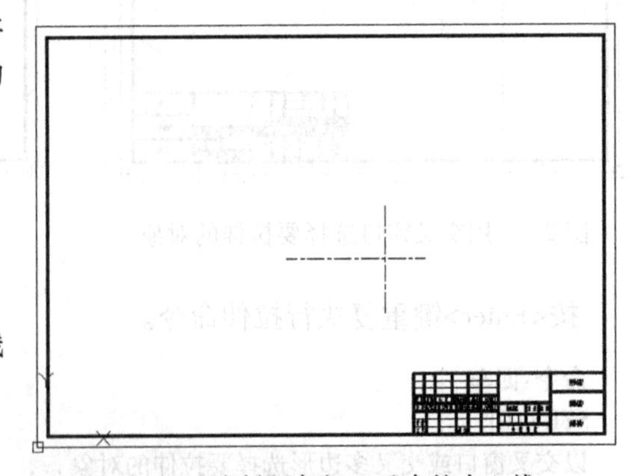

图 2-7　绘制两条相互垂直的中心线

结果如图 2-7 所示。

5)选择粗实线层为当前图层。单击“圆”命令按钮，绘制直径为 20 和 60 的两个圆。

命令:_circle
指定圆的圆心或[三点(3P)/两点(2P)/切点、切点、半径(T)]://捕捉中心线的交点作为该圆的圆心
指定圆的半径或[直径(D)]:10 回车//输入 10 以确定圆的半径
按回车键重复执行圆的命令
命令:回车
CIRCLE
指定圆的圆心或[三点(3P)/两点(2P)/切点、切点、半径(T)]://捕捉中心线的交点作为该圆的圆心
指定圆的半径或[直径(D)]<10>:30 回车//输入 30 以确定圆的半径

结果如图 2-8 所示。

6）单击“多边形”命令按钮，绘制外切于圆的正六边形。

命令:_polygon 输入侧面数<4>:6 回车//输入边数 6 以绘制正六边形
指定正多边形的中心点或[边(E)]://捕捉中心线交点为正多边形的中心点
输入选项[内接于圆(I)/外切于圆(C)]<I>:C 回车//输入 C 以绘制外切于圆的正六边形
指定圆的半径:18 回车//输入半径值 18

结果如图 2-9 所示。

图 2-8　绘制两个圆　　　　图 2-9　绘制外切正六边形

7）单击“偏移”命令按钮，将竖直中心线向左偏移 90。

命令:_offset
当前设置:删除源=否　图层=源　OFFSETGAPTYPE=0
指定偏移距离或[通过(T)/删除(E)/图层(L)]<通过>:90 回车//输入偏移值为 90
选择要偏移的对象,或[退出(E)/放弃(U)]<退出>://选择竖直中心线为偏移对象
指定要偏移的那一侧上的点,或[退出(E)/多个(M)/放弃(U)]<退出>://在竖直中心线的左侧任意位置单击
选择要偏移的对象,或[退出(E)/放弃(U)]<退出>:回车//结束命令

8）将中心线层设为当前层，单击“直线”命令按钮，绘制一条与水平中心线夹角为 120°的倾斜中心线。

命令:_line 指定第一点://捕捉左侧竖直中心线与水平中心线的交点
指定下一点或 [放弃(U)]:130 回车//通过极轴追踪追踪到与水平中心线夹角为 120°的极轴方向,然后输入 130 以确定倾斜中心线的长度
指定下一点或[放弃(U)]:回车//结束命令

结果如图 2-10 所示。

9）单击“旋转”命令按钮，将偏移得到的竖直中心线绕与水平中心线的交点顺时针旋转 60°。

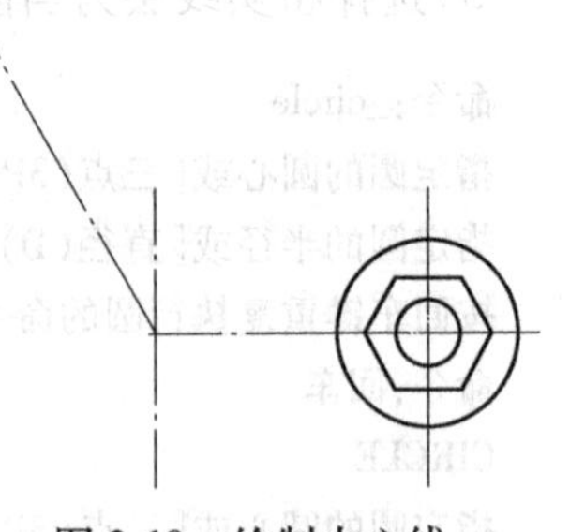
图 2-10　绘制中心线

命令:_rotate
UCS 当前的正角方向:ANGDIR=逆时针 ANGBASE=0
选择对象:找到 1 个//选择左侧竖直中心线
选择对象:回车//结束对象的选择
指定基点://捕捉竖直中心线与水平中心线的交点
指定旋转角度,或[复制(C)/参照(R)]<0>:-60 回车//输入-60 使所选中的对象顺时针旋转 60°

10）单击“偏移”命令按钮，将旋转得到的中心线向斜上方偏移 90。

命令:_offset
当前设置:删除源=否 图层=源 OFFSETGAPTYPE=0
指定偏移距离或[通过(T)/删除(E)/图层(L)]<90>:90 回车//输入偏移值 90
选择要偏移的对象,或[退出(E)/放弃(U)]<退出>://选择由上步旋转得到的中心线
指定要偏移的那一侧上的点,或[退出(E)/多个(M)/放弃(U)]<退出>://在中心线的上方任意位置单击
选择要偏移的对象,或[退出(E)/放弃(U)]<退出>:回车//结束命令

结果如图 2-11 所示。

11）将粗实线层设为当前层，单击“圆”命令按钮，绘制两个直径为 60 的圆。

命令:_circle
指定圆的圆心或[三点(3P)/两点(2P)/切点、切点、半径(T)]://捕捉交点 *A*
指定圆的半径或[直径(D)]<10>:30 回车//输入圆的半径值
按回车键重复执行画圆的命令。
命令:回车
CIRCLE
指定圆的圆心或[三点(3P)/两点(2P)/切点、切点、半径(T)]://捕捉交点 *B*
指定圆的半径或[直径(D)]<30>:回车//默认圆的半径值为 30

结果如图 2-12 所示。

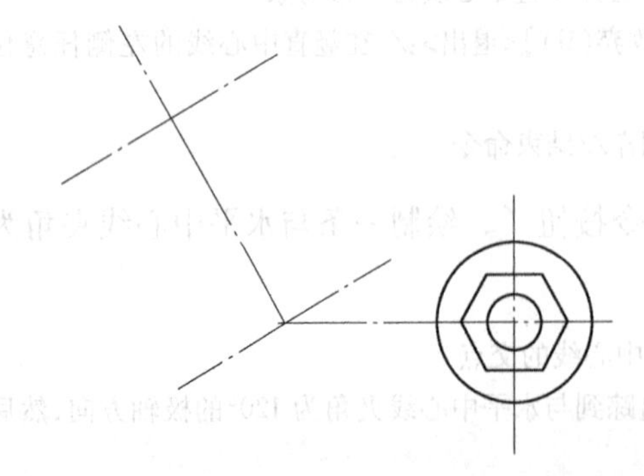
图 2-11　旋转、偏移中心线

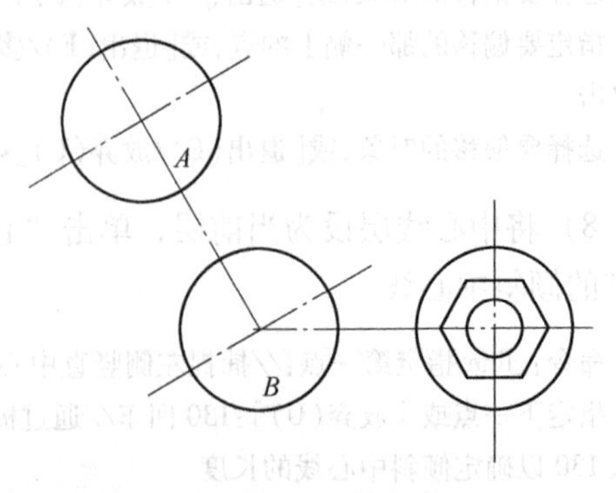

图 2-12　绘制两个圆

12）单击“直线”命令按钮，绘制 3 条切线。

命令:_line

指定第一点://在圆心为 *A* 的圆的左侧圆弧上捕捉切点

指定下一点或[放弃(U)]://在圆心为 *B* 的圆的左侧圆弧捕捉切点

指定下一点或 [放弃(U)]:回车//结束命令

按回车键重复执行直线命令。

命令:回车

LINE

指定第一点://在圆心为 *B* 的圆的下半圆弧上捕捉切点

指定下一点或[放弃(U)]://在右边大圆的下半圆弧上捕捉切点

指定下一点或[放弃(U)]:回车//结束命令

按回车键重复执行直线命令。

命令:回车

LINE 指定第一点://在右边大圆的右侧圆弧上捕捉切点

指定下一点或[放弃(U)]://在圆心为 *A* 的圆的右侧圆弧上捕捉切点

指定下一点或[放弃(U)]:回车//结束命令

结果如图 2-13 所示。

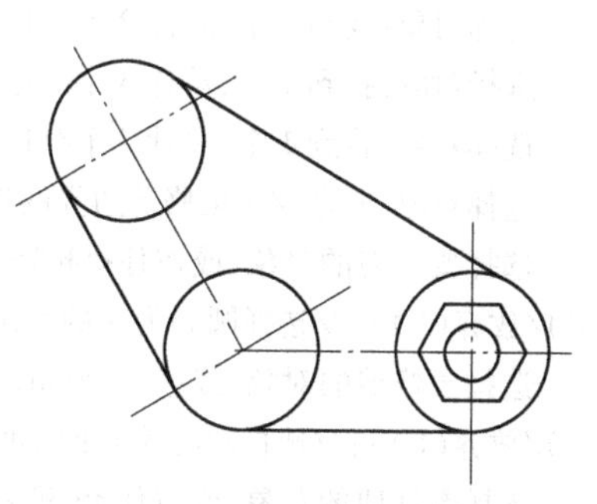

图 2-13　绘制 3 条切线

13）单击“偏移”命令按钮，将步骤 10）得到的中心线向斜下方偏移 60。

命令:_offset.

当前设置:删除源=否 图层=源 OFFSETGAPTYPE=0

指定偏移距离或[通过(T)/删除(E)/图层(L)]<90>:60 回车//输入偏移值为 60

选择要偏移的对象,或[退出(E)/放弃(U)]<退出>://选择步骤 10)得到的中心线

指定要偏移的那一侧上的点,或[退出(E)/多个(M)/放弃(U)]<退出>:
//在该中心线下方任意指定一点

选择要偏移的对象,或[退出(E)/放弃(U)]<退出>:回车//结束命令

14）单击“圆”命令按钮，画两个直径为 20 的圆。

命令:_circle

指定圆的圆心或[三点(3P)/两点(2P)/切点、切点、半径(T)]://捕捉交点 *A*

指定圆的半径或[直径(D)]<30>:10 回车//输入圆的半径值 10

命令:回车

CIRCLE

指定圆的圆心或[三点(3P)/两点(2P)/切点、切点、半径(T)]://捕捉交点 *C*

指定圆的半径或[直径(D)]<10>:回车//默认圆的半径值为 10

15)单击“直线”命令按钮,绘制两条切线

命令:_line 指定第一点://在圆心为 *A* 的小圆的左侧圆弧上捕捉切点

指定下一点或[放弃(U)]://在圆心为 *C* 的小圆的左侧圆弧上捕捉切点

指定下一点或[放弃(U)]://按回车或空格键结束命令

按回车键重复执行直线命令。
命令:回车
LINE
指定第一点://在圆心为 *A* 的小圆的右侧圆弧上捕捉切点
指定下一点或[放弃(U)]://在圆心为 *C* 的小圆的右侧圆弧上捕捉切点
指定下一点或[放弃(U)]:回车//结束命令

结果如图 2-14 所示。

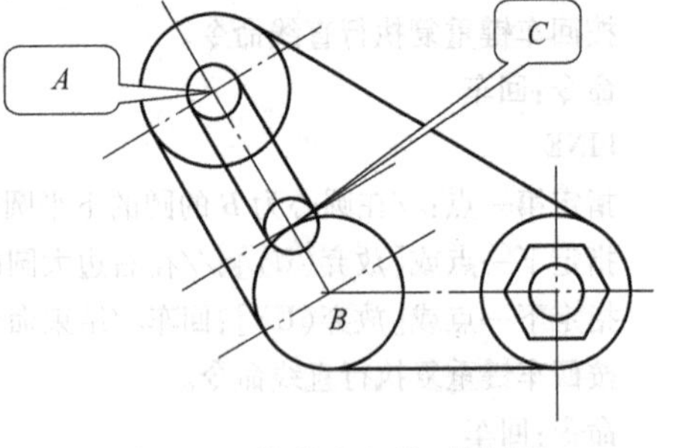

图 2-14　偏移中心线、绘制两个圆和两条切线

16)单击"修剪"命令按钮,修剪多余的线条。

命令:_trim
当前设置:投影=UCS,边=无
选择剪切边...
选择对象或<全部选择>: 找到 1 个//选择直线 1
选择对象:找到 1 个,总计 2 个//选择直线 2
选择对象:找到 1 个,总计 3 个//选择直线 3
选择对象:找到 1 个,总计 4 个//选择直线 4
选择对象:回车//结束修剪边界的选择
选择要修剪的对象,或按住<Shift>键选择要延伸的对象,或[栏选(F)/窗交(C)/投影(P)/边(E)/删除(R)/放弃(U)]://选择圆心为 *A* 的小圆的无用部分
选择要修剪的对象,或按住<Shift>键选择要延伸的对象,或[栏选(F)/窗交(C)/投影(P)/边(E)/删除(R)/放弃(U)]://选择圆心为 *C* 的小圆的无用部分
选择要修剪的对象,或按住<Shift>键选择要延伸的对象,或[栏选(F)/窗交(C)/投影(P)/边(E)/删除(R)/放弃(U)]://选择圆心为 *A* 的大圆的无用部分
选择要修剪的对象,或按住<Shift>键选择要延伸的对象,或[栏选(F)/窗交(C)/投影(P)/边(E)/删除(R)/放弃(U)]://选择圆心为 *B* 的大圆的无用部分
选择要修剪的对象,或按住<Shift>键选择要延伸的对象,或[栏选(F)/窗交(C)/投影(P)/边(E)/删除(R)/放弃(U)]:回车//结束命令
按回车键重复执行修剪命令
命令:回车
TRIM
当前设置:投影=UCS,边=无
选择剪切边...
选择对象或<全部选择>:找到 1 个//选择直线 2
选择对象:找到 1 个,总计 2 个//选择直线 5
选择对象://回车结束修剪边界的选择
选择要修剪的对象,或按住<Shift>键选择要延伸的对象,或[栏选(F)/窗交(C)/投影(P)/边(E)/删除(R)/放弃(U)]://选择圆心为 *A* 的大圆的无用部分
选择要修剪的对象,或按住<Shift>键选择要延伸的对象,或[栏选(F)/窗交(C)/投影(P)/边(E)/删除(R)/放弃(U)]:回车//结束命令

结果如图 2-15 所示。

17) 将虚线层设置为当前层，单击 "圆弧" 命令按钮，画不可见的轮廓线。

命令:_arc 指定圆弧的起点或[圆心(C)]://捕捉切点 *D*
指定圆弧的第二个点或[圆心(C)/端点(E)]:C 回车//输入 C 以指定圆弧圆心
指定圆弧的圆心://捕捉圆心 *A*
指定圆弧的端点或[角度(A)/弦长(L)]://捕捉切点 *E*

结果如图 2-16 所示。

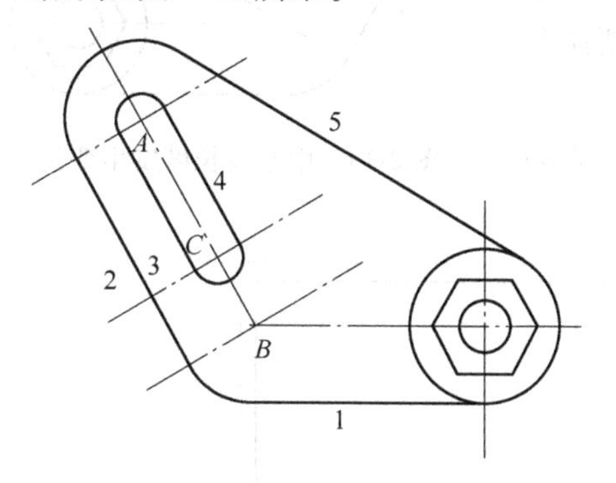

图 2-15 修剪无用图线

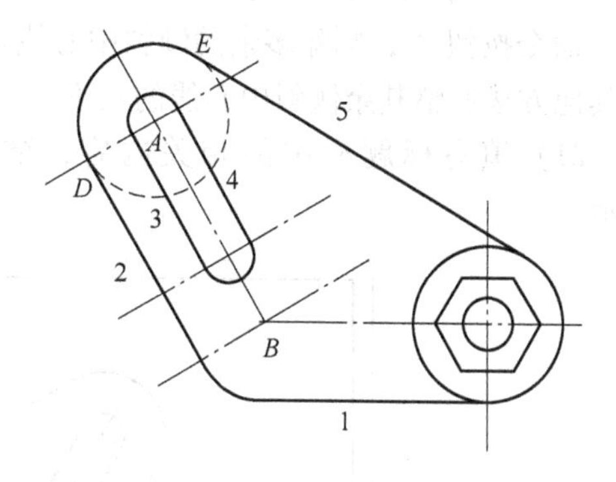

图 2-16 绘制圆弧

18）单击“修剪”命令按钮，修剪多余的线条。

命令:_trim
当前设置:投影=UCS,边=无
选择剪切边...
选择对象或<全部选择>:找到 1 个//选择直线 3
选择对象:找到 1 个,总计 2 个//选择直线 4
选择对象:回车//结束修剪边界的选择
选择要修剪的对象,或按住<Shift>键选择要延伸的对象,或[栏选(F)/窗交(C)/投影(P)/边(E)/删除(R)/放弃(U)]://选择直线 3 和直线 4 间的圆弧段
选择要修剪的对象,或按住<Shift>键选择要延伸的对象,或[栏选(F)/窗交(C)/投影(P)/边(E)/删除(R)/放弃(U)]:回车//结束命令

结果如图 2-17 所示。

19）关闭对象捕捉模式。利用直线的“夹点”特性调整竖直中心线的长度。

单击图 2-17 中的竖直中心线，在该线段的中心和两端会出现“夹点”，如图 2-18 所示。

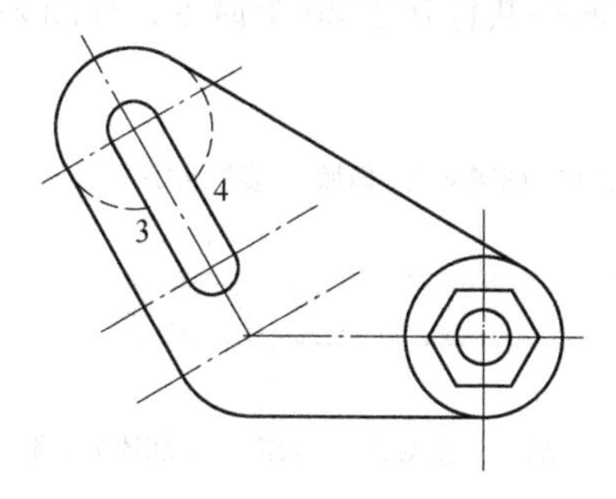

图 2-17 修剪多余圆弧段

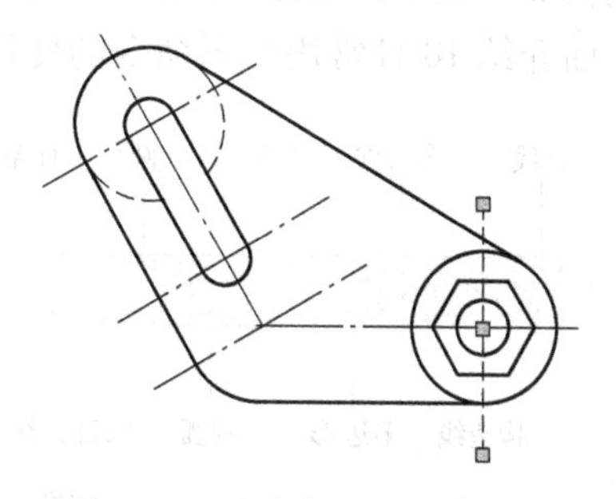

图 2-18 “夹点”显示中心线

单击线段下端的“夹点”使其亮显，该“夹点”将会随着光标的移动而移动。将光标移动到合适的位置，单击鼠标，再按<Esc>键，线段的长度将会缩短，结果如图 2-19 所示。

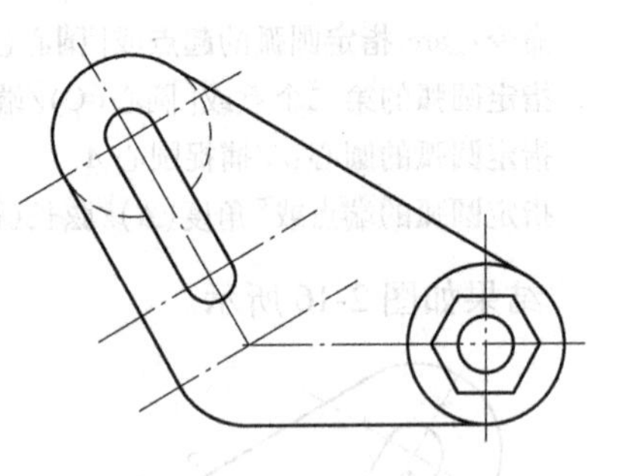

图 2-19　中心线长度发生变化

20）用同样的方法调整水平中心线长度。单击“删除”命令按钮，删除多余的倾斜中心线。用打断命令或其他方法调整其余倾斜中心线的长度。

21）填写标题栏中的相关内容，结果如图 2-20 所示。

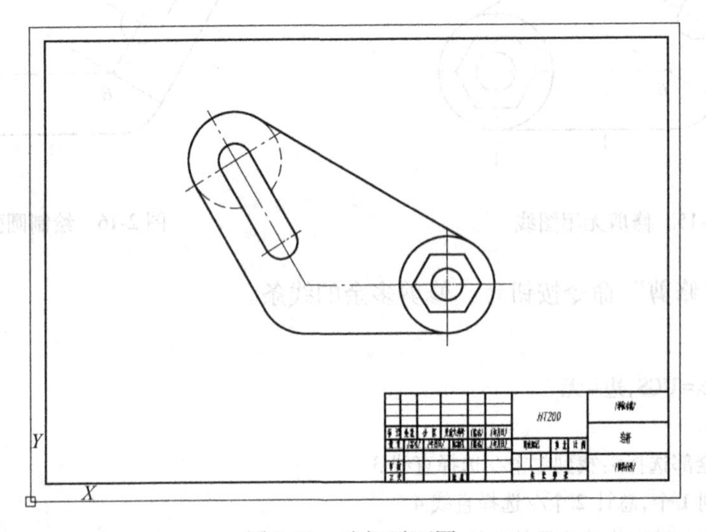

图 2-20　连杆平面图

22）以“连杆.dwg”为文件名保存此图形文件。

2.3　知识要点及拓展

2.3.1　常用绘图命令的使用

绘制二维图形时，可以直接单击绘图工具栏内的命令按钮来执行命令，这种方法既方便、又快捷。在 AutoCAD 2018 中，“绘图”工具栏里面一共包含了 20 个命令，如图 2-21 所示，下面介绍 10 种常用绘图命令的使用。

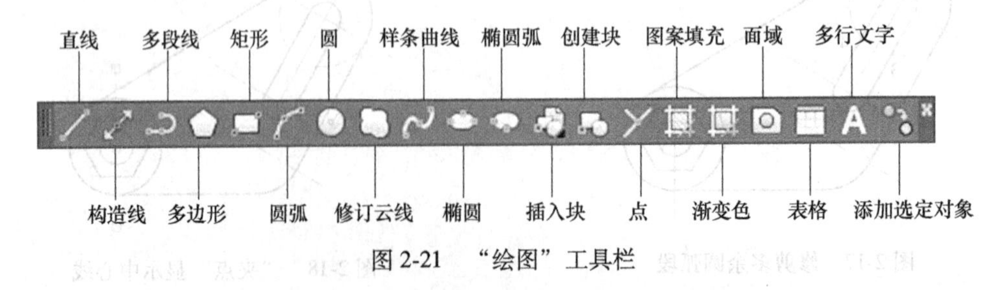

图 2-21　“绘图”工具栏

1. 直线

“直线”是绘图过程中最常用的一种绘图工具。在 AutoCAD 中，可以指定二维坐标（X，Y）或三维坐标（X，Y，Z）来确定直线的端点，当输入的坐标值为二维坐标时，系统将默认该点的 Z 坐标为零。单击“直线”命令按钮，操作如下：

命令:_line

指定第一点:50,50 回车//输入直线的起点坐标

指定下一点或[放弃(U)]:@50,20 回车//输入端点的相对坐标

指定下一点或[放弃(U)]:回车//结束命令

结果如图 2-22 所示。

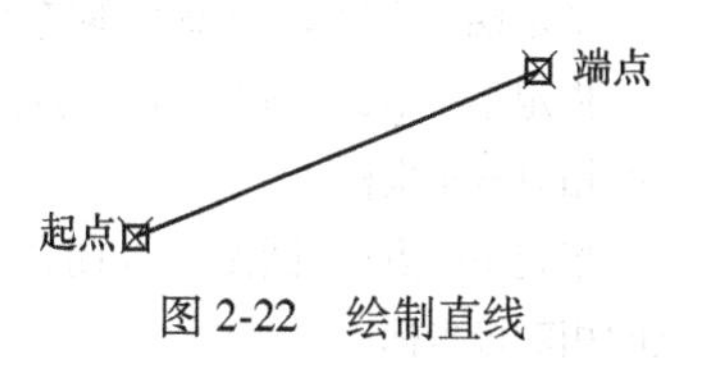

图 2-22　绘制直线

2. 构造线

构造线是向两端无限延伸的直线。构造线在绘图过程中可用做辅助线。单击“构造线”命令按钮，操作如下：

命令:_xline

指定点或[水平(H)/垂直(V)/角度(A)/二等分(B)/偏移(O)]:50,50 回车//输入构造线 1 通过的第一个点坐标

指定通过点://指定构造线 1 的第二个通过点

指定通过点://指定构造线 2 的第二个通过点

指定通过点://指定构造线 3 的第二个通过点

指定通过点:回车//结束命令

结果如图 2-23 所示。

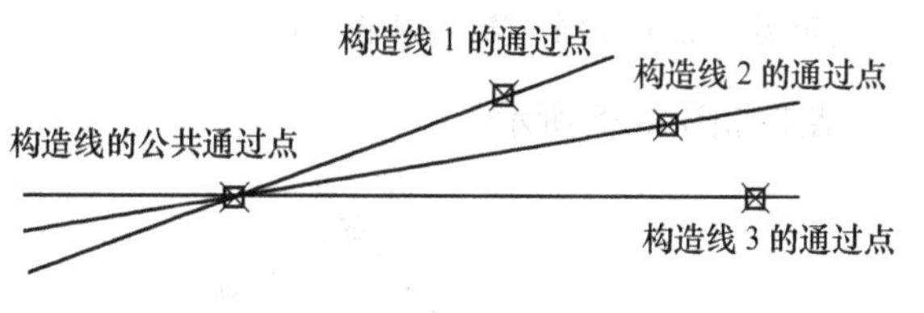

图 2-23　绘制 3 条构造线

3. 多段线

二维多段线是作为单个平面对象创建的相互连接的线段序列。可以创建直线段、圆弧段或是两者的组合线段。单击“多段线”命令按钮，操作如下：

命令:_pline

指定起点:50,50 回车//输入多段线的起点坐标

当前线宽 0.0000

指定下一个点或[圆弧(A)/半宽(H)/长度(L)/放弃(U)/宽度(W)]:H 回车//输入 H 以指定多段线的半宽

指定起点半宽<0.0000>:0.6 回车//输入起点半宽 0.6

指定端点半宽<0.6000>:回车//默认端点半宽为 0.6

指定下一个点或[圆弧(A)/半宽(H)/长度(L)/放弃(U)/宽度(W)]:A 回车//输入 A 切换到圆弧模式

指定圆弧的端点或[角度(A)/圆心(CE)/方向(D)/半宽(H)/直线(L)/半径(R)/第二个点(S)/放弃(U)/宽度(W)]:R 回车//输入 R 以指定圆弧半径

指定圆弧的半径:30 回车//输入圆弧半径 30

指定圆弧的端点或[角度(A)]:A 回车//输入 A 以指定圆弧的角度

指定包含角:60 回车//输入圆弧包含角 60

指定圆弧的弦方向<175>:30 回车//输入圆弧的弦与水平方向夹角 30°,以确定第二点的位置

指定圆弧的端点或[角度(A)/圆心(CE)/闭合(CL)/方向(D)/半宽(H)/直线(L)/半径(R)/第二个点(S)/放弃(U)/宽度(W)]:l 回车//输入 l 切换到直线模式

指定下一点或[圆弧(A)/闭合(C)/半宽(H)/长度(L)/放弃(U)/宽度(W)]:w 回车//输入 w 以指定直线宽度

指定起点宽度<0.6000>:0.3 回车//输入直线起点宽度 0.3

指定端点宽度<0.0000>:回车//默认端点宽度为 0.3

指定下一点或[圆弧(A)/闭合(C)/半宽(H)/长度(L)/放弃(U)/宽度(W)]:@20,20 回车//输入第三点的相对直角坐标

指定下一点或[圆弧(A)/闭合(C)/半宽(H)/长度(L)/放弃(U)/宽度(W)]:@20<-30 回车//输入第四点的相对极坐标

指定下一点或[圆弧(A)/闭合(C)/半宽(H)/长度(L)/放弃(U)/宽度(W)]:回车//结束命令

结果如图 2-24 所示。

4. 多边形

在 AutoCAD 2018 中使用多边形命令可以创建 3～1024 条等长边的闭合曲线。单击"多边形"命令按钮⬠，操作如下：

命令:_polygon

输入侧面数<4>:6 回车//绘制正六边形

指定正多边形的中心点或[边(E)]:50,50 回车//输入正六边形中心点坐标

输入选项[内接于圆(I)/外切于圆(C)]<I>:回车//默认绘制内接于圆的正六边形

指定圆半径:15 回车//输入圆半径 15

结果如图 2-25 所示。

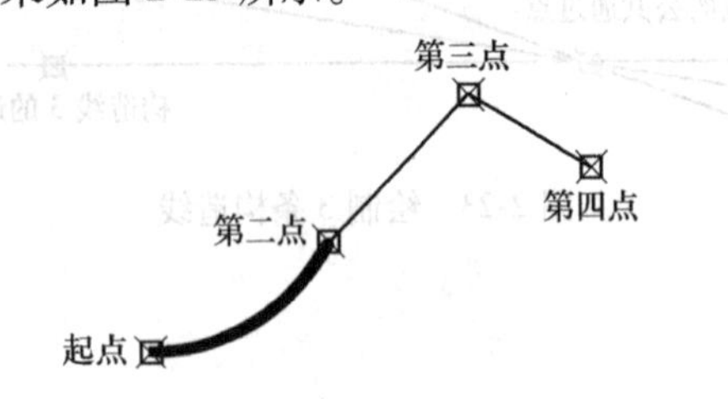

图 2-24 绘制 3 条线段相连接的多段线

图 2-25 正六边形

外切正六边形的画法与内接正六边形画法类同，此处不再赘述。

☞提示：

对于创建好的正多边形来说，它是一个整体，如需单独对某条边进行编辑，必须先对它进行分解。

5. 矩形

单击"矩形"命令按钮▭，具体绘图过程详见 1.3 节。

6. 圆弧

在 AutoCAD 2018 中绘制圆弧，可以指定圆心、起点、端点、半径、角度、弦长和方向的各种组合形式，共有 10 种方法。执行"绘图"→"圆弧"命令，弹出如图 2-26 所示的

子菜单。下面介绍 3 种常用绘制圆弧的方法。

（1）指定三点绘制圆弧

单击“圆弧”命令按钮，操作如下：

命令:_arc
指定圆弧的起点或[圆心(C)]:50,50 回车//输入圆弧起点坐标
指定圆弧的第二个点或[圆心(C)/端点(E)]://任意指定第二点
指定圆弧的端点://任意指定第三点

结果如图 2-27 所示。

图 2-26　“圆弧”绘制方法

☞**提示：**

用户也可以执行“绘图”→“圆弧”→“三点”命令来三点绘制圆弧。

（2）指定起点、圆心、端点绘制圆弧

执行“绘图”→“圆弧”→“起点、圆心、端点”命令，操作如下：

命令:_arc
指定圆弧的起点或[圆心(C)]:50,50 回车//输入圆弧起点坐标
指定圆弧的第二个点或[圆心(C)/端点(E)]:_C
指定圆弧的圆心://任意指定一点为圆心
指定圆弧的端点或[角度(A)/弦长(L)]://任意指定一点为圆弧端点

结果如图 2-28 所示。

图 2-27　三点绘制圆弧

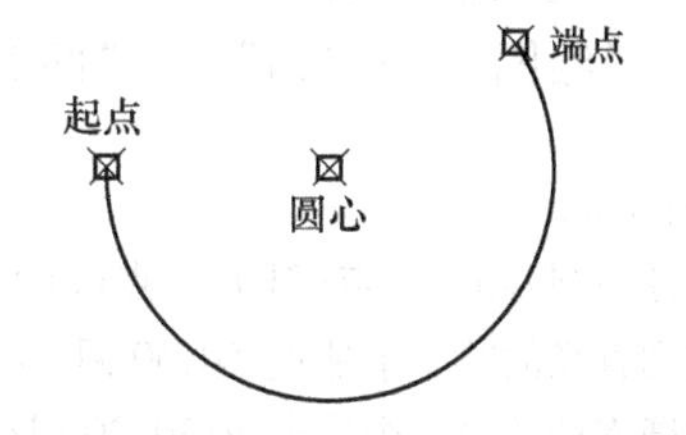

图 2-28　指定起点、圆心、端点绘制圆弧

☞**提示：**

用户也可以先在“绘图”工具栏单击“圆弧”命令按钮，然后在命令行里面输入相应的参数实现通过指定起点、圆心、端点绘制圆弧。

（3）指定起点、端点、半径绘制圆弧

执行“绘图”→“圆弧”→“起点、端点、半径”命令，操作如下：

命令:_arc
指定圆弧的起点或[圆心(C)]:50,50 回车//输入圆弧起点坐标
指定圆弧的第二个点或[圆心(C)/端点(E)]:_E
指定圆弧的端点://任意指定一点为圆弧端点
指定圆弧的圆心或[角度(A)/方向(D)/半径(R)]:_R
指定圆弧的半径: 30 回车//输入圆弧半径 30

结果如图 2-29 所示。

7. 圆

用户可以通过指定圆心、半径、直径、圆周上的点和其他对象上点的不同组合来创建圆，一共 6 种方法。执行“绘图”→“圆”命令，弹出如图 2-30 所示的子菜单。下面介绍其中 4 种常用圆的绘制方法。

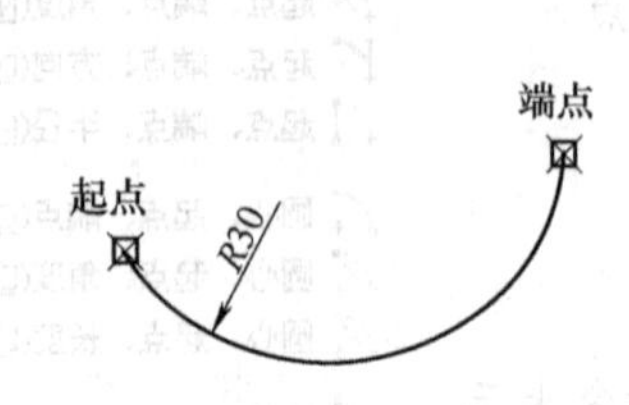

图 2-29　指定起点、端点、半径绘制圆弧

圆心、半径(R)
圆心、直径(D)
两点(2)
三点(3)
相切、相切、半径(T)
相切、相切、相切(A)

图 2-30　“圆”的绘制方法

（1）指定圆心、半径绘制圆

单击“圆”命令按钮，操作如下：

```
命令:_circle
指定圆的圆心或[三点(3P)/两点(2P)/切点、切点、半径(T)]:50,50 回车//输入圆心坐标
指定圆的半径或[直径(D)]:30 回车//输入圆的半径 30
```

结果如图 2-31 所示。

（2）指定两点绘制圆

执行“绘图”→“圆”→“两点”命令，操作如下：

```
命令:_circle
指定圆的圆心或[三点(3P)/两点(2P)/切点、切点、半径(T)]:_2p//选择二点绘制圆
指定圆直径的第一个端点:50,50 回车//输入直径上第一个端点的绝对直角坐标
指定圆直径的第二个端点:@ 30,30 回车//输入直径上另一端点的相对直角坐标
```

结果如图 2-32 所示。

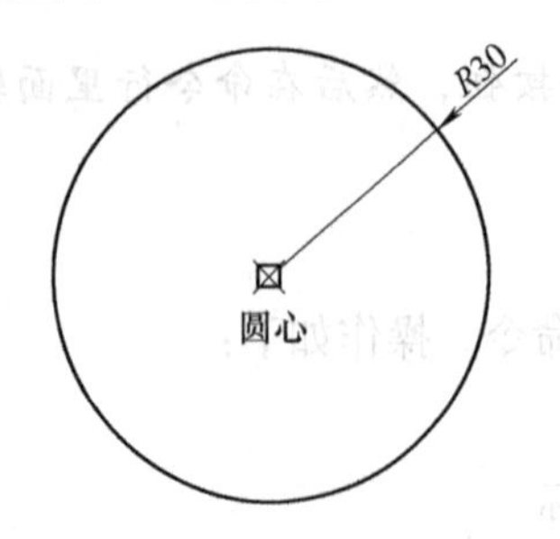

图 2-31　指定圆心、半径绘制圆

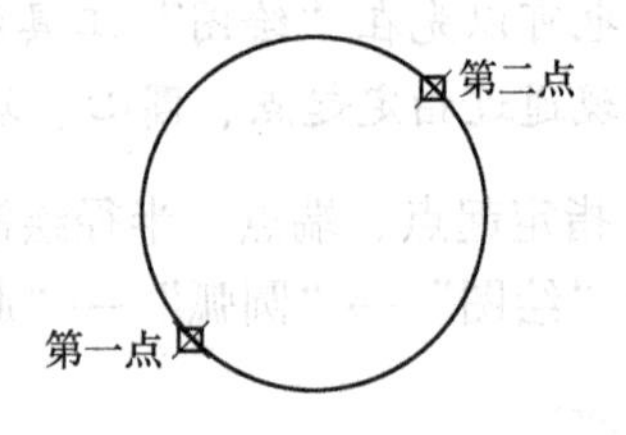

图 2-32　指定两点绘制圆

（3）指定三点绘制圆

打开源文件“例图 2-33a”，执行“绘图”→“圆”→“三点”命令，操作如下：

命令:_circle
指定圆的圆心或[三点(3P)/两点(2P)/切点、切点、半径(T)]:_3P//三点绘制圆
指定圆上的第一个点://捕捉四边形的第一个角点
指定圆上的第二个点://捕捉四边形的第二个角点
指定圆上的第三个点://捕捉四边形的第三个角点

结果如图2-33b所示。

(4) 指定切点、切点、半径绘制圆

打开源文件“例图2-34a”，执行“绘图”→“圆”→“相切、相切、半径”命令，操作如下：

命令:_circle
指定圆的圆心或[三点(3P)/两点(2P)/切点、切点、半径(T)]:_TTR//选择指定切点、切点、半径绘制圆
指定对象与圆的第一个切点://在矩形竖直边上任意指定一点
指定对象与圆的第二个切点://在矩形水平边上任意指定一点
指定圆的半径<20.0000>:15 回车//输入圆半径15

结果如图2-34b所示。

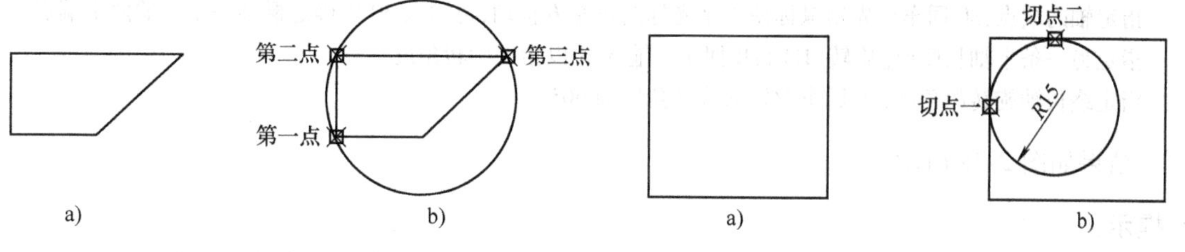

图2-33　指定三点绘制圆　　图2-34　指定切点、切点、半径绘制圆

☞**提示：**

通过执行菜单方式绘制圆，除以上介绍的几种方法，还可通过指定切点、切点、切点绘制等其他方法。

8. 样条曲线

样条曲线是经过或接近一系列给定点的光滑曲线，多用于曲面造型和三维建模中。执行“绘图”→“样条曲线”命令，弹出如图2-35所示的子菜单。根据该子菜单得知，用户可指定拟合点或控制点绘制样条曲线。

拟合点(F)
控制点(C)

图2-35　“样条曲线”的绘制方法

单击“样条曲线”命令按钮，操作如下：

命令:_spline
当前设置:方式=拟合　节点=弦//以拟合方式画样条曲线
指定第一个点或[方式(M)/节点(K)/对象(O)]:50,50 回车//指定起点
输入下一个点或[起点切向(T)/公差(L)]://任意指定第二点
输入下一个点或[端点相切(T)/公差(L)/放弃(U)/闭合(C)]://任意指定第三点
输入下一个点或[端点相切(T)/公差(L)/放弃(U)/闭合(C)]://任意指定终点
输入下一个点或[端点相切(T)/公差(L)/放弃(U)/闭合(C)]:回车//结束命令

结果如图 2-36 所示。

9. 椭圆

椭圆不同于圆，它由长轴和短轴决定其形状和大小。执行“绘图”→“椭圆”命令，弹出如图 2-37 所示的子菜单。根据该子菜单得知，椭圆的绘制方法有两种。

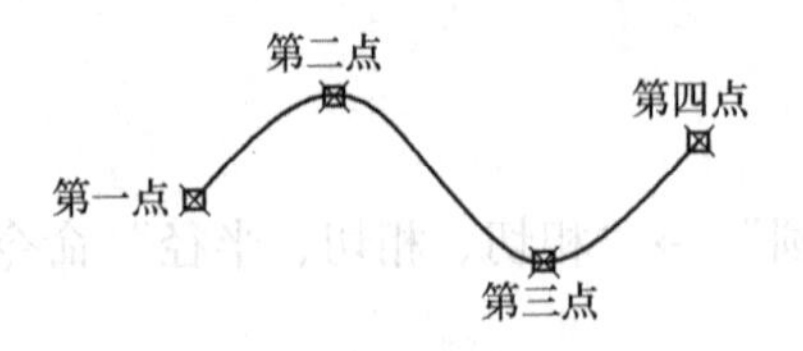

图 2-36 指定拟合点绘制样条曲线

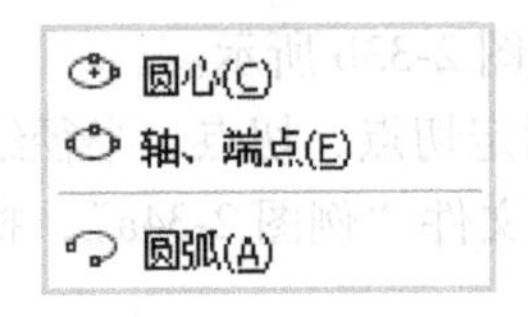

图 2-37 “椭圆”绘制方法

（1）指定圆心绘制椭圆

单击“椭圆”命令按钮，操作如下：

```
命令:_ellipse
指定椭圆的轴端点或[圆弧(A)/中心点(C)]:_C//指定圆心点绘制椭圆
指定椭圆的中心点:50,50 回车//输入椭圆圆心点坐标
指定轴的端点:30 回车//先用鼠标使十字光标向正左方移动,再输入 30 以确定椭圆一条轴的两个端点
指定另一条半轴长度或[旋转(R)]:R 回车//输入 R 以指定旋转角度
指定绕长轴旋转的角度:60 回车//输入旋转角度为 60°
```

结果如图 2-38 所示。

☞提示：

在上面绘制椭圆的命令行中，指定旋转角度的余弦值为椭圆短轴和长轴之比。

（2）指定轴、端点绘制椭圆

执行“绘图”→“椭圆”→“轴、端点”命令，操作如下：

```
命令:_ellipse
指定椭圆的轴端点或[圆弧(A)/中心点(C)]:50,50 回车//输入椭圆其中一条轴的端点坐标
指定轴的另一个端点:60 回车//先用鼠标使十字光标向正右方移动,再输入 60 以确定椭圆轴的另一个端点坐标
指定另一条半轴长度或[旋转(R)]:15 回车//先用鼠标使十字光标向正上方移动,再输入另一条半轴长度 15,结束椭圆的绘制
```

结果如图 2-39 所示。

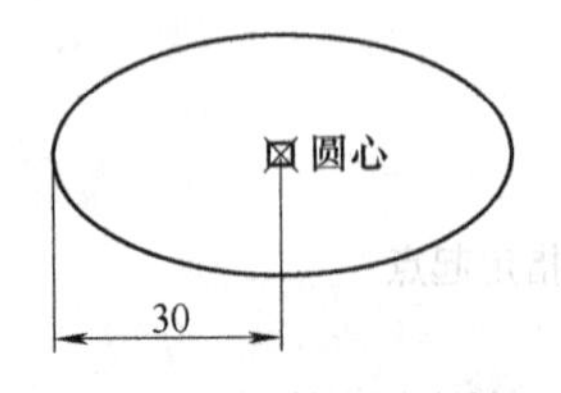

图 2-38 指定圆心绘制椭圆

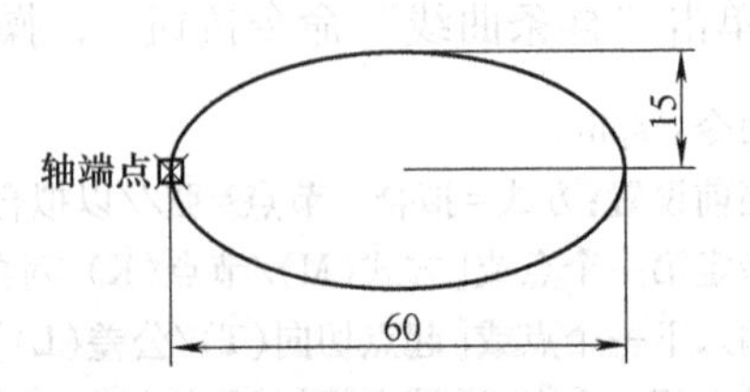

图 2-39 指定轴、端点绘制椭圆

10. 点

通过指定点的三维坐标可以确定点的位置，如果省略 z 坐标，则系统默认为当前标高。用户可以一次绘制一点，也可以一次绘制多点。执行“绘图”→“点”命令，弹出如图 2-40 所示的子菜单。

单点(S)
多点(P)
定数等分(D)
定距等分(M)

图 2-40 点的绘制方法

☞提示：

在命令行中输入“ELEV”可设置标高。设置好的标高只控制新对象，不影响已存在的对象，如将坐标系更改为世界坐标系（WCS）时，系统标高都将重置为 0。

（1）设定点的样式

在画图时往往需要不同样式和大小的点，此时可以通过设置点样式来进行更改。执行“格式”→“点样式”命令，弹出如图 2-41 所示的对话框。

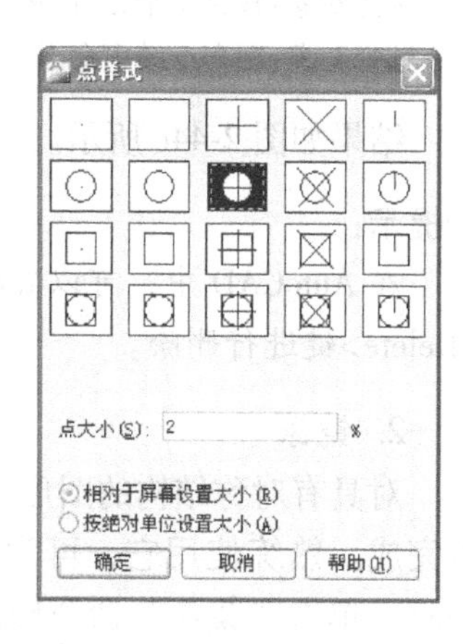

图 2-41 “点样式”对话框

通过对话框得知，一共有 20 种可供选择的点样式。点的大小有相对单位和绝对单位两种，选择其中一种，通过修改方框内的数值来对点的大小进行设置。

（2）点的绘制方法

设置点的样式，在对话框中选中⊠并设置点相对屏幕的大小为 20。单击“点”命令按钮□，操作如下：

```
命令:_point
当前点模式:PDMODE=35 PDSIZE=20.0000//点的样式为 35,点的大小为 20
指定点:50,50 回车//输入点的坐标
指定点://按<Esc>键终止命令
```

结果如图 2-42 所示。

图 2-42 绘制单个点

☞提示：

用户如果需要更改点的样式和大小，除了在点样式对话框中设置外，还可在命令行中输入“PDMODE”和“PDSIZE”来重新定义。

2.3.2 常用编辑命令的使用

在 AutoCAD 2018 中绘制图形时，可以直接单击“修改”工具栏上的命令按钮来执行相关编辑命令，如图 2-43 所示。下面介绍 14 种常用的编辑命令。

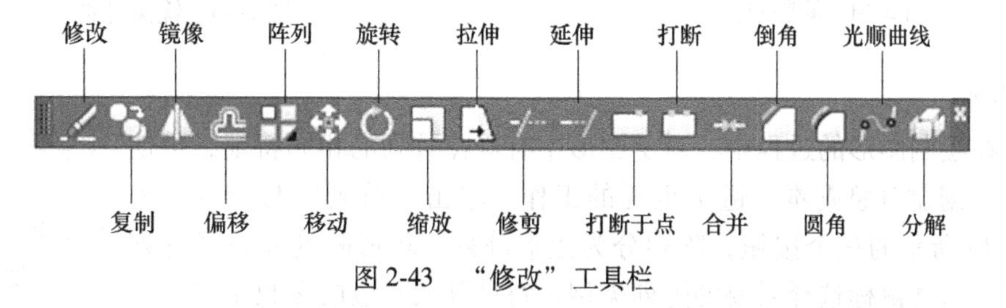

图 2-43 “修改”工具栏

1. 删除

在绘图过程中，有时会画错图线或需要去掉多余图线，可以利用删除命令将画错的图线删除。对于复杂的平面图形，经常要绘制多条辅助线，最后整理图形时可运用删除命令删除这些辅助线。打开源文件“例图 2-44a”，单击“删除”命令按钮，操作如下：

```
命令:_erase
选择对象:找到 1 个//选择图上方的样条曲线
选择对象:找到 1 个,总计 2 个//选择左边的圆
选择对象:找到 1 个,总计 3 个//选择右边的圆
选择对象:找到 1 个,总计 4 个//选择正三角形,结果如图 2-44b 所示
选择对象:回车//结束命令
```

结果如图 2-44c 所示。

☞**提示：**

在 AutoCAD 中，可以直接先选中对象，再执行删除命令，也可以在选中对象之后，按<Delete>键进行删除。

2. 镜像

对具有对称结构的图形，用户在绘制的过程中可以只绘制一半，另外一半用镜像命令即可完成。熟练使用它，可为用户节约大量的时间，提高绘图效率。打开源文件“例图 2-45a”，单击“镜像”命令按钮，操作如下：

```
命令:_mirror
选择对象:找到 1 个//选择三角形为镜像对象
选择对象:回车//结束对象的选择
指定镜像线的第一点://捕捉矩形右边竖直边的上端点
指定镜像线的第二点://捕捉矩形右边竖直边的下端点
要删除源对象吗? [是(Y)/否(N)]<N>:回车//默认不删除源对象,并结束命令
```

结果如图 2-45b 所示。

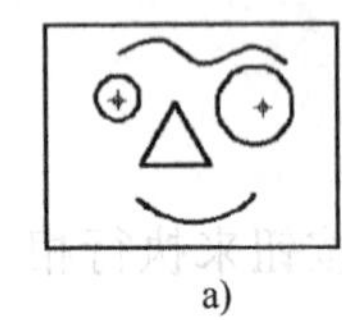
a)
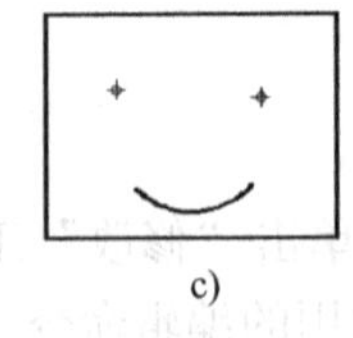
b)
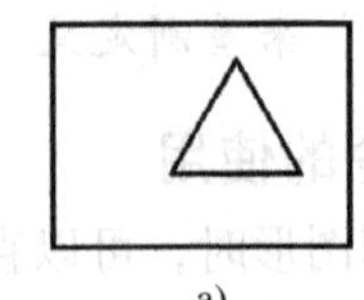
c)

图 2-44　删除对象

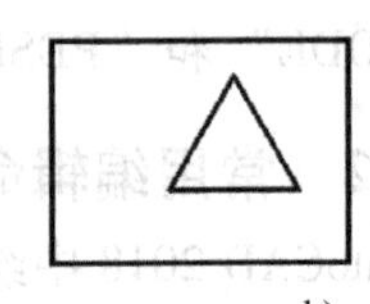
a)

b)

图 2-45　镜像对象

3. 阵列

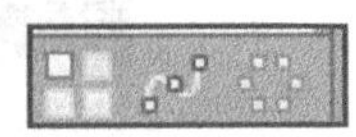
图 2-46　“阵列”类型按钮

用户在绘制图形的过程中，对于图形中有规律排列的相同特征，可使用阵列命令创建对象副本，避免重复的工作。单击“阵列”按钮，弹出如图 2-46 所示的三个按钮，阵列分为矩形阵列、环形阵列和路径阵列三种类型，移动鼠标选择需要的阵列类型。每种阵列对应的参数不同。矩形阵列可以控制行数和列数。环形阵列可以控制对象副本的数目并决定是否旋转副本。路径

阵列可以控制距离及个数。

（1）矩形阵列

打开源文件“例图 2-47a”，单击“阵列”命令按钮，操作如下：

命令：_arrayrect

选择对象：找到 1 个//如图 2-47a 所示

选择对象：//回车

类型 = 矩形　关联 = 是

选择夹点以编辑阵列或［关联(AS)/基点(B)/计数(COU)/间距(S)/列数(COL)/行数(R)/层数(L)/退出(X)］<退出>：COL//选择列数(COL)

输入列数数或［表达式(E)］<4>：4//输入列数

指定 列数 之间的距离或［总计(T)/表达式(E)］<9.5734>：8//输入距离

选择夹点以编辑阵列或［关联(AS)/基点(B)/计数(COU)/间距(S)/列数(COL)/行数(R)/层数(L)/退出(X)］<退出>：R//选择行数(R)

输入行数数或［表达式(E)］<3>：4//输入行数

指定 行数 之间的距离或［总计(T)/表达式(E)］<5.5795>：8//输入距离

指定 行数 之间的标高增量或［表达式(E)］<0>：//回车

选择夹点以编辑阵列或［关联(AS)/基点(B)/计数(COU)/间距(S)/列数(COL)/行数(R)/层数(L)/退出(X)］<退出>：//回车结束

阵列后的结果如图 2-47b 所示。

在执行阵列命令后，在绘图区也可用鼠标单击蓝色夹持点，按图 2-47c 所示方法调整行（列）数、距离、阵列位置等。

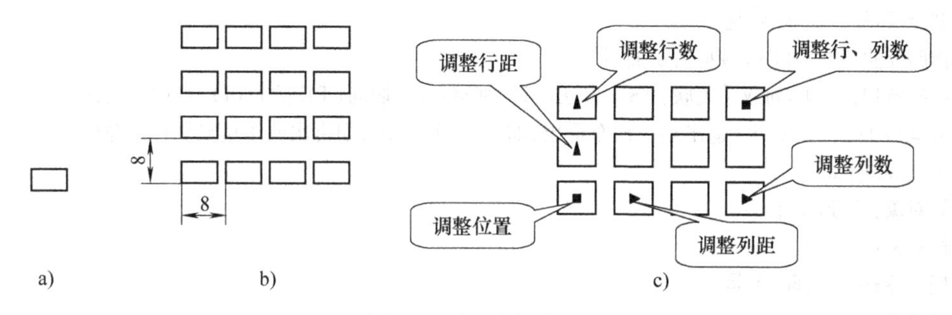

图 2-47　矩形阵列对象

（2）环形阵列

打开源文件“例图 2-48a”，单击“阵列”命令按钮，出现，单击，操作如下：

命令：_arraypolar

选择对象：找到 1 个//如图 2-48a 所示三角形

选择对象：

类型 = 极轴　关联 = 是

指定阵列的中心点或［基点(B)/旋转轴(A)］：//捕捉圆心为阵列中心点

选择夹点以编辑阵列或［关联(AS)/基点(B)/项目(I)/项目间角度(A)/填充角度(F)/行(ROW)/层

(L)/旋转项目(ROT)/退出(X)] <退出>: I//选择项目选项

输入阵列中的项目数或[表达式(E)] <6>: 8//确定项目数量,如图 2-48b 所示为旋转项目结果

选择夹点以编辑阵列或[关联(AS)/基点(B)/项目(I)/项目间角度(A)/填充角度(F)/行(ROW)/层(L)/旋转项目(ROT)/退出(X)] <退出>: ROT//选择旋转项目

是否旋转阵列项目? [是(Y)/否(N)] <是>: N//确定是否旋转项目,如图 2-48c 所示为不旋转项目结果

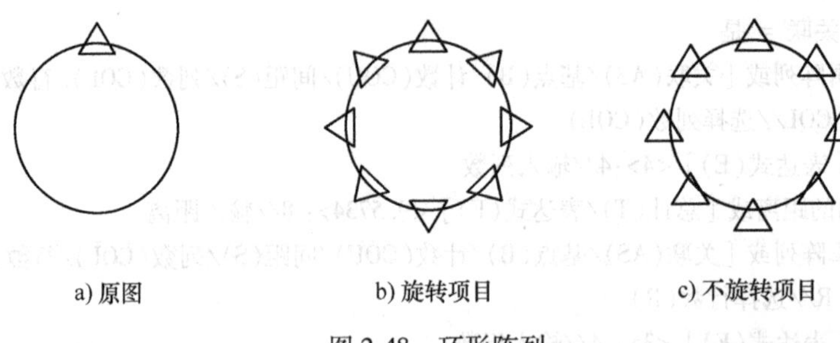

a) 原图　　b) 旋转项目　　c) 不旋转项目

图 2-48　环形阵列

(3) 路径阵列

打开源文件"例图 2-49a",单击"阵列"命令按钮,出现,单击,操作如下:

命令: _arraypath

选择对象: 找到 1 个//如图 2-49a 所示三角形

选择对象:

类型 = 路径　关联 = 是

选择路径曲线://如图 2-49a 所示曲线

选择夹点以编辑阵列或[关联(AS)/方法(M)/基点(B)/切向(T)/项目(I)/行(R)/层(L)/对齐项目(A)/z 方向(Z)/退出(X)] <退出>://回车退出,如图 2-49b 所示,如再次回车重复执行该命令

命令: _arraypath

选择对象: 找到 1 个

选择对象:

类型 = 路径　关联 = 是

选择路径曲线:

选择夹点以编辑阵列或[关联(AS)/方法(M)/基点(B)/切向(T)/项目(I)/行(R)/层(L)/对齐项目(A)/z 方向(Z)/退出(X)] <退出>: I//输入阵列项目距离

指定沿路径的项目之间的距离或[表达式(E)] <10.3923>: 10//指定距离

最大项目数 = 12

指定项目数或[填写完整路径(F)/表达式(E)] <12>: 10//指定项目数

选择夹点以编辑阵列或[关联(AS)/方法(M)/基点(B)/切向(T)/项目(I)/行(R)/层(L)/对齐项目(A)/z 方向(Z)/退出(X)] <退出>://回车退出,如图 2-49c 所示

4. 移动

移动对象是指把对象从一位置移动到另外一位置而不改变对象的形状特征和大小。

打开源文件"例图 2-50a",单击"移动"命令按钮,操作如下:

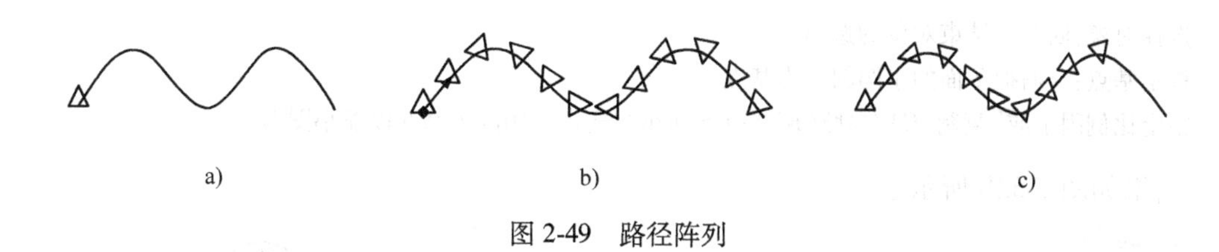

图 2-49　路径阵列

命令:_move

选择对象:找到 1 个//选择矩形中的圆为移动对象

选择对象:回车//结束对象的选择

指定基点或[位移(D)]<位移>://在圆内任意指定一点,一般基点选择为图形对象上的特征点,以有利于图形定位

指定第二个点或<使用第一个点作为位移>:@ 30,0 回车//输入目标点的相对坐标

结果如图 2-50b 所示。

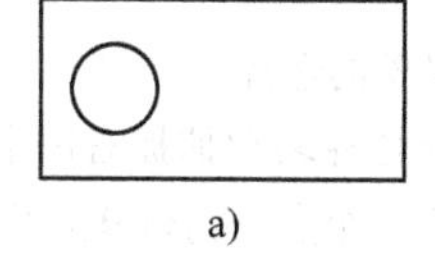

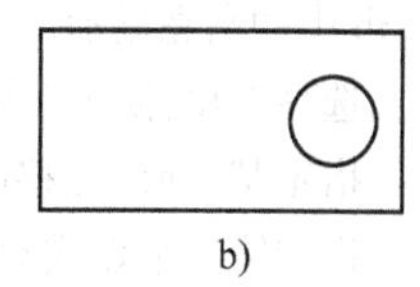

图 2-50　移动对象

5. 旋转

旋转对象是指绕指定基点旋转图形中的对象。在使用旋转命令时，可以通过指定角度旋转对象，也可以通过拖动旋转对象。打开源文件“例图 2-51a”。单击“旋转”命令按钮，操作如下：

命令:_rotate

UCS 当前的正角方向: ANGDIR=逆时针 ANGBASE=0

选择对象:指定对角点:找到 11 个//用窗口和交叉窗口方式选中图形的全部图线

选择对象:回车//结束对象的选择

指定基点://捕捉左边小圆的圆心(即中心线交点)为基点

指定旋转角度,或[复制(C)/参照(R)]<270>:90 回车//输入旋转角度为 90°

结果如图 2-51b 所示。

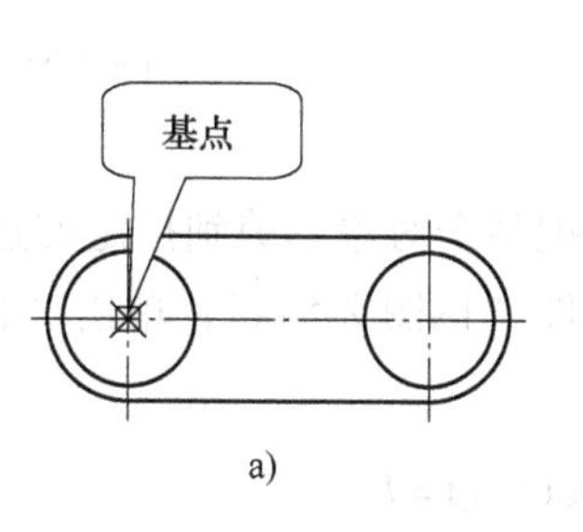

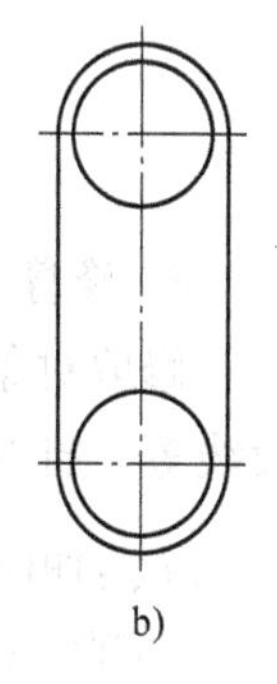

图 2-51　旋转对象

6. 缩放

“修改”工具栏中的“缩放”(Scale)命令不同于第 1 章所讲的视图菜单中的“缩放”(Zoom)命令。视图菜单中的“缩放”命令是缩小和放大视图的相对比例，它不改变对象的绝对大小；而修改工具栏中的“缩放”命令可以将对象按统一比例放大或缩小，它改变了对象的绝对大小。运用“修改”工具栏中的“缩放”命令缩放对象，需指定基点和比例因子。比例因子大于 1 时将放大对象，比例因子介于 0 和 1 之间将缩小对象。打开源文件“例图 2-52a”，单击“缩放”命令按钮，操作如下：

命令:_scale

选择对象:指定对角点:找到 9 个//选中图形中的全部图线

选择对象:回车//结束对象的选择

指定基点://捕捉下面的小圆圆心为基点

指定比例因子或[复制(C)/参照(R)]:0.5 回车//输入比例因子 0.5 以缩小图形

结果如图 2-52b 所示。

7. 拉伸

拉伸对象是指把选定对象拉长、缩短或不变的操作。再次打开源文件“例图 2-51”，单击“拉伸”命令按钮，操作如下：

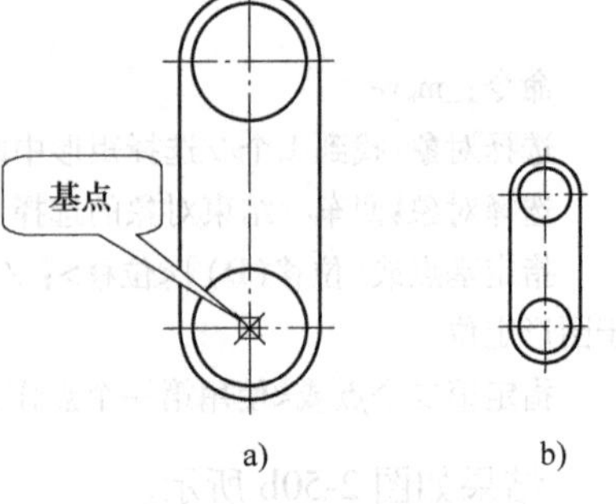

图 2-52　缩放对象

命令:_stretch

以交叉窗口或交叉多边形选择要拉伸的对象...

选择对象:指定对角点:找到 6 个//一共选中了 6 个对象,如图 2-53b 中的高亮显示

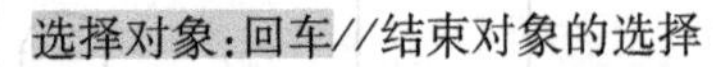

选择对象:回车//结束对象的选择

指定基点或[位移(D)]<位移>://捕捉右边小圆圆心为基点

指定第二个点或<使用第一个点作为位移>:@ 30,0 回车//输入点的相对坐标值进行精确拉伸

结果如图 2-53c 所示。

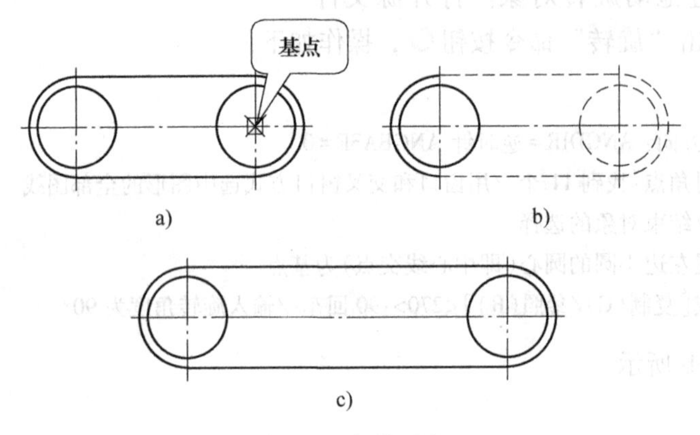

图 2-53　拉伸对象

8. 修剪

修剪对象就是把某个对象修剪到指定的边界线为止。该对象可以是直线、圆弧、圆和多段线等。打开源文件“例图 2-54a”，单击“修剪”命令按钮，操作如下：

命令:TRIM

当前设置:投影=UCS,边=无

选择剪切边...

选择对象或<全部选择>:找到 1 个//选择上面的水平直线

选择对象:找到 1 个,总计 2 个//选择下面的水平直线(选中后的对象高亮显示,如图 2-54b 所示)

选择对象:回车//结束对象选择

选择要修剪的对象,或按住<Shift>键选择要延伸的对象,或[栏选(F)/窗交(C)/投影(P)/边(E)/删除(R)/放弃(U)]://单击左侧大圆的右半圆弧的任意处

选择要修剪的对象,或按住<Shift>键选择要延伸的对象,或[栏选(F)/窗交(C)/投影(P)/边(E)/删除

(R)/放弃(U)]://单击右侧大圆的左半圆弧的任意处

选择要修剪的对象,或按住<Shift>键选择要延伸的对象,或[栏选(F)/窗交(C)/投影(P)/边(E)/删除(R)/放弃(U)]:回车//结束命令

结果如图 2-54c 所示。

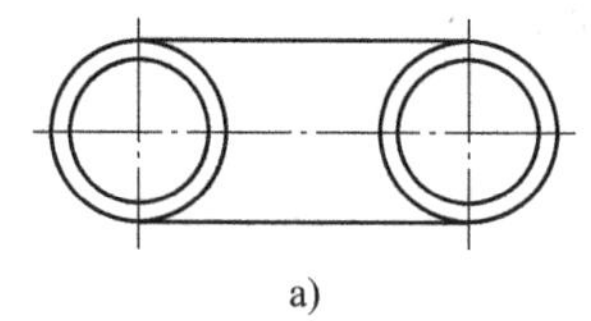
a)

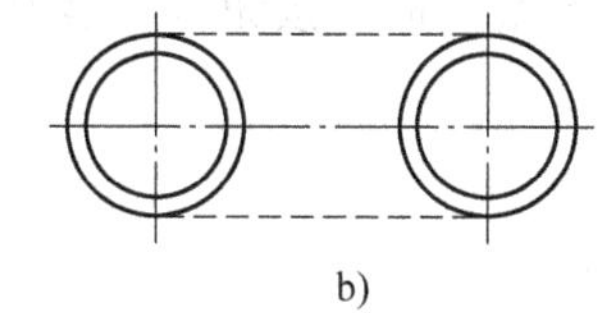
b)

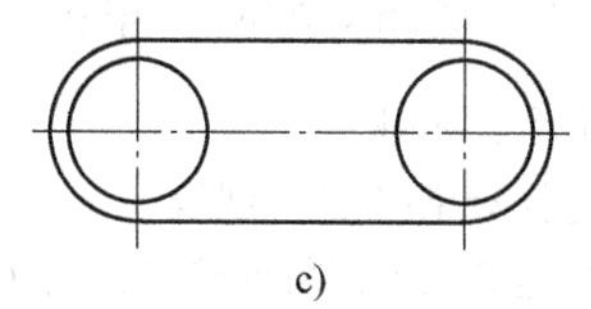
c)

图 2-54　修剪对象

☞**提示:**

在执行修剪命令时按住<Shift>键，可以转换为执行“延伸”（Extend）命令。

9. 延伸

延伸对象，就是把某个对象延伸到选定的边界线为止。该对象同样可以是直线、圆弧和多段线等。打开源文件“例图 2-55a”，单击“延伸”命令按钮，操作如下：

命令:_extend

当前设置:投影=UCS,边=无

选择边界的边...

选择对象或<全部选择>:找到 1 个//选择矩形下面水平直线为边界,被选中对象高亮显示,如图 2-55b 所示

选择对象:回车//结束对象的选择

选择要延伸的对象,或按住<Shift>键选择要修剪的对象,或[栏选(F)/窗交(C)/投影(P)/边(E)/放弃(U)]://单击线段 1 的下半部分

选择要延伸的对象,或按住<Shift>键选择要修剪的对象,或[栏选(F)/窗交(C)/投影(P)/边(E)/放弃(U)]://单击线段 2 的下半部分

选择要延伸的对象,或按住<Shift>键选择要修剪的对象,或[栏选(F)/窗交(C)/投影(P)/边(E)/放弃(U)]:回车//结束命令

结果如图 2-55c 所示。

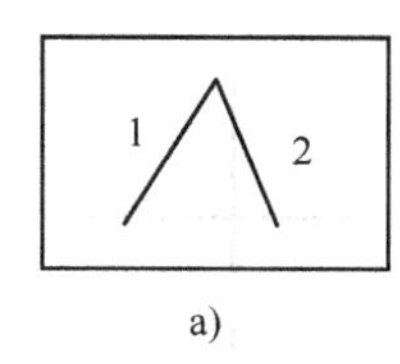

a)

b)

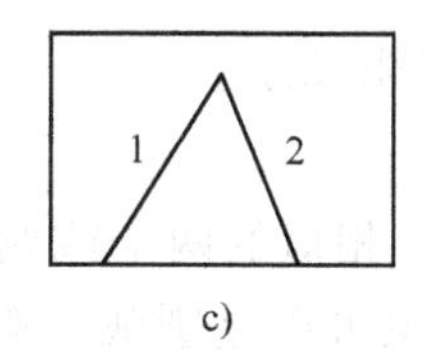

c)

图 2-55　延伸对象

☞**提示:**

在执行延伸命令时按住<Shift>键,可以转换为执行“修剪”(Trim)命令。

10. 打断

打断对象是将一个图形对象分开为两个对象，这两个对象之间可以有间隙也可以没有间

隙。其对象可以是直线、开放的多段线和圆弧。但图块、尺寸标注、多行文字和面域是不能被打断的。

（1）打断于点

打断于点是指被打断后的对象之间没有间隙。闭合的对象不能够被打断，例如圆。打开源文件“例图 2-57a”，单击“打断于点”命令按钮，操作如下：

命令：_break
选择对象：//选择线段 1
指定第二个打断点或[第一点(F)]：_f
指定第一个打断点：//捕捉两线段的交点
指定第二个打断点：@//结束命令

图 2-56　线段夹点显示

在绘图窗口中，当单击所绘制的某段直线时，在该直线的中心和两端会出现“夹点”（蓝色的小方框），如图 2-56 所示。

线段未打断时的夹点显示如图 2-57b 所示，线段打断后的夹点显示如图 2-57c 所示。

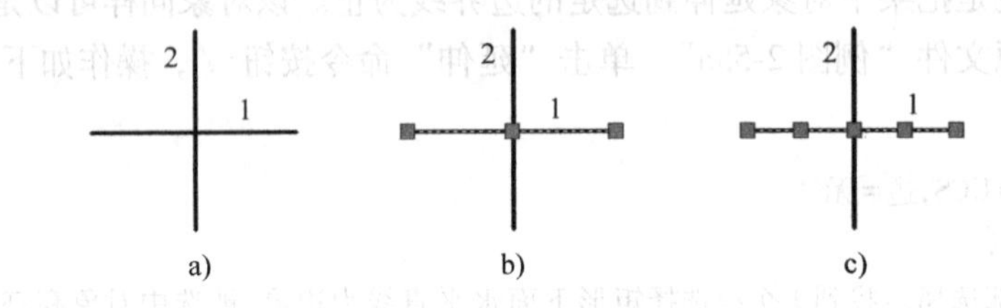

图 2-57　打断于点

（2）打断对象

打开源文件“例图 2-58a”，单击“打断”命令按钮，操作如下：

命令：_break
选择对象：//选择线段 1
指定第二个打断点或[第一点(F)]：f 回车//输入 f 以指定第一个打断点
指定第一个打断点：//在以交点为分界的线段 1 的右侧任意处单击
指定第二个打断点：//捕捉交点并在交点处单击

结果如图 2-58b 所示。

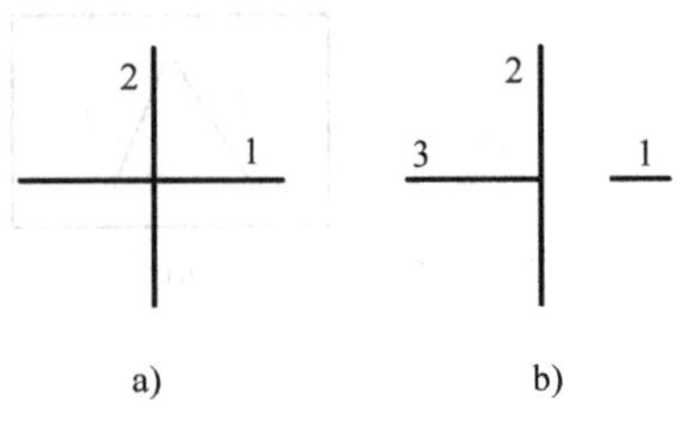

图 2-58　打断对象

11. 合并

合并对象是将相似的两个或两个以上的对象合并为一个对象。该对象可以是圆弧、椭圆弧、直线、多段线和样条曲线等。打开源文件“例图 2-59a”，单击“合并”命令按钮，操作如下：

命令：_join
选择源对象：//选择线段 1
选择要合并到源的直线：找到 1 个//选择线段 3
选择要合并到源的直线：回车//结束命令

已将 1 条直线合并到源

结果如图 2-59b 所示。

12. 倒角

可以被倒角的对象有直线、多段线、射线、构造线和三维实体等。打开源文件“例图 2-60a”，单击“倒角”命令按钮，操作如下：

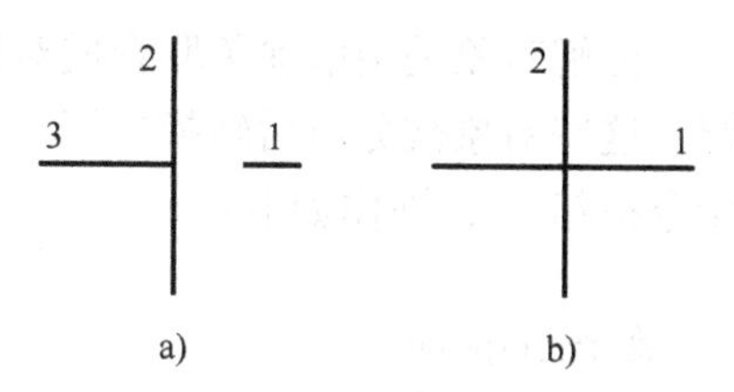

图 2-59　合并对象

命令：_chamfer

(“修剪”模式)当前倒角距离 1＝0. 0000，距离 2 ＝0. 0000

选择第一条直线或[放弃(U)/多段线(P)/距离(D)/角度(A)/修剪(T)/方式(E)/多个(M)]：D 回车//输入 D 以指定倒角距离

指定第一个倒角距离<0. 0000>：3//输入第一个倒角距离 3

指定第二个倒角距离<3. 0000>：5//输入第二个倒角距离 5

选择第一条直线或[放弃(U)/多段线(P)/距离(D)/角度(A)/修剪(T)/方式(E)/多个(M)]：//选择线段 1

选择第二条直线，或按住<Shift>键选择要应用角点的直线：//选择线段 2

结果如图 2-60b 所示。

13. 圆角

圆角对象是指用圆弧把两个对象光滑地连接起来。可以被圆角的对象有圆弧、圆、直线、多段线和三维实体等。再次打开源文件“例图 2-60a”，单击“圆角”命令按钮，操作如下：

命令：_fillet

当前设置：模式＝修剪，半径＝0. 0000

选择第一个对象或[放弃(U)/多段线(P)/半径(R)/修剪(T)/多个(M)]：R 回车//输入 R 以指定圆角半径

指定圆角半径<0. 0000>：5//输入圆角半径 5

选择第一个对象或[放弃(U)/多段线(P)/半径(R)/修剪(T)/多个(M)]：//选择线段 1

选择第二个对象，或按住<Shift>键选择要应用角点的对象：//选择线段 2

结果如图 2-61b 所示。

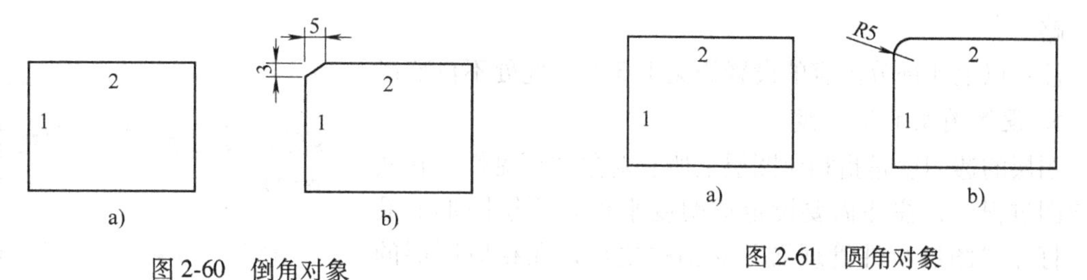

图 2-60　倒角对象

图 2-61　圆角对象

☞**技巧：**

两条平行线也可以被圆角。不管设置的圆角半径为多大，系统都将默认连接两直线的圆弧半径为两平行直线距离的一半，且连接圆弧为半圆。打开源文件“例图 2-62a”，执行圆角操作，选择两条平行直线为圆角对象，则结果如图 2-62b 所示。

14. 分解

分解对象是指解除关联合成对象。可以被分解的对象有多段线、标注、图案填充和块参照。这些对象被分解后转换成了单个元素。再次打开源文件“例图 2-60a”，单击“分解”命令按钮，操作如下：

```
命令:_explode
选择对象:找到 1 个//选择矩形多段线
选择对象:回车//结束对象的选择,并执行分解命令
```

未分解前的矩形夹点图如图 2-63a 所示，分解后的矩形夹点图如图 2-63b 所示。

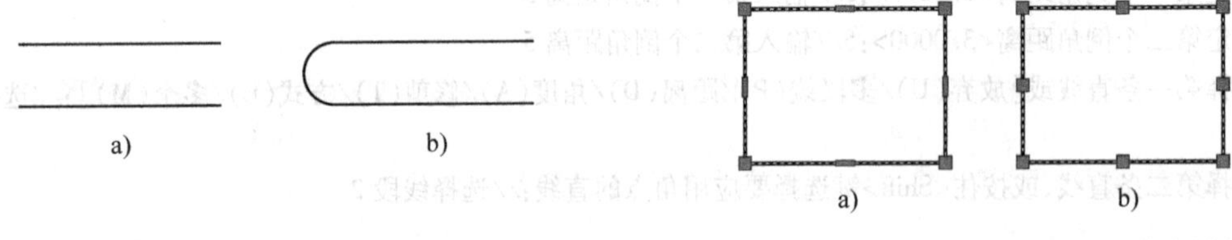

图 2-62　圆角两条平行线

图 2-63　分解对象

2.3.3　图层的设置与管理

在 AutoCAD 中，图层像是一层透明的纸，它在文件中管理线型、颜色、线宽等。在实际绘图时，用户可在不同图层上绘制相应的图形，如要对某一图层的特性进行修改，不会影响到其他图层的相关特性。

1. 创建和命名图层

略

2. 设置图层的颜色

略

3. 设置图层的线型

略

4. 设置图层的线宽

略

注：以上 4 部分内容的设置详见 1.3 节。此处不再赘述。

5. 设置图层的透明度

图层的透明度是指相应图层上所有对象的可见性。在实际绘图过程中，往往需要设定透明度来提升所绘图形的品质。打开“图层特性管理器”对话框之后，在相应图层的透明度处单击，弹出如图 2-64 所示的对话框。透明度值可在 0~90 之间取值。

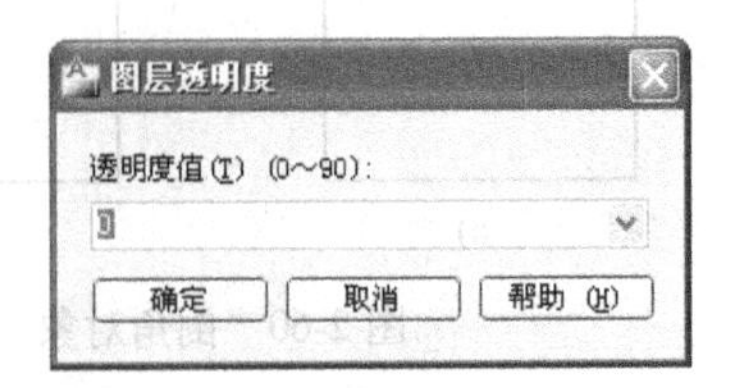

图 2-64　“图层透明度”对话框

6. 打开或关闭图层

当关闭相应图层时，黄色的指示灯图标变暗，在该图层中的所有图素不可见。为了更加

清晰、方便地绘图，用户可关闭某些暂时不用的图层。

7. 冻结或解冻图层

与打开或关闭图层相似，当冻结相应图层时，黄色雪花图标变暗，在该图层中的所有图素不可见。冻结暂不需要的图层可以加快显示和重生成图形的操作速度。

8. 全局锁定或解锁图层

当锁定某个图层时，在该图层中的图素变暗。用户可以对该图层上的对象进行对象捕捉，但不能对其进行修改操作。

9. 设置是否打印图层

当图形绘制好后，可以通过修改打印特性来决定相应的图层是否被打印。单击打印机图标，其上面出现红色的禁止符号，则该图层上面的图形不会被打印出来。如要恢复打印状态，再次单击打印机图标即可。

10. 设置当前图层

设置当前图层的方法有 3 种，一是双击相应图层对应的平行四边形图标；二是单击“图层”工具栏下拉列表中的下箭头，选择相应的图层为当前图层；三是选择相应的图层后，单击“图层管理器”对话框中的图标✔，该图层即被设置为当前图层。

11. 删除图层

当删除不需要的图层时，先选中该图层，再单击“图层管理器”对话框中的图标✖即可。需要注意的是，在 AutoCAD 2018 中，有 4 种类型的图层无法被删除，第一种是系统自带的“0”图层和“Defpoints”图层无法被删除；第二种是当前图层无法被删除；第三种是已有图形对象的图层无法被删除；第四种是依赖外部参照的图层无法被删除。

2.4　熟能生巧

1）根据图 2-65～图 2-67 所给尺寸，绘制平面图形。

①平面图形练习一。

②平面图形练习二。

③平面图形练习三。

2）打开指定的练习源文件，完成平面图形的绘制。

①打开如图 2-68 所示的源文件（第 2 章/练习文件/图 2. 4-2-1q. dwg），根据图 2-69 完成平面图形的绘制。

②打开如图 2-70 所示的源文件（第 2 章/练习文件/图 2. 4-2-2q. dwg），根据图 2-71 完成平面图形的绘制。

③打开如图 2-72 所示的源文件（第 2 章/练习文件/图 2. 4-2-3q. dwg），根据图 2-73 完成平面图形的绘制。

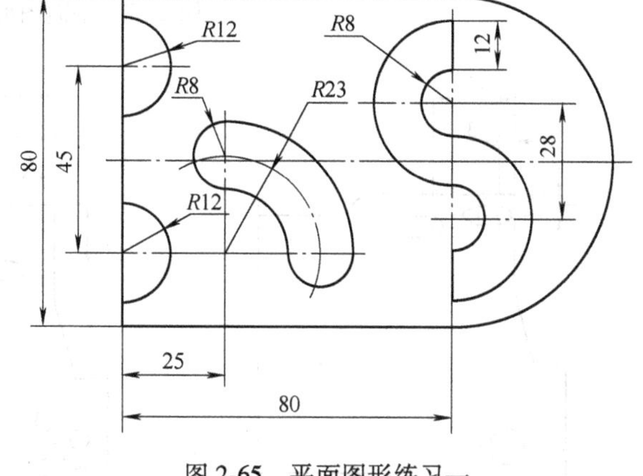

图 2-65　平面图形练习一

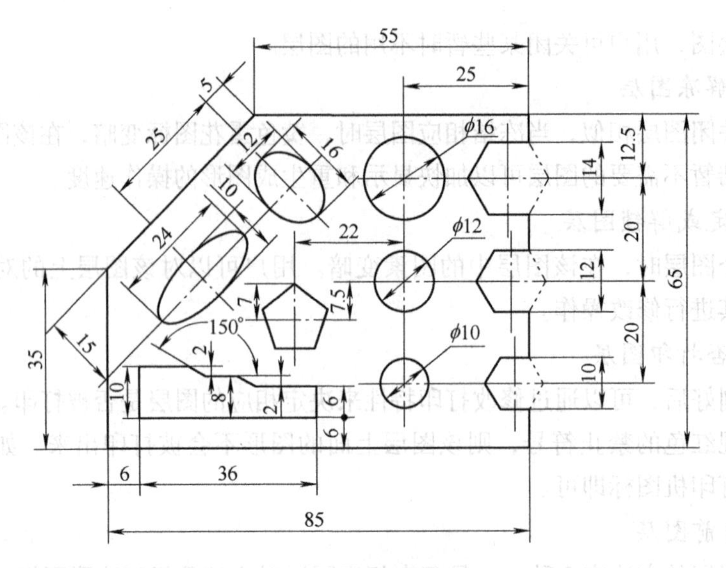

图 2-66　平面图形练习二

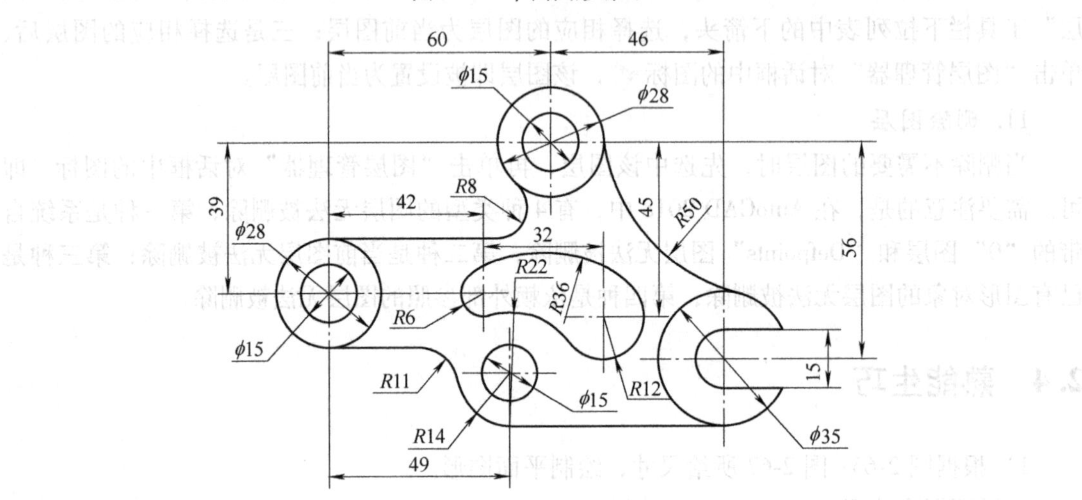

图 2-67　平面图形练习三

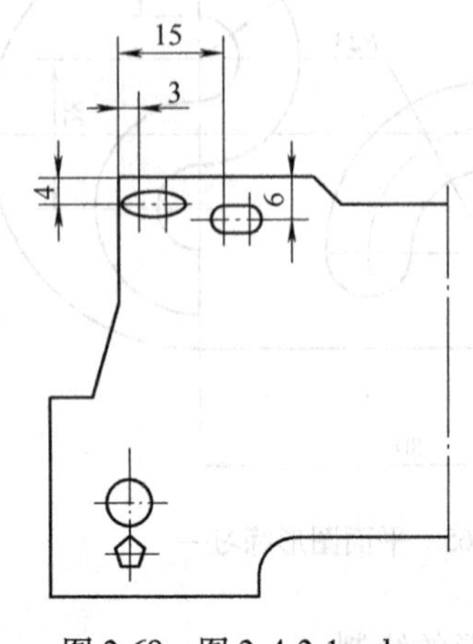

图 2-68　图 2. 4-2-1q. dwg

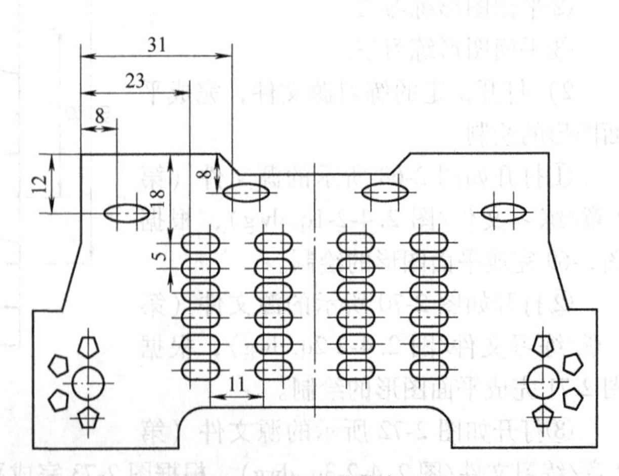

图 2-69　平面图形练习四

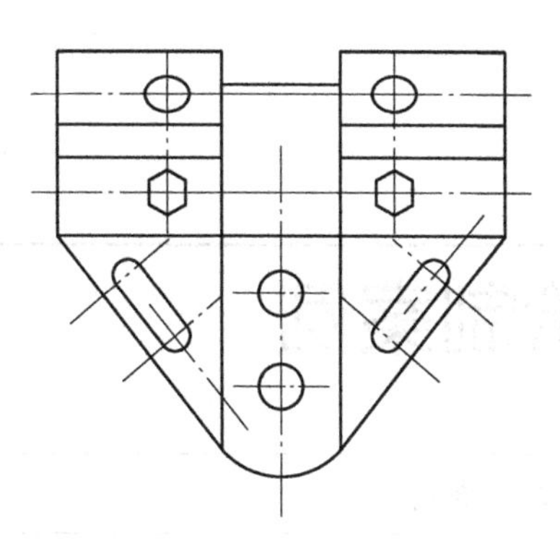

图 2-70　图 2. 4-2-2q. dwg

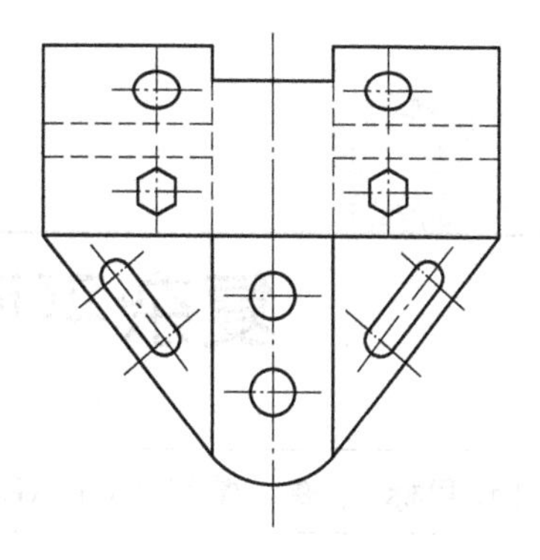

图 2-71　平面图形练习五

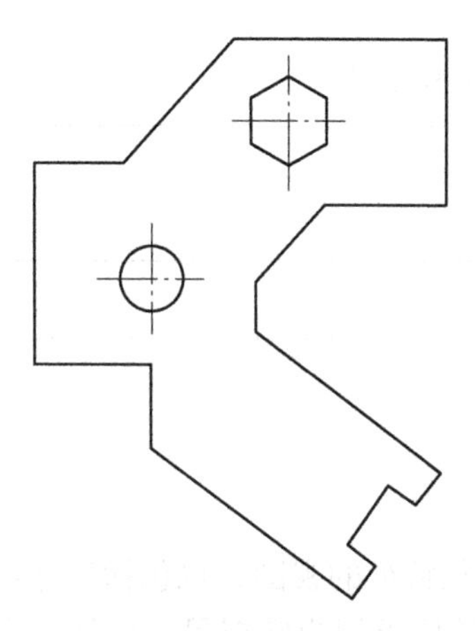

图 2-72　图 2. 4-2-3q. dwg

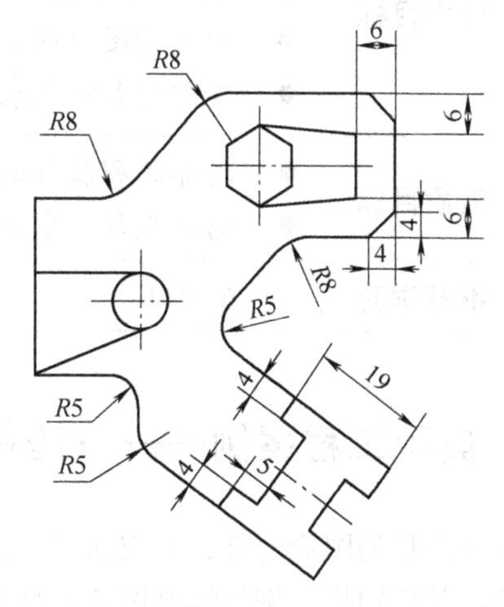

图 2-73　平面图形练习六

第 3 章

复杂平面图形绘制案例

知识目标	◆ 掌握 AutoCAD 2018 复杂平面图形绘制
能力目标	◆ 能进行单行文字和多行文字的创建及编辑的运用 ◆ 能正确使用标注样式设置及应用 ◆ 能进行图块的创建和管理 ◆ 能创建和编辑表格及进行表格数据处理
素质目标	◆ 培养工程软件的应用能力 ◆ 培养规范、良好的工作态度
推荐学时	6 学时

3.1 典型工程案例——垫片

一个完整的图形文件，不仅包括表达零件结构和形状特征的视图，也包括尺寸标注、技术要求以及标题栏。例如绘制图 3-1 所示的垫片图样，就要求用户掌握尺寸标注、文字注写以及表格创建等方面的知识。

3.2 案例解析

操作视频

垫片平面图形绘制

根据图 3-1 所示的尺寸，绘制垫片平面图，将标题栏以表格的形式插入，并标注尺寸和注写技术要求等。

3.2.1 制作标题栏

（1）设置各图层的线型

执行“格式”→“图层”命令，弹出“图层特性管理器”对话框，设置图层。

（2）创建图框

在“粗实线”层绘制一个大小为 A3 图幅的矩形图框，作为绘图区。

（3）创建标题栏

1）设置表格基本样式。执行“格式”→“表格样式”命令，弹出“表格样式”对话框，单击“新建”按钮，在“创建新的表格样式”对话框中的新样式名中输入“标题栏”，单击“继续”按钮，弹出如图 3-2 所示的对话框，设置“表格方向”为“向上”，将“单元样式”中“常规”选项卡中的“页边距”设置为 0.5。

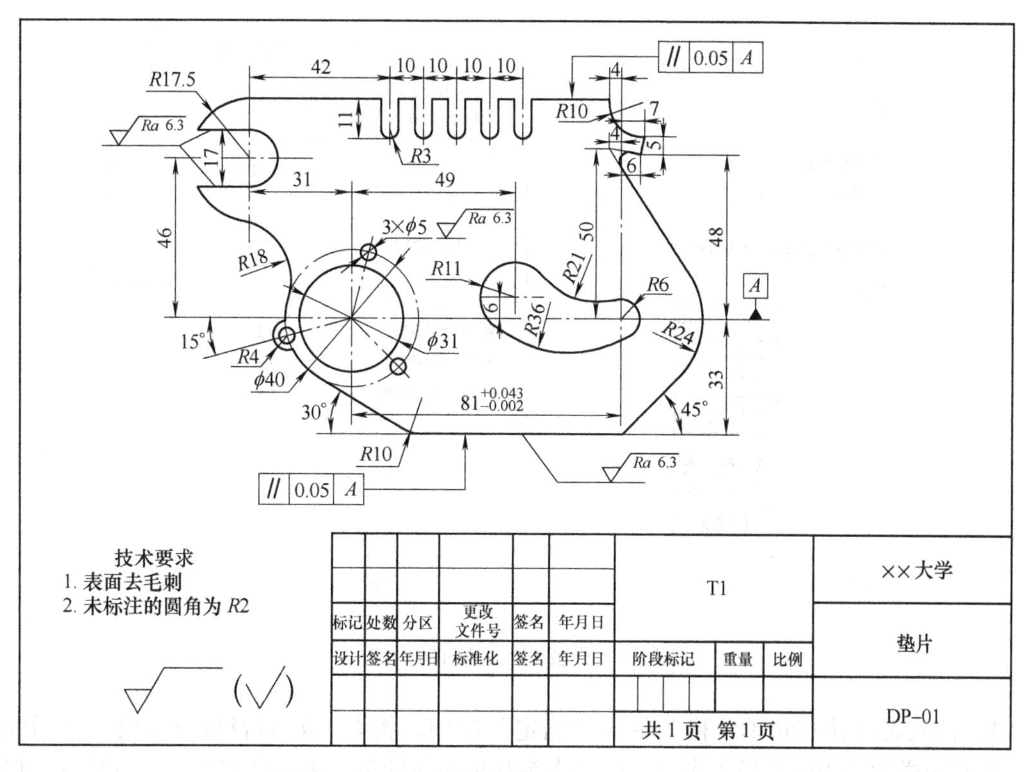

图 3-1　垫片

2）设置表格文字和边框样式。单击对话框中“单元样式”中的“文字”选项卡，进行如图 3-3 所示的文字样式设置，边框样式使用默认样式。

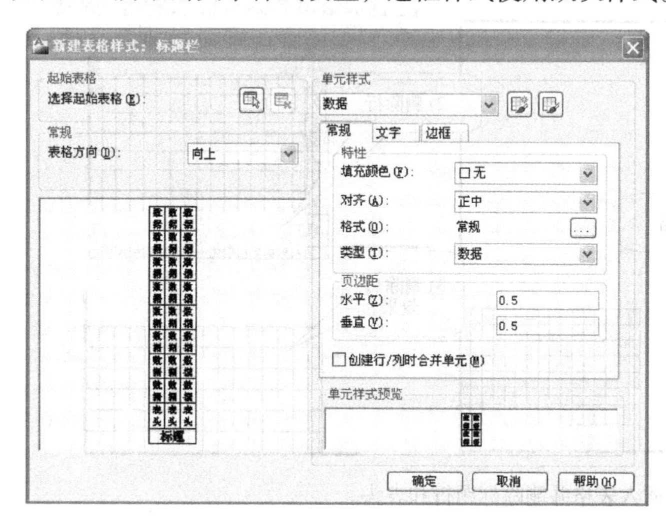

图 3-2　建立表格样式

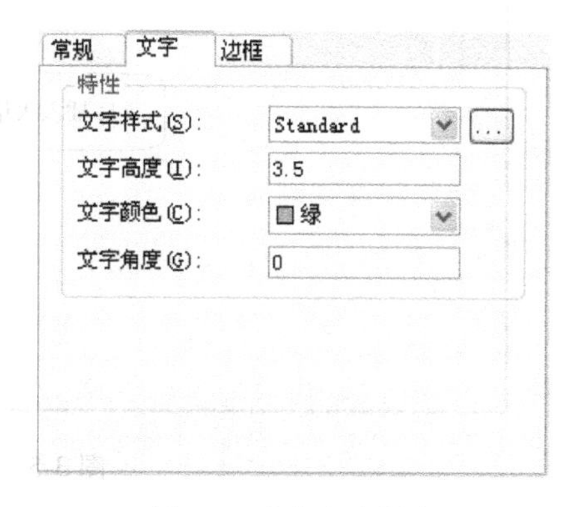

图 3-3　表格文字样式

3）设置表格行、列参数。单击“绘图”工具栏中的表格按钮，并在打开的“插入表格”对话框中选择“表格样式”为刚创建的“标题栏”；同时，在对话框的“列和行设置”选项组中，进行如图 3-4 所示的参数设置。

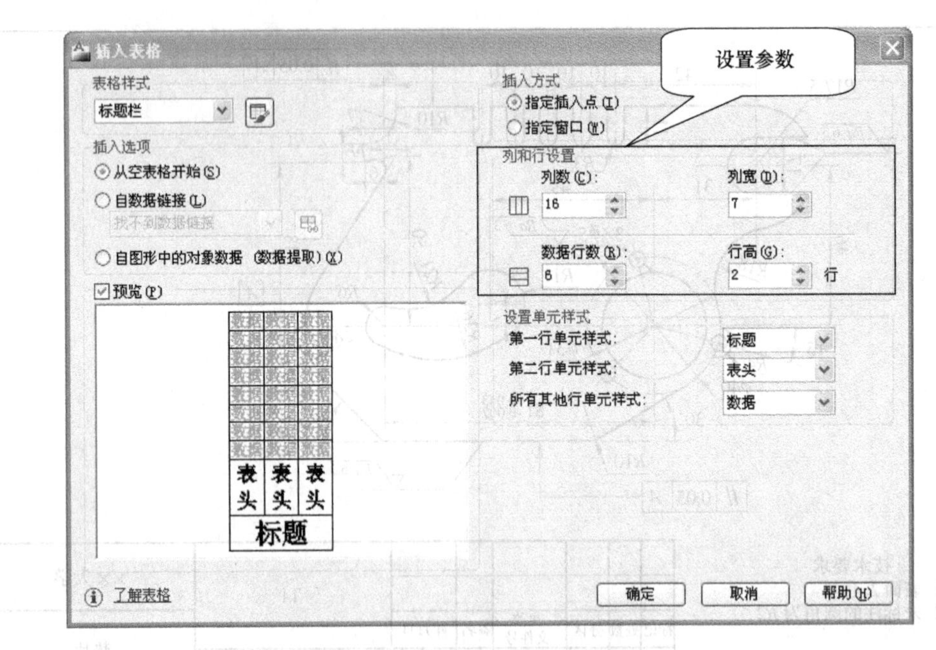

图 3-4　设置插入表格时的参数

4）插入表格并删除单元格。单击“确定”按钮，将设置好的表格样式设置为当前样式，并在图样的适当位置插入表格。由于表头和标题栏处单元格高度较高，所以选取表格下部的两行单元格，并单击“表格”工具栏中的“删除行”按钮，删除单元格，如图 3-5 所示。

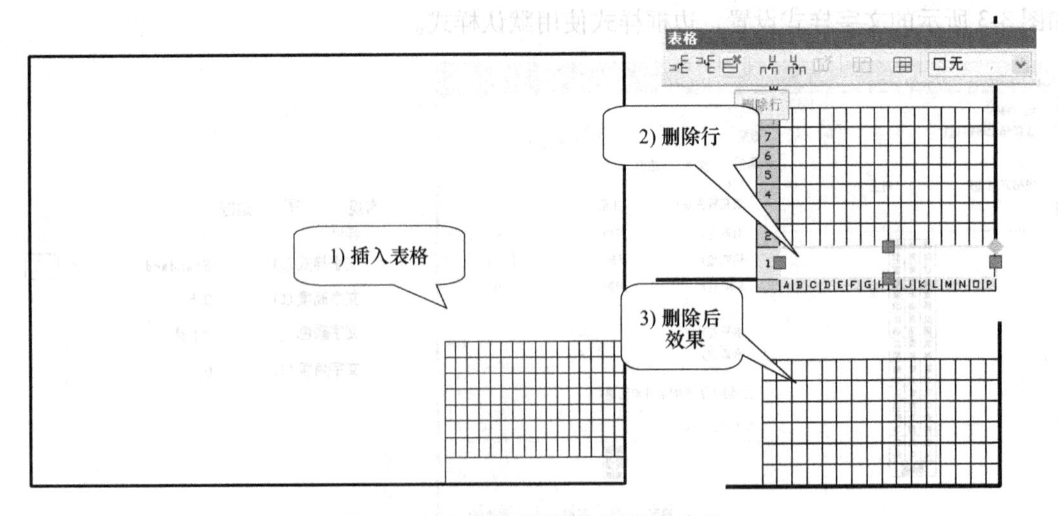

图 3-5　插入表格并删除标题行和表头

5）合并单元格。依次选取需要合并的单元格，并利用“表格”工具栏的“合并单元格”中的子选项进行合并，如图 3-6 所示。

6）移动表格。在插入表格时，由于表格方式是向上的，插入时基准点是左下方的角点，此时的右下角点可能并不与图幅的右下角点重合，为此，可以选取上一步合并完成的表

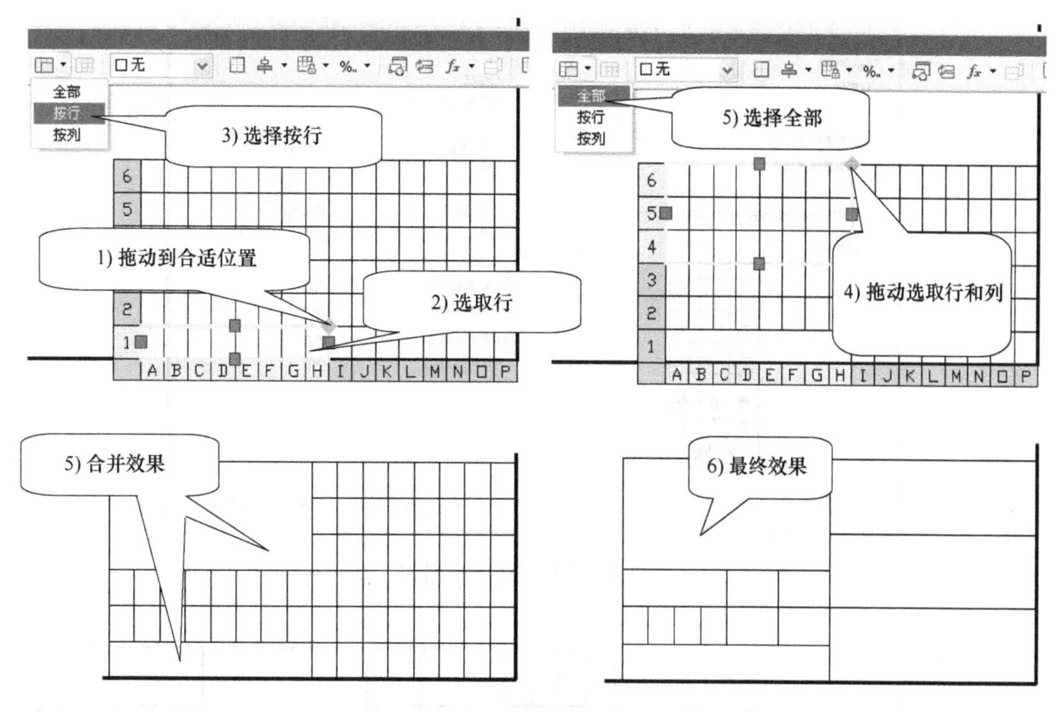

图 3-6　合并单元格

格，利用移动工具将表格移动至合适的位置，如图 3-7 所示。

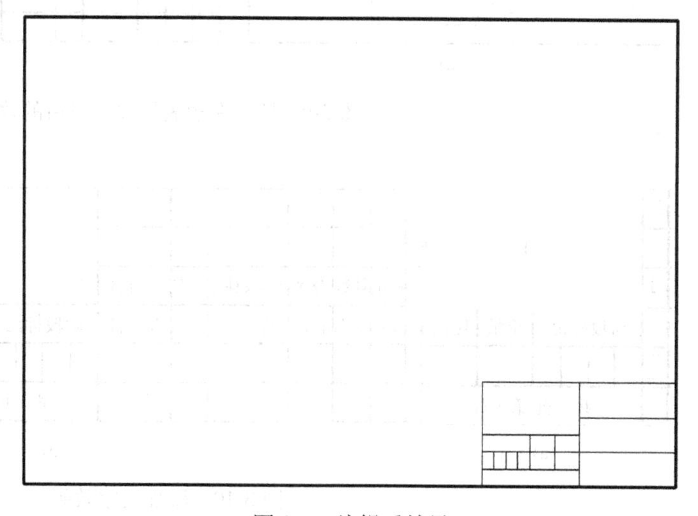

图 3-7　编辑后效果

7）设置标题栏左侧表格列、行参数。单击“绘图”工具栏中的“表格”按钮，在打开的“插入表格”对话框中进行如图 3-8 所示的列和行的设置。

8）插入表格并编辑表格。如图 3-9a 所示，在合适的位置插入表格，再次执行第 5~6 步操作，进行表格的编辑，结果如图 3-9b 所示。

9）添加标题栏文本。双击表格内需添加文本的单元格式，并利用“文字格式”工具栏进行文字的添加，如图 3-10a 所示，所有文字添加后的结果如图 3-10b 所示。

10）调整表格单元线宽。如图 3-11a 所示，单击要调整单元的左上角表格单元，激活表格单元，拖动夹点选择要调整的单元，如图 3-11b 所示 5、6 行，单击右键，弹出表格单元编辑菜单，选择“边框”，弹出如图 3-11c 所示的“单元边框特性”对话框，在“线宽”下拉菜单中选择合适的线宽，单击“内部水平边框”按钮，单击“确定”，完成所选单元内

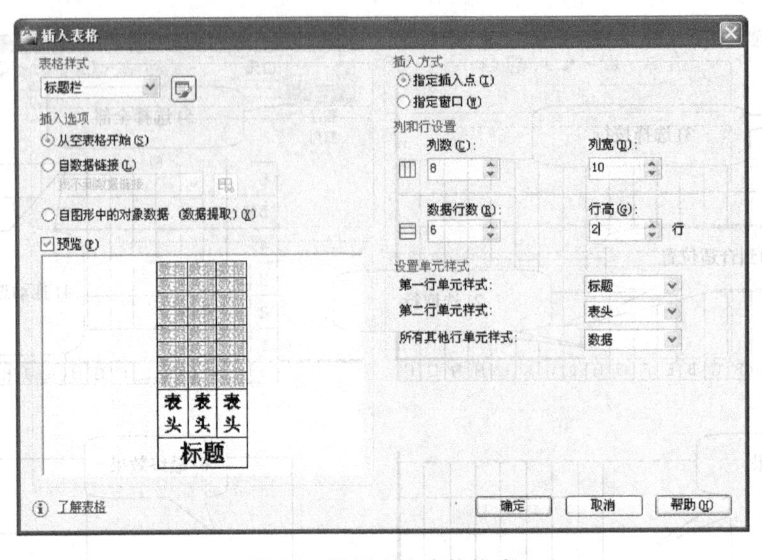

图 3-8　设置左边表格格式

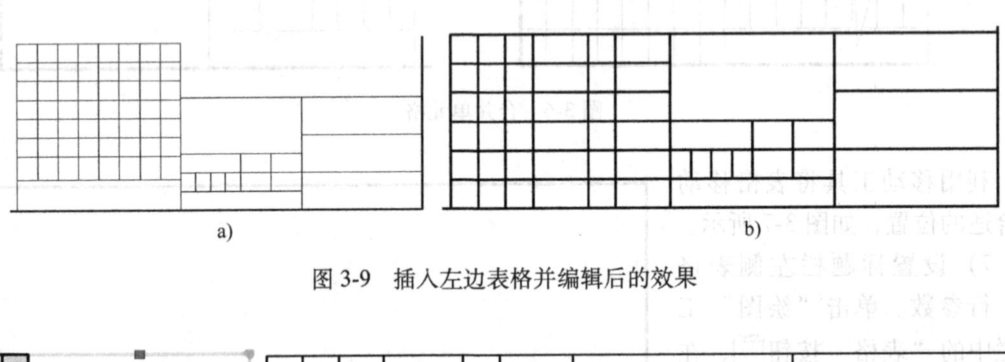

图 3-9　插入左边表格并编辑后的效果

a)　　b)

图 3-10　添加文字效果

部水平边框线宽的调整，如图 3-11d 所示，将 2、3 行调整后的结果如图 3-11e 所示。

11）标题栏的最终结果。再次执行上一步操作，修改“阶段标记”下的单元格的纵向线宽，获得标题栏的最终结果，如图 3-12 所示。

☞**提示：**

本例中用表格方式创建的标题栏，仅仅是演示表格的创建方式，并未严格按照国家标准中标题栏的格式和尺寸。

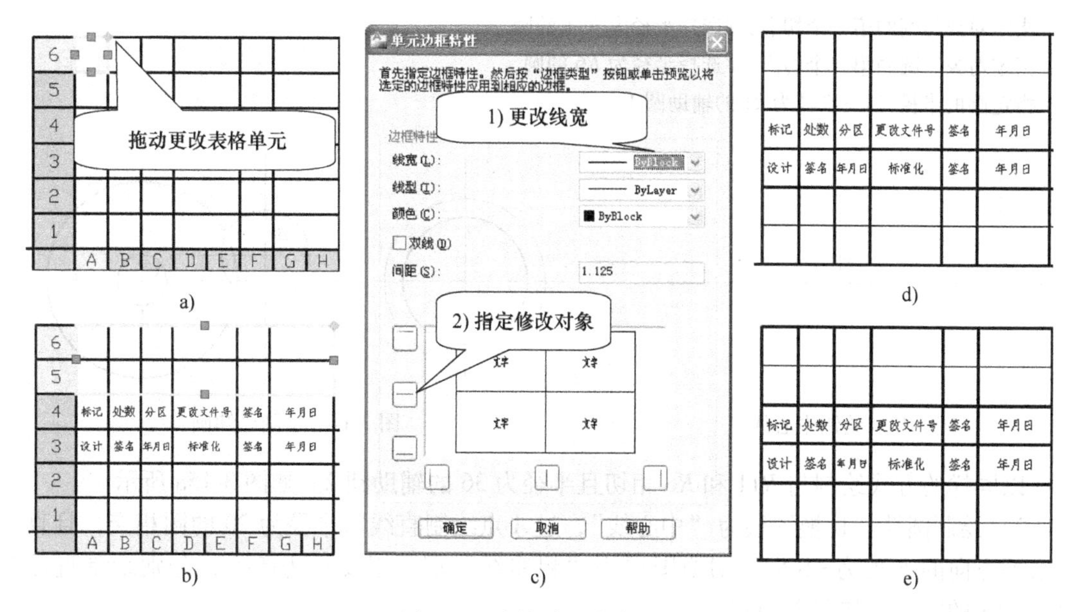

图 3-11　表格单元线宽调整

						T1			××大学
标记	处数	分区	更改文件号	签名	年月日				垫片
设计	签名	年月日	标准化	签名	年月日	阶段标记	重量	比例	
									DP-01
						共 1 页	第 1 页		

图 3-12　标题栏的最终结果

3.2.2　绘制视图

（1）绘制垫片的中心线

将“中心线”设置为当前层，单击“直线”按钮，绘制主要的中心线，如图 3-13 所示。

（2）绘制已知的圆弧

单击“圆”按钮，以 A 为圆心，绘制半径为 20 的圆，然后切换到粗实线层，绘制直径为 $\phi31$ 的圆。以 B 为圆心绘制半径为 11 的圆，以 C 为圆心分别绘制半径为 6 和 24 的圆。如图 3-14 所示。

（3）绘制相切的辅助圆弧

1）绘制与 $R11$ 和 $R6$ 相切且半径为 21 的辅助圆 1，绘制时，采用“切点、切点、半径（T）”模式，命令方式如下：

```
_circle 指定圆的圆心或［三点(3P)/两点(2P)/切点、切点、半径(T)］:t //采用“切点、切点、半径(T)”模式
```

指定对象与圆的第一个切点://选择半径为 $R11$ 的圆

指定对象与圆的第二个切点://选择半径为 $R6$ 的圆

指定圆的半径:21//半径为 21 的辅助圆 1

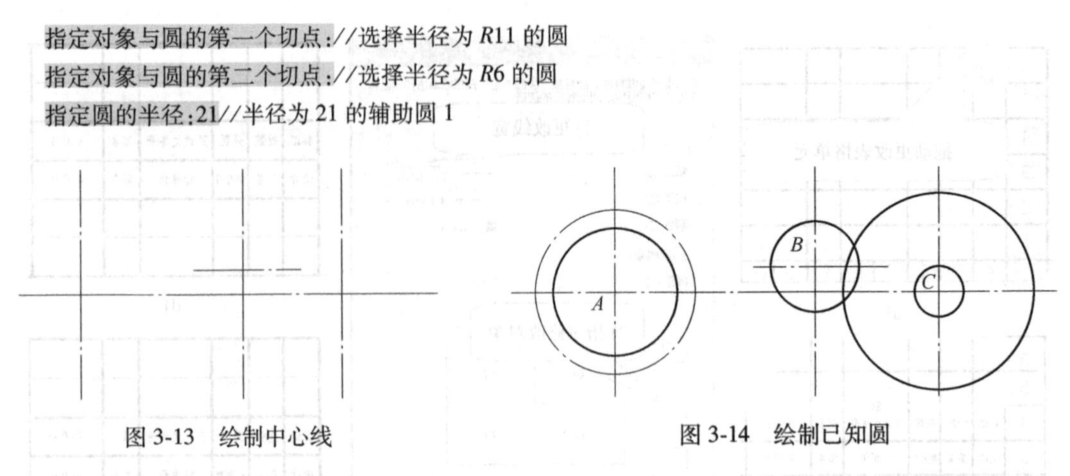

图 3-13　绘制中心线　　　　图 3-14　绘制已知圆

以同样的方式绘制与 $R11$ 和 $R6$ 相切且半径为 36 的辅助圆 2。如图 3-15a 所示。

2）绘制圆孔。切换图层为“中心线”，过 A 点绘制直线与半径为 20 的圆相交，且直线与水平方向的夹角为-165°。切换图层为“粗实线”层，以交点为圆心，分别绘制直径为 $\phi5$ 和 $\phi8$ 的圆孔，如图 3-15a 所示。

3）修剪圆弧。分别修剪各圆弧，结果如图 3-15b 所示。

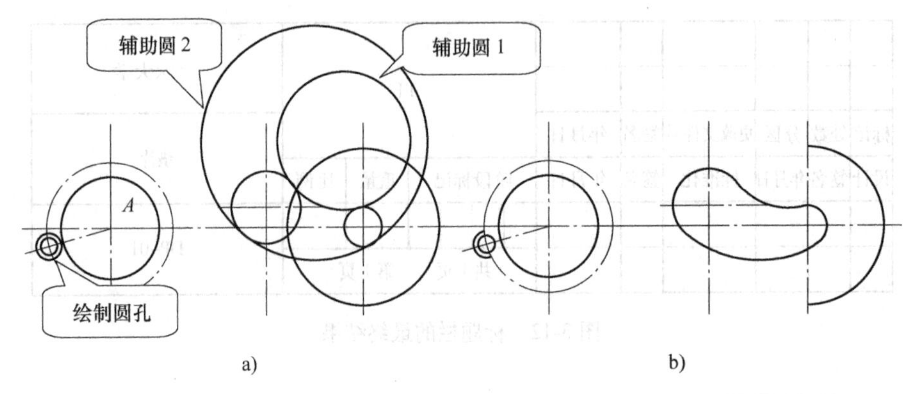

图 3-15　绘制并修剪圆弧

4）环形阵列圆孔。按住“阵列”按钮，出现，选择，选择对象圆 $\phi5$，选择圆心 A 点为中心点，单击如图 3-16a 中的“项目”。输入 3 回车，结果如图 3-16b 所示。

（4）绘制底部轮廓

1）将水平中心线向下偏移，形成底部轮廓线，如图 3-17a 所示。分别通过 A 点，作一条与水平方向成-30°的直线 1，通过 C 点，作一条与水平方向成-135°的直线 2，单击“偏移”按钮，分别将直线 1 和 2 偏移 20 和 24，使之分别与 $\phi40$ 和 $\phi48$ 的圆相切，且与底部轮廓线相交。

2）修剪底部轮廓。分别修剪相交的直线，然后将轮廓线调整为粗实线，接着对左边的交线作圆角，结果如图 3-17b 所示。

（5）绘制左边的开口

1）将 A 处的水平中心线和竖直中心线偏移，使其交于 D 点，利用夹点功能将其调整到合适的位置；然后以中心线的交点为圆心，绘制已知的圆 $\phi35$ 和 $\phi17$；绘制一个与圆 $\phi40$ 和

ARRAYPOLAR 选择夹点以编辑阵列或 [关联(AS) 基点(B) 项目(I) 项目间角度(A) 填充角度(F) 行(ROW) 层(L) 旋转项目(ROT) 退出(X)] <退出>:

a)

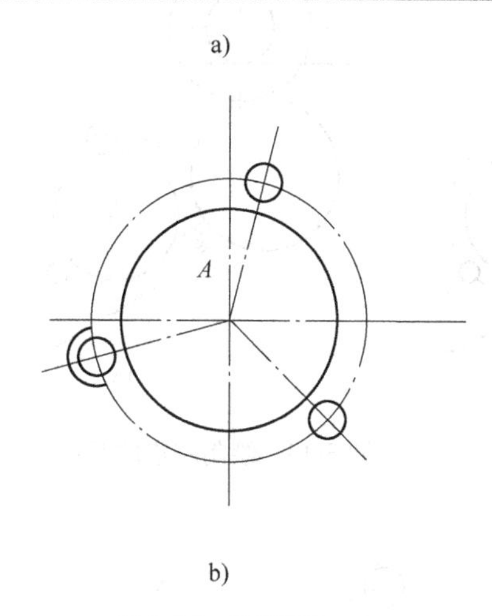

b)

图 3-16　阵列圆

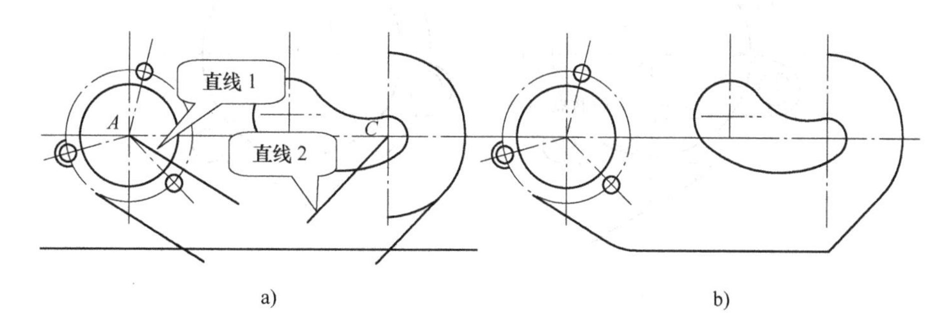

a)　　　　b)

图 3-17　绘制底面轮廓

开口外圆 $R17.5$ 相外切且半径为 $R18$ 的圆，如图 3-18a 所示。

2）偏移 D 点的水平中心线，形成开口的轮廓辅助线，并将其调整为粗实线，然后修剪偏移后的直线以及上一步中相切的圆。效果如图 3-18b 和图 3-18c 所示。

3）调整 A 点为中心，直径为 40 的圆上部分圆弧的线宽。单击“打断”按钮，如图 3-19a 所示，分别在切点 1、2 点和 3、4 点将圆打断，打断的线随之删掉，可利用绘制圆弧方式将其补全。单击“圆弧”按钮，命令操作如下：

```
命令:_arc
指定圆弧的起点或[圆心(C)]://选择第 1 点为圆弧起点
指定圆弧的第二个点或[圆心(C)/端点(E)]:C
指定圆弧的圆心://选择 A 点为圆心
指定圆弧的端点或[角度(A)/弦长(L)]://选择第 2 点为圆弧端点
```

以同样的方式将 3、4 点之间的圆弧补全，效果如图 3-19b 所示。

（6）绘制中间部分的槽

1）将 D 处的水平中心线和竖直中心线偏移，使其交于 E 点，然后以 E 点为圆心，绘制

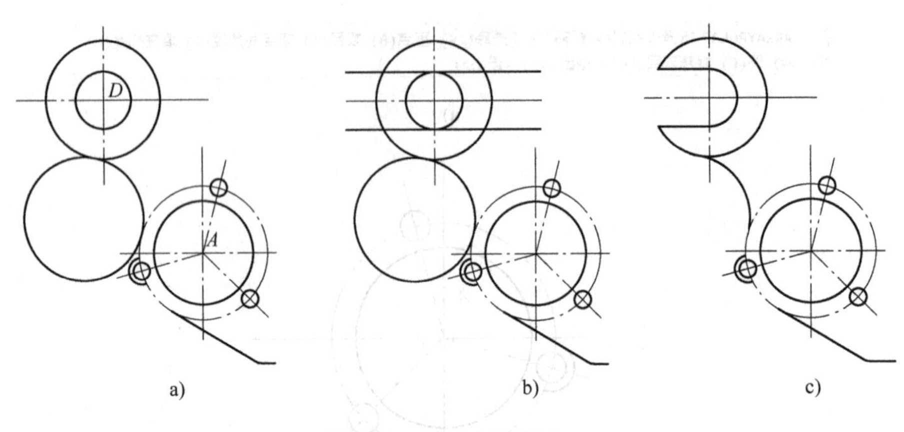

图 3-18　绘制左边的开口

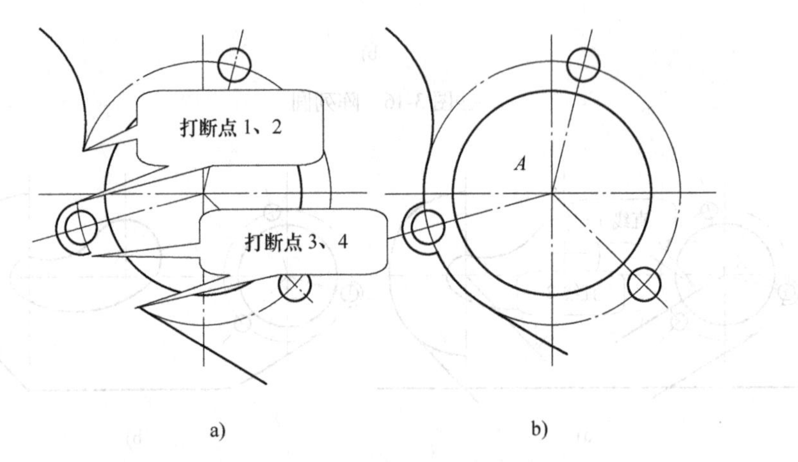

图 3-19　更换相切线段的图层

圆 ϕ6，接着偏移 *E* 处的竖直中心线，然后将其调整为粗实线，形成槽部的轮廓；接着从头部开口处引一条水平线与槽的右边轮廓线垂直相交，如图 3-20a 所示。

2）修剪圆 ϕ6 和偏移后的直线，获得完整的槽部轮廓，如图 3-20b 所示。

3）矩形阵列槽部。单击“阵列”按钮，选择 U 形线段，出现如图 3-21a 所示，单击“行数”，输入 1，按<Enter>键 3 次，单击“列数”，输入 5 按<Enter>键，再输入“列距”10 按<Enter>键，结果如图 3-21b 所示。

4）修剪阵列后的槽部。将槽部上端缺口用一条水平线相连，然后单击“修

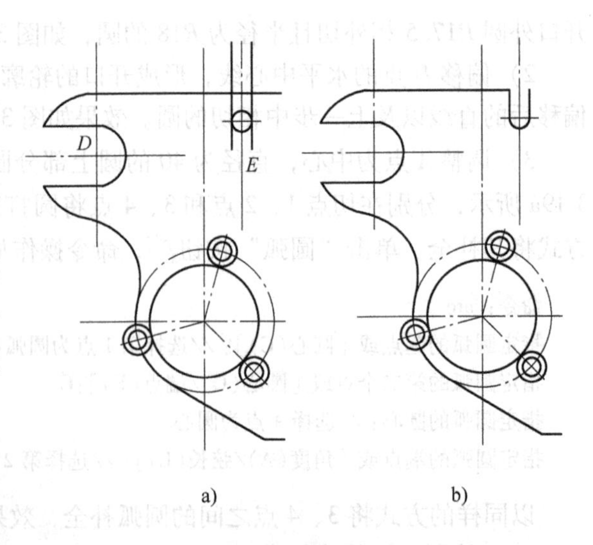

图 3-20　绘制槽部的形状

ARRAYRECT 选择夹点以编辑阵列或 [关联(AS) 基点(B) 计数(COU) 间距(S) 列数(COL) 行数(R) 层数(L) 退出(X)] <退出>:

a)

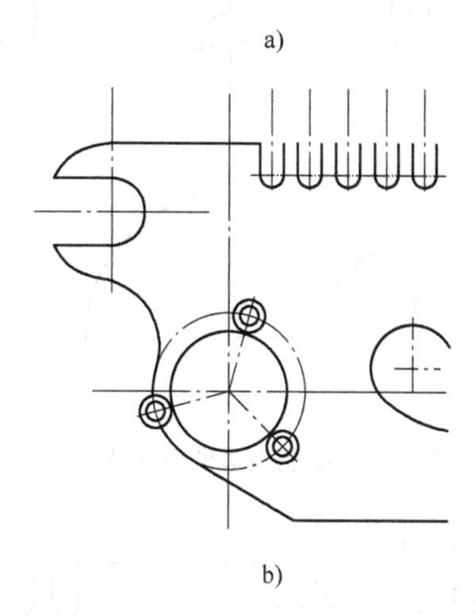

b)

图 3-21　阵列槽部

剪”按钮，选择槽部和顶端的水平线作为对象，然后依次修剪 5 个槽部的顶端缺口。最终的结果如图 3-22 所示。

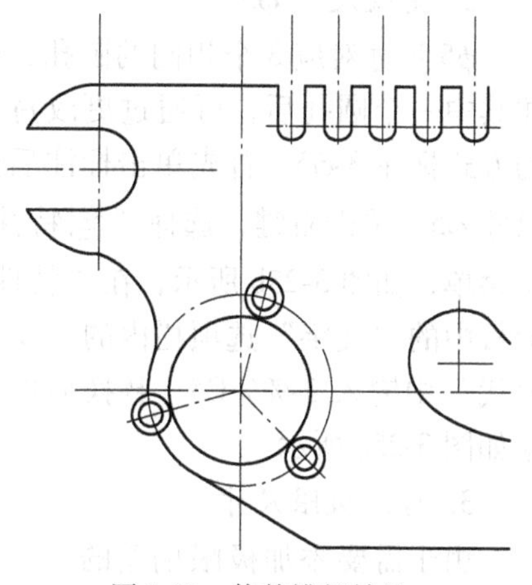

图 3-22　修剪槽部结果

（7）绘制右边部分

1）偏移中心线。分别将 *C* 处的水平和垂直中心线按图中所示尺寸偏移，然后过槽部的顶端绘制一条水平线与其中一条偏移线相交，以获得各个已知的端点。如图 3-23a 所示。

2）连接各点。用粗实线连接 *I* 点和 *H* 点，*H* 点和 *G* 点。过 *F* 点和 *G* 点作一个半径为 10 的圆弧，其命令操作如下：

```
_arc 指定圆弧的起点或［圆心(C)］：//选择 F 点
指定圆弧的第二个点或[圆心(C)/端点(E)]:E //用端点的方式绘制圆
指定圆弧的端点：//选择 G 点
指定圆弧的圆心或［角度(A)/方向(D)/半径(R)］:R//指定半径
指定圆弧的半径:10//输入半径值
```

结果如图 3-23b 所示。

3）过 *I* 点作一条线段与半径为 24 的圆弧相切，然后修剪圆弧；对 *I* 点处交线进行圆角处理，圆角半径为 3，结果如图 3-23c 所示。

视图的最终结果如图 3-24 所示。

3.2.3　标注尺寸和公差

1. 标注线性尺寸和径向尺寸

执行“格式”→“标注样式”命令，创建尺寸的标注样式，样式名为“案例样式”，

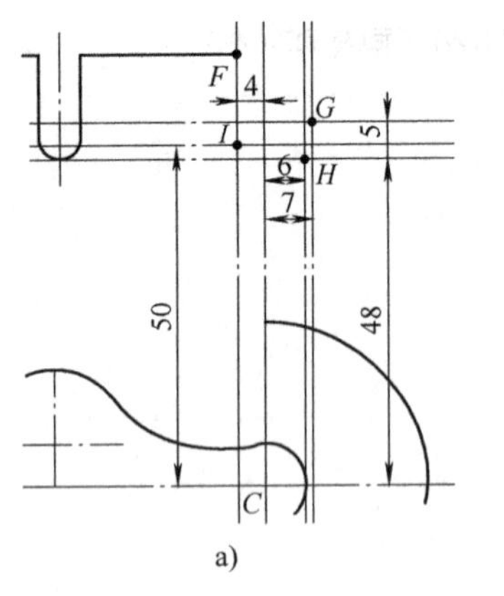

a)

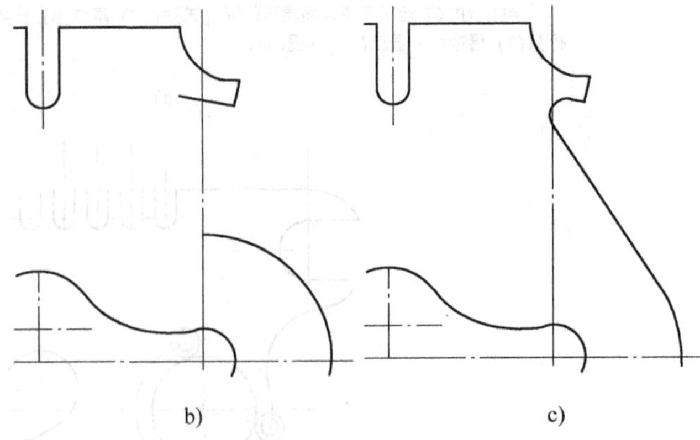

b)　　c)

图 3-23　绘制右边的轮廓线

并且建立相应的子样式：半径、角度和直径。然后标注线性尺寸和径向尺寸。

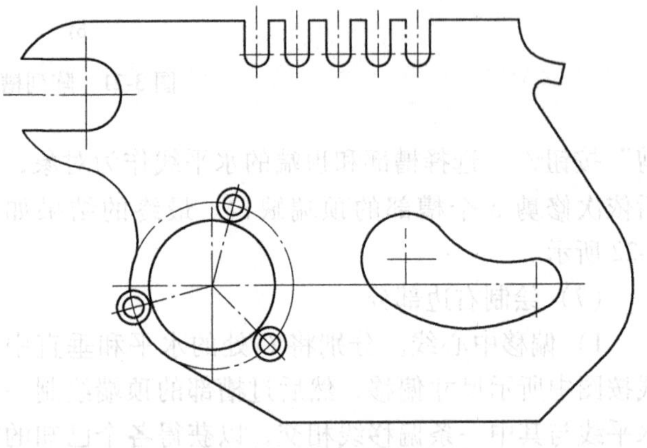

图 3-24　最终的结果

2. 更改尺寸 $\phi5$

$\phi5$ 尺寸对应 3 个相同的圆孔，标注其中一个圆孔后，可通过更改特性的方式标注 3-$\phi5$。首先单击标注后的尺寸 $\phi5$，单击右键，选择“特性”子菜单，如图 3-25b 所示，在“特性”面板中的“文字”选项栏内的“文字替代”中输入 3-%%C5，替换后的效果如图 3-25c 所示。

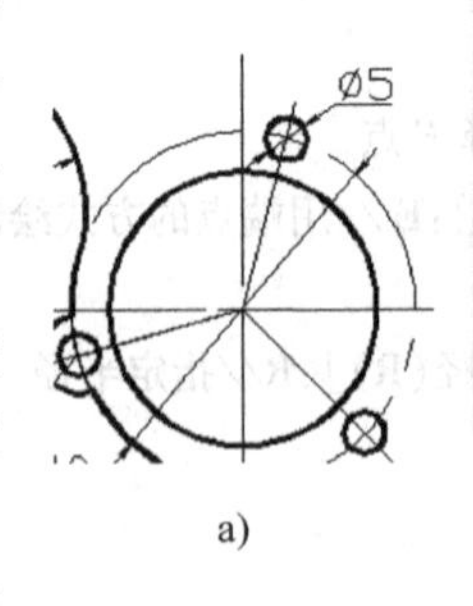

a)

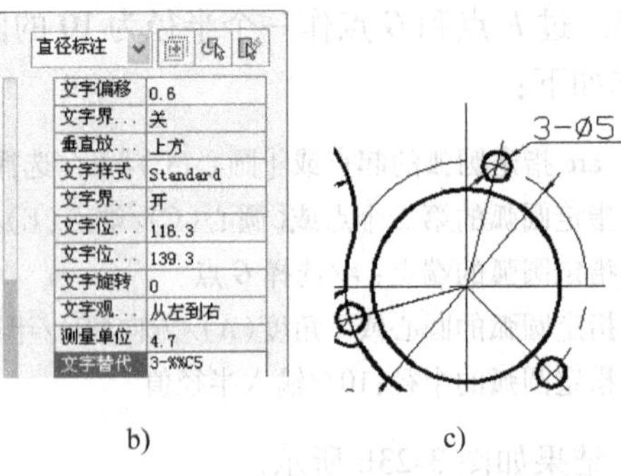

b)　　c)

图 3-25　文字替代

3. 标注极限尺寸

由于需要添加极限偏差的尺寸并不多，因此可以通过两种方式标注极限尺寸：一种方式是创建极限偏差标注样式；另外一种方式是对普通的标注尺寸手动添加极限尺寸。下面分别介绍。

（1）创建极限偏差标注方式

1）打开标注样式管理器，在原来的标注样式“案例样式”基础上新建样式，样式名为“极限偏差样式”，如图 3-26 所示。

2）对新创建的样式，单击“公差”选项卡，如图 3-27 所示对“公差格式”选项进行设置。然后单击“确定”按钮，关闭对话框，并将“极限偏差样式”设置为当前的标注样式。

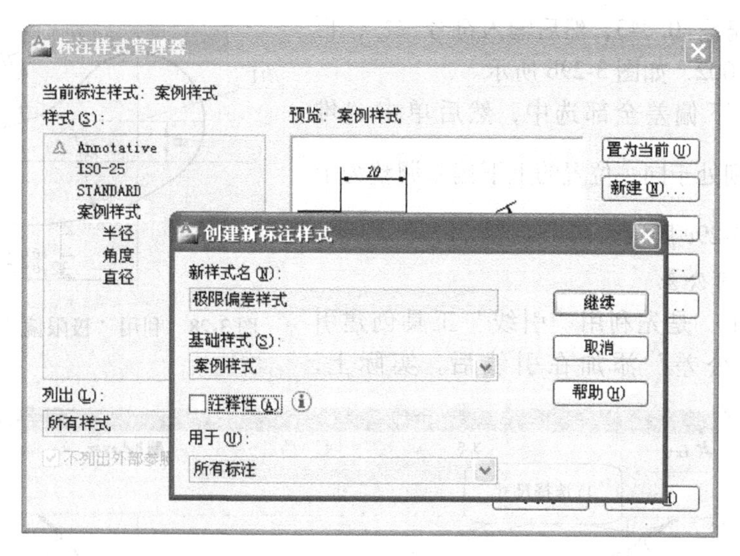

图 3-26　创建极限偏差样式

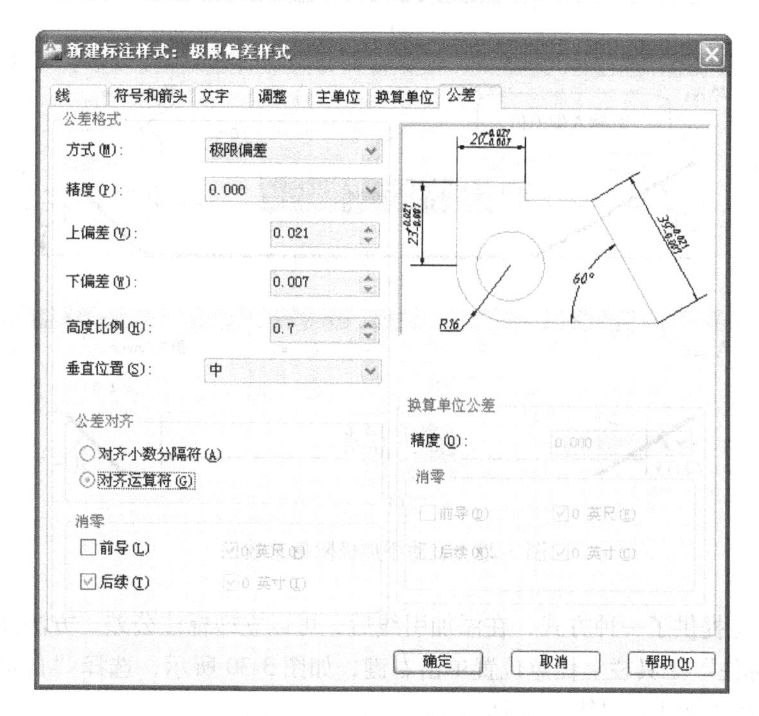

图 3-27　“公差”样式设置

3）单击“标注”工具栏中的“线性”标注按钮，对中心距尺寸 32 进行标注，效果如图 3-28 所示。

（2）手动添加极限尺寸方式

1）执行“修改”→“对象”→“文字”→“编辑”命令，或者在命令窗口中输入“DDEDIT”，选择尺寸 81，激活“文字格式”工具栏，此时 81 高亮显示，如图 3-29a 所示。

在其后输入上偏差+0.043，然后输入符号“^”，再输入下偏差-0.002，如图 3-29b 所示。

2）将上、下偏差全部选中，然后单击“堆叠”按钮$\frac{b}{a}$，则处于同一位置的上下偏差调整为上下形式，如图 3-29c 所示。

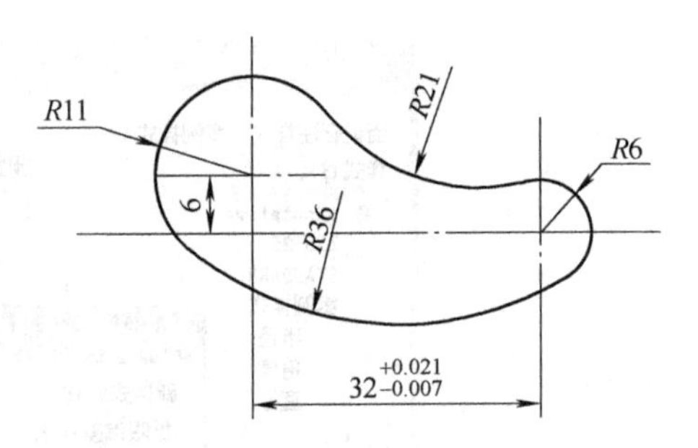

图 3-28　利用“极限偏差样式”标注

4. 标注几何公差

一般情况下，是先利用“引线”工具创建引线，然后将“公差”添加在引线后。实际上，AutoCAD 2018 也提供了一种方式，在添加引线后，可以立即标注公差。方法如下：

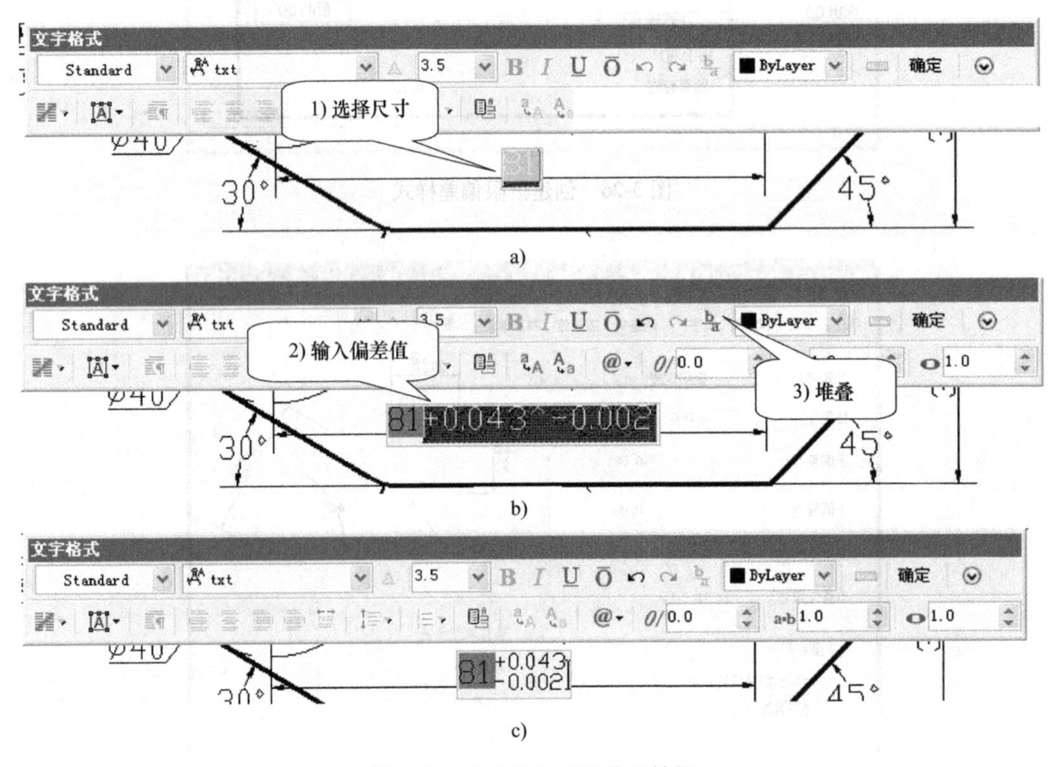

图 3-29　手动添加极限偏差效果

1）在“标注”工具栏上任意位置单击右键，如图 3-30 所示，选择“自定义”，在弹出的选项中，查找“标注，引线”工具。

2）将“标注，引线”工具拖入到“标注”工具栏中合适位置，如图 3-30 下方所示，工具栏中增加了一个“标注，引线”按钮符号。

3）单击“标注，引线”工具按钮，在命令窗口中选择 S，如下所示：

```
命令:_qleader
指定第一个引线点或[设置(S)]<设置>:S//引线设置
```

弹出“引线设置”对话框，将注释内容类型设置为“公差”，如图 3-31 所示。

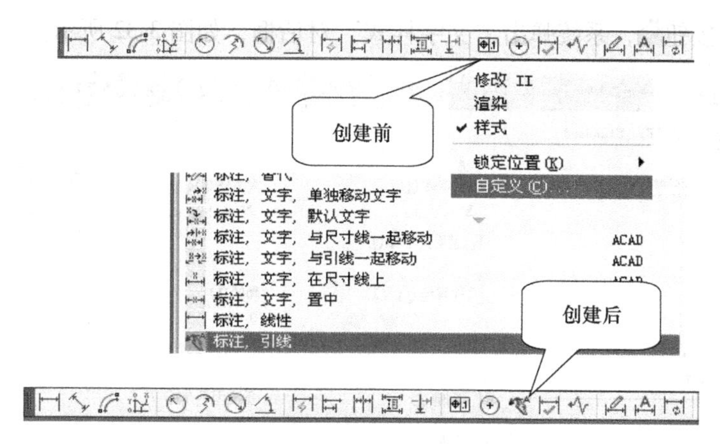

图 3-30　创建引线标注

4）单击“标注，引线”工具，在合适的位置添加引线，然后弹出“几何公差”对话框，选择公差符号和公差值，输入基准代号，单击“确定”按钮即可。

5）利用“直线”、“圆”等工具绘制基准代号。完成几何公差的标注。

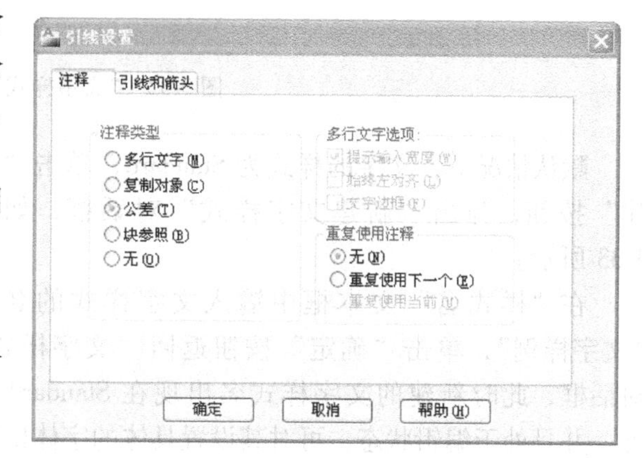

图 3-31　“引线设置”对话框

☞**提示：**

软件上的“形位公差”为“几何公差”旧称。

3.2.4　添加技术要求

1. 标注粗糙度

首先绘制粗糙度符号，然后创建为带属性的块，最后将块插入到合适的位置即可。操作过程详见 3.3.4 节创建与使用图块。

2. 添加技术要求

单击“多行文字”命令按钮 **A**，在合适的位置添加技术要求。

至此，完成了垫片零件图形全部内容，其结果如图 3-1 所示。

3.3　知识要点及拓展

3.3.1　文本输入与编辑

在 AutoCAD 中，文字的注写通常分为单行文字和多行文字两种，前者适用于比较简单的说明，如规格和标签，后者适用于比较复杂的场合，如技术要求、设计说明等。

1. 定义文字样式

在添加文字说明和注释时，不同的文字说明所需要的文字样式也不相同，可根据需要设置文字的样式。在菜单栏中，执行“格式”→“文字样式”命令，或者在“文字”工具栏中单击文字样式按钮，系统弹出“文字样式”对话框，如图 3-32 所示。

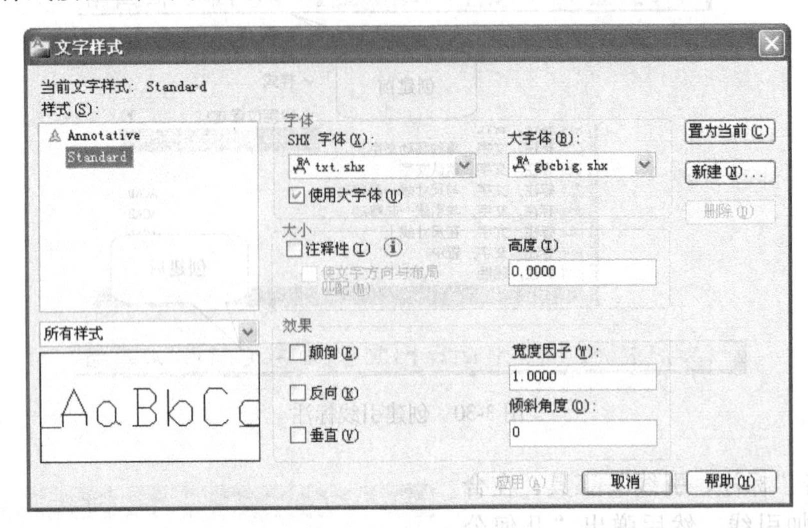

图 3-32 “文字样式”对话框

默认情况下，文字的样式为 Standard，单击“新建”按钮，弹出“新建文字样式”对话框，如图 3-33 所示。

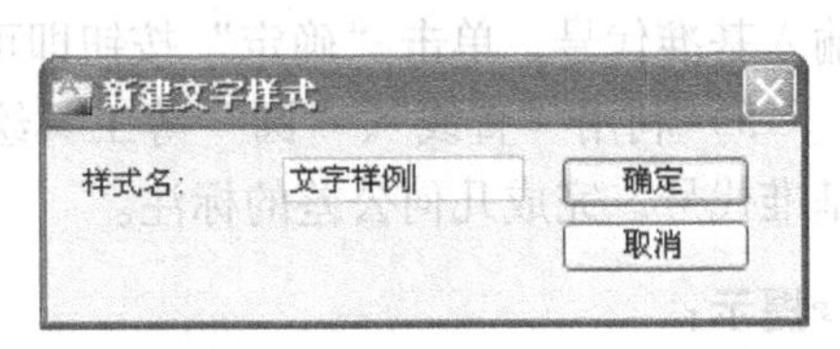

图 3-33 “新建文字样式”对话框

在“样式名”文本框中输入文字样式的名称“文字样例”，单击“确定”按钮返回“文字样式”对话框，此时新建的文字样式名出现在 Standard 下方，并且处于编辑状态，可对其设置具体的字体格式和文字效果。

（1）设置字体

默认情况下，字体为“txt.shx”，如图 3-34a 所示。在“字体”设置区中可通过单击下拉列表框方式更改“字体”，也可以启用“使用大字体”选项并设置“大字体”。

☞**提示：**

只有扩展名为.shx 的字体才可以使用大字体。

（2）设置文字大小

如图 3-34 所示，在“大小”设置区中可以设置文字高度；而“注释性”选项能实现注释对象以正确的比例在图纸中显示。对字体和文字大小的设置效果如图 3-34a 和图 3-34b 所示。

（3）设置文字效果

在“效果”面板中可以设置字体的特殊效果。通过启用或禁用“颠倒”、“反向”和“垂直”复选框，就可以完成文字效果的设置；通过“宽度因子”和“倾斜角度”可以设置字体的宽窄，以及文字的倾斜程度。文字设置后的效果如图 3-35 所示。

2. 标注单行文字

执行“绘图”→“文字”→“单行文字”命令，或者单击“文字”工具栏中的“单行文字”按钮，即可在指定的区域输入单行文字。根据命令行的提示信息，可以通过指定起点位置、选择文字的对正方式和指定文字样式这三个可选项来添加文字。

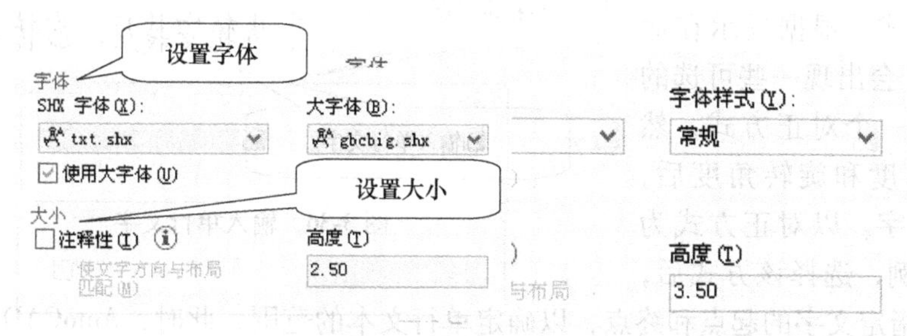

图 3-34　设置文字字体和大小

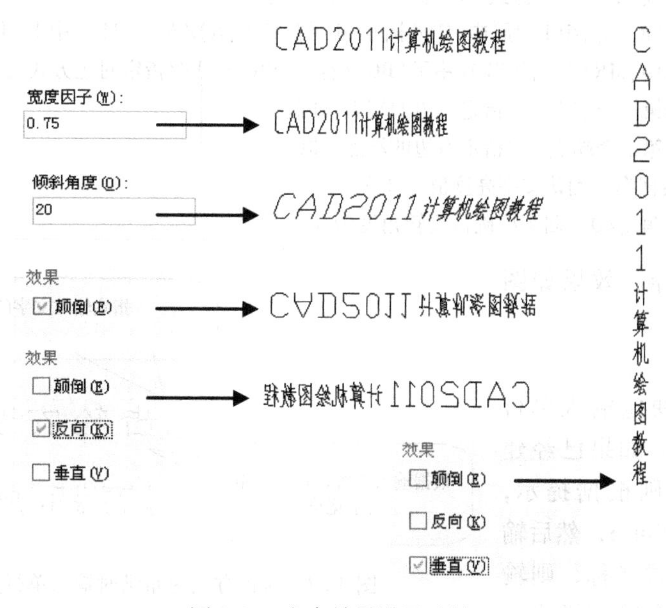

图 3-35　文字效果设置示例

（1）起点

如果不作任何更改，默认情况下，所指定的起点就是输入的文字行的最左端的位置，默认的高度为当前所用文字样式的高度，旋转角度为 0。命令操作如下：

命令：_text
当前文字样式："Standard" 文字高度：2.5 注释性：否// 文字样式
指定文字的起点或 [对正(J)/样式(S)]：// 指定输入文字的起点位置
指定高度 <2.5>：回车//确认文字高度为 2.5
指定文字的旋转角度 <0>：回车//回车确认旋转角度为 0

输入单行文字后，结果如图 3-36 所示。

（2）对正

利用这个选项，可指定输入单行文字的对正方式。根据提示在命令窗口中输入J，会出现一些可选的对正方式，选择一个对正方式，然后输入文字的高度和旋转角度后，即可输入单行文字。以对正方式为“布满（F）”为例，选择该方式后，根据提示在图中指定文字的起点和终点，以确定单行文本的范围，此时，AutoCAD会自动调整文字宽度以使输入的文本显示在指定的范围内。

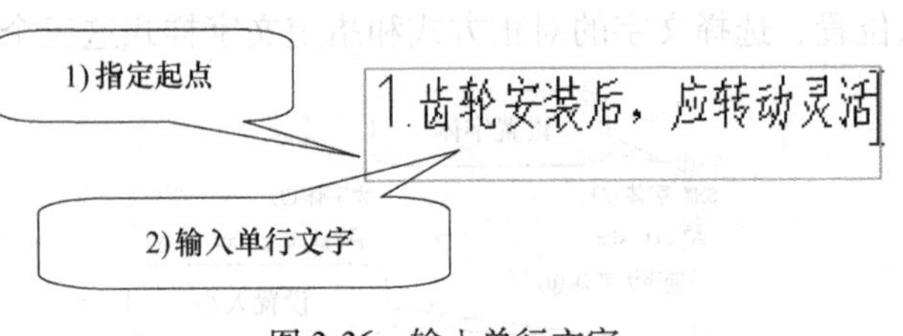

图 3-36　输入单行文字

命令操作如下：

命令：_text
当前文字样式："Standard"文字高度：2.5 注释性：否
指定文字的起点或[对正(J)/样式(S)]：J //输入选项为对正
输入选项［对齐(A)/布满(F)/居中(C)/中间(M)/右对齐(R)/左上(TL)/中上(TC)/右上(TR)/左中(ML)/正中(MC)/右中(MR)/左下(BL)/中下(BC)/右下(BR)］：F//指定对正方式为布满(F)
指定文字基线的第一个端点：//指定左边的端点，即起点
指定文字基线的第二个端点：//指定右边的端点，即终点
指定高度<2.5>：回车//确认文字高度值为 2.5
指定文字的旋转角度<0>：回车//确认旋转角度为 0°

输入单行文字，效果如图3-37所示。

（3）样式

该选项用来决定输入单行文字的文字样式。如果已经建立了多个样式，则根据提示，在命令行中输入字母S，然后输入所需的文字样式名称，则输入的单行文字就会以该样式为基础进行创建。命令操作如下：

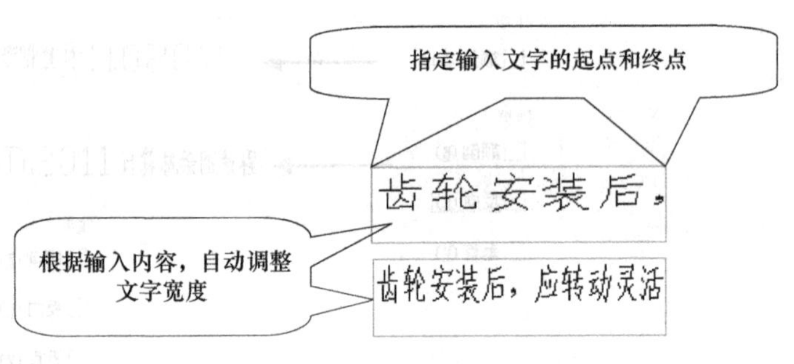

图 3-37　对正方式为布满时输入单行文字效果

命令：_text
当前文字样式："Standard"文字高度：2.5 注释性：否//默认样式
指定文字的起点或［对正(J)/样式(S)］：S //选择"样式"选项
输入样式名或[?]<Standard>：文字样例//指定文字样式"文字样例"
指定文字的起点或［对正(J)/样式(S)］：//指定文字输入的起点
指定高度 <5>：回车//"文字样例"中的文字高度值为 5
指定文字的旋转角度 <0>：回车//确定文字旋转角度为 0

效果如图3-38所示。

利用“单行文字”工具创建的文字，每一行就是一个文字类的对象，利用它可以在任意的位置添加所需要的文字内容，并且对每一行文本可以进行单独的编辑和修改。

3. 标注多行文字

如果需要注释的文本比较复杂时，例如图样中的技术要求等文本，可以通过多行文字工具进行创建。

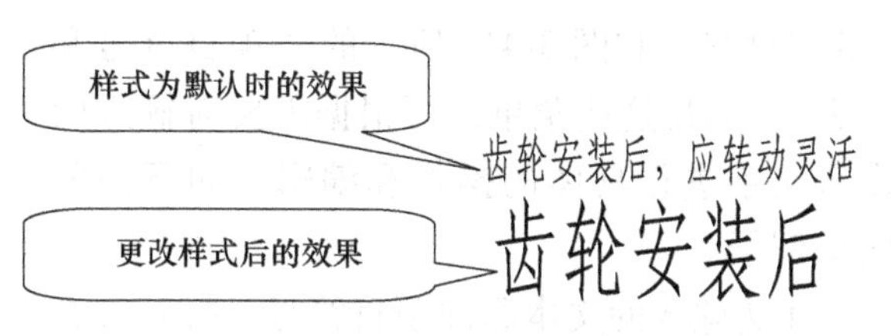

图 3-38　指定单行文字样式

执行菜单栏中“绘图”→“文字”→“多行文字”命令，或者单击“文字”工具栏中的“多行文字”按钮A，可激活多行文字“文字格式”工具栏和文本输入框，如图 3-39 所示。

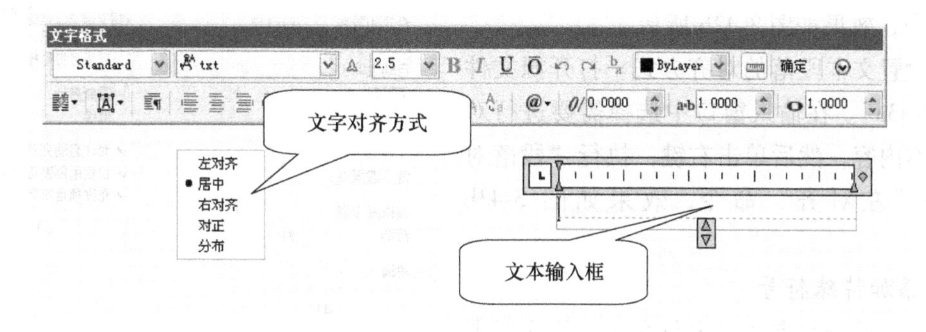

图 3-39　多行文字格式设置

（1）“文字格式”工具栏

“文字格式”工具栏用来设置要输入文字的属性，比如大小、字体和对齐方式等。设置格式后，直接在文字输入框中输入文本，然后单击“确定”按钮即可，如图 3-40 所示。

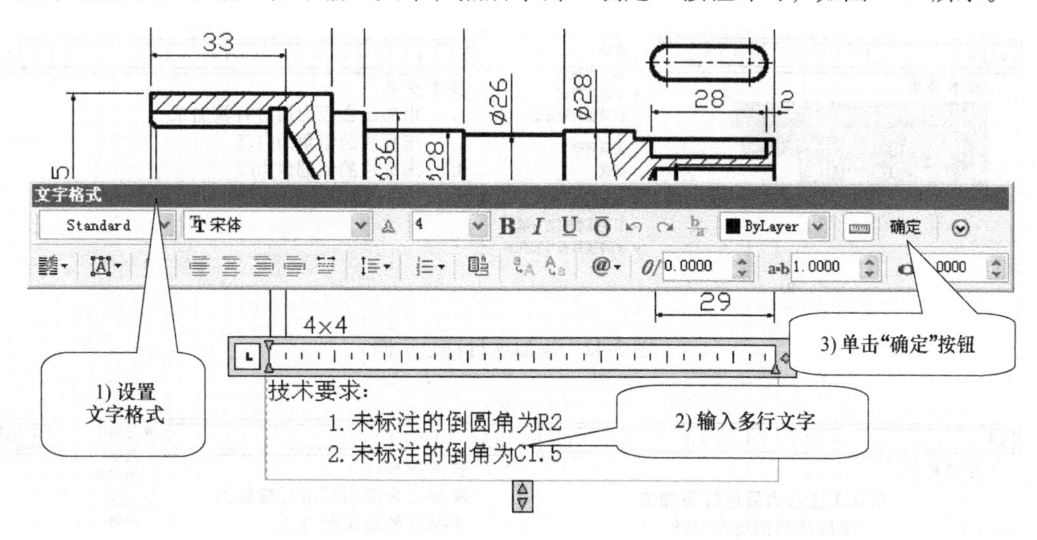

图 3-40　多行文字输入

（2）编辑选项

在文本输入框中单击右键或在“文字格式”工具栏中单击“选项”按钮，都会出现多行文字的设置菜单，如图 3-41a 所示。菜单中包括许多子菜单，如图 3-41b 所示的

“段落对齐”和图 3-41c 所示的“项目符号和列表”。利用这些菜单，可根据需要对输入的多行文字进行具体的操作和编辑。如下面的两个例子。

①为输入的文本添加项目符号。打开源文件“例图 3-42a”。双击多行文字，激活文本，选择需要进行编辑的文本内容，然后单击右键，执行“项目符号和列表”→“以数字标记”命令，效果如图 3-42b 所示。

②设置文本段落的对齐方式。打开源文件“例图 3-43a”。在输入窗口中选择需要进行对齐的文本内容，然后单击右键，执行“段落对齐”→“左对齐”命令，效果如图 3-43b 所示。

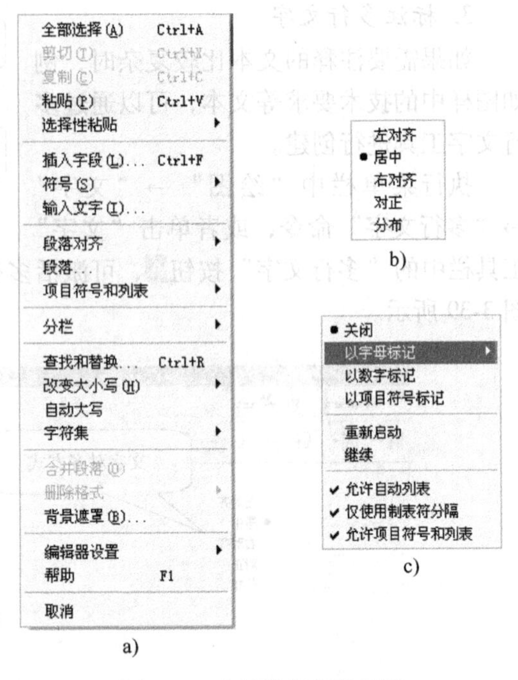

图 3-41 右键编辑菜单示例

4. 添加特殊符号

不论是单行文字还是多行文字，往往要求输入键盘上无法直接输入的符号，如直径符号“ϕ”或角度符号“°”等，对此，可通过系统自身提供的控制符来实现这些符号的输入。控制符的含义及对应的功能见表 3-1。例如，需要标注 ϕ40，则输入控制符%%C40，系统将输出 ϕ40。

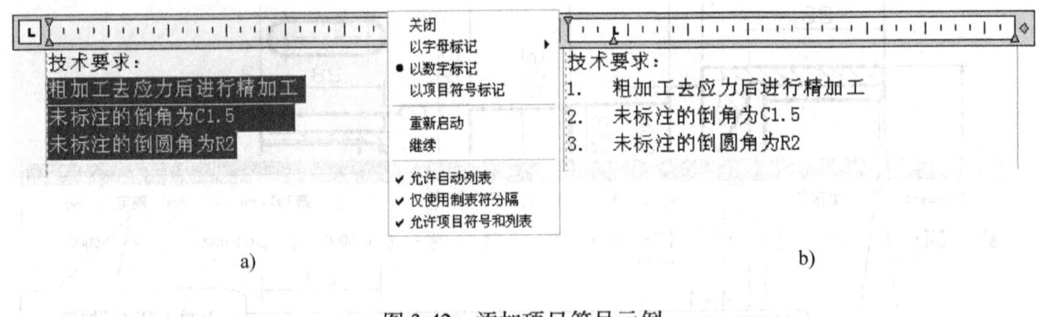

图 3-42 添加项目符号示例

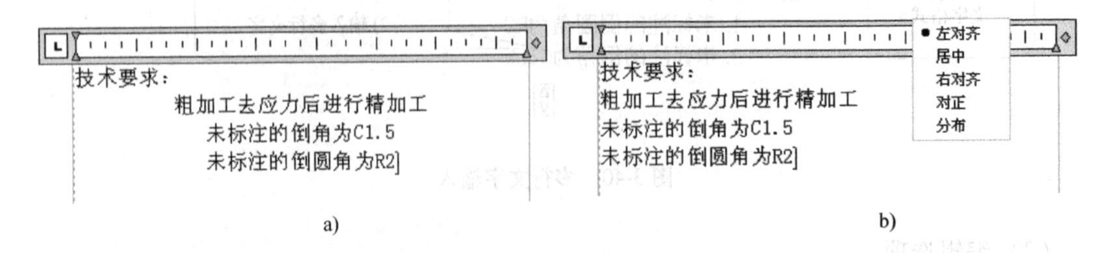

图 3-43 多行文字左对齐示例

表 3-1　控制符含义和功能

控制符	功能描述	控制符	功能描述
%%D	角度符号°	%%O	打开或关闭文字上画线
%%P	正/负号±	%%U	打开或关闭文字下画线
%%C	直径符号 ϕ	%%%	百分号%
\ U+2238	约等于≈	\ U+2260	不相等≠

5. 查找和替换文字

在实际的绘图过程中，一些系列化的产品的文字说明可能大体相同，只是局部地方存在差异，如果对这些相同的文本部分重新编写，无疑会增加重复性的工作。为此，AutoCAD 2018 提供了一种高级的功能，即文字的查找和替换。其步骤如下：

首先，双击需要操作的文字对象，然后单击右键，选择“查找（F）…”选项，打开“查找和替换”对话框，如图 3-44 所示。

在“查找和替换”对话框中的“查找”文本框中输入要替换的文字，在“替换为”文本框中输入替换后的文字，对话框右侧的按钮将被激活，如图 3-45 所示。对话框中的复选框里内容用来控制替换过程中的参数。

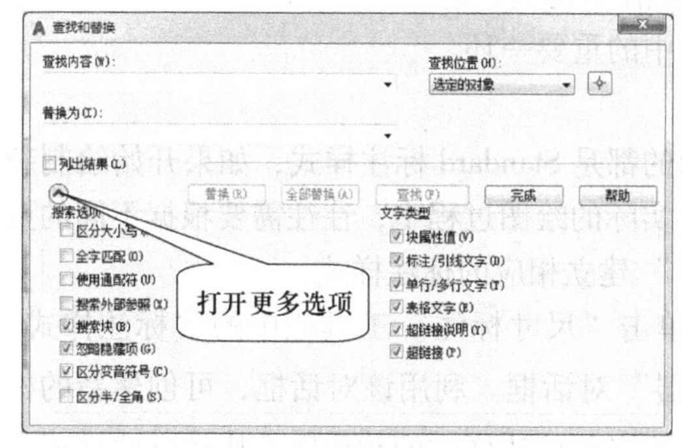

图 3-44　查找和替换对话框

图 3-45　输入查找和替换内容

如果需要替换某一个对象，可单击“下一个”按钮，则符合要求的被查找对象将依次高亮显示，查找到需要替换的对象后，在其为高亮显示时，单击“替换”按钮即可，如图 3-46 所示。

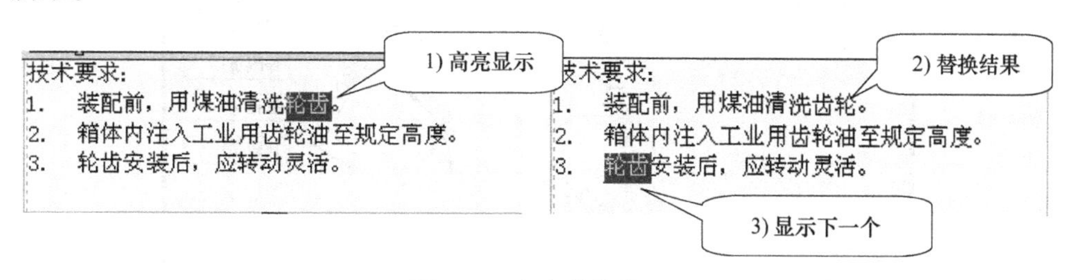

图 3-46　文字替换效果

如果需要替换全部符合要求的对象，单击“全部替换”按钮，即可实现全部替换，然后关闭对话框，并按下<Esc>键就可以完成操作。

6. 编辑文字特性

对于已经输入的文字，可利用“特性”选项板，设置文字的线型、线宽、样式和坐标等参数，从而达到对文字进行编辑的目的。要编辑文字特性，可单击文字对象，然后单击右键，在弹出的菜单中单击“特性”子菜单，或者在命令行中输入“PROPERTIES”命令，打开“特性”面板，如图 3-47 所示。

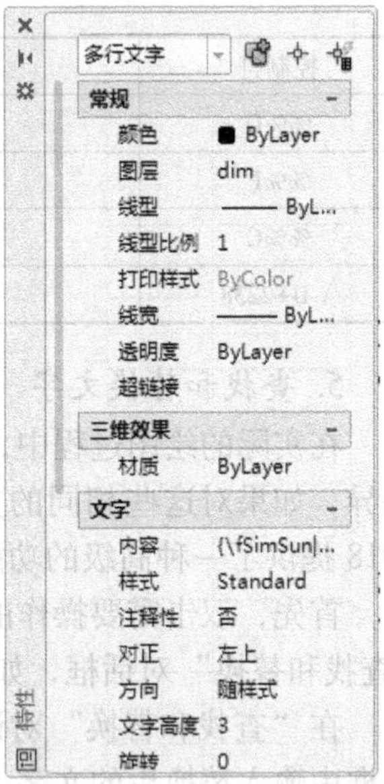

如需修改文字的高度、线型比例等数值类的特性，则在“特性”面板中单击该行，激活该行文字区，删除原值，输入新值；如果要修改所选文字的颜色、样式等特性，单击该行，该行后面会显示下拉列表按钮，单击该按钮，选取需要的项目。修改完后，按<Esc>键退出对该文本的修改。然后再选择其他文本对象按上述方法进行修改。最后，单击“特性”面板左上角的“关闭”按钮，将其关闭。

图 3-47 文字特性面板

3.3.2 尺寸标注与编辑

单一的图形文件只能表达物体的形状和结构特点，要表达物体真实的大小以及装配零件的位置关系，必须借助完整、清晰和合理的尺寸标注，因此尺寸标注是绘图过程中的重要一环。

1. 新建尺寸标注样式

在设置尺寸标注之前，系统默认情况下使用的都是 Standard 标注样式，如果开始绘制新图形时选择了公制单位，则默认样式为 ISO-25。实际的绘图过程中，往往需要根据不同的要求设置多种标注样式，可利用“标注样式管理器”建立相应的标注样式。

执行“格式”→“标注样式”命令，或者单击“尺寸标注”工具栏中的“标注样式”按钮，弹出如图 3-48 所示的“标注样式管理器”对话框。利用该对话框，可创建新的标注样式、设置当前标注样式、修改标注样式、设置当前标注样式的替代以及比较标注样式。

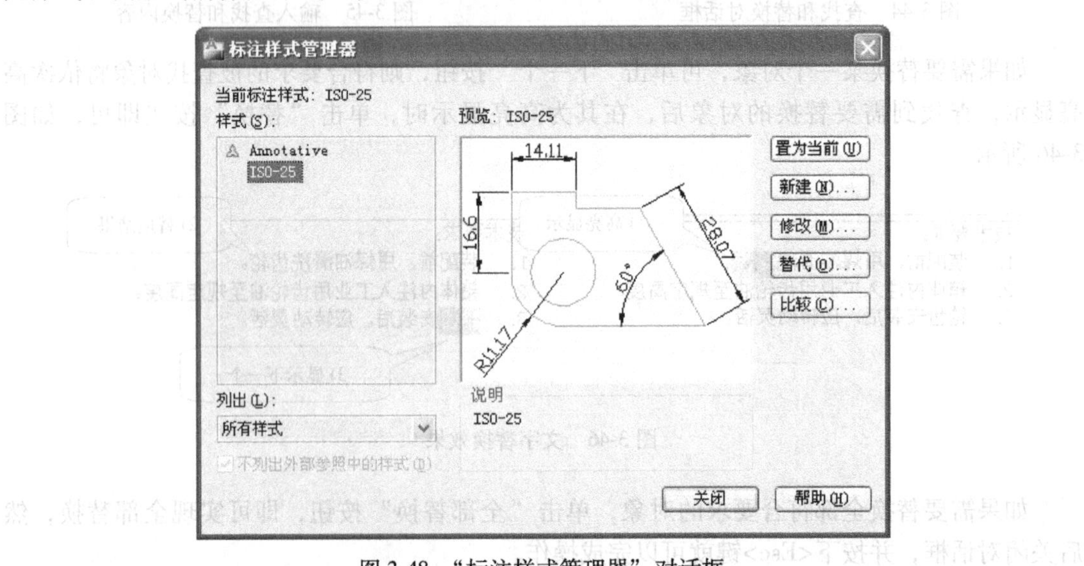

图 3-48 “标注样式管理器”对话框

（1）样式

显示图形中的所有标注样式。当前样式高亮显示，其中选定的标注样式在“预览”窗口会有显示。要将某种样式置为当前样式，可选择该样式并选择“置为当前”。选中某种样式后，单击右键，可用于设置当前标注样式、重命名样式和删除样式，但不能删除当前样式和当前图形中已经使用的样式。

（2）新建

单击“新建”按钮，出现“创建新标注样式”对话框，在新样式名中输入样式名，如输入“标注样例”，选择“基础样式”，如果是首次新建样式，则只能选择“ISO-25”作为基础样式，此时新建的样式以 ISO-25 样式为基础。“用于”下拉菜单中默认为“所有标注”，如图 3-49 所示。

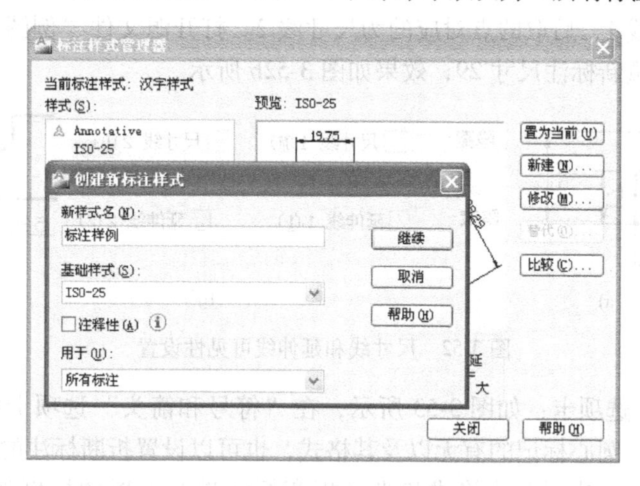

图 3-49　创建新标注样式

单击“继续”按钮，弹出如图 3-50 所示的对话框。该对话框中包含了 7 个选项卡，在不同的选项卡中，可对标注样式进行相应的设置。

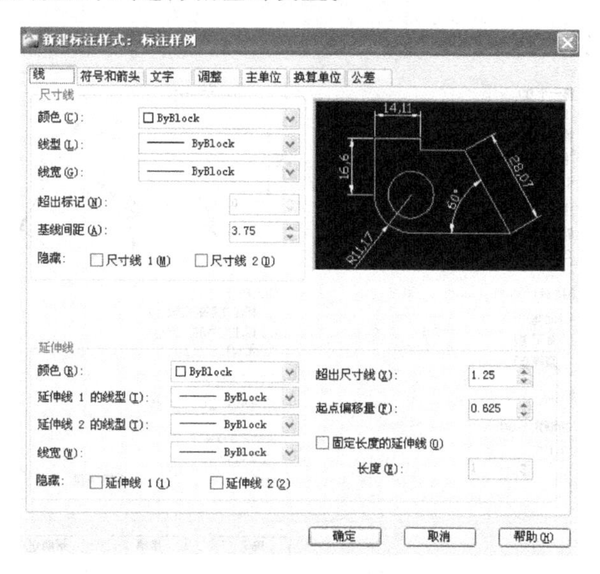

图 3-50　“线”选项卡设置

“线”选项卡：如图 3-50 所示，可设置尺寸线、尺寸界线（延伸线）的相关参数。“尺寸线”选项组用于设置尺寸线的颜色、线型、线宽、超出标记、基线间距等参数，“延伸线”选项组用于设置尺寸界线的颜色、线型、起点偏移量等，具体含义如图 3-51 所示。

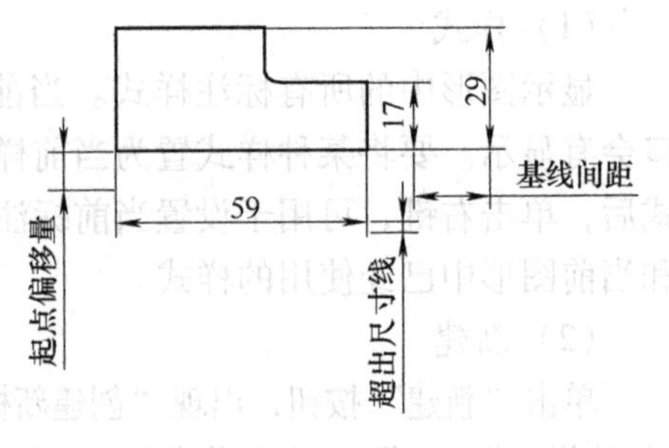

图 3-51 “线”参数含义

除此之外，“尺寸线”和“延伸线”选项组中还可以控制是否隐藏尺寸线或延伸线（尺寸界线），从而方便对称结构尺寸的标注。在标注时，先取的点对应的一侧为尺寸线 1，后取的点对应的为尺寸线 2。打开源文件“例图 3-52a”。按图中指示进行设置，然后重新标注尺寸 29，效果如图 3-52b 所示。

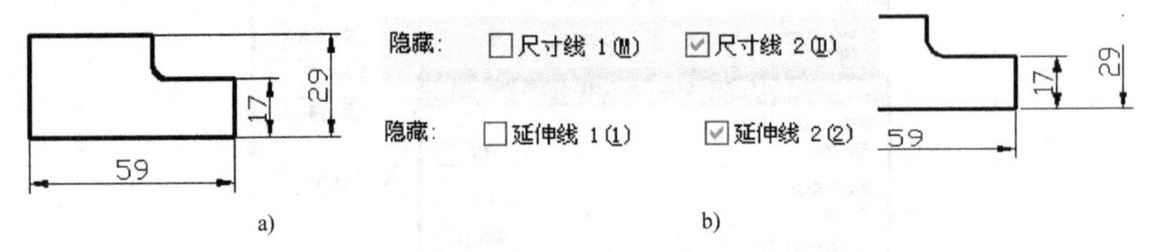

图 3-52 尺寸线和延伸线可见性设置

“符号和箭头”选项卡：如图 3-53 所示，在“符号和箭头”选项卡中，可以设置尺寸箭头的格式和特性、圆心标记的有无以及其格式，也可以设置折断标注的大小以及半径折线标注的格式等内容。其中对箭头格式和半径折弯标注进行设置的样例如图 3-54 所示，图 3-54a 中的尺寸箭头都为实心闭合，折弯标注尺寸 36 的折弯角度为 45°；图 3-54b 中水平标注尺寸 30 的箭头为空心闭合，折弯标注尺寸 36 的箭头也为空心闭合，且折弯角度为 90。

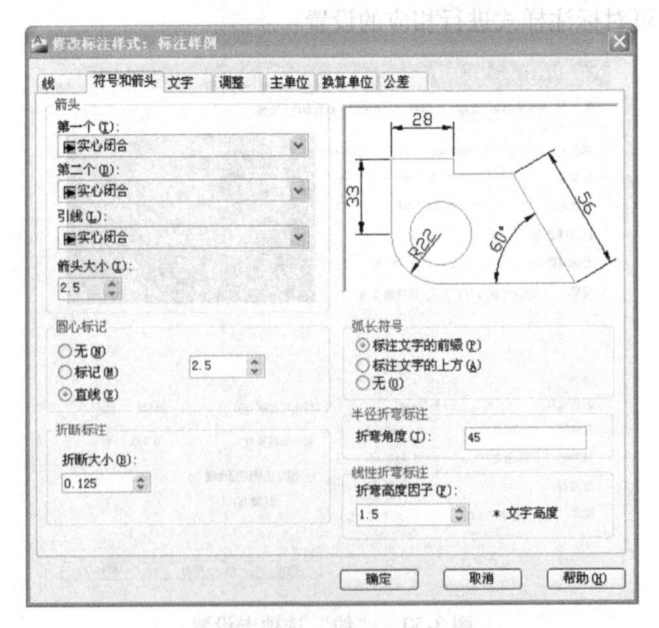

图 3-53 “符号和箭头”选项卡

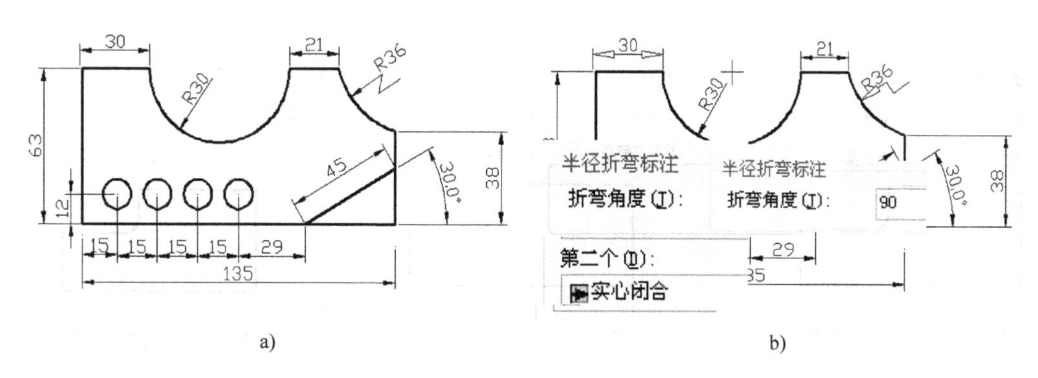

a)　　　　　　　　　　b)

图 3-54　符号和箭头设置示例

“文字”选项卡：如图 3-55 所示，在此选项卡中，可设置所标注文字的外观、位置和对齐方式。文字外观包括文字的样式、颜色、高度等内容。文字位置选项中的“垂直”选项用来控制标注文字相对尺寸线的垂直位置；而“水平”选项则用来控制标注文字在尺寸线上相对尺寸界线的水平位置。打开源文件“例图 3-56a”，按图中指示设置文字的垂直选项，其设置效果分别如图 3-56a、图 3-56b 和图3-56c 所示。打开源文件“例图 3-57a”，按图中指示设置文字的水平选项，其设置效果分别如图 3-57a、图 3-57b 和图 3-57c 所示。

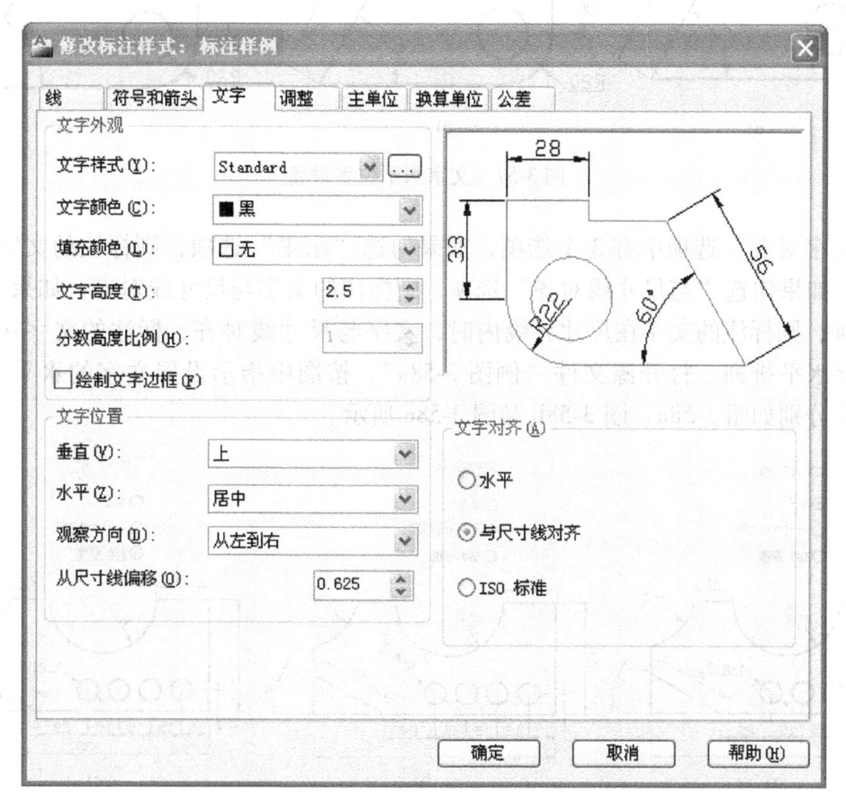

图 3-55　“文字”选项卡

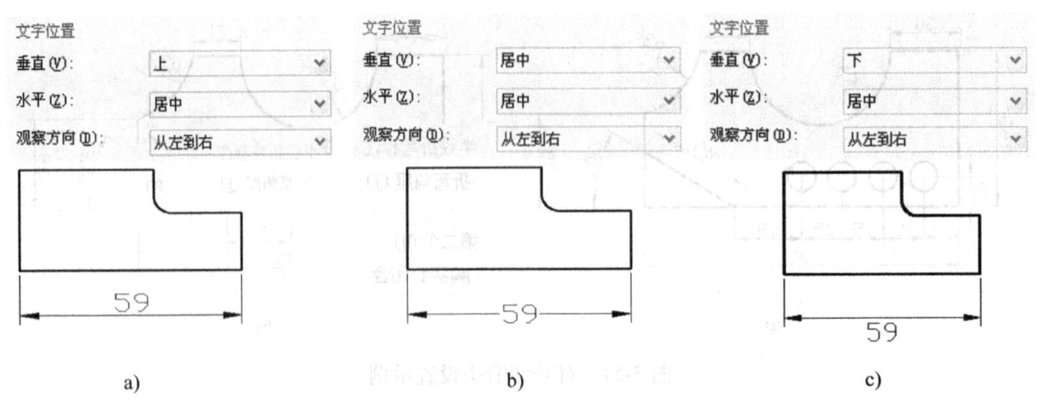

图 3-56　文字垂直位置设置

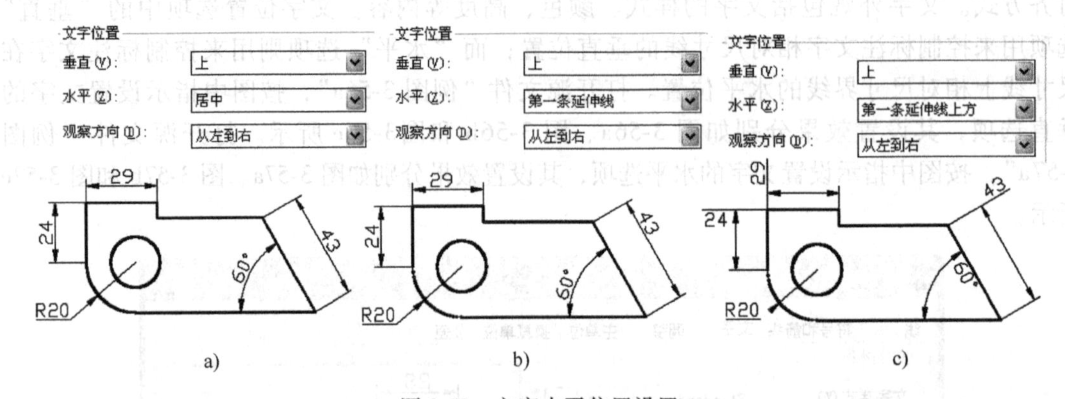

图 3-57　文字水平位置设置

在“文字对齐”选项中有 3 个选项，如果勾选“水平”选项，则标注的文字都为水平方向放置；如果勾选“与尺寸线对齐”选项，则标注的文字与尺寸线对齐；如果勾选“ISO标准”选项，则标注的文字在尺寸界线内时，文字与尺寸线对齐，标注的文字在尺寸界线外时，文字水平排列。打开源文件“例图 3-58a”，按图中指示设置文字的水平对齐方式，其设置效果分别如图 3-58a、图 3-58b 和图 3-58c 所示。

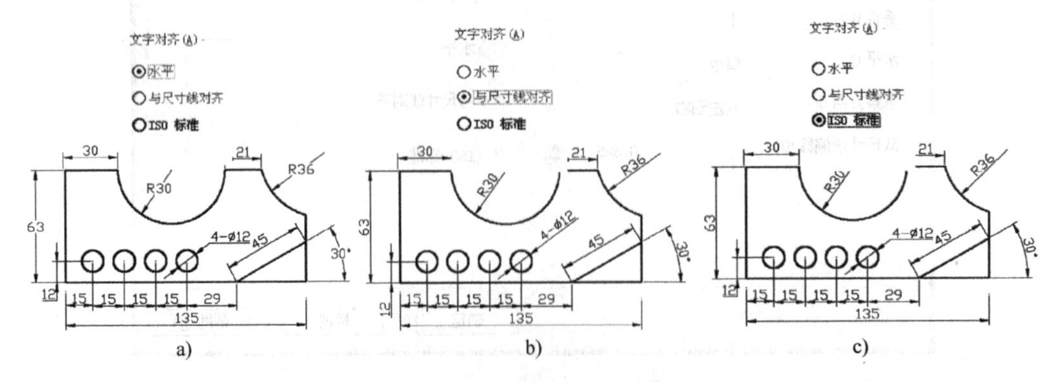

图 3-58　文字对齐方式设置

“调整”选项卡：如图 3-59 所示，在“调整”选项卡中，包括“调整选项（F）”、“文字位置”和“标注特征比例”等选项。“调整选项（F）”选项可以根据尺寸界线之间的空间控制文字和箭头的位置；“文字位置”用来控制当标注文字不在默认位置时，标注文字的放置位置；“标注特征比例”设置全局标注比例或图纸空间比例；而“优化”选项设置是否在标注时手动放置标注文字，是否始终在尺寸界线之间绘制尺寸线。其中“调整选项（F）”的设置效果如图 3-60 所示，在尺寸界线之间空间不够时，通过勾选不同的选项，获得不同的标注效果。

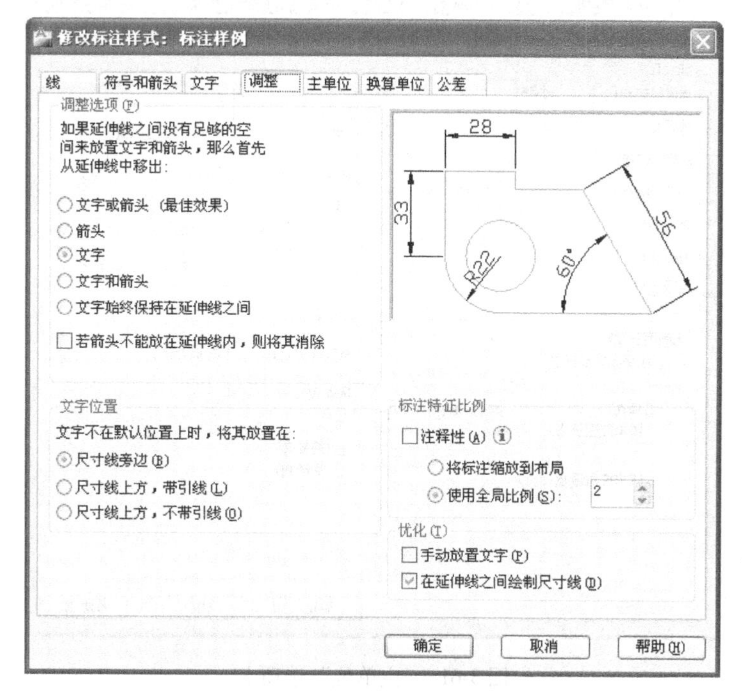

图 3-59 “调整”选项卡

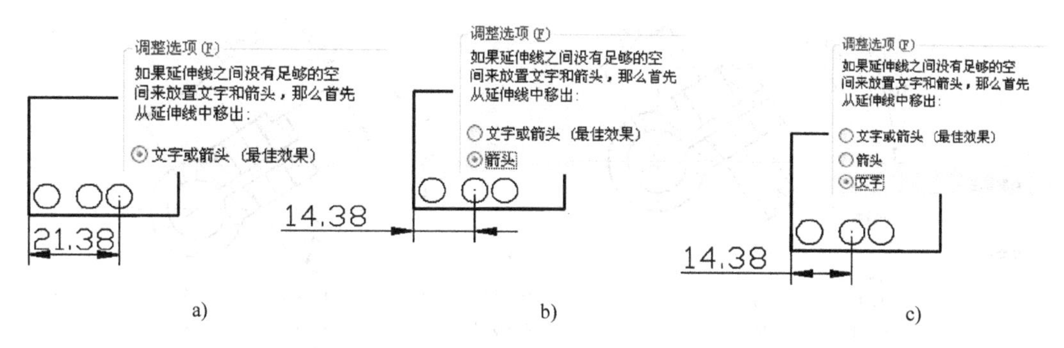

图 3-60 “调整选项”设置效果

“主单位”选项卡：如图 3-61 所示，利用该选项卡，可以设置线性标注的格式和精度，还可以设置比例因子以及控制该比例因子是否仅应用到布局标注等，如图 3-61 所示。主单位分为线性标注和角度标注两个大类。在线性标注中，“单位格式”用来选择标注类型的显示格式是小数还是科学型等；“精度”选项控制标注文字中小数位的位数；“前缀”框用来设置标注文字的前缀，例如在该框内输入%%C，则所标注的线性尺寸文字前面会添加一个直径符号 φ；类似的，“后缀”框用来控制标注文字的后缀，例如输入毫米单位“mm”，则所标注的文字后面会添加 mm；“消零”选项用来设置输入的十进制数是否去掉前面或者后面的零，例如，如果选择前导消零，则 0.500 显示为 .500，如果选择后续消零，则 0.500 显示为 0.5。角度标注选项的含义跟线性标注里含义类似。打开源文件“例图 3-62a”，按图中指示设置线性标注和角度标注值，其设置效果分别如图 3-62a 和图 3-62b 所示。

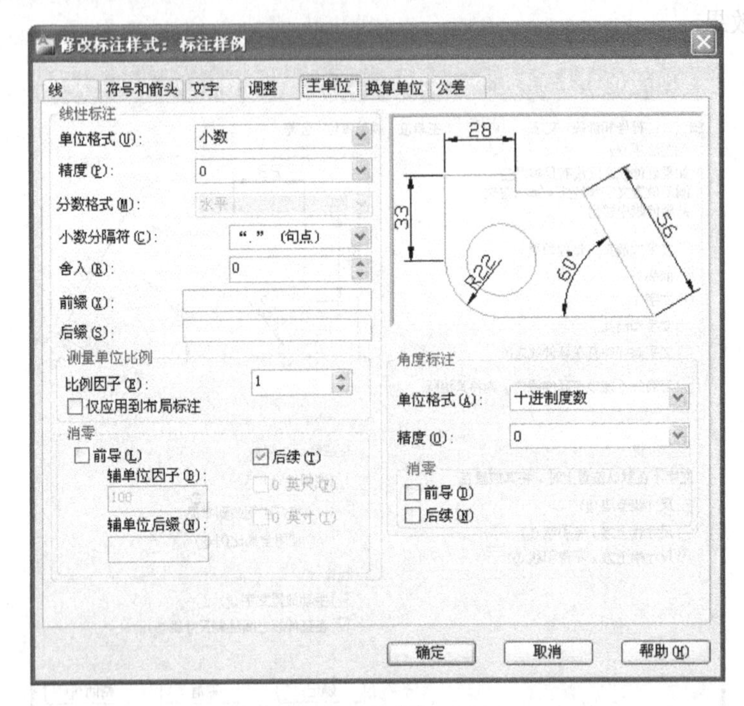

图 3-61 “主单位”选项卡

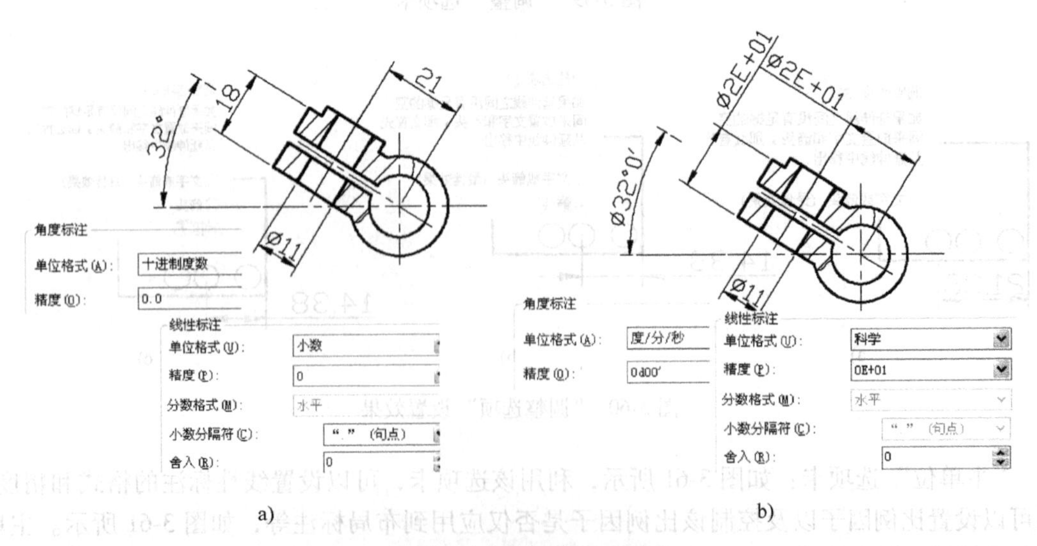

a)　　　　　　　　　　　　b)

图 3-62 主单位设置示例

“换算单位”选项卡：如图 3-63 所示，“换算单位”选项卡主要用于控制是否显示经过换算后的标注文字的值，通过这个选项可以建立不同度量单位之间的转换关系，例如 mm 与 in。如果需要显示换算单位，则勾选“显示换算单位”，此时“换算单位”面板被激活，可以设置各种选项。其中，“单位格式”、“精度”、“前缀”、“后缀”和“消零”选项的含义跟主单位类似，其他的选项含义如下：“换算单位倍数”选项用来设置主单位与换算单位之间的转换因子的位置，例如如果倍数设置为 0.5，则当主单位值为 25 时，换算后的值为 12.5；“舍入精度”选项设置换算后的值的舍入规则，如果舍入精度为 0.25，则换算后的值以 0.25 为单位进行舍入；“位置”选项用来设置换算后的值的位置是在主值的后面还是主值下方。

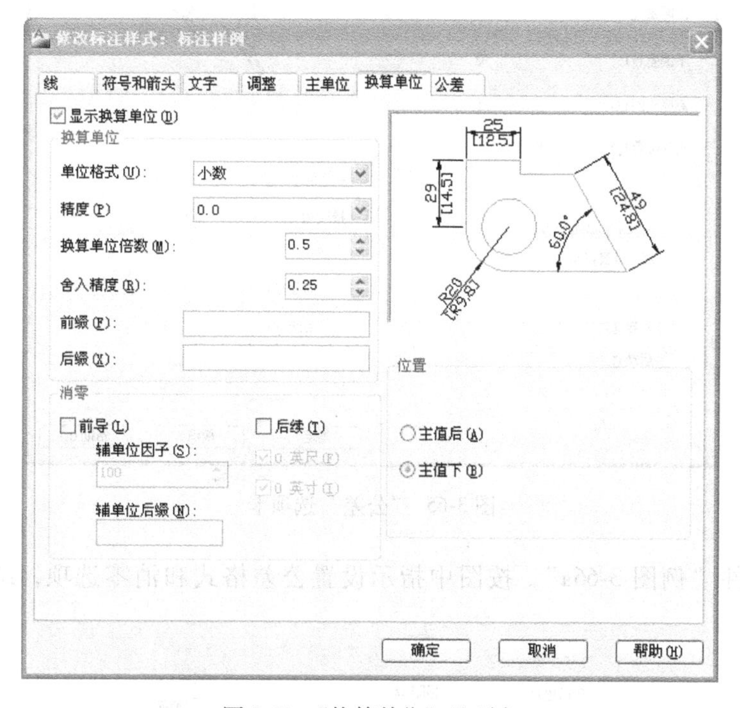

图 3-63　“换算单位”选项卡

打开源文件“例图 3-64a”。按图中指示设置换算单位和位置值，结果如图 3-64b 所示。

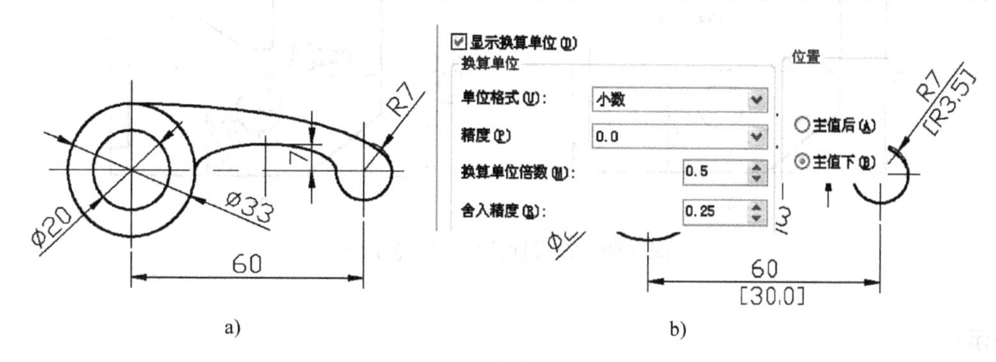

图 3-64　换算单位设置示例

“公差”选项卡：如图 3-65 所示，该选项卡主要设置公差格式、公差对齐和消零等功能。在“公差格式”中，通过“方式”下拉菜单选择公差的标注方式，如果选择的方式中含有上、下偏差值，可直接在“上偏差”、“下偏差”后面的文本框中输入，并通过“高度比例”设置偏差值相对于基本尺寸的比例。

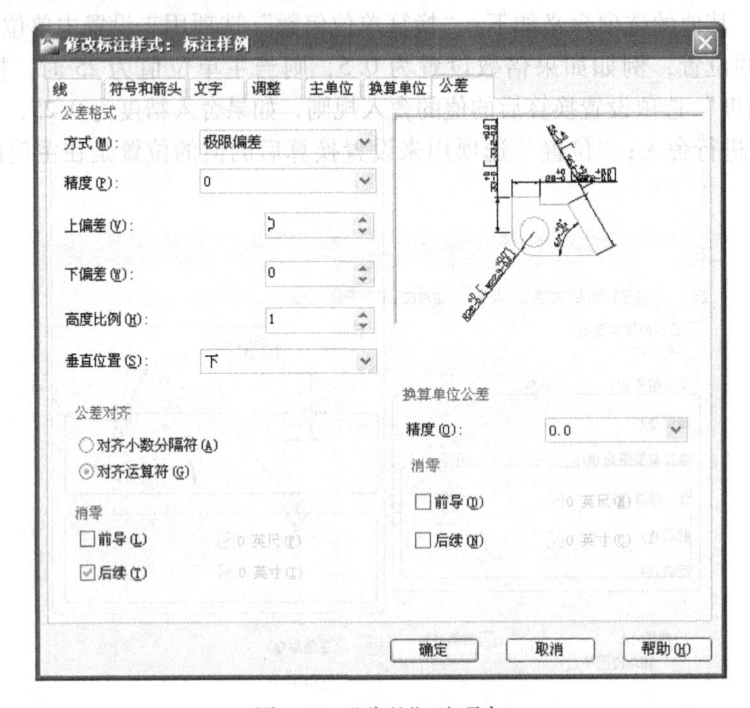

图 3-65 “公差”选项卡

打开源文件“例图 3-66a”，按图中指示设置公差格式和消零选项，结果如图 3-66b 所示。

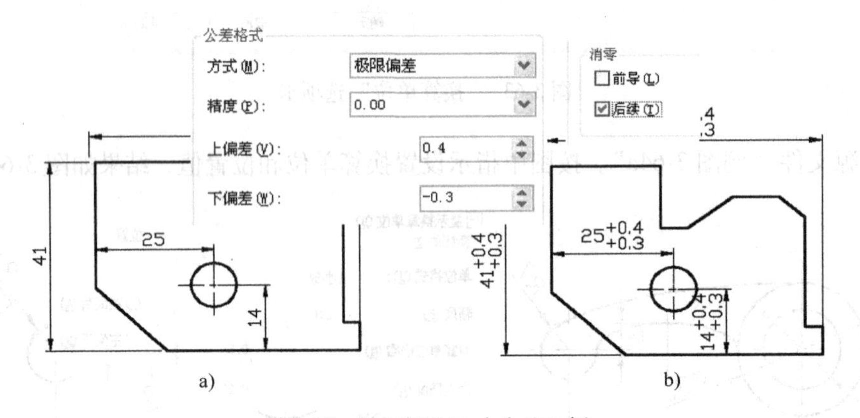

图 3-66 设置标注尺寸公差示例

☞**提示：**

如公差方式为“极限偏差”时，系统默认上偏差为正值，下偏差为负值。输入参数时需注意偏差的正负号。

完成各个选项的设置后，单击“确定”按钮，返回到“标注样式管理器”对话框。选取新建的标注样式并单击“置为当前”按钮，当前的标注样式即为新建的标注样式。

（3）“修改”

单击“修改”按钮，弹出“修改标注样式”对话框，从中可以修改标注样式。对话框的内容和“新建标注样式”对话框的内容是相同的，参见图 3-50。

（4）“替代”

单击“替代”按钮，弹出“替代当前样式”对话框，从中可以标注样式的临时替代。对话框的内容和“新建标注样式”对话框的内容是相同的，参见图 3-50。

（5）“比较”

单击“比较”按钮，弹出“比较标注样式”对话框，用该对话框比较两种标注样式的特性或列出一种样式的所有特性。如图 3-67 所示，列出了“标注样例”和“Standard”两种样式之间的区别。

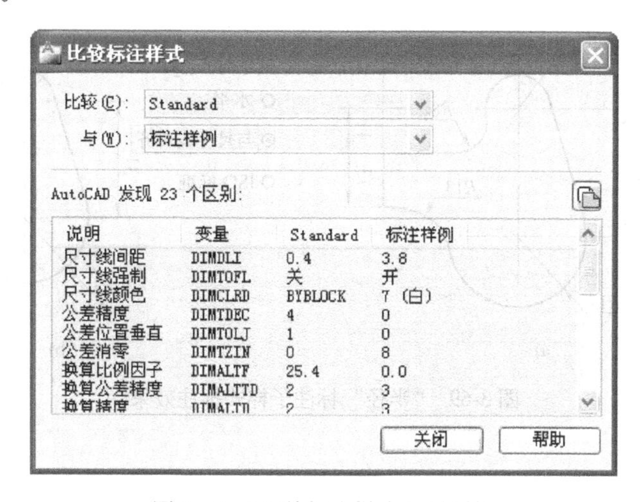

图 3-67　“比较标注样式”对话框

（6）建立尺寸标注子样式

上述“新建标注样式”创建的样式“标注样例”适用于所有的标注，比如线性尺寸、半径或者直径等，也可以在此基础上单独就半径标注或者直径标注等创建一个新的子样式，方法如下：

打开“标注样式管理器”，在“样式”中选择要创建子样式的样式，本例中选择“标注样例”，单击“新建”按钮，弹出“创建新标注样式”对话框，在该对话框中，“用于”下拉列表中选择“半径标注”，如图 3-68a 所示。单击“继续”按钮，弹出“新建标注样式”对话框，参见图 3-50，在该对话框中，将“文字”选项卡中的“文字对齐”方式，设置为“与尺寸线对齐”。然后关闭对话框，结果如图 3-68b 所示，“标注样例”下方出现了名为“半径”的子样式。

打开源文件“例图 3-69”，利用原来的“标注样例”标注的尺寸结果如图 3-69a 所示，可见所有的尺寸文字都是水平方向排列，而对“标注样例”创建了“半径”标注子样式后，如图 3-69b 所示，所有的半径标注文字都是沿尺寸线排列。

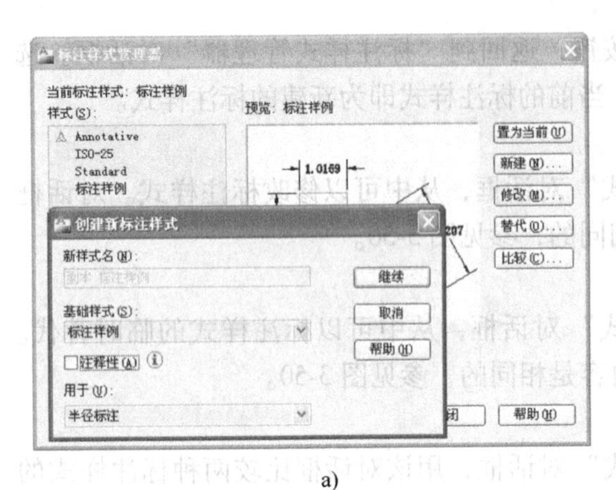

a)

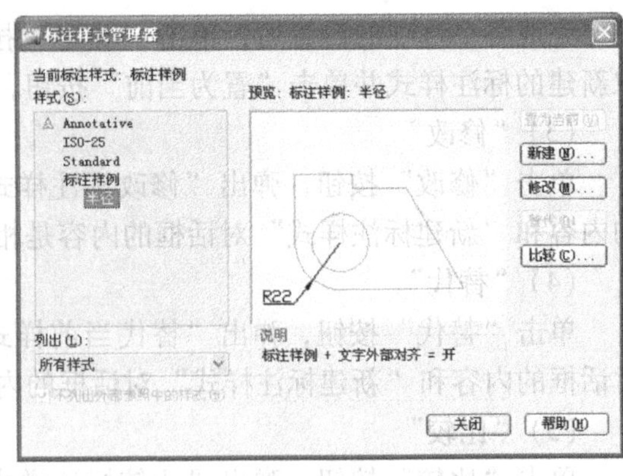

b)

图 3-68　创建“半径”标注子样式

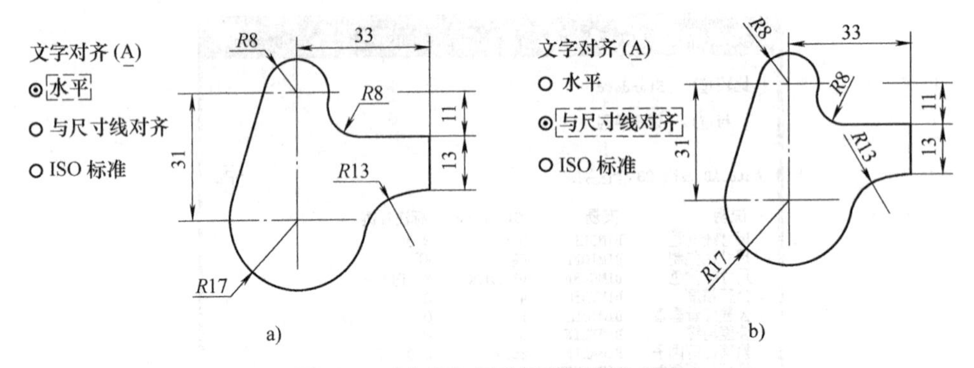

图 3-69　“半径”标注子样式标注效果

2. 尺寸标注

设置好尺寸标注的样式后，利用“标注”工具栏中的尺寸标注按钮，对图形添加尺寸标注，其主要的尺寸标注类型如下：

（1）线性标注

线性标注用于标注图形对象的线性距离或长度，包括水平标注、垂直标注和旋转标注。水平标注用于标注对象上两点在水平方向上的距离，尺寸线沿水平方向放置；垂直标注用于标注对象上两点在垂直方向上的距离，尺寸线沿垂直方向放置；旋转标注用于标注对象上的两点在倾斜方向上的距离，尺寸线沿倾斜角度方向放置。

单击“标注”工具栏中的“线性”标注按钮，选取图中需要进行尺寸标注的两个端点作为尺寸界限的原点，根据命令行提示，指定相应的选项、标注文字以及放置的角度，选取标注方向，移动鼠标在图中适当的位置单击即可完成该尺寸的标注，如图 3-70 所示。其中，旋转标注的命令操作如下：

命令：_dimlinear
指定第一个延伸线原点或 <选择对象>：//选择 *A* 点
指定第二条延伸线原点：//选择 *B* 点
指定尺寸线位置或[多行文字(M)/文字(T)/角度(A)/水平(H)/垂直(V)/旋转(R)]：R//选择旋转

标注

指定尺寸线的角度 <0>:130//指定标注文字旋转的角度

指定尺寸线位置或[多行文字(M)/文字(T)/角度(A)/水平(H)/垂直(V)/旋转(R)]: //在合适的位置放置尺寸线

标注文字 = 8//回车确认标注的文字

（2）对齐标注

对齐标注可以理解为线性标注的一个特殊形式，它的尺寸线平行于对象上所选两点的连线，适合在连线的倾斜角度未知时标注两点间的长度。跟线性标注中的旋转标注不同，该工具无需预先知道斜线、斜面等具有倾斜特征的线性尺寸进行标注。单击“标注”工具栏中的“线性”标注按钮，根据提示，即可进行对齐尺寸的标注，其方法与线性标注相同。效果如图 3-71 所示。

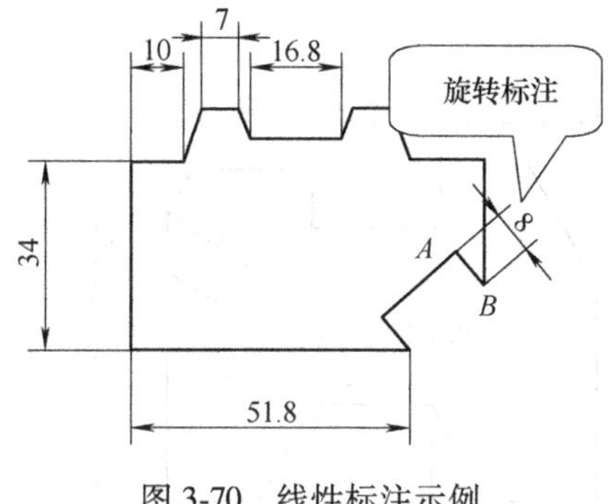

图 3-70　线性标注示例

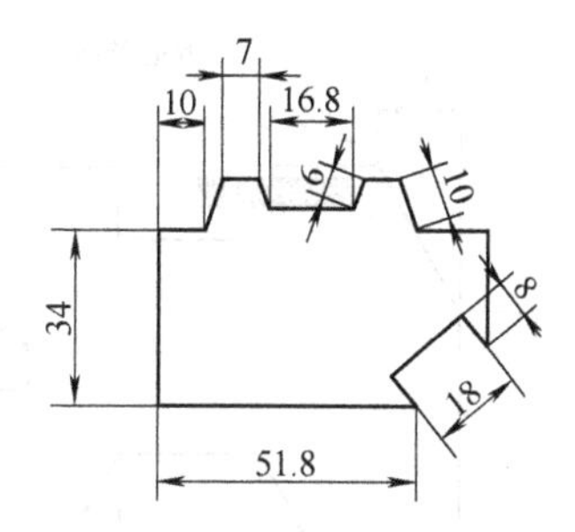

图 3-71　对齐标注效果

☞**提示：**

标注倾斜特征的线性尺寸时，线性标注中的旋转标注需要用户指定标注尺寸线的角度，而对齐标注则不用。

（3）基线标注

利用基线标注工具，能够以图中现有的尺寸标注一侧为基线，依次标注出该基线与指定点之间的所有线性尺寸。

单击“标注”工具栏中的“基线”按钮，指定图中现有标注尺寸界线为基线，然后依次单击需要进行标注的点为基线标注的其他界线点，最后按<Enter>键即可完成基线标注。打开源文件“例图 3-72a”，以标注尺寸 6 为基线，然后指定 16、25、39 三个尺寸的标注点，结果如图 3-72b 所示。

（4）连续标注

连续标注同基线标注相似，都是以指定的尺寸界线为基线进行标注，但连续标注所指定的基线仅作为与该尺寸标注相邻的连续标注尺寸的基线，依次类推，下一个尺寸的标注都是以与其相邻的尺寸界线为基线进行标注的。

单击“标注”工具栏中的“连续”按钮，在图中选取作为连续标注基线的尺寸界线，然后依次选取需要进行标注的点作为连续标注各段尺寸的界线点，最后按<Enter>键即可完成标注。打开源文件“例图 3-73a”。以标注尺寸 10 为基线，然后指定其他标注点，结果图 3-73b 所示。

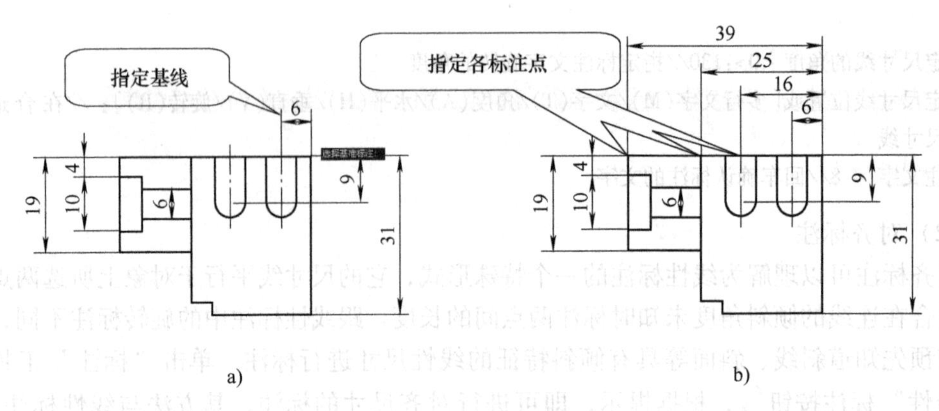

图 3-72　基线标注

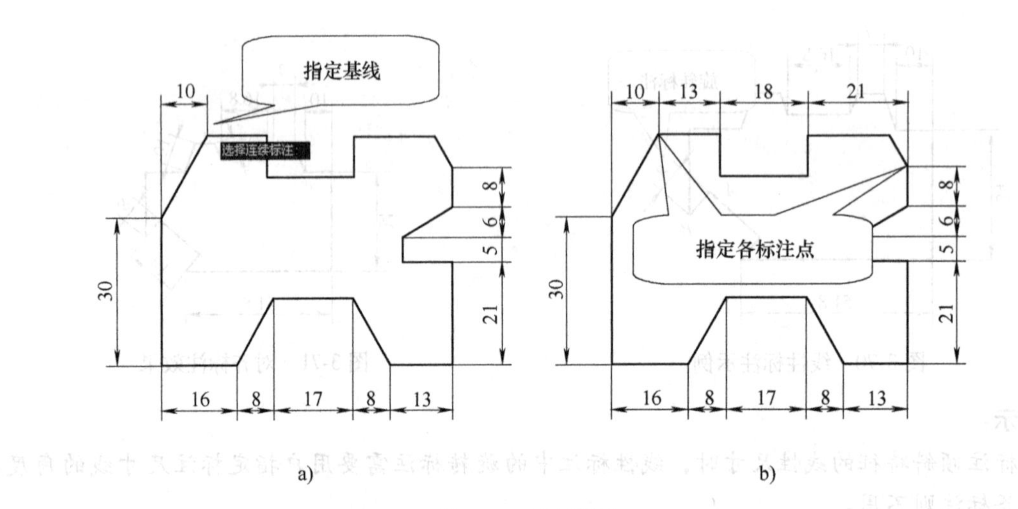

图 3-73　连续标注

(5) 径向尺寸标注

对图形中的圆角、圆弧或圆等具有径向特征的对象进行尺寸标注时，可以使用 AutoCAD 2018 中提供的半径、直径以及圆心标记工具。

在“标注”中单击“半径标注”按钮或“直径标注”按钮，在图中选择需要标注的圆弧或圆，系统会自动给出半径或直径值，如图 3-74a 所示；如果需要修改，则在指定尺寸线位置前，输入选项文字 T，根据提示，输入标注的文字，然后选择合适的位置将尺寸文字放置即可。命令方式如下：

```
命令：_dimradius
选择圆弧或圆：//选择标注的对象
标注文字 = 3//默认的文字
指定尺寸线位置或［多行文字(M)/文字(T)/角度(A)］：T//修改文字
输入标注文字 <3>：3×R3//输入指定的文字
指定尺寸线位置或［多行文字(M)/文字(T)/角度(A)］：
```

结果如图 3-74b 所示。

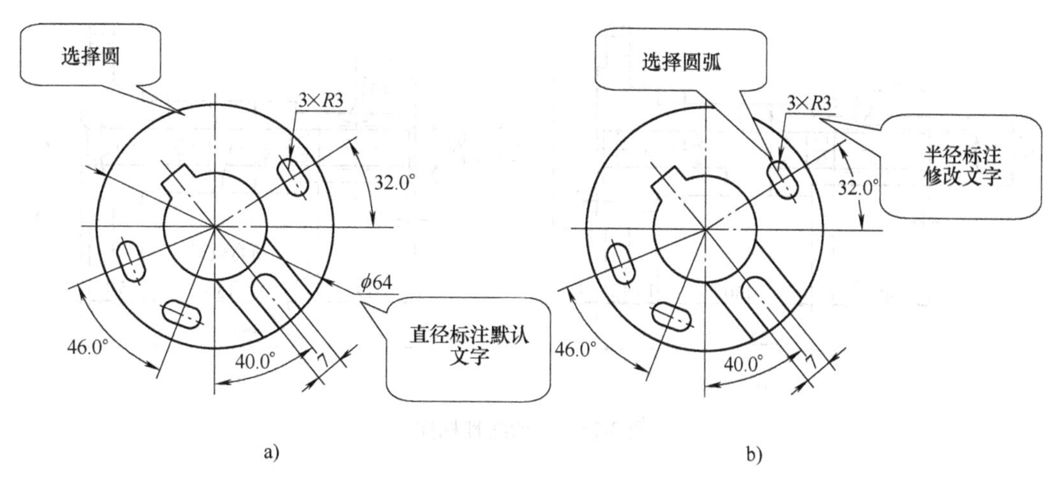

图 3-74　半径和直径标注

（6）折弯尺寸标注

当需要标注大直径的圆或圆弧的半径尺寸，或者长度较大的轴类的折断视图时，可以使用折弯尺寸标注。

折弯圆弧：利用该工具可以创建具有折弯特征的半径尺寸。打开源文件“例图 3-75a”。在“标注”工具栏中单击“折弯”按钮，选取图中需要进行标注的圆或圆弧，然后如图 3-75b 所示指定中心，并且指定尺寸线和折弯的放置位置，即可完成该径向尺寸的折弯标注，如图 3-75c 所示。

折弯线性：利用折弯线性工具，可以为已经标注好的线性标注添加折弯效果，一般用来表达标注尺寸图形实际长度大于标注长度的尺寸标注。打开源文件“例图 3-76a”。单击“标注”工具栏中的“折弯线性”按钮，然后在图中选择需要进行折弯处理的线性尺寸标注 222，并指定折弯位置即可，效果如图 3-76b 所示。

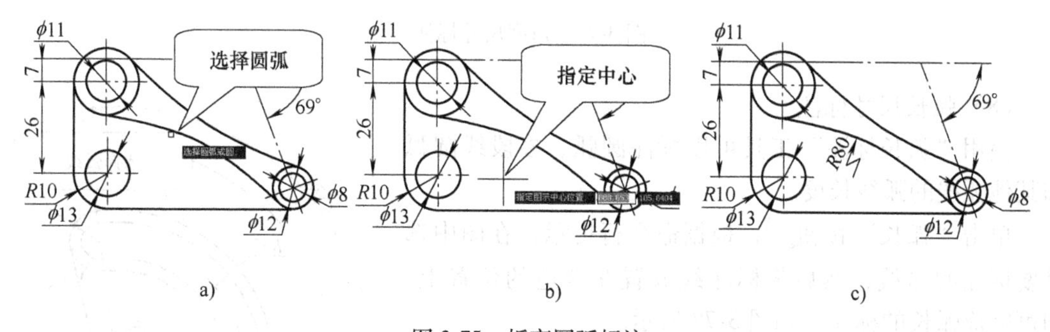

图 3-75　折弯圆弧标注

（7）角度尺寸标注

利用角度标注工具，可以标注指定圆弧的圆心角，也可以标注有一定角度的两条直线或者 3 个点之间的夹角。

标注圆弧圆心角：打开源文件“例图 3-77a”，单击“角度”尺寸标注按钮，选择需要标注的圆弧，然后在图中合适的位置放置尺寸文字，即可完成标注，如图 3-77a 所示。

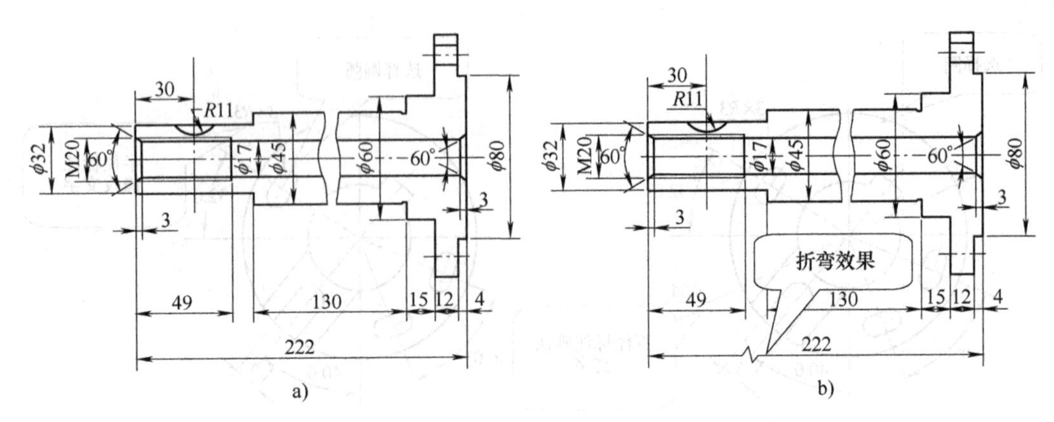

图 3-76　折弯线性标注

标注两直线之间的夹角：打开源文件“例图 3-77b”，单击“角度”尺寸标注按钮，依次选择需要标注的直线 1 和直线 2，然后在图中合适的位置放置尺寸文字即可，如图 3-77b 所示。

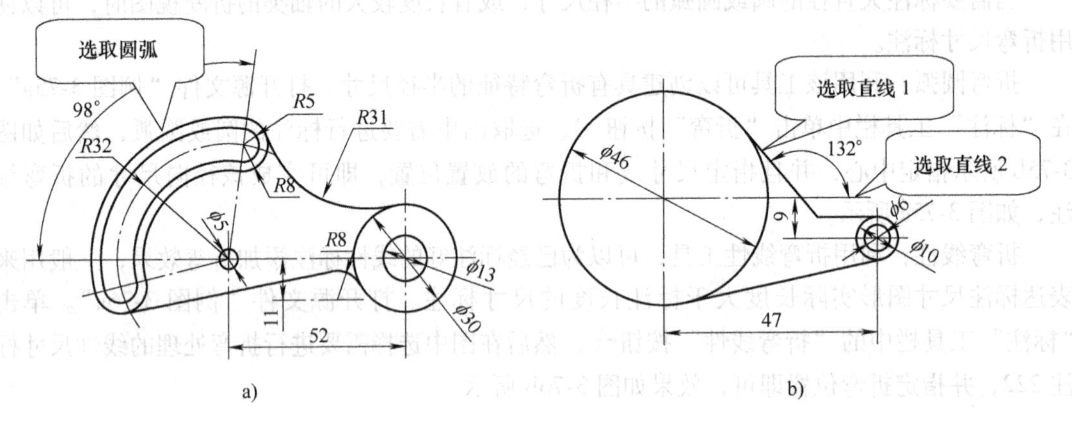

图 3-77　角度尺寸标注

（8）弧长尺寸标注

使用“弧长标注”工具可以标注圆弧、多段线圆弧和其他弧线的弧线长度。

单击“弧长”按钮，根据命令行提示，在图中选择要标注的弧线，然后将标注线放置在合适的位置上，即可完成弧长的标注，如图 3-78 所示。

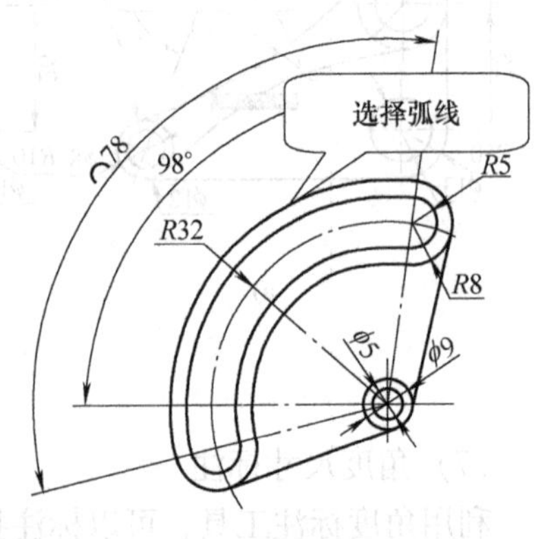

图 3-78　弧长尺寸标注

（9）几何公差标注

在标注机械零部件图样时，为满足使用和装配要求，正确而合理的规定零件几何要素的形状和位置公差（简称几何公差）是必不可少的内容。几何公差的标注由公差框格和指引线组成，公差框格内主要包括公差代号、公差值以及基准代号，在 AutoCAD 2018 中，利用“公差”工具进行公差标注时，主要是针对公差格中的内容进行定义。

在“标注”工具栏中单击“公差”按钮，在打开的“形位公差”对话框中，指定公差符号、公差值、基准代号以及公差框格的高度等参数，即完成几何公差的标注。

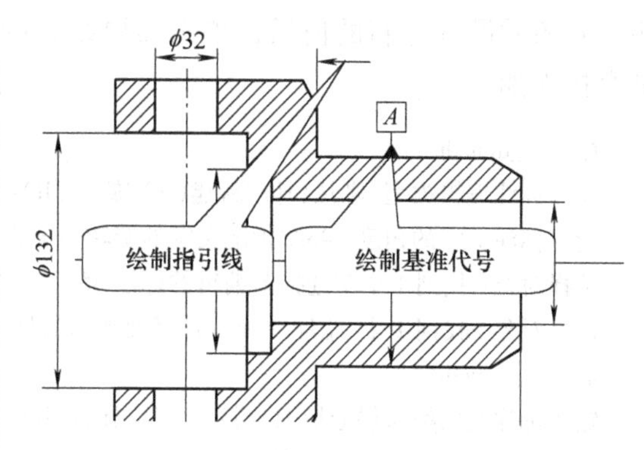

图 3-79　绘制基准代号和公差指引线

绘制基准代号和公差指引线：标注几何公差时，需要利用公差基准代号指定公差的基准位置，并在图形上合适的位置绘制公差标注的箭头指引线。打开源文件“例图 3-79”。绘制指引线和基准符号：

指定几何公差符号：单击“标注”对话框中的“公差”按钮，打开“形位公差”对话框并单击“符号”方格，然后在打开的“特征符号”对话框中单击需要的公差符号，即指定了公差符号。在“特征符号”对话框中，共给出了国家规定的 14 种几何公差代号，如图 3-80 所示，本例中选取了垂直度。

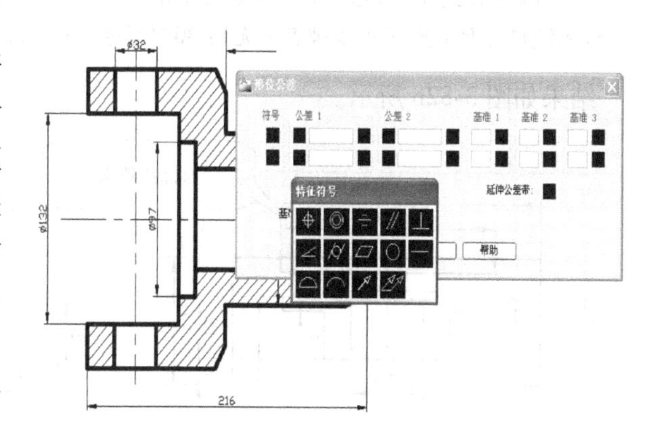

图 3-80　指定几何公差符号

指定公差值：在“公差 1”选项组的文本框中直接输入公差数值 0. 03。

指定基准并放置公差框格：在“基准 1”选项组中的文本框中直接输入该公差基准代号 A，然后单击“确定”按钮，并在图中所绘制的箭头指引处放置公差框格，即可完成公差标注，如图 3-81 所示。

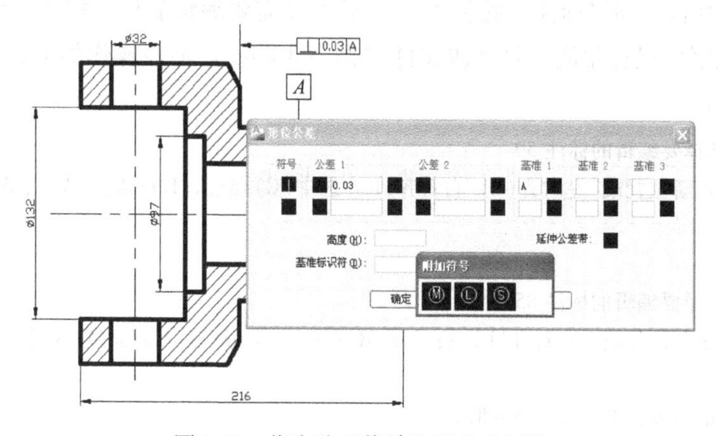

图 3-81　指定公差值并放置公差框格

（10）尺寸标注编辑

编辑标注：利用编辑标注工具可以对已添加的尺寸标注的文字内容、文字的旋转角度等进行重新设置。单击“标注”工具栏中的“编辑标注”按钮，根据命令提示选择需要编辑的对象并设置好新的值后，单击需要编辑的尺寸标注即可。打开源文件“例图 3-82a”。命令操作如下：

命令：_dimedit
输入标注编辑类型[默认(H)/新建(N)/旋转(R)/倾斜(O)] <默认>：R
指定标注文字的角度：45//指定文字的旋转角度为 45°
选择对象：找到 1 个//选择要编辑的标注 85
选择对象：找到 1 个，总计 2 个//选择要编辑的标注 59
命令：_dimedit
输入标注编辑类型[默认(H)/新建(N)/旋转(R)/倾斜(O)]<默认>：O
选择对象：找到 1 个//选择要编辑的标注 19
选择对象：找到 1 个，总计 2 个//选择要编辑的标注 39
输入倾斜角度（按<Enter>键表示无）：30//指定倾斜角度值 19

结果如图 3-82b 所示。

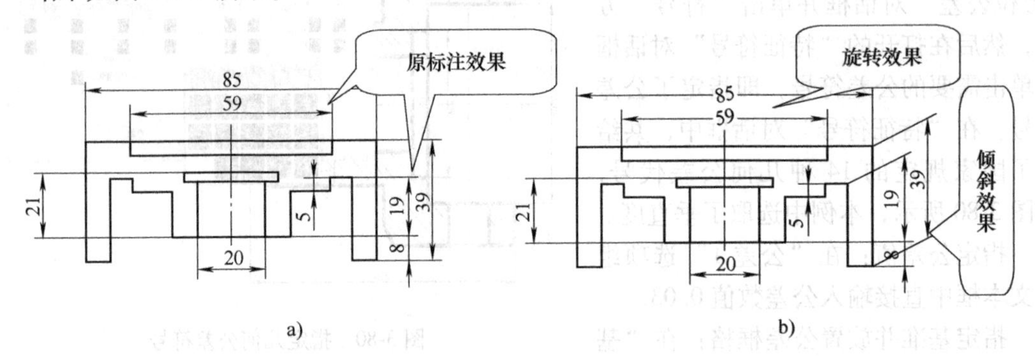

图 3-82　编辑标注效果

编辑标注文字：编辑标注文字可以对标注后的文字的位置和旋转角度进行调整。单击“标注”工具栏中的“编辑标注”按钮，然后选择需要编辑的尺寸标注，依据提示，设置该尺寸标注的文字位置和角度。打开源文件“例图 3-83a”。命令操作如下：

命令：_dimtedit
选择标注：//选择要编辑的标注 59
为标注文字指定新位置或[左对齐(L)/右对齐(R)/居中(C)/默认(H)/角度(A)]：A//移动文字 59 至合适的位置
命令：_dimtedit
选择标注：//选择要编辑的标注 85
为标注文字指定新位置或［左对齐(L)/右对齐(R)/居中(C)/默认(H)/角度(A)]：A//选择更改角度选项
指定标注文字的角度：30//指定角度值 30

效果如图 3-83b 所示。

（11）等距标注

等距标注工具可以根据指定的间距数值，调整尺寸线互相平行的线性尺寸或者角度尺寸之间的距离，使其处于平行或对齐状态。

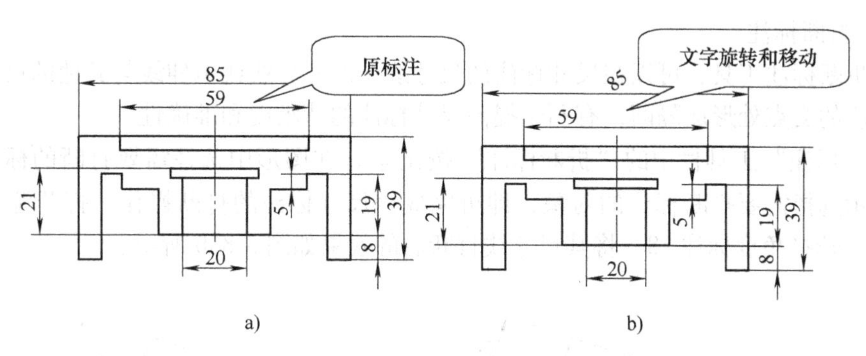

图 3-83　编辑标注文字效果

单击“标注”工具栏中的“等距标注”按钮，在图中选取第一个标注尺寸作为基准标注，然后依次选取要产生间隔的标注，最后输入标注线的间距数值并按<Enter>键，即可完成标注间隔的设置。打开源文件“例图 3-84a”，命令操作如下：

命令：_dimspace
选择基准标注：//选择标注尺寸 16
选择要产生间距的标注：//依次选择尺寸 22、37 和 63，如图 3-84b 所示
选择要产生间距的标注：回车 //确认
输入值或［自动(A)］<自动>：10 //输入标注间距值

效果如图 3-84c 所示。

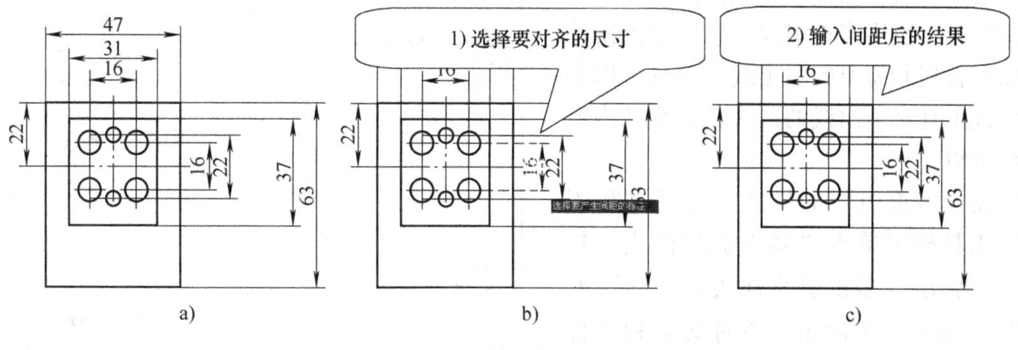

图 3-84　等距标注示例

对于同一方向的连续几个尺寸，也可以通过“等距标注”的方式使其对齐，其方式与普通的等距标注相同，只是在输入间隔时，将输入值设置为 0，如图 3-85 所示。

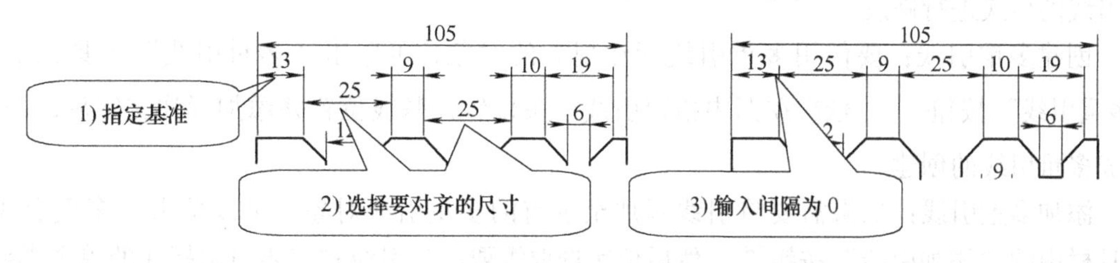

图 3-85　利用“等距标注”对齐标注

（12）折断标注

使用折断标注工具，可以在尺寸标注的尺寸线、尺寸界线或引伸线与其他的尺寸标注或图形中线段的交点处形成隔断，有利于提高尺寸标注的清晰度和准确性。

单击“标注”工具栏中的“折断标注”按钮，在图形中选择需要打断的标注线，根据命令提示选择需要打断标注的对象，即可完成该尺寸标注的打断操作。打开源文件“例图 3-86a”。选择角度标注 18，将其尺寸线打断后的效果如图 3-86b 所示。

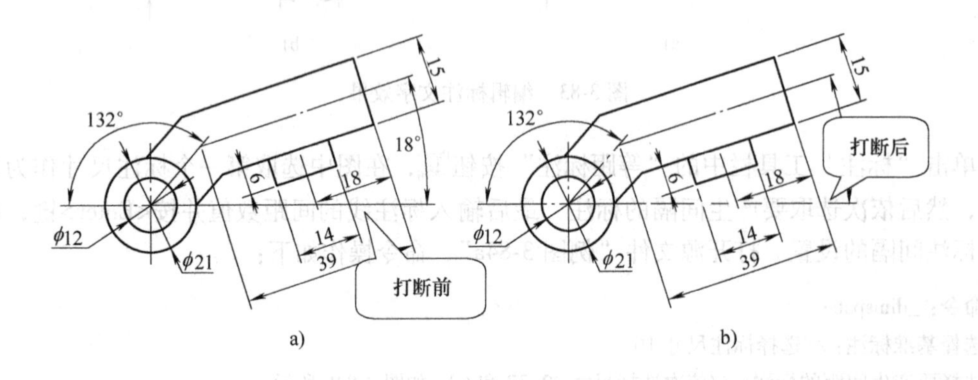

图 3-86 折断标注

（13）多重引线标注

在标注装配图的件号或标注公差等引出标注时，使用多重引线工具可以方便地添加和管理所需要的引出线，并且可以利用样式工具对引出线的格式、类型和内容进行编辑。

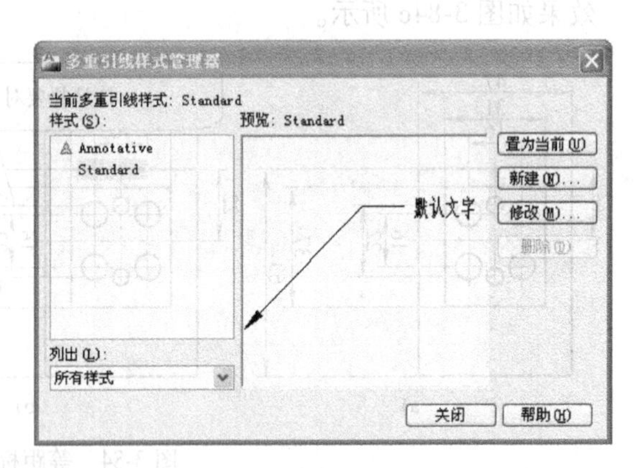

图 3-87 “多重引线样式管理器”对话框

设置多重引线的样式：在“多重引线”工具栏中单击“多重引线样式”按钮，弹出“多重引线样式管理器”对话框，如图 3-87 所示。该对话框和“标注样式管理器”对话框的作用类似，可以新建、修改以及删除多重引线样式。例如要对现有引线进行修改，可以单击“修改”按钮，弹出对话框，如图 3-88 所示，此时可以对引线的格式进行修改。

创建多重引线：要使用多重引线标注现有的对象，可单击“多重引线”工具栏中的“多重引线”按钮，依次在图中指定引线箭头位置，基线位置并添加标注文字后，即可完成多重引线的创建。

添加多重引线：如果需要将引线添加至现有的多重引线对象，可以单击“多重引线”工具栏中的“添加引线”按钮，然后依次选取需要添加引线和需要引出标注的单个零件，即可完成多重引线的添加，如图 3-89 所示。

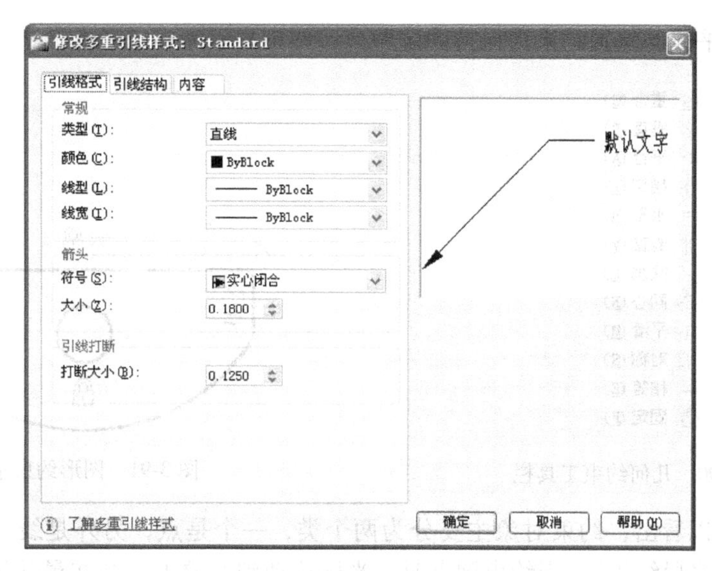

图 3-88　修改多重引线

3.3.3　参数化绘图

参数化绘图是 AutoCAD 2010 之后的版本中新增的功能，使用参数化绘图功能可以使设计项目从概念到完成的过程中，最大限度地减少重复的任务，加快完成时间，使用户通过对基于设计意图的图形对象进行约束来提高生产效率。

参数化绘图主要通过几何和标注约束来实现，通过几何和标注约束操作，能确保对象在修改后还保持特定的关联及尺寸。创建与管理几何和标注约束的工具在“参数”菜单中，它在二维草图和注释工作空间中均能自动显示出来。

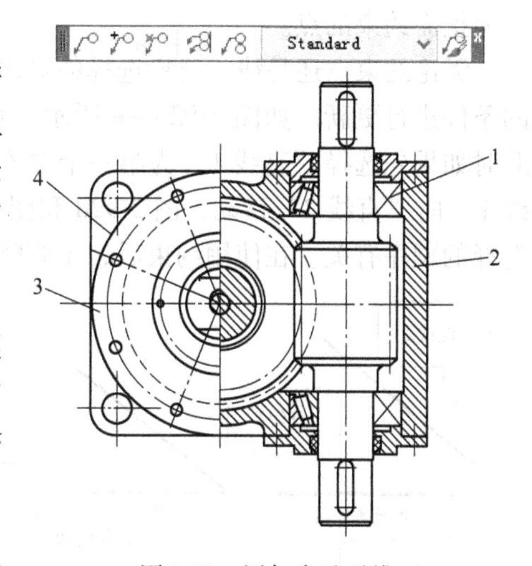

图 3-89　添加多重引线

1. 几何约束

几何约束能建立和维持对象间、对象中的关键点或和坐标系间的几何关联。同一对象中的关键点对或不同对象中的关键点对均可约束为相对于当前坐标系统的垂直或水平方向。例如，用户可指定两个圆始终同心，两条直线始终平行，或矩形的一边始终水平等。

（1）应用几何约束

几何关系通过几何约束来定义，执行“参数”→“几何约束”命令，或直接使用“GEOMCONSTRAINT”命令，即可打开“几何约束”工具栏，如图 3-90 所示。

当使用约束后，光标的旁边会出现一个图标以帮助用户了解所选定的约束类型，如图 3-91 所示。在图 3-91 中，为几何图形应用了以下约束：

- 垂直线和水平线约束为端点保持重合，这些约束显示为蓝色小方块；
- 垂直线约束为保持相互平行且长度相等；
- 左侧的垂直线被约束为与水平线保持垂直；
- 水平线被约束为保持水平；

- 圆和水平线的位置约束为保持固定距离，约束显示为锁定图标🔒。

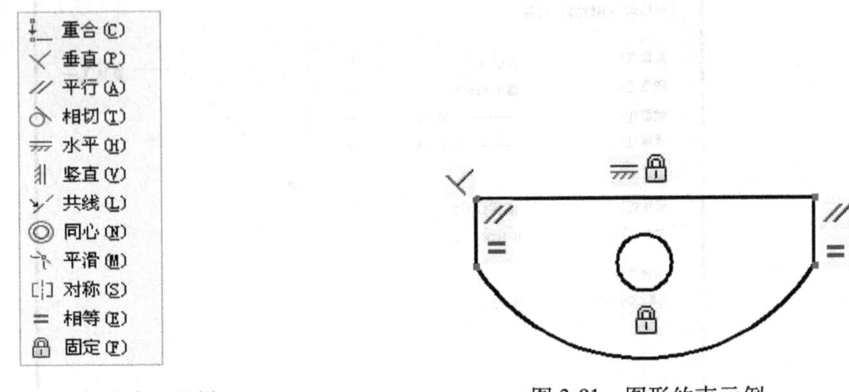

图 3-90　几何约束工具栏　　　　图 3-91　图形约束示例

从上例中可以看出，约束对象主要分为两个类，一个是点，另外是线（包括直线、曲线、圆、圆弧、多段线等）。当约束到点时，光标移动到对象上，会在最接近光标的点上出现一个临时的标记以示识别，如图 3-92a 所示，在约束过程中，通常可通过对象捕捉的方式来捕捉需约束的点。

无论约束点还是线，对象选择的顺序将影响对象的更新：选定的第二个对象将按照约束的条件进行更新。如图 3-92b ~ e 所示，在图 3-92b 和图 3-92c 中应用了点的“重合约束”，此时如果先选择“直线 1”为第一个对象，则“直线 2”向“直线 1”移动，反之，则“直线 1”向“直线 2”移动；图 3-92d 和图 3-92e 中应用了线的“平行”约束，其效果与对象选择的顺序有关。在使用约束后，不管哪个对象做过修改，另外的对象将会随之更新。

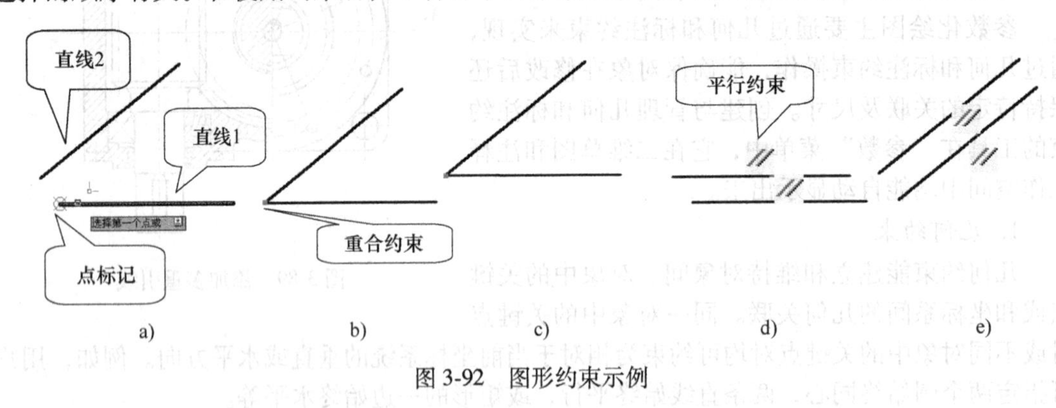

图 3-92　图形约束示例

（2）推断几何约束

启用“推断几何约束”模式会自动在正在创建或编辑的对象与对象捕捉的关联对象或点之间应用约束。约束只在对象符合约束条件时才会应用。推断约束后不会重新定位对象。执行“参数”→“约束设置”命令，打开约束设置对话框，单击“几何”选项卡，然后勾选“推断几何约束”即可将其启用，如图 3-93 所示。

启用“推断几何约束”后，用户在创建几何图形时指定的对象捕捉将用于推断几何约束。例如当绘制一个矩形时，系统对闭合多段线会自动应用一对平行约束和一个垂直约束，如图 3-94 所示。

图 3-93　启动推断几何约束

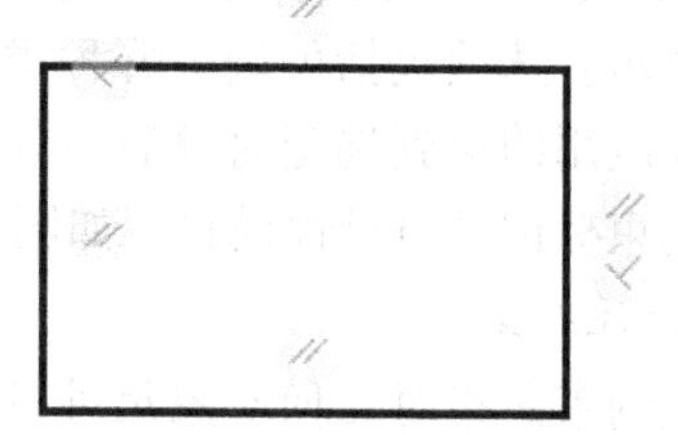

图 3-94　推断几何约束示例

2. 自动约束

“自动约束”功能将多个约束施加在被约束的对象上，自动约束将自动应用约束到指定公差内的几何形状。例如，应用“自动约束”来约束由四条线段组成的矩形时，生成相等、水平、平行和垂直约束，以便在各种编辑后维持矩形形状。

如图 3-95 所示，应用自动约束前，可以设置自动约束的规则，该对话框可通过“参数”→“约束设置”→“自动约束”进行访问。具体的含义如下：

约束类型：显示约束类型是否应用以及应用时的优先级。通过单击✔图标符号启动或禁止某种类型的约束，也可以通过“上移”和“下移”按钮调整约束类型的优先级的先后顺序。

相切对象必须共用同一交点：应用相切约束时，指定的两条曲线必须共用一个点。

垂直对象必须共用同一交点：应用垂直约束时，指定直线必须相交或一条直线的端点必须与另一条直线的端点重合。

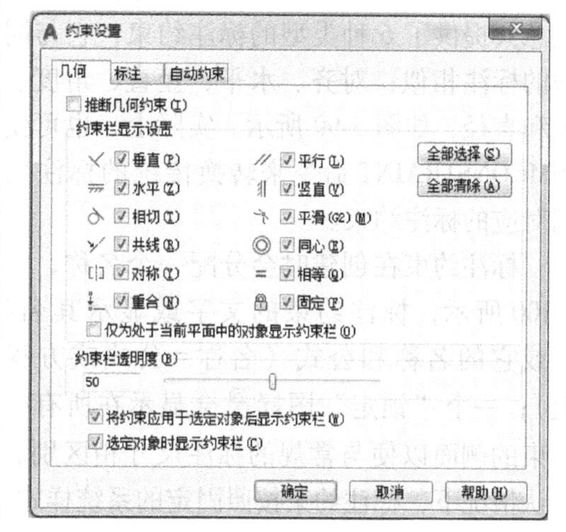

图 3-95　“自动约束”设置

公差：设置可以接受的“距离”和“角度”，以确定是否可以应用约束。

如图 3-96 所示，将相切类型设置为最高优先级，同时取消“相切对象必须共用同一交点”，且设置公差值。打开源文件“例图 3-96a”。在“参数化”工具栏上单击“自动约束”按钮，然后选择对象（此处，已知道水平线与圆的象限点距离小于 1，且两直线的端点距离小于 1），应用了相切和重合的结果如图 3-96b 所示。

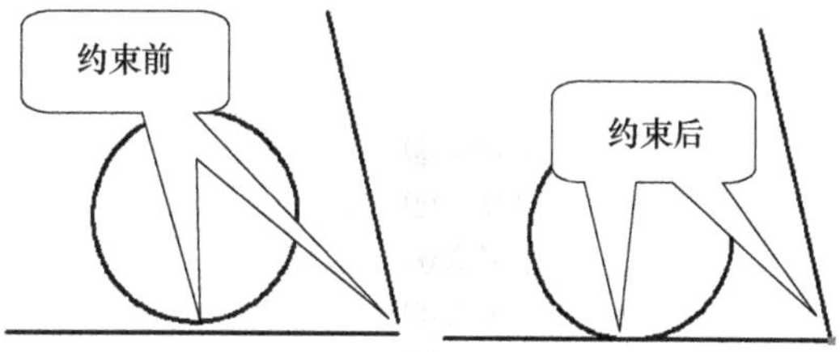

约束前　　约束后

a)　　b)

图 3-96　“自动约束”示例

3. 约束栏

约束栏控制是否显示应用到对象的约束，可通过菜单“参数”→“约束栏”中的“选择对象”、“全部显示”或“全部隐藏”选项来控制，如图 3-97 所示。

当约束标记显示后，可将光标对准约束标记来查看约束名称和被约束的对象。也可以通过“约束设置”对话框中的“几何”选项卡来控制约束标记的显示。选项包括可调节哪种类型的约束、设置透明度以及应用约束到选定对象后自动显示约束标记而不管当前约束标记的可见性设置，如图 3-98 所示。

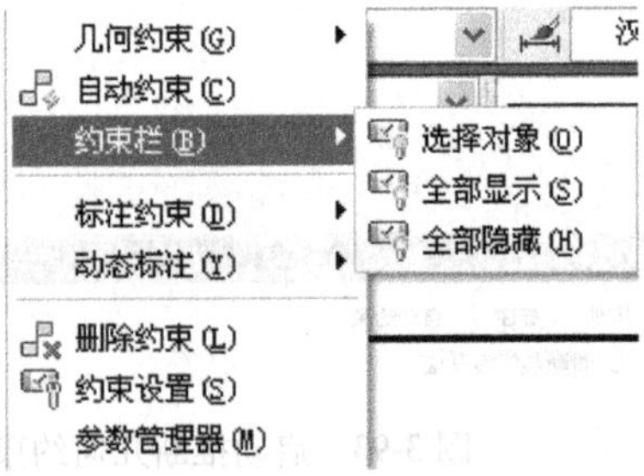

图 3-97 约束栏选项

4. 标注约束

标注约束是指对几何对象尺寸的限制。例如，可使用标注约束来指定圆弧的半径、直线的长度或两个平行线间的距离一直保持一定。更改标注约束的值将会迫使几何对象改变形状。

(1) 创建标注约束

通过“参数”菜单中的“标注约束”面板或 DIMCONSTRAINT 命令来创建标注约束。系统总共提供了 6 种类型的标注约束，它与同类型的标注相似：对齐、水平、竖直、角度、半径和直径，如图 3-99 所示。实际上，也可使用 DIMCONSTRAINT 命令来转换传统的标注尺寸到对应的标注约束。

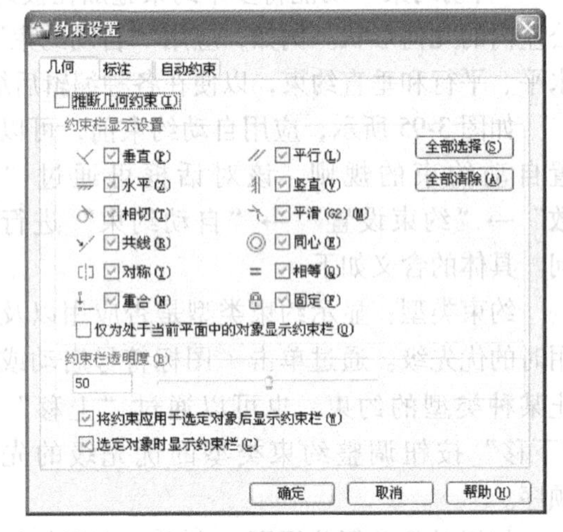

图 3-98 约束栏的显示设置

标注约束在创建时会分配一个名称，如图 3-100 所示，标注约束的文字或显示其名称、值或它的名称和公式（名称 = 公式或方程或值）；一个“锁定”图标会显示在所有标注约束的侧面以便与常规的标注尺寸相区别。在默认情况下，标注约束按照固定的系统样式显示出来，它不随缩放而变化。当改变标注约束的值时，约束的对象会自动改变形状，如图 3-101 所示。当改变长度和宽度时，对象自动变长和变宽。

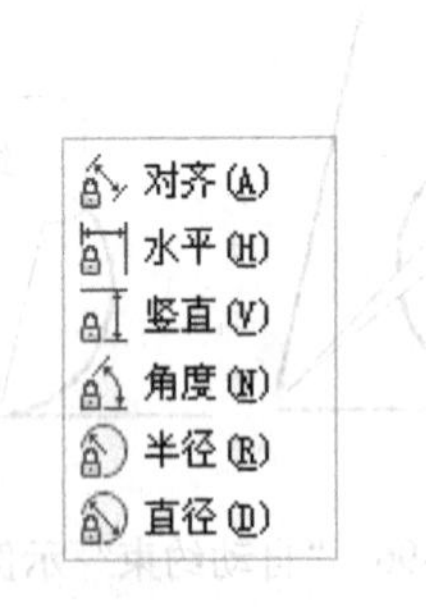

图 3-99 标注约束工具

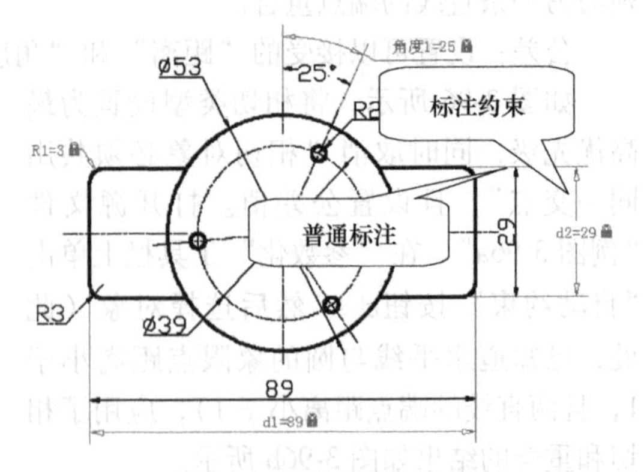

图 3-100 标注约束示例

(2) 编辑标注约束

编辑标注约束时，使用夹点或双击标注文字并输入值。当双击时，约束名和表达式将自动显示而不管约束格式的设置。可以只输入值或使用“名称 = 值”的格式输入名称和值

（例如，宽度 = 1.5 或宽度 = 长度/3）；也可重命名标注约束，并使用已经在公式中定义过的名称来设置其他约束的值。例如，如果有一矩形带有名称为“长度”和“宽度”的约束名，则可定义“宽度”的值为“长度/3”来约束矩形的宽度为长度的1/3。

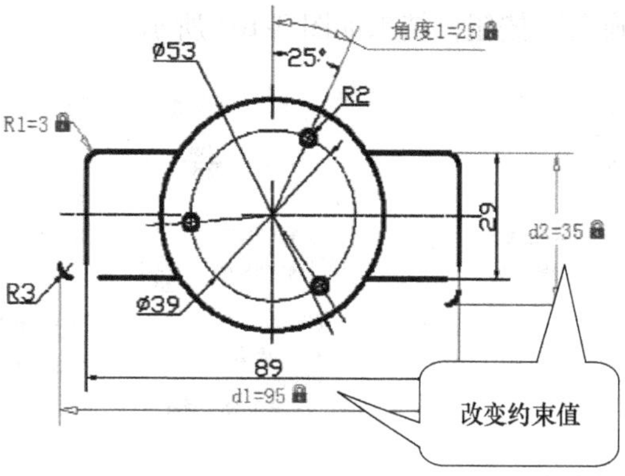

图 3-101　更改标注约束示例

（3）标注约束设置

如图 3-102 所示，可在“约束设置”对话框中的“标注”选项卡中设置“标注约束格式”，包括标注名称的格式、锁定图标的可见性等内容。

3.3.4　创建与使用图块

在 AutoCAD 2018 中，如果图形中有大量相同或相似的内容，或者所绘制的图形与已有的图形文件相同，则可以把要重复绘制的图形创建成块，然后把定义好的块插入到当前图形中。使用块是提高绘图效率的有效方法，它不仅能够增加绘图的准确性和提高绘图速度，还可以通过嵌套块的功能减少图形文件的大小。

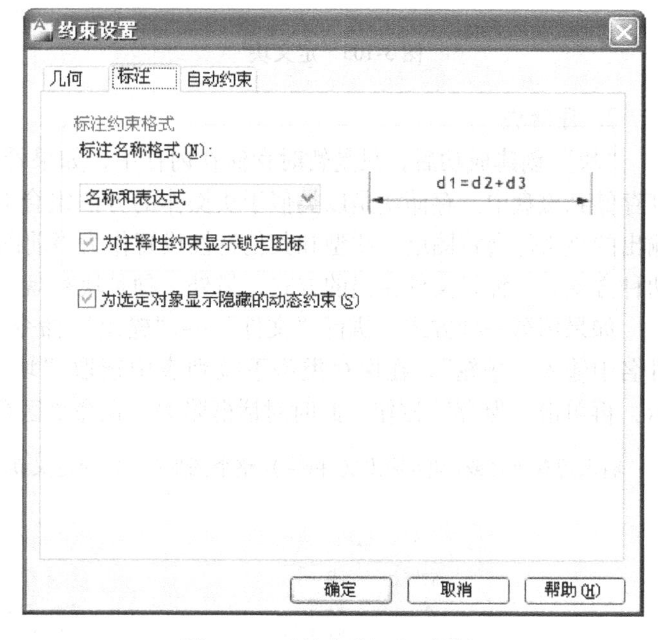

图 3-102　“约束设置”对话框

1. 块的创建与编辑

组成块的对象包括文本、标题栏以及图形等要素，使用块可以避免重复性绘制同一对象或同一组对象，对一些复杂的图形，可将一些通用部件比如粗糙度符号等创建为固定的块，并存储在系统文件中，然后通过插入工具，将块调入到要生成的图形中，进行编辑。虽然块是由一些单独的要素组成，但是在编辑过程中，它可以视作一个整体进行操作，从而改善了操作的便捷性。

打开源文件“例图 3-104”单击“绘图”工具栏中的“创建块”按钮，弹出“块定义”对话框。设置块名称、基点并设置块组成对象的保留方式，然后在“方式”选项组中定义块的显示方式，如图 3-103 所示。

基点的创建方式有两种，一种是在屏幕上指定一点，另一种是单击“拾取点”按钮，选取要创建为块的对象上的某点为基点，此时“创建块”对话框消失，选择基点后，“创建块”对话框重新出现，此时单击“选取对象”按钮，在图中选取组成块的对象，最后单击

"确定"按钮，结果如图 3-104 所示。

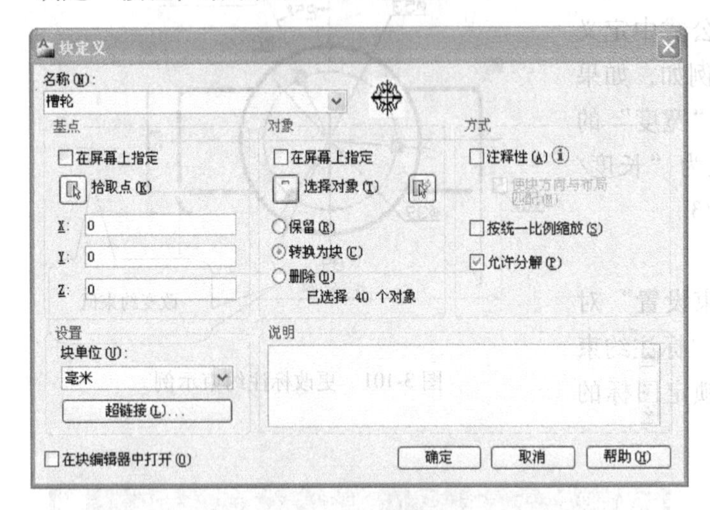

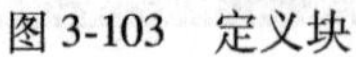

图 3-103　定义块

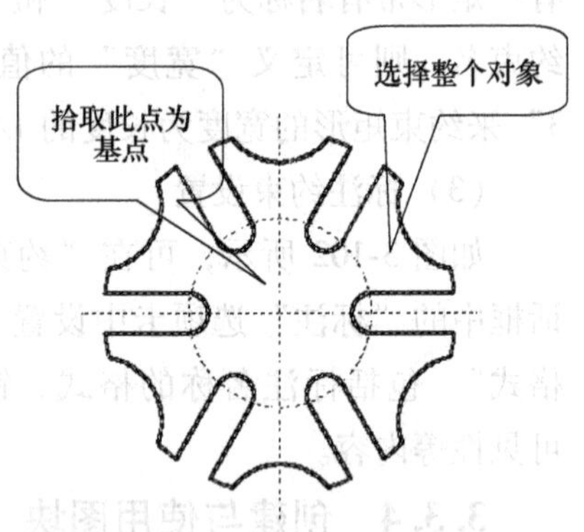

图 3-104　创建"槽轮"块

2. 存储块

"块"创建成功后，只是暂时存储在内存中，如果希望其他图形文件能引用块，则要将其存储到磁盘中。存储块是以类似于块操作的方法组合对象，然后将对象输出成一个文件，输出的该文件会将图层、线型和其他特性设置作为当前图层的设置。要执行存储块操作，有两种方式，一种是文件输出的方式，另外一种是块存盘（WBLOCK）方式。

如果用第一种方式，执行"文件"→"输出"命令，弹出"输出数据"对话框，在文件名中输入"槽轮"，在保存类型下拉列表中选取"块（*.dwg）"类型，如图 3-105 所示，再单击"保存"按钮，此时对话框隐去，在命令区显示：

输入现有块名或[块=输出文件(=)/整个图形(*)] <定义新图形>:槽轮//输入块名"槽轮"，回车确认

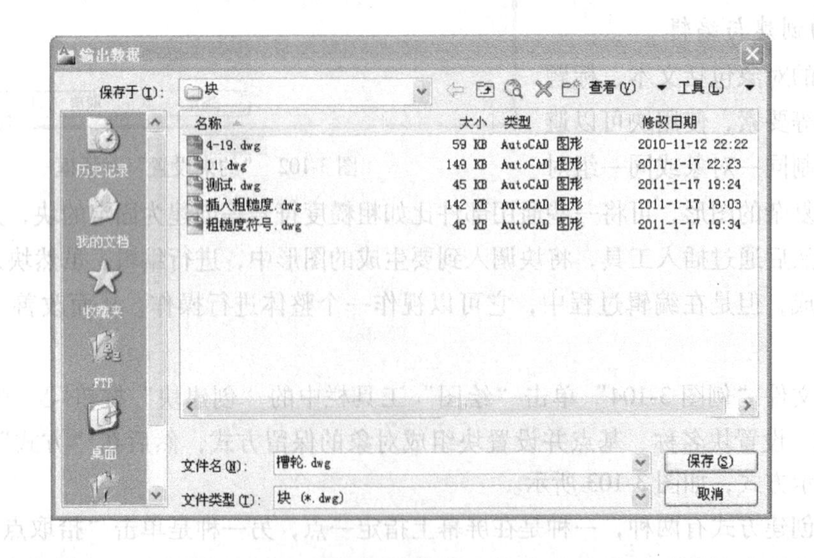

图 3-105　文件输出方式存储块

如果用第二种方式，在命令行内输入 WBLOCK 命令，并按<Enter>键，打开“写块”对话框，如图 3-106 所示。在“源”选项组中选择“块”单选按钮，表示选择新图形文件由块创建，在下拉列表框中指定块，并在“目标”选项组中指定一个图形名称及其具体的位置即可。

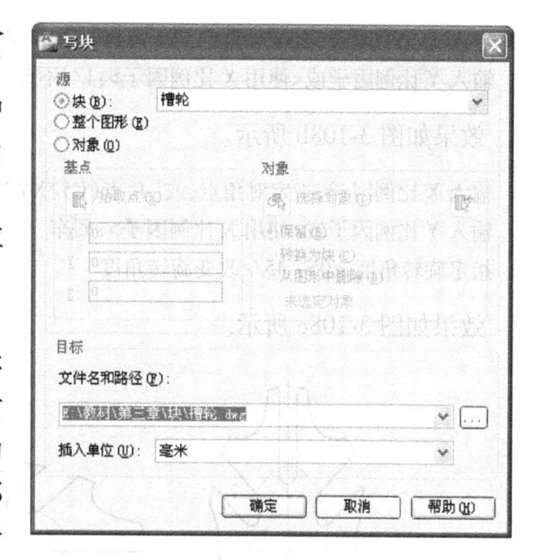

图 3-106 “写块”方式存储块

3. 插入块

插入块操作是对块的引用，不论该块有多么复杂，都可以将预先定义好的块插入到当前的图形中，此图形则保留块的引用信息和块的定义。如果当前图形中不存在指定名称的内部块定义，可通过“浏览”工具，搜索磁盘和子目录，直到找到指定块图形文件为止。

单击“绘图”工具栏中的“插入块”按钮，打开“插入”对话框，如图 3-107 所示。

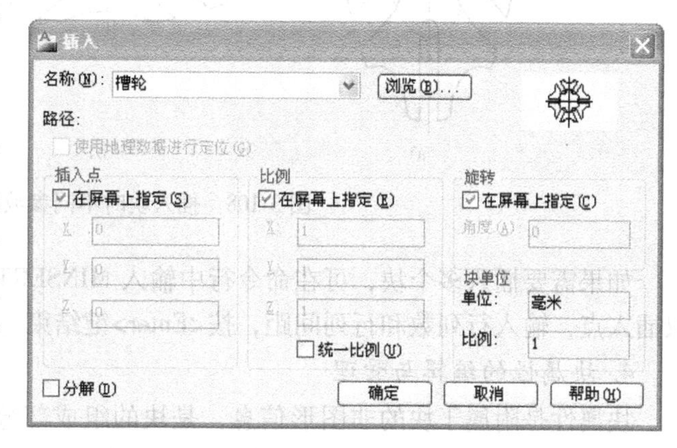

图 3-107 “插入”对话框

在“名称”列表中选择创建的块，并启用“在屏幕上指定”复选框，然后单击“确定”按钮，在绘图区域选择槽轮中心为插入点，在命令行内接受默认的比例因子并按<Enter>键，即可完成插入块操作，其命令操作如下：

```
命令:_insert
指定插入点或[基点(B)/比例(S)/X/Y/Z/旋转(R)]://屏幕上插入的点
输入 X 比例因子,指定对角点,或[角点(C)/XYZ(XYZ)] <1>:
输入 Y 比例因子或<使用 X 比例因子>:
指定旋转角度<0>:
```

“插入点”对应的是块定义中的基点位置，在屏幕中指定点后，块的基点也就确定了；“比例”选项用来确定插入的块在 3 个轴方向上的缩放比例，如果三者都为 1，则插入的块跟定义时的块大小一样，否则在某个轴上就有缩放；如果在“旋转”选项组中启用“在屏幕上指定”复选框，或直接设置旋转角度，即可将块在绘图区域内放置。图 3-108 显示了采用不同的缩放比例和旋转角度时，插入块的结果。对同一个块，插入时，设置不同的比例和旋转角度，操作如下：

```
输入 X 比例因子,指定对角点,或[角点(C)/XYZ(XYZ)]<1>:回车
输入 Y 比例因子或<使用 X 比例因子>:2//改变 Y 方向比例因子
```

效果如图 3-108a 所示。

输入 X 比例因子,指定对角点,或[角点(C)/XYZ(XYZ)]<1>:2//改变 *X* 方向比例因子
输入 Y 比例因子或<使用 X 比例因子>:1//不改变 *Y* 比例方向因子

效果如图 3-108b 所示。

输入 X 比例因子,指定对角点,或[角点(C)/XYZ(XYZ)]<1>:回车
输入 Y 比例因子或<使用 X 比例因子>:回车
指定旋转角度 <0>: 45//改变旋转角度

效果如图 3-108c 所示。

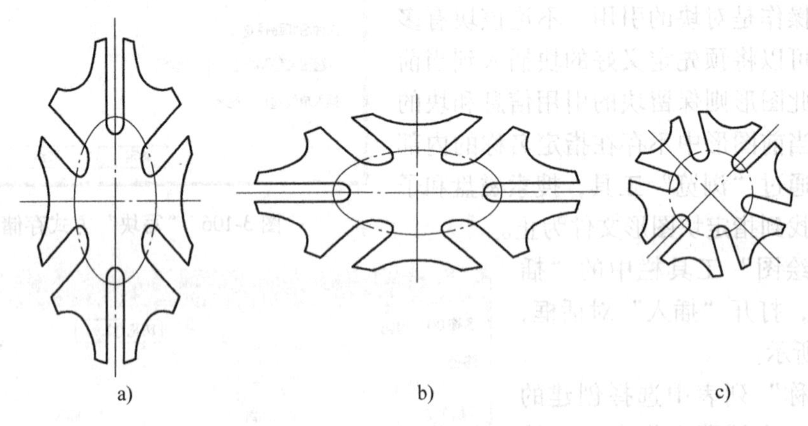

图 3-108 插入块时不同参数的效果

如果需要插入多个块，可在命令行中输入 MINSERT，并按<Enter>键确认，依据提示选取插入点，输入行列数和行列间距，按<Enter>键结束。

4. 块属性的编辑与管理

块属性是附属于块的非图形信息，是块的组成部分，是包含在块定义中特定的文字对象，通过编辑块属性，可以为块附加一些文本信息，它包含了组成该块的名称、对象特性以及各种注释等非图形信息，以增加块的通用性。

当创建块时，由直线、圆弧、圆等对象组成的图形也全部包含在块中，如果需要在图形中附加一些文本、注释等信息，这些信息在附加到块之前必须在图形中绘制完成，然后将其放置在图形中的某一处，该过程称为定义属性。通过定义的属性，将其附加到块中，然后通过插入块，将块属性作为图形的一部分。

定义块之前，属性必须先定义，然后对定义好的带属性的块执行插入、修改以及编辑等操作。

(1) 创建并使用带属性的块

带属性的块通常用于插入过程中进行自动注释，例如通过带属性块在视图中自动标注不同的粗糙度的值。打开源文件“例图 3-109a”，如图 3-109a 所示，执行“绘图”→“块”→“定义属性”命令，弹出如图 3-110 所示“属性定义”对话框。

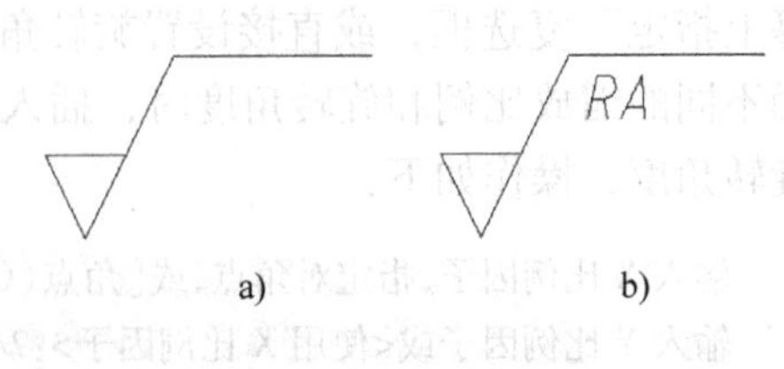

图 3-109 粗糙度符号

启用“锁定位置”属性模式，然后定义块的属性和文字格式。本例中，创建的是表面粗糙度的值，所以在“标记”选项文本框中输入“Ra”，作为属性名称；在“提示”文本框中输入“请输入粗糙度的值”作为输入属性值时的提示信息。然后依次设置文字的对齐方式和文字高度等信息。设置完成后，单击“确定”按钮，对话框消失，在屏幕上将标记 Ra 插入到当前视图合适的位置即可完成带属性块的创建。如图 3-109b 所示。

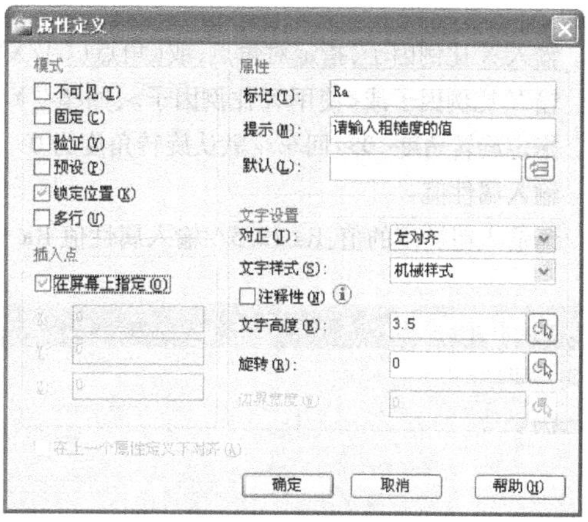

图 3-110　定义块的属性

☞**提示：**

标记中的字符会自动地将小写转换为大写，所以输入的 Ra 会变为 RA，但这并不影响属性，因为真正的属性值取决于插入块时的输入值。

定义属性后，与前面的普通块定义类似，利用“块定义”工具创建块。执行“绘图”→“块”→“创建”命令，弹出如图 3-111 所示“块定义”对话框。在名称中输入“粗糙度符号”，作为块的名称；单击“拾取点”按钮，选择 *A* 点作为基点；单击“选择对象”按钮，在屏幕上用交叉窗口选择粗糙度符号及属性，如图 3-112 所示。单击“确定”按钮，完成带属性的块的定义，此时屏幕再次出现“块定义”对话框。

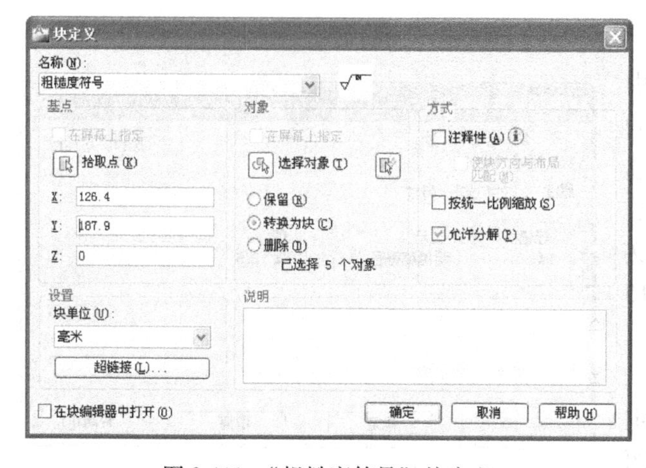

图 3-111　“粗糙度符号”块定义

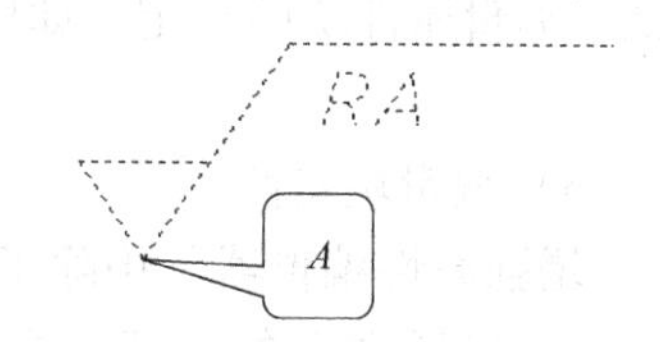

图 3-112　选择“粗糙度符号”图块

将其关闭，然后弹出“编辑属性”对话框，如图 3-113 所示。单击“确定”按钮，关闭“编辑属性”对话框。

对创建好的带属性的块，同样可以利用“插入块”工具，将带属性的块插入到相应的位置。打开源文件“例图 3-114”，操作过程如下：

命令：_insert
指定插入点或 [基点(B)/比例(S)/X/Y/Z/旋转(R)]://任选轮廓线上一点，建议启用“最近点捕捉”方

式确定轮廓线上的点

输入 X 比例因子,指定对角点,或[角点(C)/XYZ(XYZ)] <1>:回车//默认 X 比例因子为 1

输 Y 比例因子或<使用 X 比例因子>:回车//Y 比例因子与 X 相同

指定旋转角度<0>:回车//默认旋转角度为 0

输入属性值

请输入粗糙度的值:Ra 12. 5//输入属性值 Ra 12. 5

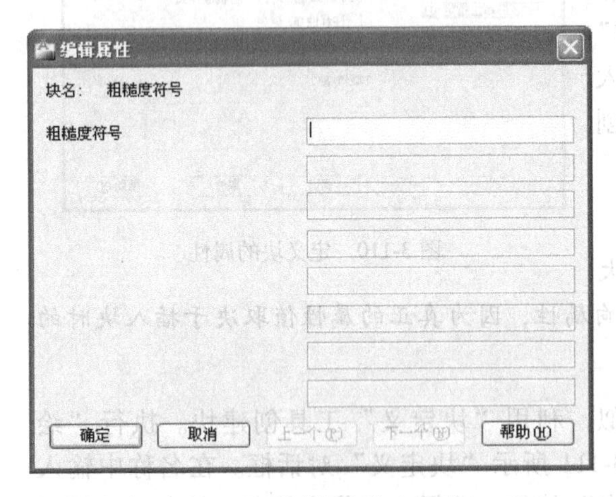

图 3-113 “编辑属性”对话框

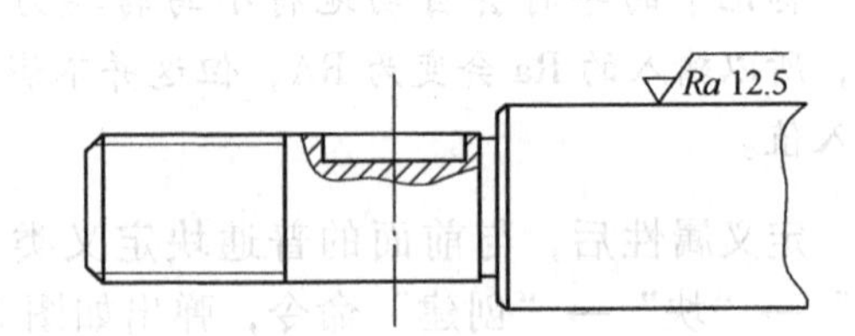

图 3-114 插入属性块的效果

由此可见，与普通的块（例如上面的槽轮）不一样，带属性的块在插入时会要求输入属性的值。

（2）修改属性

修改属性定义主要用于编辑块中定义的标记和属性值。选择插入后的块，单击右键，选择“编辑属性”选项，打开“增强属性编辑器”对话框，在“属性”选项卡中，通过“值”文本框可编辑属性块的标记，如图 3-115 所示。

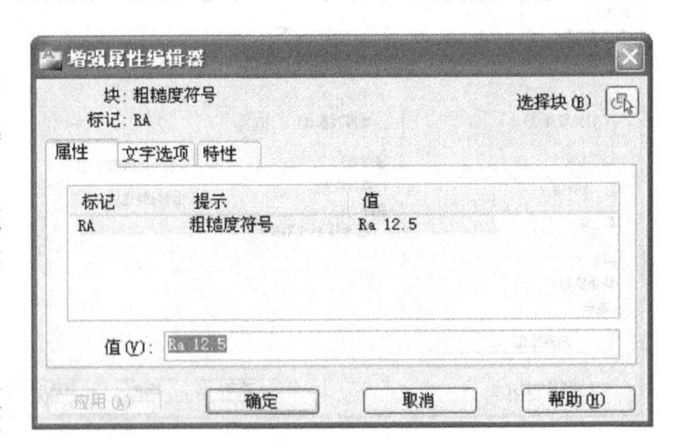

图 3-115 修改属性标记

（3）编辑块属性

“增强属性编辑器”中除了属性定义外，还包括文字的格式、文字的图层、线宽以及颜色等属性。在“增强属性编辑器”对话框中分别打开“文字选项”和“特性”选项卡，利用这两个选项卡可分别设置不同的文字格式和其他特性。例如可以在文字选项中，将倾斜角度设置为 30，则设置后的效果如图 3-116 所示。

☞**提示：**

执行“修改”→“对象”→“文字”→“编辑”命令，也可以打开“增强属性编辑器”对话框。

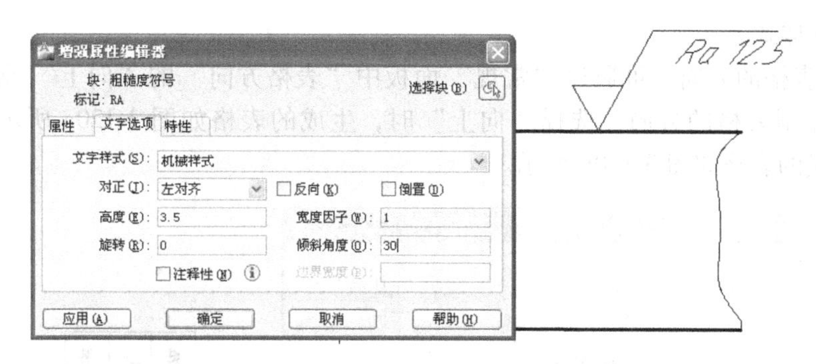

图 3-116　设置文字选项效果

3.3.5　创建与使用表格

表格主要用来显示与图形有关的标准、数据信息和材料信息等内容。在实际的绘图过程中，由于图形类型的不同，使用的表格以及通过表格来表现的数据也不一样，此时可以利用系统提供的表格功能来创建符合当前制图需要的表格，从而准确地反映出设计的意图。

1. 定义表格样式

利用表格样式可以控制表格的外观及表格内文字的特性等，默认情况下，表格样式为 Standard，也可根据要求自定义表格样式。

执行“格式”→“表格样式”命令，或单击绘图工具栏中的“表格”按钮，弹出“插入表格”对话框，单击“表格样式”对话框按钮，即可打开“表格样式”对话框，如图 3-117 所示。

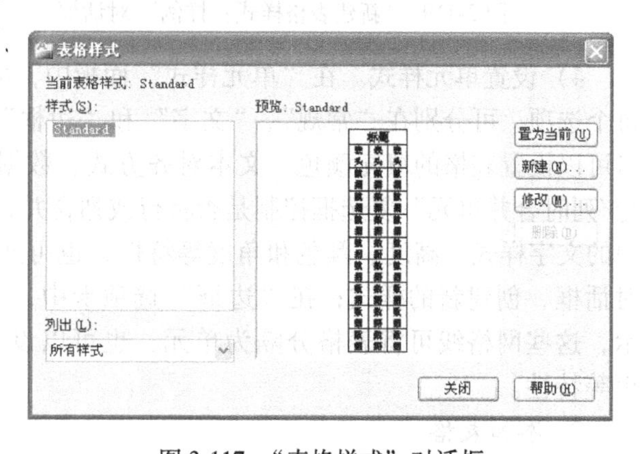

图 3-117　“表格样式”对话框

在对话框中，可以选择对表格样式进行总体的管理，通过面板中的相应按钮，可对其进行“置为当前”、“修改”、“删除”或“新建”操作，其中新建表格样式的应用最为重要，下面通过一个新建表格样式为例进行介绍。

1）指定新建表格样式名及基础样式。单击对话框中的“新建”按钮，打开“创建新的表格样式”对话框，在“新样式名”文本框中输入新的表格样式名“样例”，并在“基础样式”下拉列表中选择基础样式表格样式，如图 3-118 所示。单击“继续”按钮，弹出“新建表格样式：样例”对话框，新样式将在该样式的基础上进行修改，从而创建出新的表格样式，如图 3-119 所示。

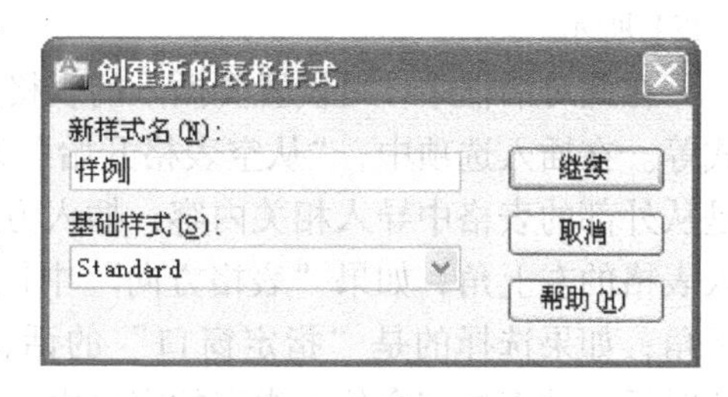

图 3-118　新建表格样式

2）指定起始表格。在“新建表格样式”对话框中，单击“选取表格”按钮，在图中指定现有的表格为起始表格，指定起始表格后在“新建表格样式”对话框的预览窗口将出现该表格的预览样式。

3）指定表格的方向。可通过“常规”面板中“表格方向”的“向上”或“向下”两个下拉选项控制表格的方向，选择“向上”时，生成的表格如图 3-120a 所示，选择“向下”时，生成的表格如图 3-120b 所示。

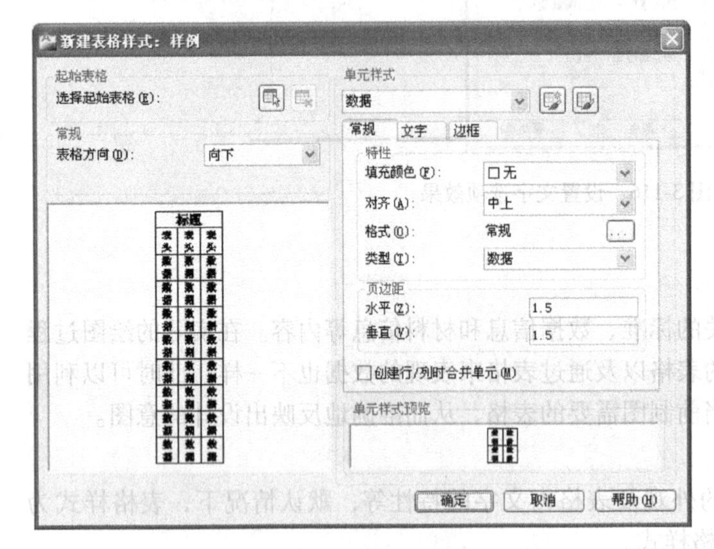

图 3-119 “新建表格样式：样例”对话框

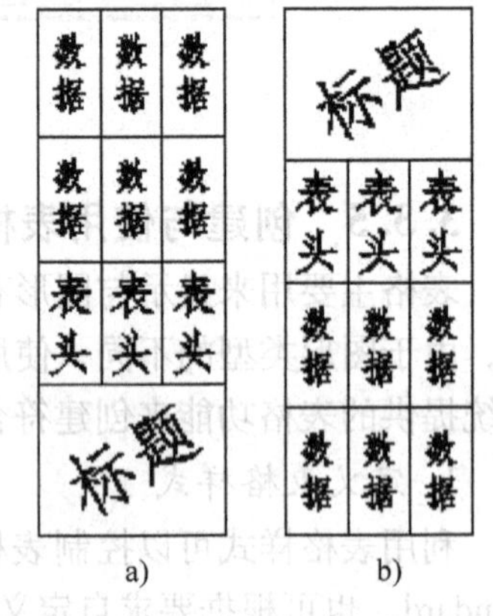

图 3-120 指定表格方向效果

4）设置单元样式。在“单元样式”面板中，可以选择标题、表头和数据 3 个选项。对每个选项，可分别在“常规”、“文字”和“边框”选项卡进行设置。其中，“常规”选项卡可以设置表格的填充颜色、文本对齐方式、数据格式、类型以及页边距等特性，“创建行/列时合并单元”复选框控制是否将行或列合并；在“文字”选项卡中，可设置表格单元中的文字样式、高度、颜色和角度等特性，也可通过单击文字样式的按钮，打开文字样式对话框，创建新的样式；在“边框”选项卡中，主要用于设置表格的边框网格线是否显示，这些网格线可将表格分隔为单元，也可以设置表格中边框的线宽、线型、颜色和间距等特性。

2. 添加表格

在“绘图”工具栏中，单击“表格”按钮，即可打开“插入表格”对话框，如图 3-121 所示。

在此对话框中，可设置要插入的表格样式、插入表格中列数和数据区域的行数、单元样式等。在插入选项中，“从空表格开始”表示插入的是个空白的表格，而下面的两个选项都是从外部的表格中导入相关内容；插入方式中，“指定插入点”可以在绘图窗口中指定要插入表格的左上角，如果“表格方向”中选择的是“向上”的话，则指定的是插入表格的左下角；如果选择的是“指定窗口”的话，则需要选择两个对角点指定窗口的大小和位置，此时插入的表格完全位于指定的窗口内。

单击“确定”按钮后，关闭“插入表格”对话框，回到绘图区，依据提示在任意位置单击插入点，则插入一张空的表格，并显示多行文字编辑器，此时可以对表格的各个单元格输入文本和字符。

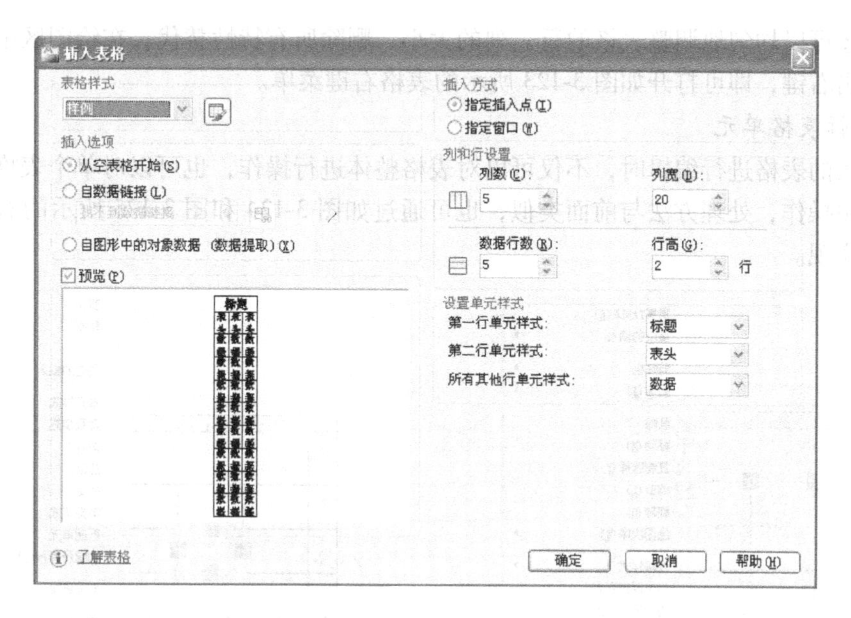

图 3-121　“插入表格”对话框

☞**提示：**

在 AutoCAD 中，不仅可以利用表格工具来创建表格，也可利用从外部直接导入表格等方式进行表格的创建。

3. 编辑表格

添加表格后，可以根据需要对表格进行整体或表格单元的拉伸、合并或添加等编辑操作，同时也可以对表格的表指示器进行必要的编辑。

4. 表格的整体编辑

（1）表格夹点工具

在表格上任意单击网格线即可选中该表格，同时表格上将出现用以编辑的夹点，通过拖动夹点即可对表格进行编辑操作，如图 3-122 所示。当利用拖动方式更改列宽夹点进行表格编辑时，只有与所选夹点相邻的行或列才发生变化，其余行和列保持不变。如果在拖动夹点的同时按下<Ctrl>键，则表格的整体大小将根据正在编辑的行或列的大小按比例变化。

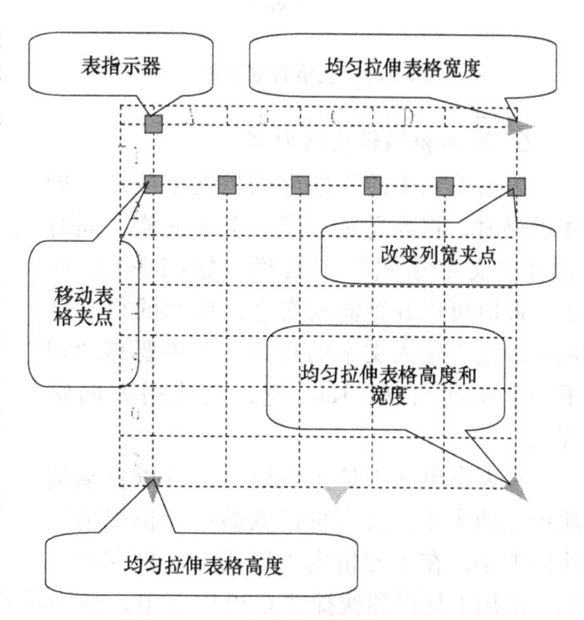

图 3-122　选中表格时各夹点的含义

（2）表格右键菜单

利用表格的右键快捷菜单，可以对表格进行剪切、复制、删除、移动、缩放、旋转等简单操作，还可以均匀地调整表格的行、列的大小，删除所有特性替代。在绘图区中选中整个表格并单击右键，即可打开如图 3-123 所示的表格右键菜单。

5. 编辑表格单元

对插入的表格进行编辑时，不仅可以对表格整体进行操作，也可以对单个表格单元进行一系列编辑操作，处理方法与前面类似，也可通过如图 3-124 和图 3-125 所示的右键菜单和夹点工具实现。

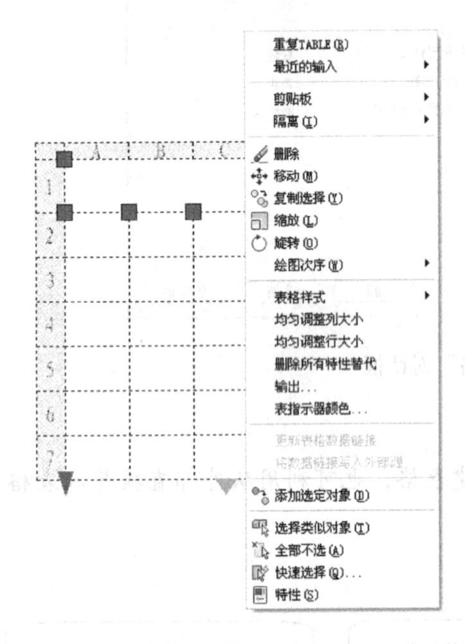

图 3-123　表格右键菜单

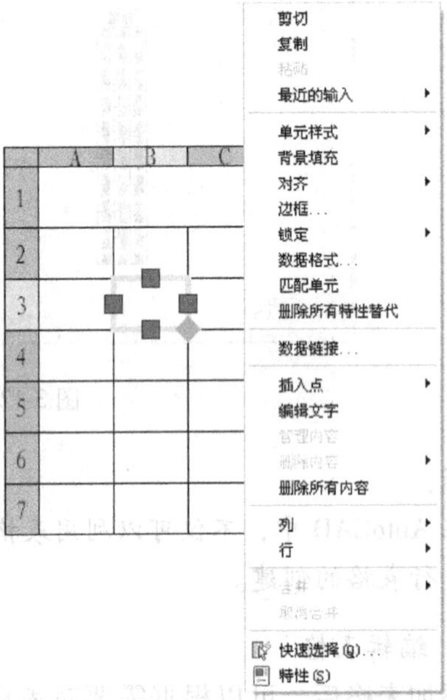

图 3-124　表格单元右键菜单

6. 添加和编辑表格内容

表格单元中的数据可以是文字或块。创建表格时，将高亮显示第一个单元格，同时显示“文字格式”工具栏，如图 3-126 所示。此时可以开始输入文字，单元的行高会加大以适应输入文字的行数。如果要移动到下一个单元可按<Tab>键，或使用方向键移动。

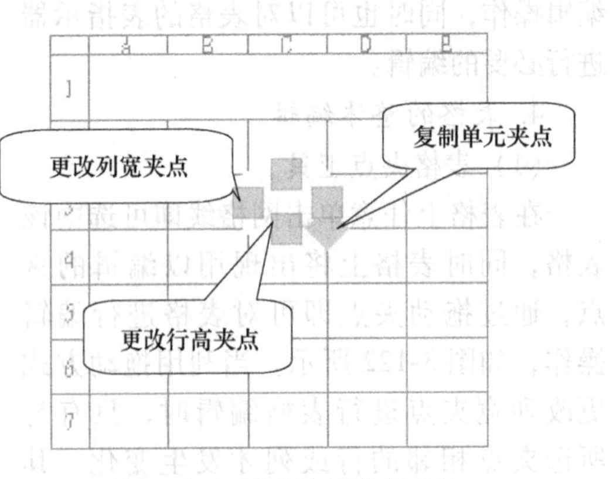

图 3-125　表格单元夹点工具

在表格单元中插入块时，块可以自动适应单元的大小，或者可以调整单元格以适应块的大小，在单元格内可以用方向键移动光标。使用工具栏和快捷菜单可以在单元格中格式化文字、输入文字或对文字进行其他的修改。

添加单元格数据或块后，可以对其进行修改或重新编辑，编辑方法跟添加时的操作类似。

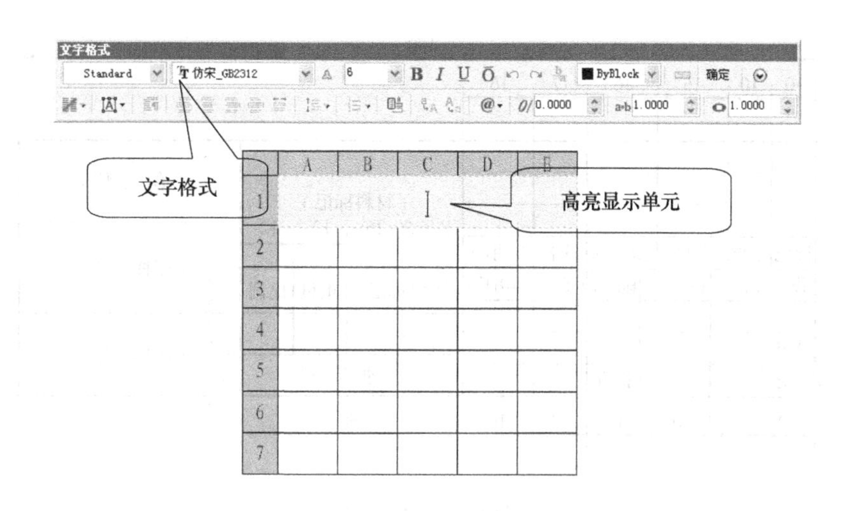

图 3-126　添加表格数据

3.4　熟能生巧

1）新建一个无样板公制的 DWG 文件，绘制 A2（594×420）图纸样板，以文件名 3. 4-1. dwg 保存。具体操作要求如下：

①创建文字样式：以“机械文字样式”为样式名；文字高度为 3. 5，宽度因子为 0. 7；使用大字体，字体为 gbeitc. shx 和 gbcbig. shx。

②创建标注样式：以“机械尺寸样式”为样式名；尺寸线-基线间距 7；延伸线-超出尺寸线 3；箭头大小 2. 5；文字样式选择“机械文字样式”；文字位置-从尺寸线偏移 1；线性标注-小数分隔符“. ”，精度 0. 00。

在“机械尺寸样式”基础上设置半径、直径、角度子样式。其中半径样式的文字对齐设置为“ISO 标准”；直径样式的文字对齐设置为“ISO 标准”，调整选项设置为“文字”；角度样式的文字对齐设置为“水平”。

其他采用默认设置。

③创建表格：以“机械表格样式”为样式名；页边距设置为水平 1、垂直 1；文字样式选择“机械文字样式”；其他设置采用默认值。使用表格工具创建图 3-127 所示的标题栏和图 3-128 所示的明细栏。

④注写标题栏和明细栏中的文字，其中“材料标记”、“单位名称”、“图样名称”和“图样代号”4 处文字高度为 5。

2）根据图 3-129 尺寸要求，绘制平面图形。

3）根据图 3-130 尺寸要求，绘制平面图形。

4）打开源文件（第 3 章/练习文件/图 3. 4-4q. dwg），根据图 3-131 所示铜垫片的零件图，绘制平面图形。

5）打开源文件（第 3 章/练习文件/图 3. 4-5q. dwg），根据图 3-132 所示短轴的零件图，绘制平面图形。

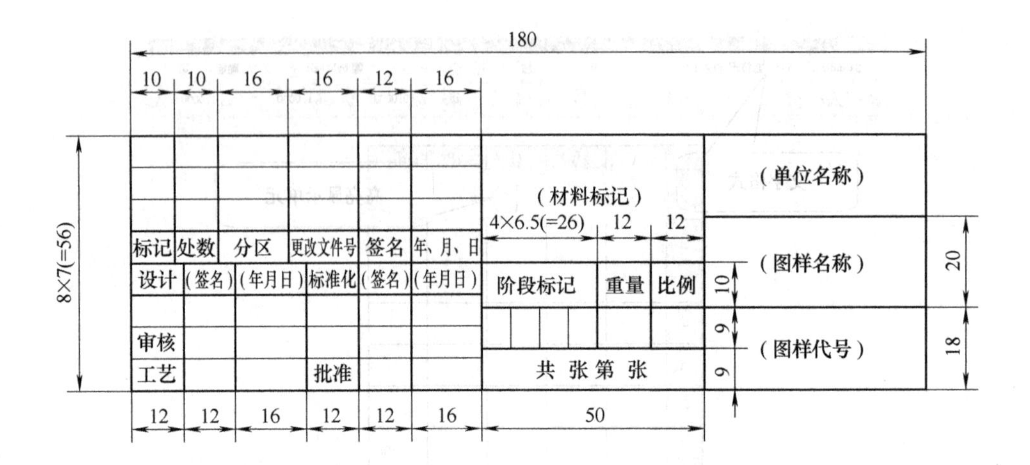

图 3-127　标题栏

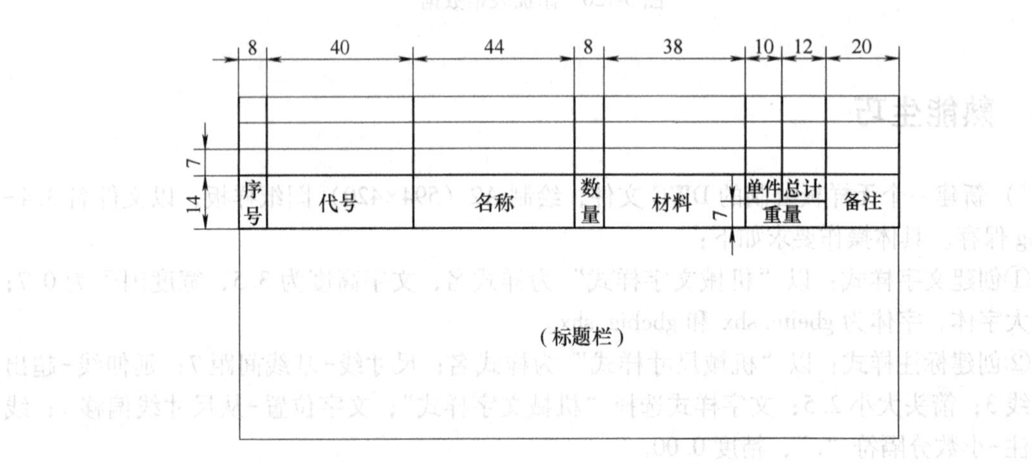

图 3-128　明细栏

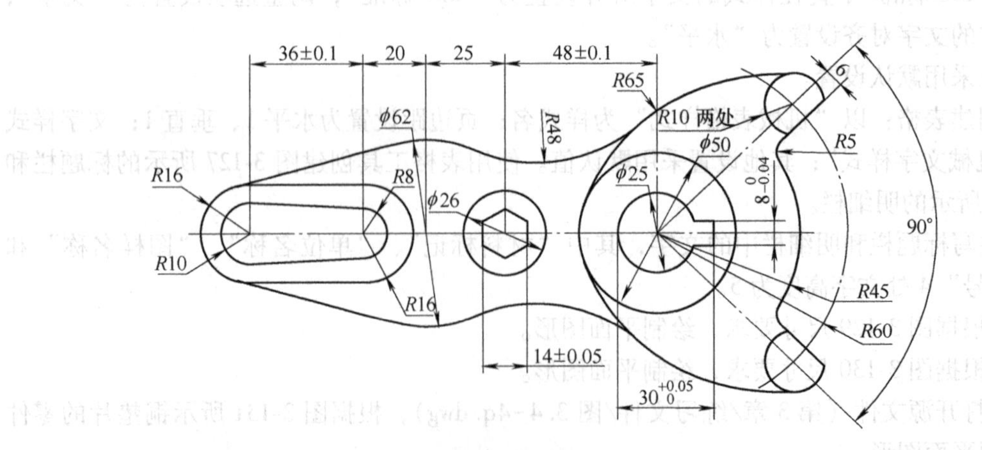

图 3-129　平面图形绘制练习一

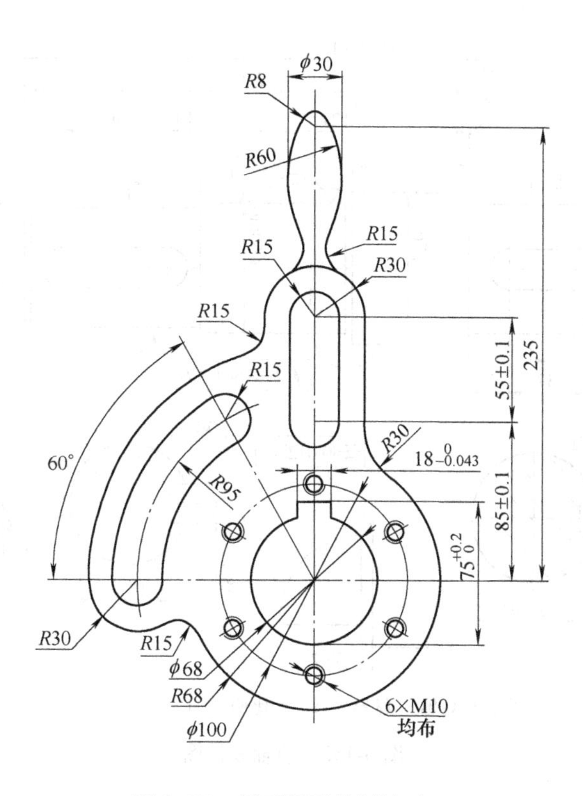

图 3-130 平面图形绘制练习二

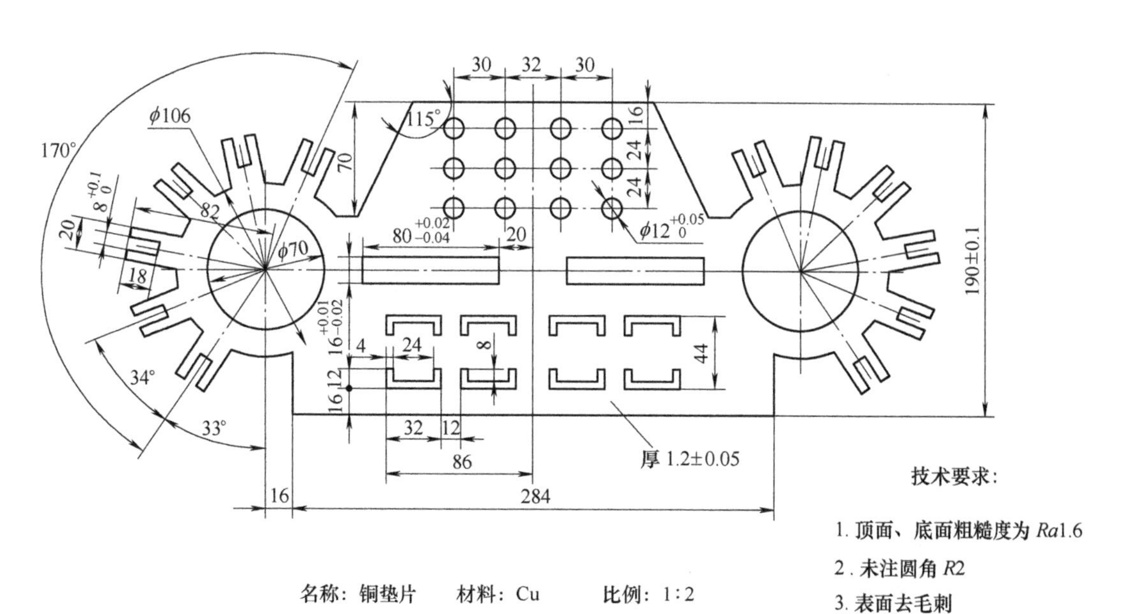

图 3-131 铜垫片零件图

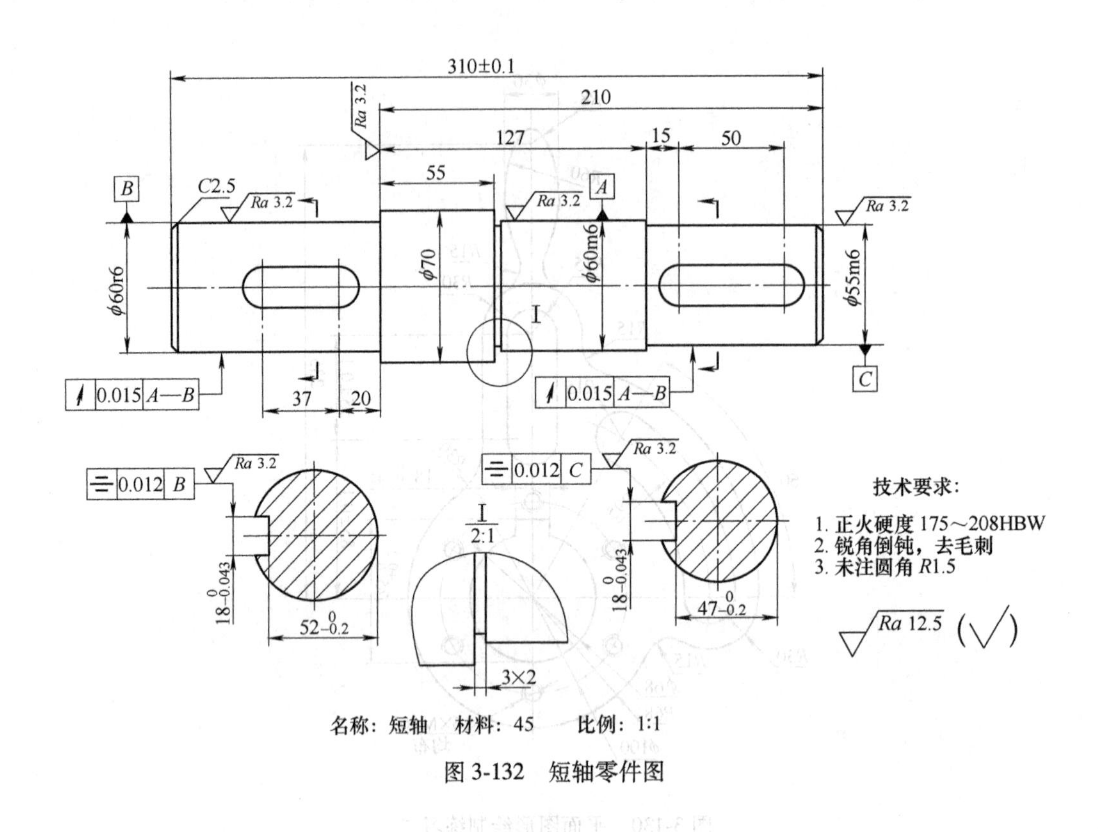
310±0.1
210
127
15
50
55
Ra 3.2
B
C2.5
A
φ60r6
φ70
φ60m6
φ55m6
I
C
0.015 A—B
37
20
0.012 B
0.012 C
I
2:1
18-0.043
52-0.2
3×2
18-0.043
47-0.2
技术要求:
1. 正火硬度 175～208HBW
2. 锐角倒钝，去毛刺
3. 未注圆角 R1.5
Ra 12.5
名称：短轴 材料：45 比例：1:1

图 3-132 短轴零件图

第4章

零件三视图绘制案例

知识目标	◆ 掌握 AutoCAD 2018 零件三视图的绘制方法
能力目标	◆ 能理解三视图的形成原理 ◆ 能创建及编辑面域 ◆ 能正确进行图案填充及编辑 ◆ 能正确运用常用量的查询
素质目标	◆ 培养工程软件的应用能力 ◆ 培养规范、良好的工作态度
推荐学时	6 学时

4.1 典型工程案例——支架

前述章节的案例中，零件只采用了一个视图来表达，但对于复杂零件，仅用一个视图表达是不够的。如图 4-1 所示的支架零件，采用主视图（局部剖视）表达零件的基本结构形状，采用左视图表达支承部分的孔结构，采用斜视图表达支承部分连接板的结构，用局部视图表达安装底板安装孔的分布，而复杂的肋板则用断面图来表达。本章学习如何用多个视图表达复杂的零件，同时进一步学习有关平面图形绘制的一些知识。

4.2 案例解析

操作视频

支架三视图绘制

本例为支架类零件。图形相对比较复杂，主要由安装部分、连接部分（肋板）、支承三部分构成。为了清晰、完整地表达此零件，需采用多个视图表达。

4.2.1 绘制主视图

1）设置图层。单击“图层设置管理器”按钮，打开“图层特性管理器”对话框，设置粗实线、细实线、虚线、中心线等图层。

2）绘制安装底板的轮廓线。将“粗实线”设置为当前层，单击“矩形”命令按钮，分别绘制长为 10，宽为 60；长为 44，宽为 10 的两个矩形，矩形的左上角交于同一点，如图 4-2a 所示。单击“修改”工具栏中“面域”命令按钮，将两矩形定义为面域，然后单击“实体编辑”中“并集”命令按钮，将两个矩形合并为一个面域。如图 4-2b 所示。

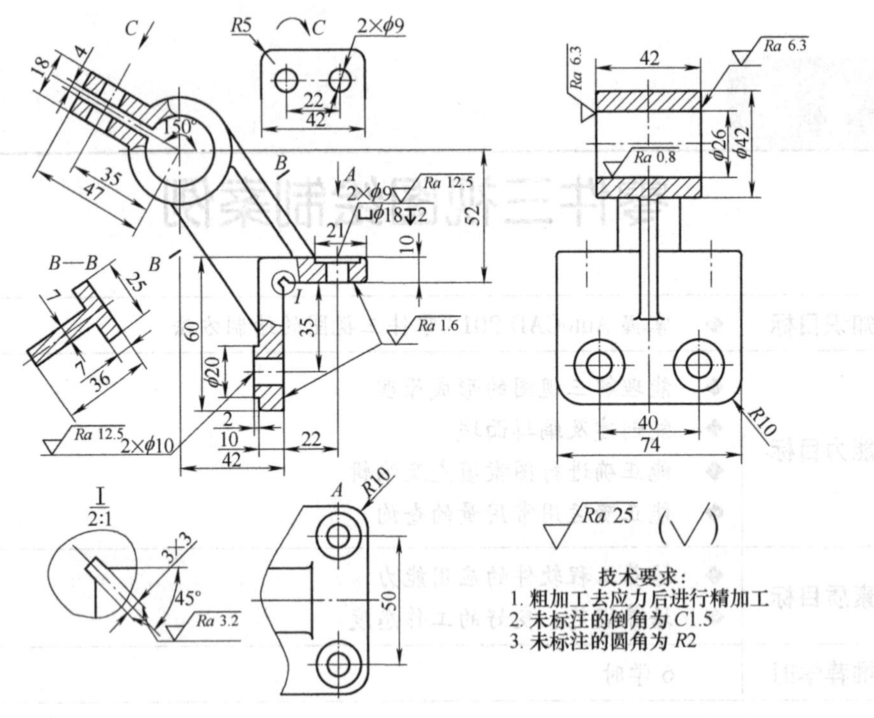

图 4-1　支架零件图

3）绘制安装板上通孔的中心线。单击“分解”命令按钮，将面域分解，并将底边和右边的直线按图示尺寸要求偏移到合适位置，接着将偏移后的线段调整为中心线层，并利用夹点功能将其拉长，如图 4-2c 所示。

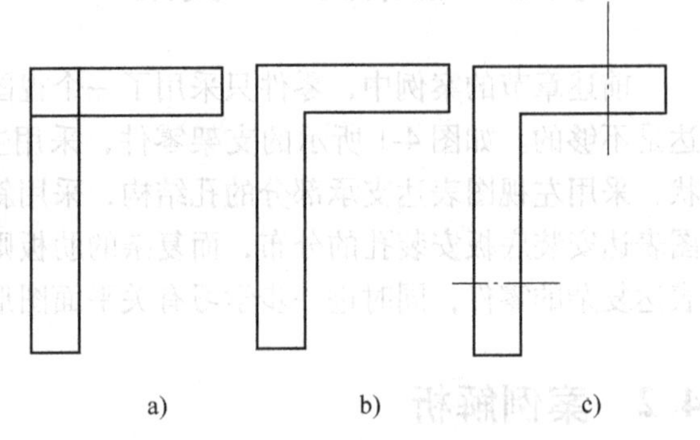

图 4-2　绘制安装板矩形和中心线

4）绘制安装板上的通孔。将图层切换到“粗实线”层，选取创建好的中心线，利用偏移功能将中心线偏移到合适的位置。由于中心线跟轮廓线的图层不一样，在偏移时，利用其选项功能，自动将中心线偏移为粗实线。命令操作如下：

```
命令:_offset
当前设置: 删除源=否 图层=源　OFFSETGAPTYPE=0
指定偏移距离或［通过(T)/删除(E)/图层(L)］<25.0>: L//指定图层
输入偏移对象的图层选项［当前(C)/源(S)］<源>: C
指定偏移距离或［通过(T)/删除(E)/图层(L)］<25.0>:12
选择要偏移的对象,或[退出(E)/放弃(U)]<退出>://选择对象
指定要偏移的那一侧上的点,或［退出(E)/多个(M)/放弃(U)］<退出>://指定偏移的一侧
选择要偏移的对象,或［退出(E)/放弃(U)］<退出>:退出
```

偏移后的结果如图 4-3a 所示。然后单击“修剪”命令按钮，结果如图 4-3b 所示。

5）绘制安装板上的槽。将图层切换到“中心线”，单击“直线”命令按钮，连接两条水平和竖直直线所形成的角点，然后利用夹点功能将其拉伸。接着将中心线偏移，形成槽的两侧面的轮廓线，如图 4-4a 所示。连接两侧面轮廓线与安装板下方和右方两面的交点，并将其向左上方偏移，形成槽底轮廓线。如图 4-4b 所示。然后修剪，并用细实线绘制一个圆，圆中是要作局部放大处理的区域，结果如图 4-4c 所示。

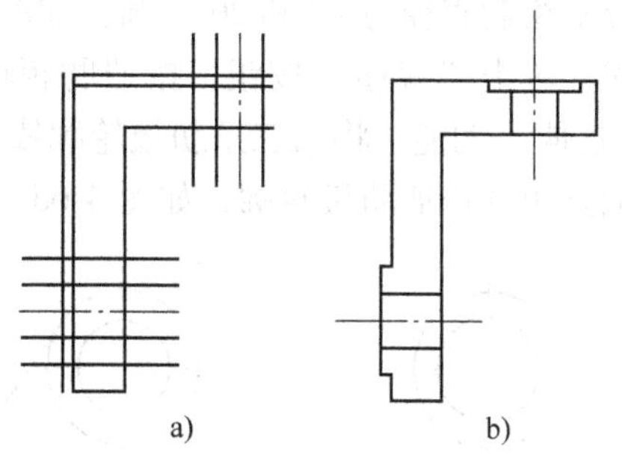

图 4-3　绘制安装孔

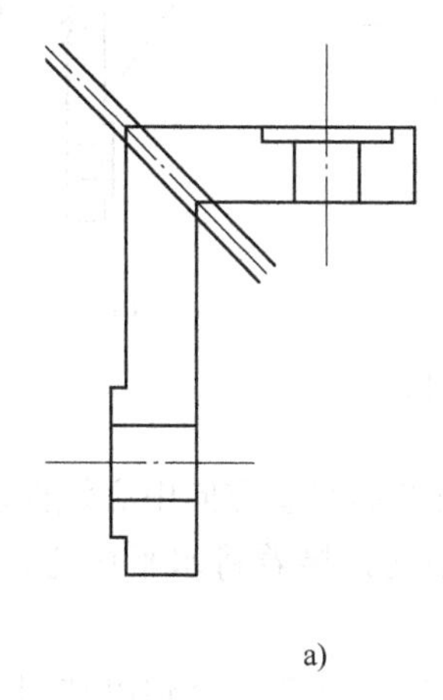

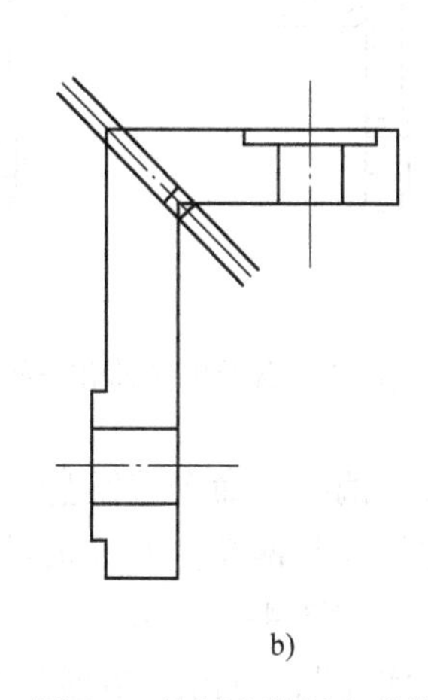

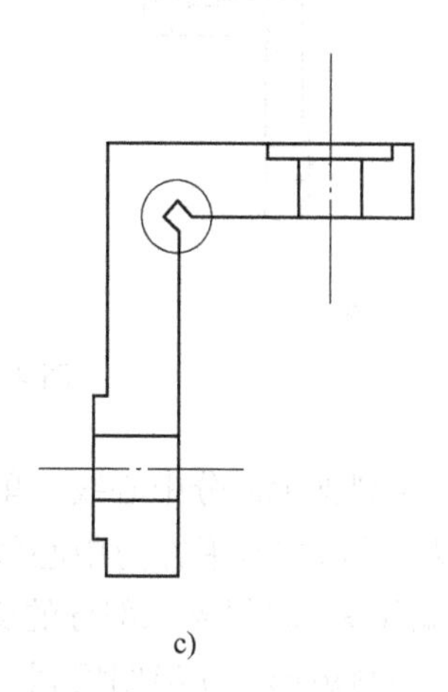

图 4-4　绘制安装板上的槽

6）绘制支承部分的中心线。选取通孔的中心线，单击“偏移”命令按钮，按照如图 4-5a 所示的尺寸偏移中心线，并利用夹点功能将其拉伸到合适的长度，如图 4-5b 所示。

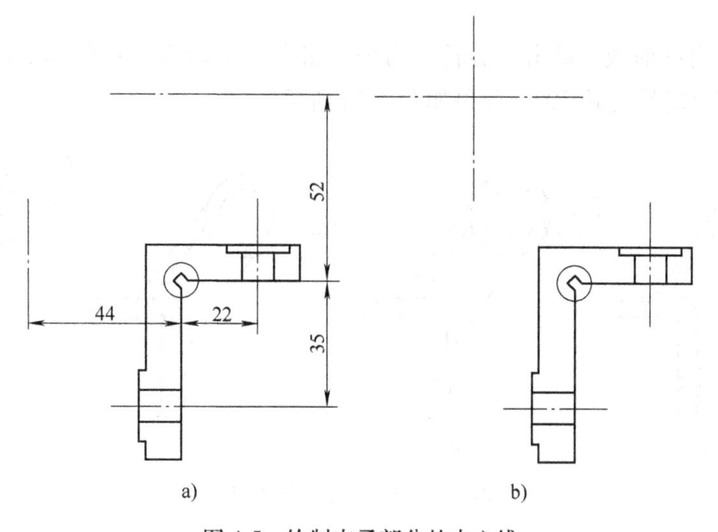

图 4-5　绘制支承部分的中心线

7）绘制支承部分的圆筒和连接肋板。图层切换到“粗实线”，单击“圆”命令按钮，分别绘制直径为 42 和 26 的圆，如图 4-6a 所示。单击“直线”按钮，过端点和切点绘制直线。单击“偏移”按钮，按照肋板的尺寸偏移直线，如图 4-6b 和图 4-6c 所示；接着利用“延伸”功能，将第三条肋板轮廓线延伸，使其与安装板的左侧相交。最后利用倒圆角功能倒圆角并修剪肋板轮廓，如图 4-6d 所示。

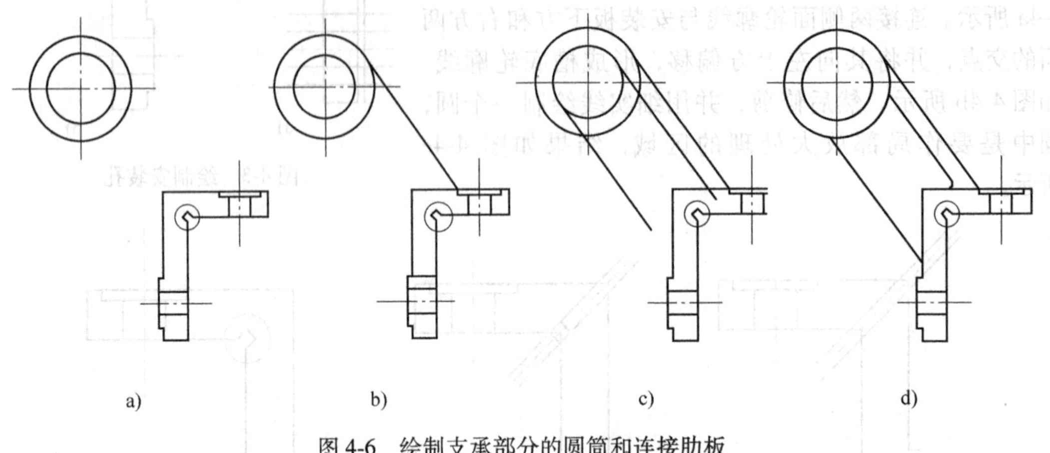

图 4-6　绘制支承部分的圆筒和连接肋板

8）绘制支承部分中心线。单击“偏移”命令按钮，将圆筒竖直方向中心线向左偏移 35 和 47，然后将水平方向中心线拉长并与两条竖直中心线相交；接着将水平中心线向上、向下各偏移 9，获得支承部分的交点，如图 4-7a 所示。

9）绘制矩形。切换图层到“粗实线”，单击“矩形”命令按钮，分别以获得的左上角和右下角的点为对角点，绘制支承部分的矩形轮廓，并将辅助线删除，如图 4-7b 所示。

10）创建并合并面域。单击“面域”命令按钮，依次选取矩形和直径为 42 的圆，将其创建为面域。单击“并集”命令按钮，选取矩形和圆将其合并为整体，如图 4-7c 所示。

11）旋转并合并面域。单击“旋转”命令按钮，选取合并后的面域以及水平和竖直中心线，并将其顺时针旋转 30°。效果如图 4-7d 所示。

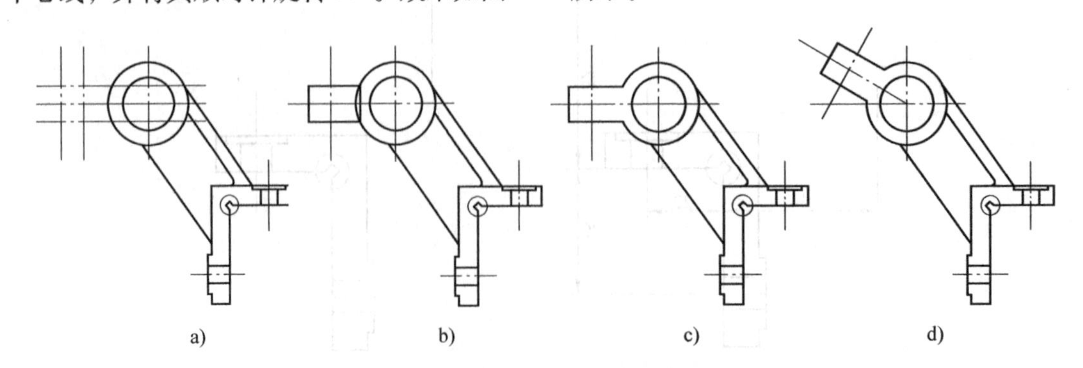

图 4-7　绘制支承部分矩形结构

12）分解面域并偏移中心线。单击“分解”命令按钮，将合并的面域分解。单击“偏移”命令按钮，将支承部分的两条中心线分别偏移，形成辅助的轮廓线，如图 4-8a

所示。

13）修剪多余的直线，并将修剪后的直线转换为“粗实线”图层，效果如图4-8b、c所示。至此，完成主视图的绘制。

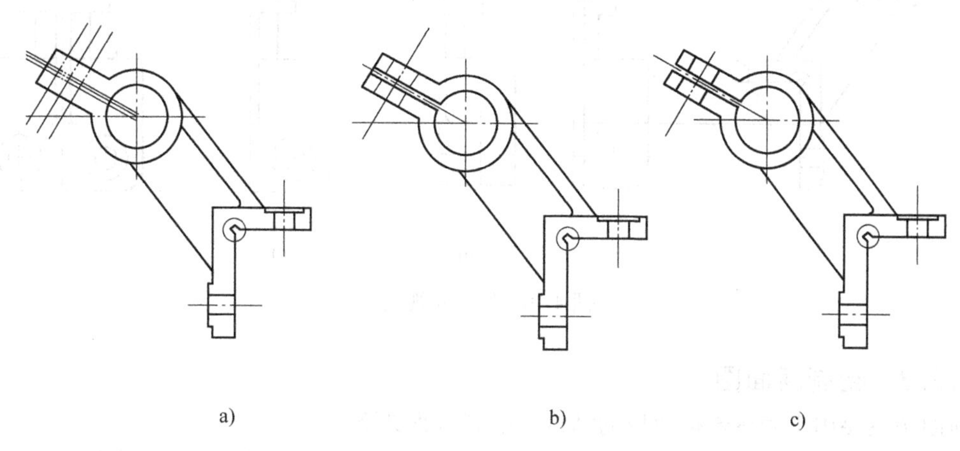

图4-8　绘制支承部分

4.2.2　绘制左视图

左视图主要表达支承部分内孔的结构，同时反映安装板竖立方向上安装孔的位置分布。

1）偏移并绘制中心线。将支承部分圆筒的水平方向中心线拉伸到合适的长度，并打断，以获得左视图中的圆筒部分的水平中心线；切换图层为“中心线”；单击“直线”命令按钮，绘制一条与水平中心线正交的线段作为左视图的竖直中心线。

2）绘制左视图的轮廓线和镜像图形。切换至“粗实线”图层，单击“偏移”命令按钮，将水平和竖直中心线偏移，绘制左视图中的零件后半部分的轮廓辅助线，如图4-9a所示。

3）绘制轮廓线。单击“修剪”按钮，修剪多余线段，然后将竖直中心线偏移，获得安装板上通孔的中心线，如图4-9b所示。

4）绘制肋板与安装板的交线。此位置是间接获得的，单击“直线”命令按钮，根据投影原理，从主视图中肋板与安装板相交点出发，引一条水平线与左视图的竖直中心线和肋板的后侧轮廓线相交，如图4-10a所示。然后用打断于点方式将交线在后侧轮廓线交点处打断，接着单击“圆角”命令按钮，绘制相交线处的圆角，效果如图4-10b所示。

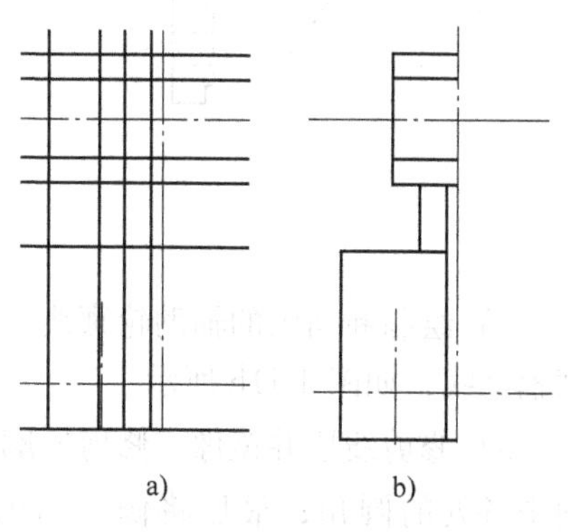

图4-9　绘制左视图轮廓

5）绘制圆弧和修剪线段。单击“圆”命令按钮，绘制两个同心圆；单击“圆角”命令按钮，对各部分倒圆角；单击“修剪”命令按钮，修剪图中多余的线段，效果如图4-10c所示。

6）单击“镜像”命令按钮，选取竖直中心线左侧的所有线段为镜像对象，以竖直中心线为镜像线进行镜像操作，效果如图4-10d所示。

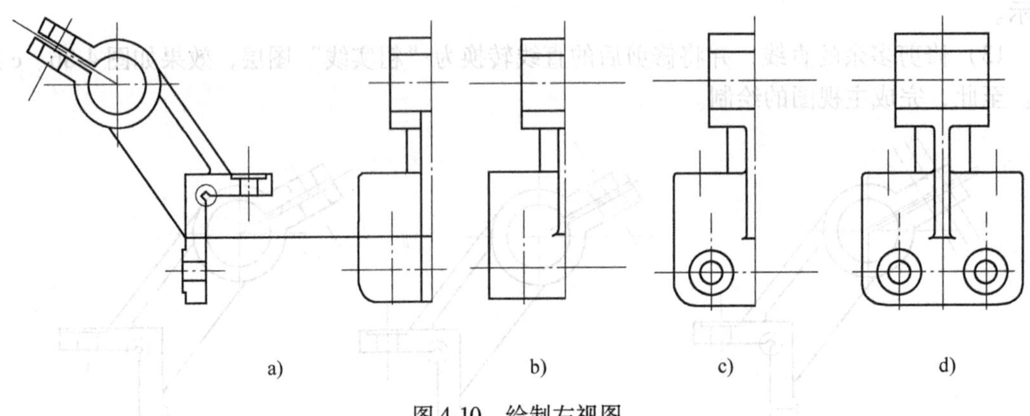

图 4-10　绘制左视图

4.2.3　绘制断面图

断面图主要用来表达连接肋板的结构。绘制过程如下：

1）绘制肋板断面图中心线。切换至中心线图层，单击“直线”按钮，绘制一条与肋板主视轮廓线垂直的断面图中心线。单击“偏移”按钮，选取最下方的肋板轮廓线为偏移对象，偏移引出断面轮廓线。如图 4-11a 所示。

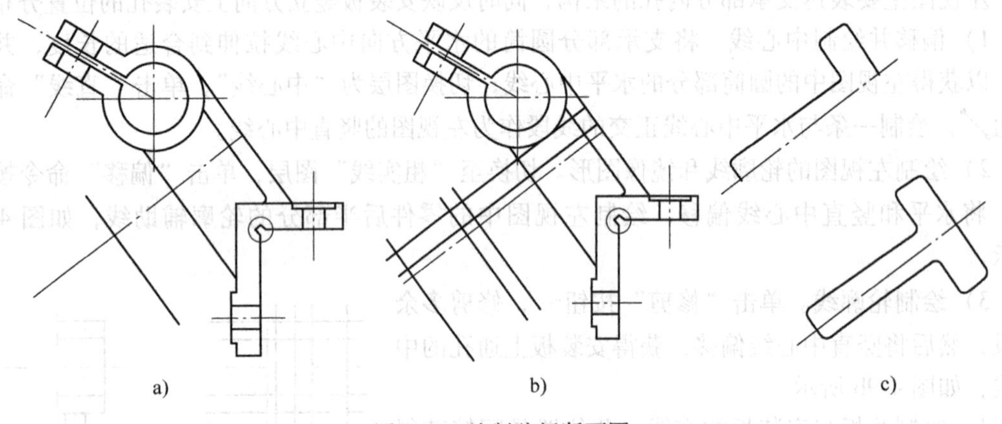

图 4-11　绘制肋板断面图

2）绘制断面图的辅助轮廓线。分别以中心线和轮廓线为对象，按照尺寸偏移，形成轮廓辅助线，如图 4-11b 所示。

3）修剪线段并镜像。修剪轮廓辅助线；然后单击“圆角”命令按钮，绘制肋板断面图中各处的圆角；最后将修剪后的图形以中心线为对称轴，镜像处理。结果如图 4-11c 所示。

4.2.4　绘制其他视图并填充图案

1）绘制支承部分斜视图。首先绘制斜视图的中心线，如图 4-12a 所示；然后利用“偏移”工具绘制辅助轮廓线，并绘制中心孔；最后将其修剪和圆角处理，效果如图 4-12b 所示。

2）绘制安装板部分的局部视图。首先绘制局部视图的中心线，如图 4-13a 所示；接着绘制两个同心的圆；然后利用“偏移”工具绘制辅助轮廓线；然后将其修剪和圆角处理，详细的步骤如图 4-13b～图 4-13e 所示。

3）以水平中心线为对称轴，将局部视图镜像，并切换至“细实线”图层，然后单击“样条曲线”命令按钮，绘制局部视图的分界波浪线。修剪后的结果如图 4-13f 所示。

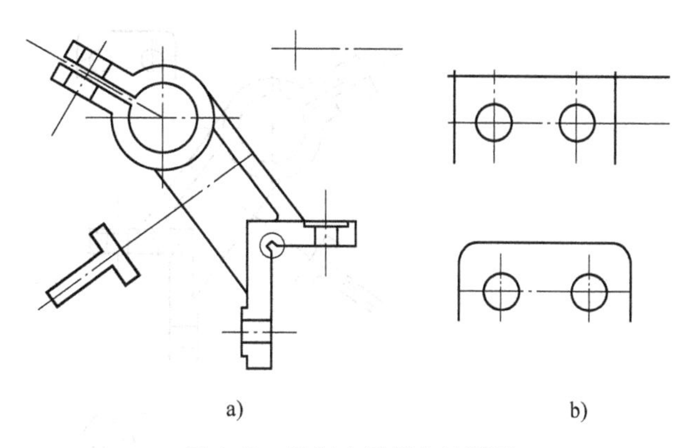

图 4-12　绘制支承部分斜视图

4）绘制安装板上槽的局部放大图。图层设置为“粗实线”，绘制两条相交的直线，切换图层到“中心线”，然后过直线的交点绘制一条与水平方向成 135°的中心线，随后的步骤跟绘制主视图中的步骤 5）类似，只不过尺寸取为原来的 2 倍。最后的效果如图 4-14c 所示。

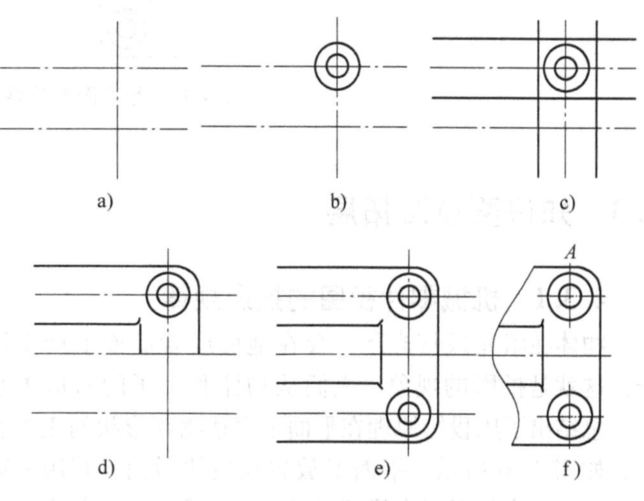

图 4-13　绘制安装板的局部视图

☞**提示：**

也可以将主视图中的“槽”结构复制到合适的位置，然后利用“比例缩放”工具，将其放大两倍即可。

5）填充局部视图图案。切换至“细实线”图层，单击“样条曲线”命令按钮，绘制主视图和左视图中的局部剖视图的剖切轮廓线；单击“图案填充”命令按钮，在对话框中选择“预定义”类型并设置参数，单击“拾取点”按钮，选择填充区域填充图案，效果如图 4-15 所示。

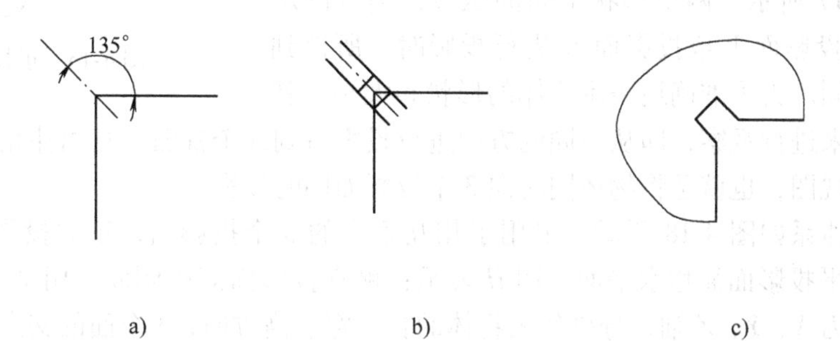

图 4-14　绘制安装板上槽的局部放大图

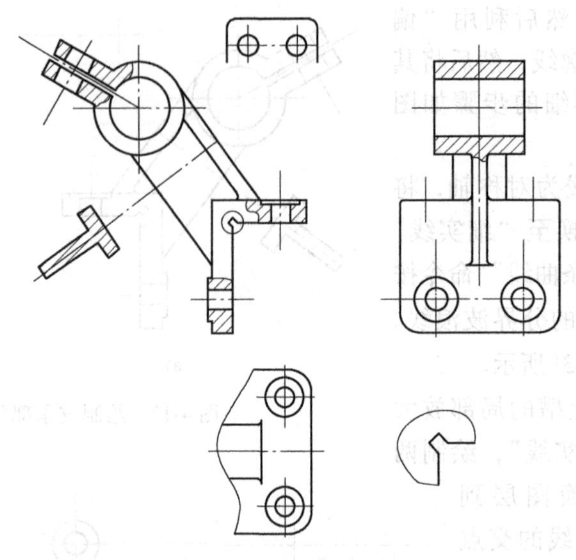

图 4-15　填充图案效果

4.3　知识要点及拓展

4.3.1　机械零件视图的投影规律

物体在阳光或灯光下，会在地面或者墙面上产生影子，这就是投影的现象。人们从物体和影子的对应关系中，总结出了用投影原理在平面上表达物体形状的正投影法，如图 4-16 所示，平面 *V* 放置在拨块后面，若用一束与平面 *V* 垂直的平行光线照射拨块，在平面 *V* 上就会出现拨块的影子。该平面称为投影面，光线称为投射线。投射线条相互平行而且垂直于投影面，我们称这样的方法为正投影法。在正投影法中，物体的投影称为正投影。

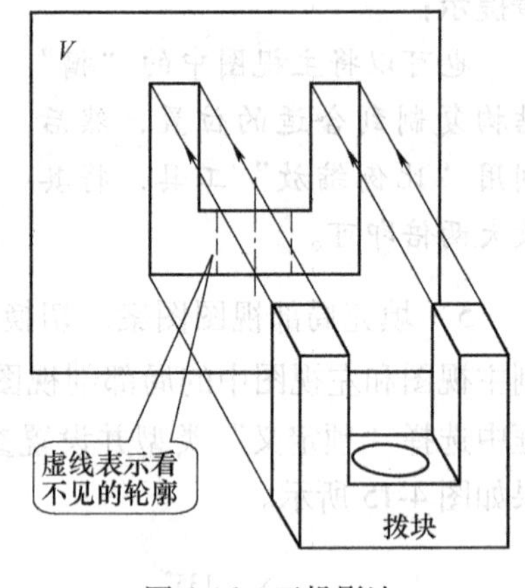

图 4-16　正投影法

在正投影中，只用一个视图是不能确定物体的形状和大小，如图 4-17 所示，两个形状不同的压板，当按图示位置把它们向投影面 *V* 或投影面 *H* 进行投影时，所得到的视图完全相同。为了准确地表示物体的形状和大小，就需从几个方向来进行观察，即从不同的方向进行投影得到几个视图，互相补充。在实际绘图中常用的是三视图，也就是将物体同时向 3 个投影面同时投影。

三投影面体系如图 4-18 所示。采用了相互垂直的 3 个投影面，正立投影面简称正面，用 *V* 表示；水平投影面简称水平面，用 *H* 表示；侧立投影面简称侧面，用 *W* 表示。投影面的交线分别称为 *X*、*Y*、*Z* 轴，分别代表物体的长、宽、高方向；3 个面的交点为原点 *O*。

建立好投影体系后，将物体分别投射，即可获得视图。如图 4-19a 所示，将螺栓毛坯放置在三投影面体系中，按图中箭头的方向，用正投影的方法得到螺栓毛坯在 *V* 面、*H* 面、*W* 面上的 3 个投影，分别称为正面投影、水平投影、侧面投影。此 3 个投影即为螺栓毛坯的三视图。

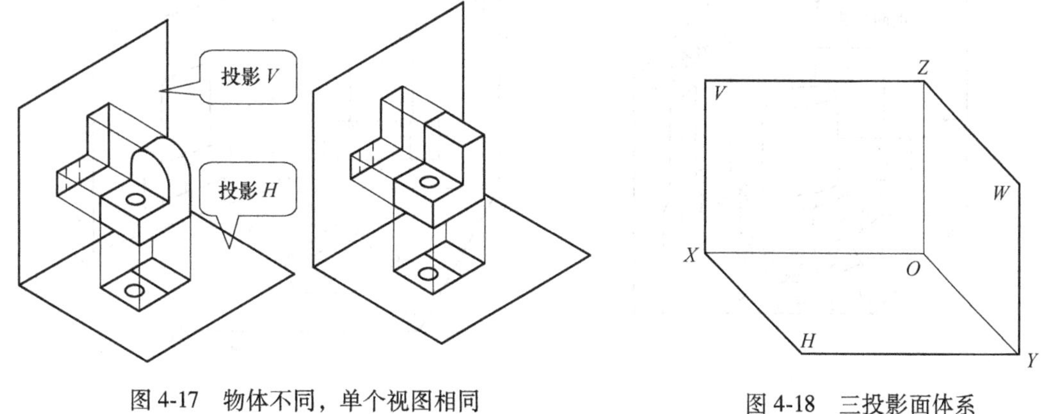

图 4-17　物体不同，单个视图相同

图 4-18　三投影面体系

为便于画图，需将相互垂直的 3 个投影面展开为一个平面（即图纸平面），展开时，规定：

V 面保持不动；

H 面向下向后绕 *OX* 轴旋转 90°；

W 面向右向后绕 *OZ* 轴旋转 90°。

这样便得到同一个平面上的三视图，如图 4-19b 所示。其中 *Y* 轴随 *H* 面旋转后以 Y_H表示，随 *W* 面旋转后以 Y_W表示。在三视图中，正面投影是前向后投射得到的图形，通常表达物体的主要形状特征，称为主视图；水平投影是从上向下投射而得到的图形，称为俯视图；侧面投影是从左向右投射而得到的，称为左视图，如图 4-19c 所示。

实际绘图时无须画出投影面的边框和投影轴，即得到螺栓毛坯的三视图，如图 4-19d 所示。

从三视图的形成过程中可以归纳出三视图的对应关系：位置关系、投影关系、方位关系。

（1）位置关系

在三视图中，主视图在上方，俯视图在主视图的正下方；左视图在主视图的正右方。

（2）投影关系

从图 4-19d 中可以看出，主视图反映物体的长度和高度；俯视图反映物体的长度与宽度，左视图反映物体的宽度与高度。换言之，物体的长度由主视图和俯视图同时反映；高度由主视图和左视图同时反映。因此，可以归纳出三视图的投影关系为：

主、左视图高平齐（等高）；

主、俯视图长对正（等长）；

俯、左视图宽相等（等宽）。

在实际绘图过程中，某些轮廓线的位置，比如肋板与主体部分的交线或者是相贯线的位置，往往是间接获得的，此时可以利用投影关系，根据其在某个视图中的已知交点来求其在另外视图中的位置。

（3）方位关系

三视图能反映物体各部分之间的上下、左右、前后的方位关系。当支架在三面体系中的

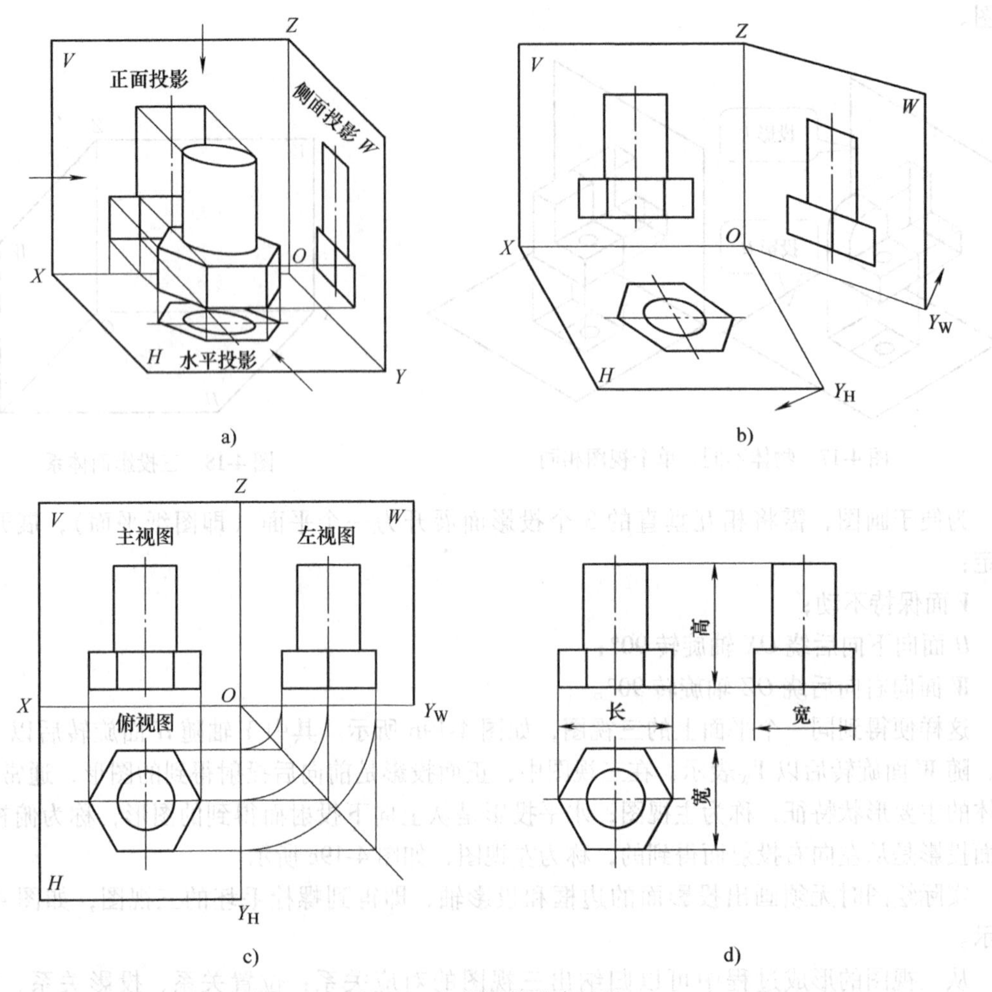

图 4-19　三视图的形成过程

位置确定后，其各部分之间的上下、左右、前后的方位关系就能通过支架的三视图反映出来。如图 4-20 所示，即：

主视图反映上下、左右方位；

俯视图反映前后、左右方位；

左视图反映上下、前后方位。

4.3.2　图案填充

对于内部结构比较复杂的零件，为了清晰地表达其内部结构，通常采用一些假想的剖切面将其剖开，然后再将零件投影，这样获得的视图称为剖视图。在剖视图中，物体与剖切面接触的地方需要绘制剖面线，称为图案填充。图案填充是通过指定的线条图案、颜色以及比例来填充指定的封闭区域的一种操作方式，它常用于表达剖切面和不同类型物体的外观纹理和材质等特性。图案填充表达了对象材料的特性，并增加了图形的可读性，例如在复杂的装配视图中，通过不同的图案线条方向和疏密程度，可帮助绘图者了解每一个零件的材料类型及装配关系，因此填充图案有助于绘图者表达信息。

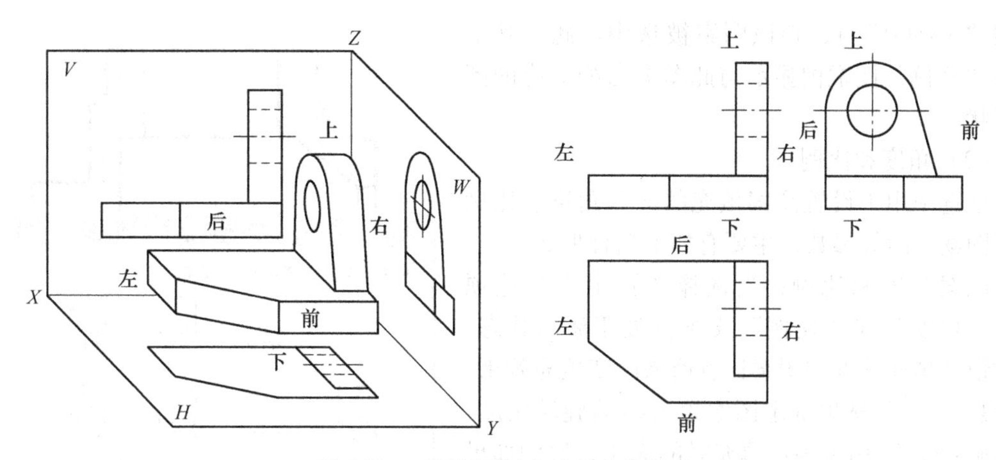

图 4-20　三视图反映物体的方位关系

1. 创建图案填充

填充图案可以使用预先定义的图案样式填充图案，也可以通过自定义图案样式进行填充。

单击“绘图”工具栏中的“图案填充”命令按钮，打开“图案填充和渐变色”对话框，如图 4-21 所示，利用该对话框可以设置多种图案填充样式，而且对于同一种样式，也可创建不同的填充效果，该对话框中常用选项的功能如下所示。

（1）类型和图案

该选项用于设置图案填充的方式和图案样式，可以打开下拉列表来选择填充类型和样式。

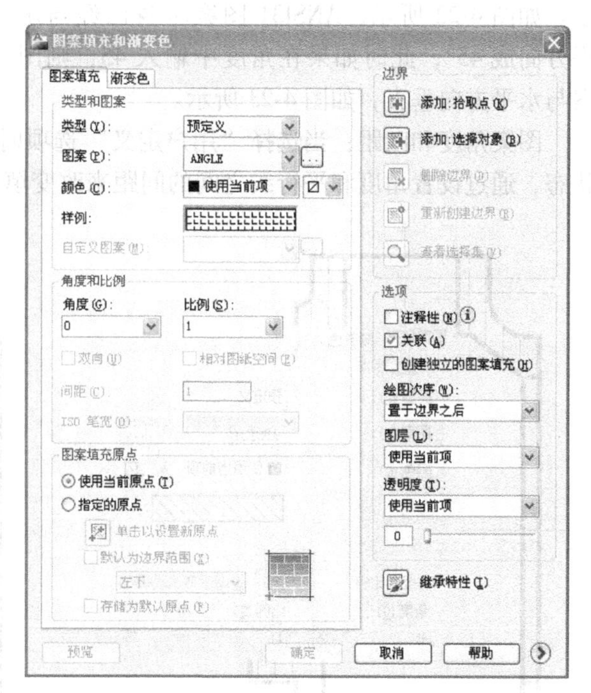

图 4-21　“图案填充和渐变色”对话框

类型：该下拉列表包括了 3 个类型选项，即系统本身提供的“预定义”图案，用户根据需要增加的“用户定义”图案和“自定义”图案。选择“预定义”选项，可以使用系统提供的图案样式；选择“用户定义”选项，则可以使用图形的当前线型创建图案，该图案由一组平行线或者相互垂直的两组平行线组成；选择“自定义”选项，可以使用事先定义好的图案。

图案：在该选项组中，除了在下拉列表中选择相应的图案外，还可以单击命令按钮，打开“填充图案选项板”对话框，如图 4-22 所示，然后通过 4 个选项卡设置相应的图案样式，比如，在控制板对话框中，分别有“ANSI”、“ISO”、“其他预定义”和“自定义”4 个选项卡，单击选择其中一个选项卡，选择所需的图案并双击（例如表示金属材料的填充图案“ANSI31”），则该图案被选中。此时其下方的“样例”图框内显示与此图案名相对应的图案形状。

（2）角度和比例

该选项用于设置图案填充的倾斜角度、比例或者图案间距等参数，主要有如下两种形式：

图案角度和比例：当选择“预定义”选项时，“角度”和“比例”文本框处于激活状态。通过设置填充角度和图案比例值来改变填充效果，“角度（G）”选项确定图案填充时的旋转角度；“比例（S）”用来确定填充时的大小，比例如果为1，则填充的图案大小为定义的值，如果比例大于1，图案将放大；比例如果小于1，图案将缩小。如图4-22所示，ANSI31图案本身已经与水平方向成45°，此时如果在角度中输入45，则图案与水平方向垂直，如图4-23所示。

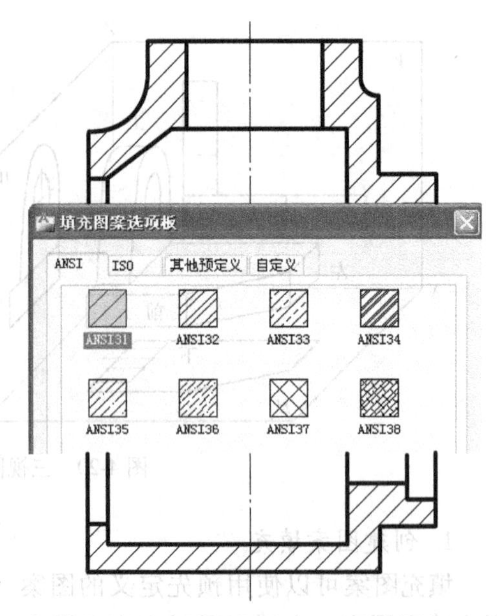

图4-22 “填充图案选项板”对话框

图案角度和间距：当选择“用户定义”选项时，“角度”和“间距”文本框处于激活状态，通过设置角度和平行线之间的间距来改变填充效果，如图4-24所示。

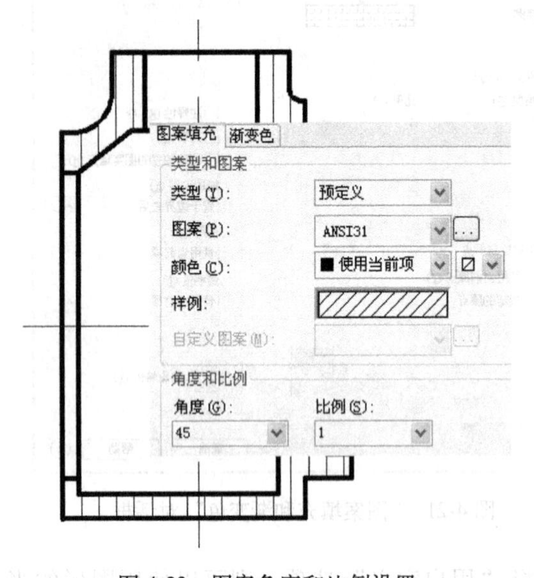

图4-23 图案角度和比例设置

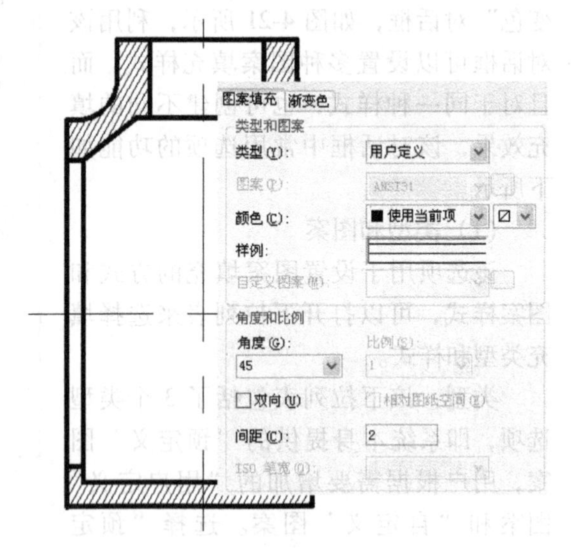

图4-24 图案角度和间距设置

（3）图案填充原点

该选项用于设置图案填充原点的位置，因为在图案填充时，需要对齐填充区域边界上的某一个点。其常用的选项功能如下所示。

使用当前原点：选择该单选按钮，可以使用当前UCS坐标的原点（0，0）作为图案填充的原点。

指定的原点：选择该单选按钮，可以通过指定点作为图案填充原点。其中，单击“单击以设置新原点”按钮，可从绘图区域中选取某一点作为图案填充原点；启用“默认为边界范围”复选框，则以填充边界的左下角、右下角或者圆心作为图案的填充原点；启用“存储为默认原点”复选框，可将指定的点存储为图案的默认填充原点。

（4）边界

该选项组主要用于指定要填充区域的边界，也可以通过对边界的删除或修改等操作，来直接改变区域填充的效果，其常用选项的功能如下所示。

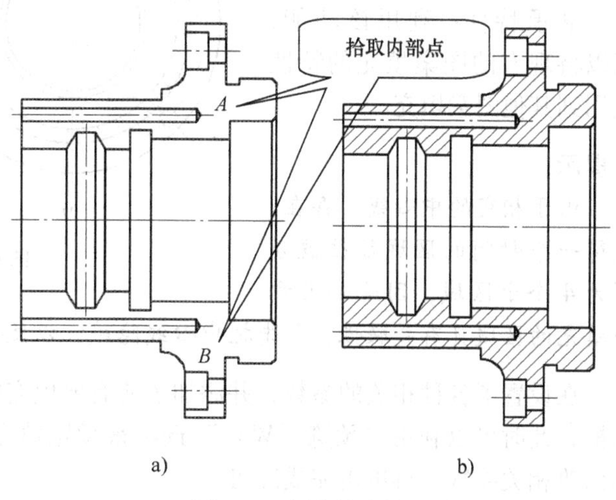

图 4-25　图案填充效果

拾取点：单击命令按钮，切换至绘图屏幕，在要填充的区域内任意指定一点，系统将自动搜索包含指定点的最小封闭边界，并以此作为填充区域，然后系统将以拾取点的形式高亮显示该填充边界。如果系统找寻不到封闭的区域，则会显示错误提示信息，如果已经找到，则命令行内出现提示，是继续找寻区域，还是结束查找。在添加了所有要填充的区域后，结束区域指定，对话框再次显示，此时可以利用“预览（W）”选项来预览填充图案的效果，如果效果不理想，则继续修改有关参数，否则单击完成即可。打开源文件“例图 4-25a”。用拾取点的方式单击 *A*、*B* 处等需填充的区域，填充后的效果如图 4-25b 所示。

选取对象：利用这种方式选取边界时，可以通过选取填充区域的边界线来决定填充的区域。此区域仅为鼠标点选的区域，且必须是封闭的区域，没有被选取的边界不在填充区域之内。这种方式选取的边界线必须首尾相连，否则会出错。对于一个圆形来说，它本身是封闭的，所以只要用鼠标点选其圆弧上任意点即可。

删除边界：只有在已经选择了边界后，该选项才激活，选择该方式时，可以从边界定义中删除之前指定的任何对象，从而形成新的区域，如图 4-26 所示。

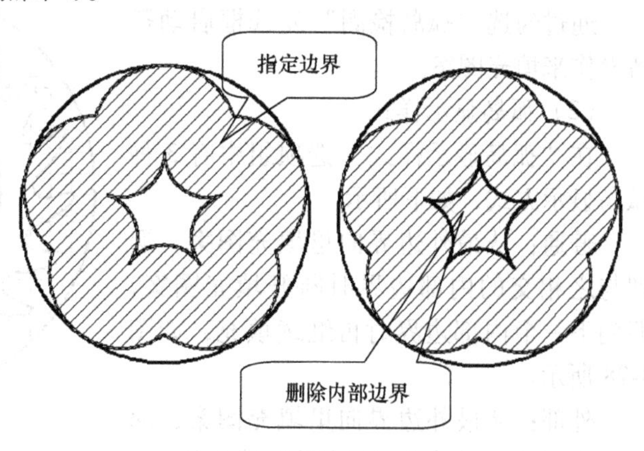

图 4-26　删除图形边界效果

（5）选项

该选项用于设置图案填充的一些其他功能，对它们的设置会间接影响图案填充后的效果，常见的设置如下所示。

注释性：利用该选项，可以将图案定义为可注释性的对象。

关联：这个选项用来设置填充的图案是否与边界相关。如果填充的图案与填充的区域边界相关，则当填充区域边界变动时，填充的图案会随之自动调整。打开源文件“例图 4-

27a”，当剖面区域的大小发生变动，即边界变动时，其填充的图案也随之变化，如图 4-27b 所示。

继承特性：利用该功能，可以将现有的图案填充的特性应用到其他图案填充。

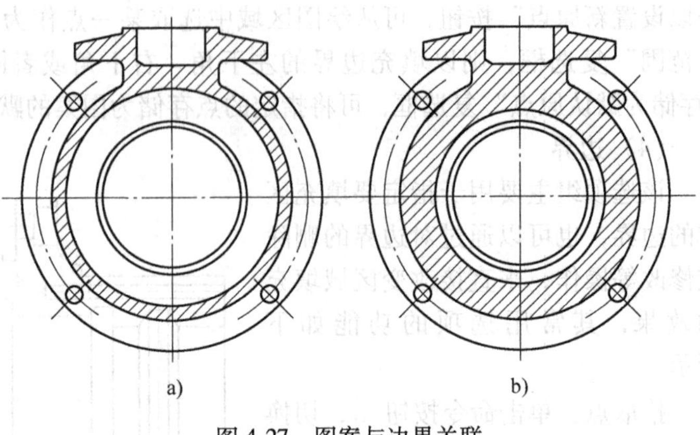

图 4-27　图案与边界关联

☞提示：

由于相交的中心线的存在，使得一个封闭的区域往往被分割为 4 个小区域，因此如果希望填充的区域具有关联性，首先把中心线隐藏，以便使填充的区域成为一个整体。

在设置了各种相关的参数，并添加了所有要填充的区域后，结束区域指定，再次弹出对话框，此时可以利用“预览（W）”选项来预览填充图案的效果，如果效果不理想，则继续修改相关参数。再单击完成即可。

2. 孤岛操作

在图案填充中，通常将位于一个已定义好的填充区域内的封闭区域称为孤岛。利用“孤岛操作”可以实现对两个边界之间部分进行填充，而孤岛内不填充；此外，在填充区域内有诸如文字、公式等特殊对象时，可以利用“孤岛操作”将这些对象与填充的图案分开或覆盖。

在“图案填充和渐变色”对话框中单击右下角的按钮⊙，打开“孤岛”选项卡，如图 4-28 所示，利用该选项卡的设置，可以启用“孤岛检测”，并且设置孤岛填充后的样式。该选项卡中各选项的功能，介绍如下。

（1）孤岛检测

通过勾选“孤岛检测”复选框启动孤岛操作来填充图案。

（2）孤岛显示样式

在“孤岛显示样式”选项组中有 3 种孤岛显示方式，如下所示。

普通：从最外边界向里填充图案，遇到与之相交的内部边界时断开填充图案，遇到下一个内部边界时再继续填充，如图 4-28 所示。

外部：从最外边界向里填充图案，遇到与之相交的内部边界时断开填充图案，不再继续往里填充图案，如图 4-29 所示。

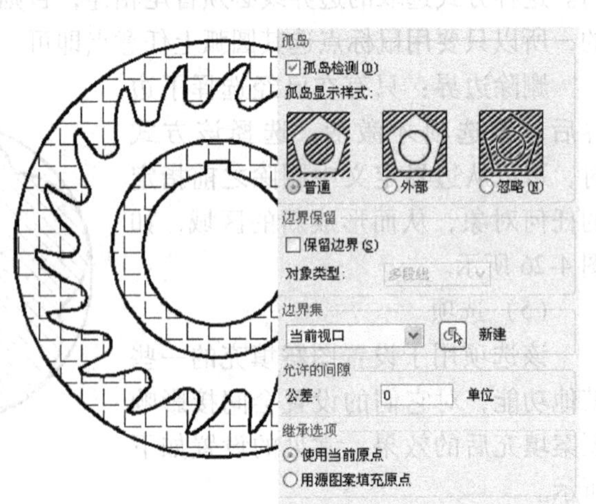

图 4-28　孤岛检测“普通”模式

忽略：选择该方式时，忽略边界内的所有孤岛对象，所有内部结构都被填充图案覆盖，如图 4-30 所示。

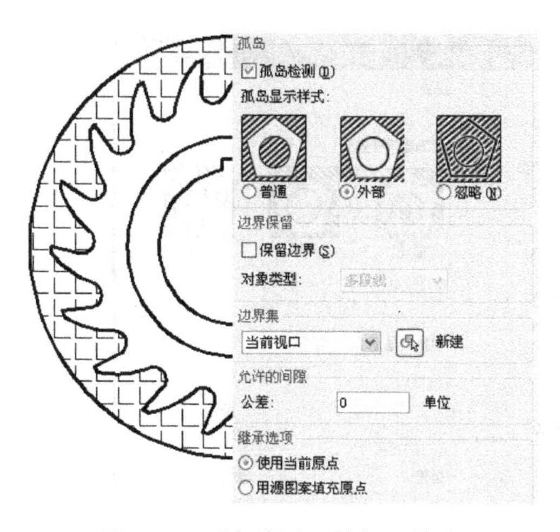

图 4-29　孤岛检测“外部”模式

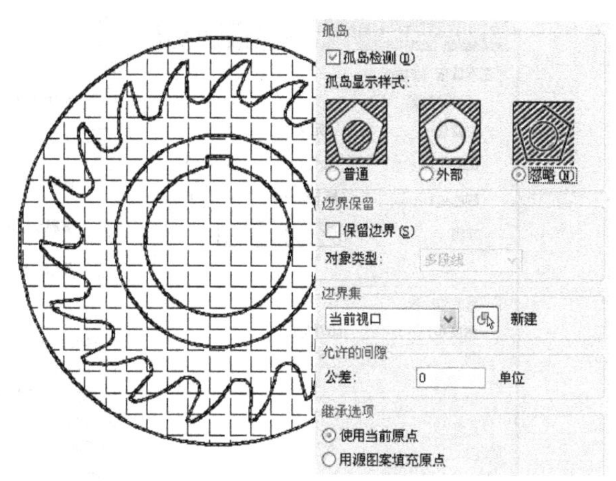

图 4-30　孤岛检测“忽略”模式

（3）边界保留

该选项组中的“保留边界”复选框与“对象类型”选项相关联，启用“保留边界”复选框，将填充边界对象保留为面域或多段线两种形式的对象。

此外，在“继承选项”选项组中，可以使用继承属性创建图案填充时确定的点的位置，包括“使用当前原点”和“用源图案填充原点”两种方式。

3. 图案编辑

编辑填充图案可以修改已经创建的填充图案，或者用一个新的图案替换以前生成的图案。

要编辑填充图案，执行菜单栏中的“修改”→“对象”→“图案填充”命令，弹出如图 4-31 所示的“图案填充编辑”对话框。

该对话框同“图案填充和渐变色”对话框内容基本相同，它不仅可以修改图案、比例、旋转角度和关联性等设置，还可以修改、删除以及重新创建边界。不同的地方在于，在“边界”选项中，“删除边界”、“重新创建边界”等选项已经处于可用状态；而在“孤岛”选项卡中，只有“孤岛显示样式”与“继承选项”选项组可用，即不能再对孤岛进行“边界保留”操作。

4. 分解图案

在 AutoCAD 中，填充的图案是一个整体，因此也可以把它当作为一种特殊的块，而且对于填充的图案，无论形状多复杂，它都是一个单独的对象，跟块的操作类似，可以向图形中直接添加填充图案或从图形中删除填充图案。如果想要对其中一部分进行单独操作，则需要分解填充图案。打开源文件“例图 4-32a”，选取填充图案，然后单击“修改”工具栏中的“分解”按钮，即可将其分解。图案被分解后，不再是一个单一的对象，而是一组组成图案的线条，如图 4-32b 所示。同时，分解后的图案也拾取了与图形相关的信息，因此将无法通过“图案填充编辑”对话框对其进行编辑。

4.3.3　面域

面域是具有一定边界的闭合区域，这个区域可以是圆、椭圆、封闭样条曲线等对象，也可以是直线、多段线和圆等对象的组合，而且其内部可以包含孔。从外观上看，面域和一般

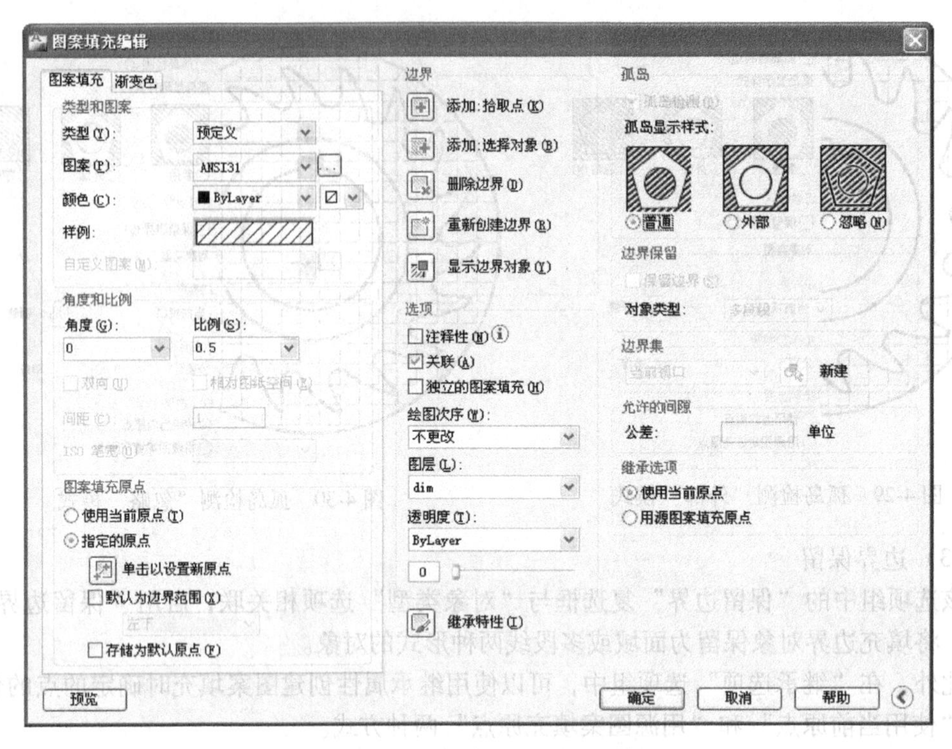

图 4-31 “图案填充编辑”对话框

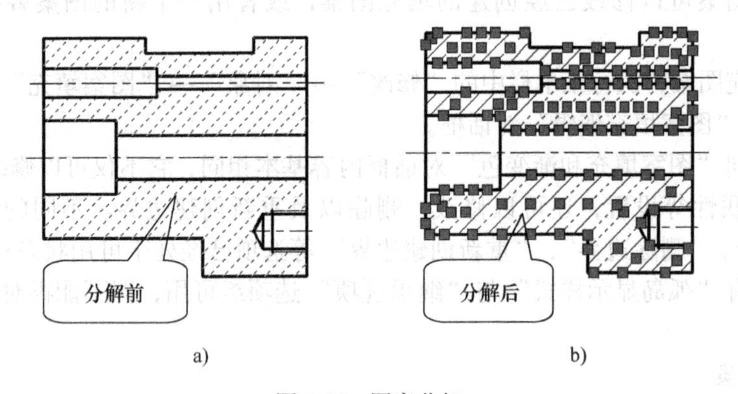

图 4-32 图案分解

的封闭线框没有区别，但实际上它除了包括构成边界的线框外，还包括边界内的平面。面域常用于图案填充和着色，在三维建模状态下，也可以用做构建实体模型的特征截面，例如可将面域拉伸以创建实体。另外，使用“面域/质量特性”工具，也可以提取面域的面积、质心和惯性等设计信息。

1. 面域的创建

利用“面域”工具，可以将某些对象组合的二维封闭区域转换为面域，该封闭区域可以是圆、椭圆、封闭的二维多段线或封闭的样条曲线等对象，也可以是由直线、圆弧、二维多段线、椭圆弧、样条曲线等对象构成的封闭区域。

单击“绘图”工具栏中的“面域”命令按钮，并选择封闭的图形，即可将其转化为面域。由于二维封闭图形是线框，而面域是一个实体平面，因此在选取对象时显示方式不同，如图 4-33 所示。

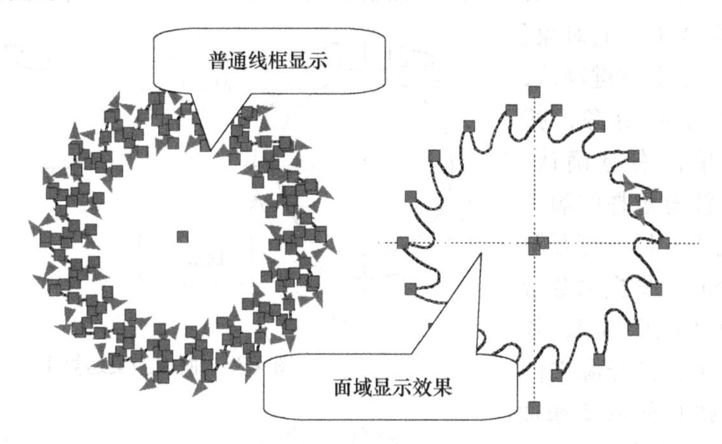

图 4-33　面域显示效果

2. 面域的布尔运算

布尔运算是数学中的一种逻辑运算，它可以对实体或面域实行诸如剪切、添加以及获取交叉部分等操作，从而提高绘图效率。但是对于普通的线框等图形，则无法执行布尔运算。布尔运算有 3 种形式，单击“实体编辑”工具栏中的按钮，即可执行操作。

（1）并集运算

并集运算是将两个或多个共面的面域合并为一个新的面域，即求两者的和集。在使用并集运算时，所选择的面域可以是直接接触的有重叠区域的对象，也可以是不接触或者不重叠的，对于这一类的面域，并集运算的结果是生成一个组合实体。

打开源文件“例图 4-34a”，执行并集运算。单击“三维制作”控制面板中的“并集”命令按钮，根据命令行提示，选择要合并的对象面域 1 和面域 2，按<Enter>键或者单击右键确认，将所选对象合并，效果如图 4-34b 所示。

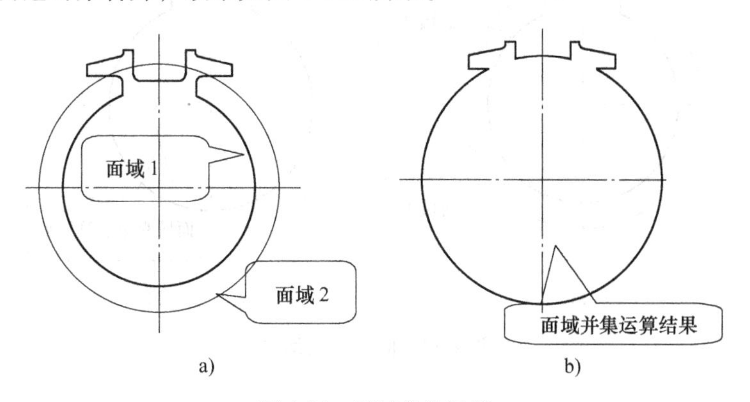

图 4-34　面域并集运算

（2）差集运算

差集运算是去除面域中指定的另一部分面域，或者面域之间的公共部分，从而得到一个新的面域的过程，即求两者的差。

执行差集运算，可单击“三维制作”控制面板中的“差集”命令按钮，然后在绘图区中选择所有要被减去的对象，按<Enter>键或者单击右键确认，然后选择要去除的对象，按<Enter>键或者单击右键确认。在选择过程中，注意选择的顺序不一样，结果也不一样。打开源文件“例图 4-35a”，根据命令行提示，执行面域 1 减面域 2，效果如图 4-35b 所示；打开源文件“例图 4-36a”，执行面域 2 减面域 1，效果如图 4-36b 所示。

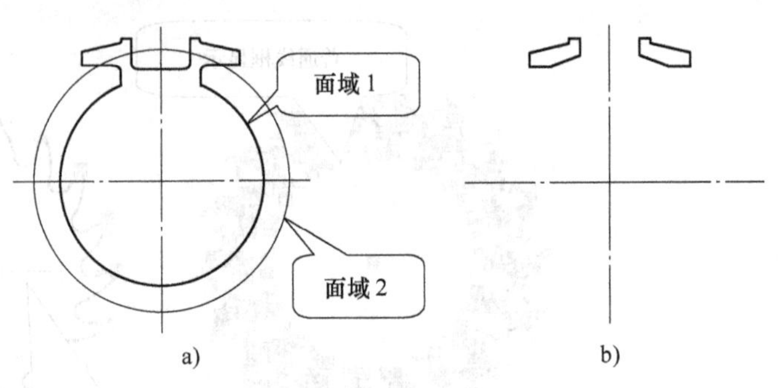

图 4-35　面域差集运算 1

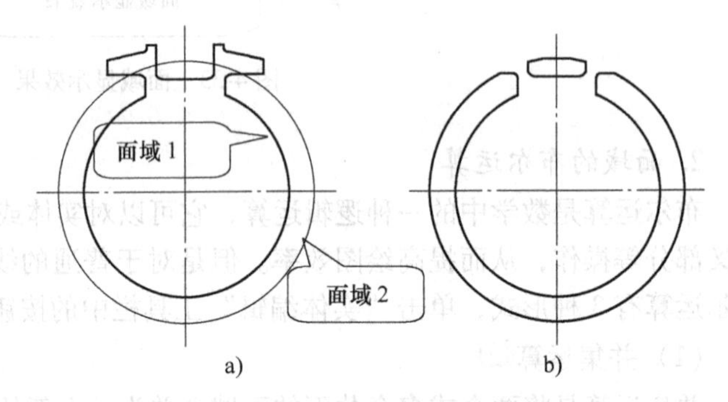

图 4-36　面域差集运算 2

（3）交集运算

交集运算可以获得相交实体的公共部分，从而获得新的实体，该运算可以认为是差集运算的逆运算。

打开源文件“例图 4-37a”，执行交集运算。单击“三维制作”控制面板中的“交集”命令按钮，根据命令行提示，选择具有公共区域的对象面域 1 和面域 2，按<Enter>键或者单击右键确认，此时除公共部分外，其他的实体都被剪切掉，效果如图 4-37b 所示。

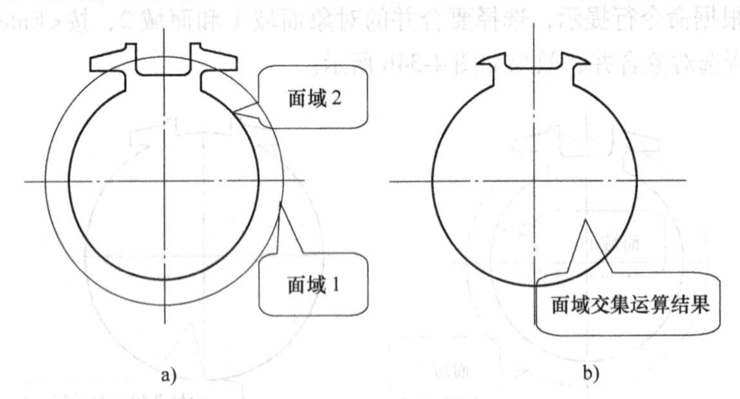

图 4-37　面域交集运算

☞**提示：**

执行面域布尔运算后，结果依然是一个面域，即仍然是一个整体，可以执行复制、移动等操作。

3. 面域的信息查询

从表面上看，面域和一般的封闭线框没有区别，就像是一张透明的无厚度的纸，实际上，它是三维实体的平面投影，是一个平面，不仅包含构成这个平面的边框的信息，例如边框的距离、周长，面积等，还包含平面体的信息，如质心、惯性矩、惯性积等。

要从面域中提取边框及体的信息，执行“工具”→“查询”→“面域/质量特性”命令，选取面域对象，单击右键，打开“AutoCAD 文本窗口”对话框，将显示面域对象的数据特性，如图 4-38 所示。同时命令窗口显示：

是否将结果写入文件？[是(Y)/否(N)] <否>:

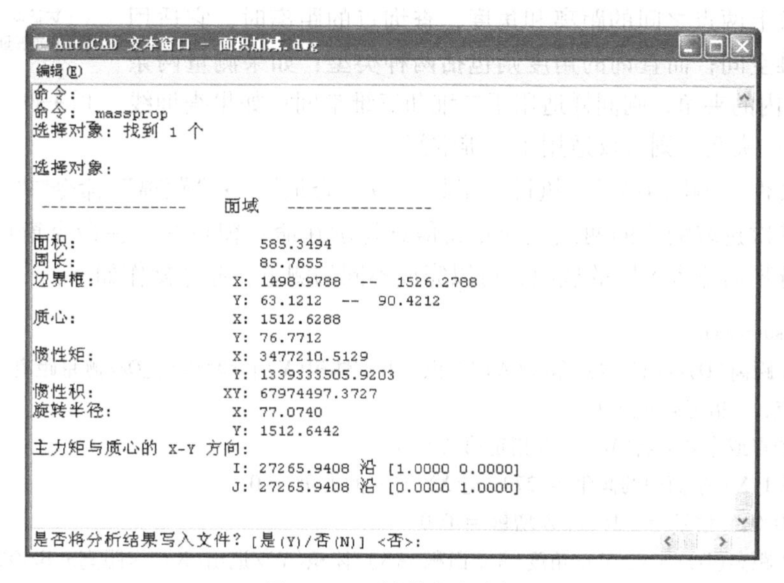

图 4-38　面域信息文本框

按<Enter>键可以结束命令操作，如果输入 Y，将打开“创建质量与面积特性文件”对话框，可将面域对象的数据特性保存为文件，如图 4-39 所示。

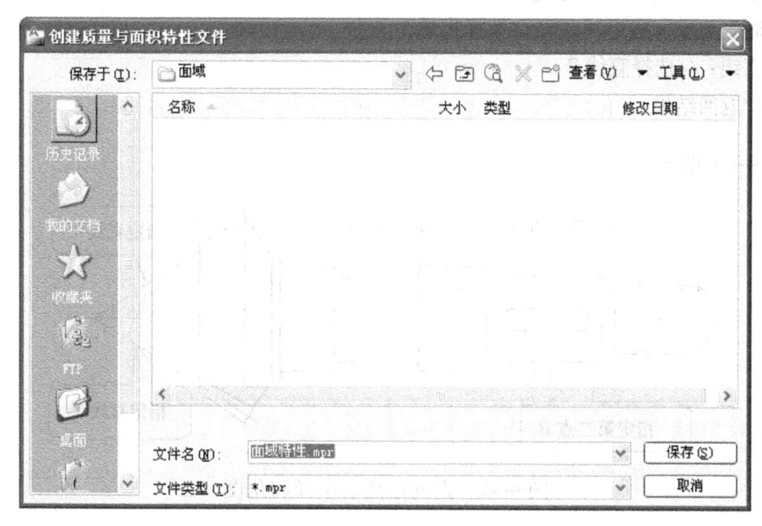

图 4-39　“创建质量与面积特性文件”对话框

4.3.4 查询

创建图形对象后，系统不仅绘制出了该对象，也创建了与对象相关的数据，并将他们保存在图形数据库中。这些数据包含对象的图层、线型等信息，也包含了如图 4-40 所示的对象的点坐标、面积等几何信息。通过查询工具，可以从这些数据中获得大量的信息。

距离(D)
半径(R)
角度(G)
面积(A)
体积(V)
面域/质量特性(M)
列表(L)
点坐标(I)
时间(T)
状态(S)
设置变量(V)

图 4-40　查询子命令

1. 查询两点之间的距离和角度

图形绘制过程中，如果采用在屏幕上拾取点的方式绘制图形时，图形的实际尺寸并不能明显地反映出来，此时，可以通过查询的方式来获取对象上两点之间的距离和角度，查询点的距离时，它适用于二维和三维空间；而查询的角度则包括两种类型：如果测量两条线在 *XY* 平面内的夹角，则同样适用于二维和三维空间；如果查询线段与 *XY* 平面的夹角，则仅仅适用于三维空间。

打开源文件“例图 4-41”，执行“工具”→“查询”→“距离”命令，根据命令窗中的指示，依次选取测量的两点，则相关信息显示在命令窗口中。在命令窗口中，根据提示，在输入选项后输入不同的选项，可以完成不同的测量，命令操作如下：

```
命令:_measuregeom
输入选项[距离(D)/半径(R)/角度(A)/面积(AR)/体积(V)]<距离>:_D//测量距离
指定第一点://指定第一点 A
指定第二个点或[多个点(M)]://指定第二点 B
距离 = 16.1,XY 平面中的倾角 = 270, 与 XY 平面的夹角 = 0
X 增量 = 0.0,Y 增量 = -16.1, Z 增量 = 0.0
输入选项[距离(D)/半径(R)/角度(A)/面积(AR)/体积(V)/退出(X)]<距离>:R//测量半径
选择圆弧或圆://指定圆弧对象
半径 = 2.0//返回半径结果
直径 = 4.0//返回直径结果
输入选项[距离(D)/半径(R)/角度(A)/面积(AR)/体积(V)/退出(X)]<半径>:A//测量角度
选择圆弧、圆、直线或<指定顶点>://选择直线 1
选择第二条直线://选择直线 2
角度 = 63°//返回结果
```

结果如图 4-41 所示。

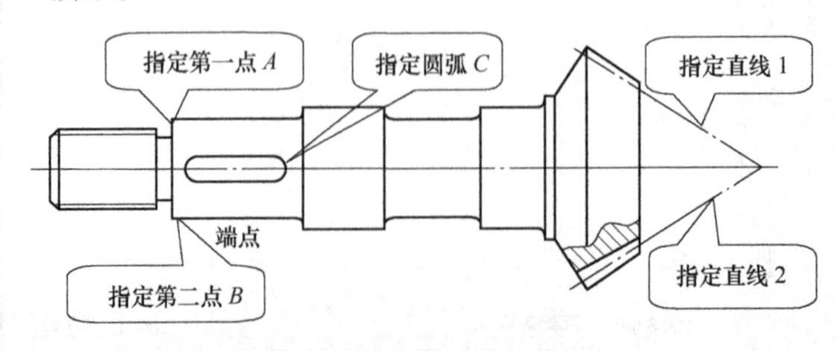

图 4-41　查询距离、半径和角度

如果已经将“动态输入”功能（即状态栏中的“DYN”）打开，则在查询过程中，查询结果值会出现在鼠标附近的屏幕上。比如选取图形中的两点时，在屏幕上会自动的显示所选取两点之间的距离和角度，如图 4-42 所示。

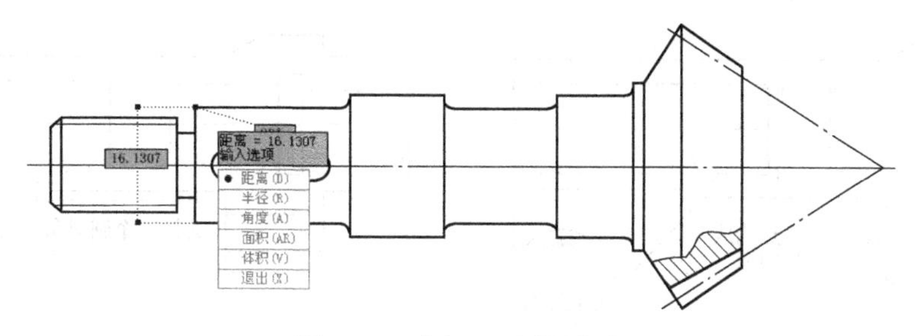

图 4-42　动态显示测量信息

2. 查询图形的面积和周长

查询图形的面积和周长时，如果对象为圆、矩形和封闭的多线段等图形时，可以直接选取对象测量面积和周长；如果对象为线段、圆弧等元素组成的封闭图形，则可以通过选取点构成一个区域来测量，多点之间以直线连接，且最后一点和第一点形成封闭图形。

（1）查询对象的面积和周长

确定对象的面积和周长时，系统默认为通过指定顶点确定多边形的面积和周长。这样，对于由线段、圆弧等元素组合的封闭或非封闭图形，都可以计算出其相应的面积和周长。

单击“查询”工具栏中的“面积”命令按钮，按照命令窗口的提示，在默认方式下，依次选取封闭图形的顶点，按<Enter>键结束操作。然后按<F2>键，即可显示选取图形的面积和周长。操作如下：

```
命令:_measuregeom
输入选项［距离(D)/半径(R)/角度(A)/面积(AR)/体积(V)］<距离>: _AR
指定第一个角点或［对象(O)/增加面积(A)/减少面积(S)/退出(X)］<对象(O)>://通过指定点的方式指定一个封闭的区域
指定下一个点或［圆弧(A)/长度(L)/放弃(U)］: //选择 A 点
指定下一个点或［圆弧(A)/长度(L)/放弃(U)］: //选择 B 点
指定下一个点或［圆弧(A)/长度(L)/放弃(U)/总计(T)］<总计>://选择 C 点
指定下一个点或［圆弧(A)/长度(L)/放弃(U)/总计(T)］<总计>://选择 D 点
区域 = 554.7,周长 =108.2//区域的面积和周长
```

效果如图 4-43 所示。

对于本身是封闭的图形，比如圆，可以直接通过在命令窗口中改变输入选项的方式，即直接选择对象的方式，选择面积区域。

```
命令:_measuregeom
输入选项[距离(D)/半径(R)/角度(A)/面积(AR)/体积(V)]<距离>: _AR
指定第一个角点或[对象(O)/增加面积(A)/减少面积(S)/退出(X)] <对象(O)>:O//指定测量对象的方式
```

```
选择对象://选择圆为对象
区域= 175.6,周长= 46.9//区域的面积和周长
```

效果如图 4-44 所示。

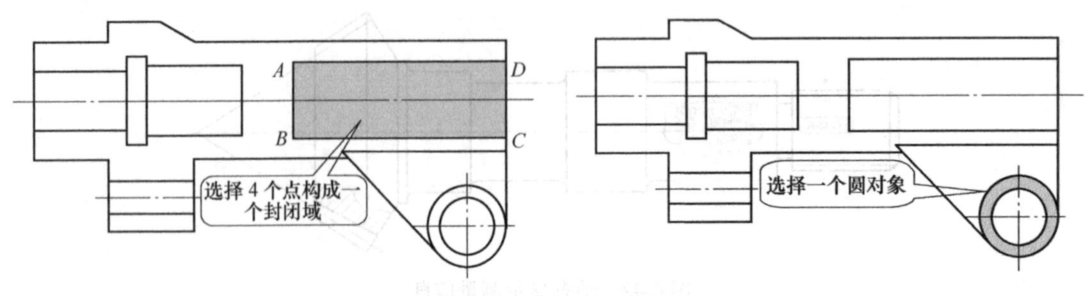

图 4-43　指定点的方式测量面积信息　　图 4-44　指定对象的方式选择查询对象

与测量点之间的距离一样，也可以通过启用“动态输入”功能显示对象的面积和周长。

（2）两个面积的加法运算

面积之间的加法运算是将新选择的图形对象的面积加入到总面积中去的过程，可以通过选取顶点或者选取对象的方式来计算出新区域的面积。

单击“查询”工具栏中的“面积”按钮，在命令行内输入 O，即利用选取对象的方式选择第一个相加的区域的面积，单击右键确认。然后根据提示，输入 A，即面积相加模式，接着再利用选取对象的方式选择第二个要相加的区域，单击右键即可求得两个面积的和。打开源文件“例图 4-45”，绿色区域表示两个相加的对象。如果有 3 个或以上的区域相加，可以按照如下步骤依次添加相应的区域面积即可。

```
命令:_measuregeom
输入选项[距离(D)/半径(R)/角度(A)/面积(AR)/体积(V)] <距离>: _AR
指定第一个角点或[对象(O)/增加面积(A)/减少面积(S)/退出(X)] <对象(O)>:A面积相加模式
指定第一个角点或[对象(O)/减少面积(S)/退出(X)]:O//指定对象模式
("加"模式)选择对象://指定第一个对象圆 A
区域=1995.0,圆周长=158.3
总面积=1995.0
("加"模式)选择对象://指定第二个对象圆 B
区域=585.3,圆周长=85.8
总面积=2580.4
```

（3）两个面积的减法运算

面积之间的减法运算是将新选择的图形对象的面积从总面积中减去的过程，操作时，除了用到减法指令外，还需要通过求和操作，将面积从总面积中去除。

单击“查询”工具栏中的“面积”按钮，在命令行内输入 S，选择减模式，然后选取要去除区域的面积，如图 4-46a 所示小圆，此时圆内区域变为红色，单击右键确认。接着在命令行内输入 A，即开始区域面积的求和运算，然后根据提示，又利用选择对象的方式选择被减的区域，此时被选择的区域颜色为绿色，如图 4-46b 所示，单击右键确认，即可求得两个面积的差。操作过程如下：

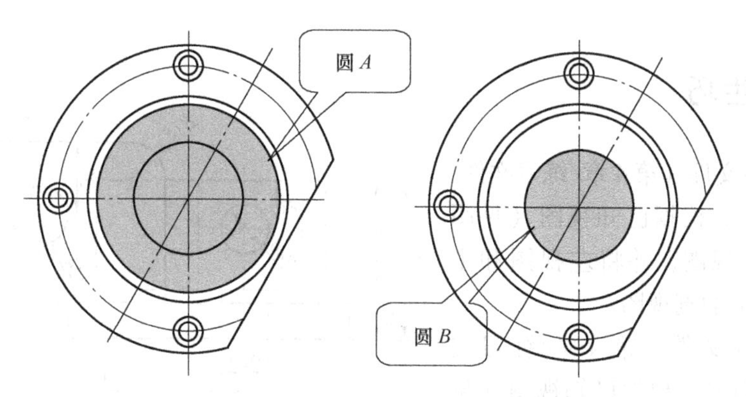

图 4-45　两个面积的加法运算

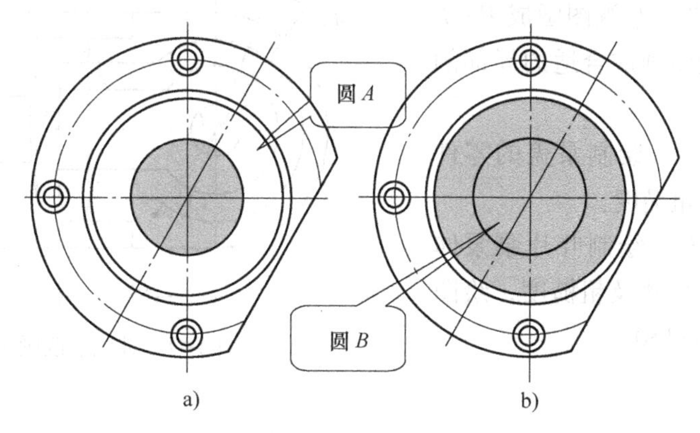

图 4-46　两个面积的减法运算

命令: _measuregeom

输入选项 [距离(D)/半径(R)/角度(A)/面积(AR)/体积(V)] <距离>: _AR

指定第一个角点或[对象(O)/增加面积(A)/减少面积(S)/退出(X)] <对象(O)>:S//设置为减模式

指定第一个角点或[对象(O)/增加面积(A)/退出(X)]:O//指定对象模式

("减"模式)选择对象: //选择去除对象圆 A

区域 = 585.3,圆周长 = 85.8

总面积 = -585.3//去除对象信息

("减"模式)选择对象: //回车,确定去除对象

区域 = 585.3,圆周长 = 85.8

总面积 = -585.3//因为要去除,所以面积为负

指定第一个角点或 [对象(O)/增加面积(A)/退出(X)]:A//求和模式

指定第一个角点或 [对象(O)/减少面积(S)/退出(X)]:O//选择对象模式

("加"模式)选择对象: //选择被减对象圆 B

区域 = 1676.4,圆周长 = 145.1

总面积 = 1091.0

("加"模式)选择对象: //回车,确定去除对象

区域 = 1676.4,圆周长 = 145.1

总面积 = 1091.0

4.4 熟能生巧

1）打开源文件（第4章/练习文件/图4.4-1q.dwg），根据已知视图（见图4-47），补画左视图，并将左视图和主视图改画成合适的剖视图。

2）打开源文件（第4章/练习文件/图4.4-2q.dwg），根据已知视图（见图4-48），补画左视图，然后将主视图画改成*A—A*剖视图，左视图画成*B—B*剖视图，并将俯视图画成合适的局部剖视图。

3）根据图4-49，绘制泵盖的零件图，并标注尺寸及粗糙度。

4）根据图4-50，绘制叶片泵泵体的零件图，并标注尺寸及粗糙度，绘图比例1∶1，材料HT150。

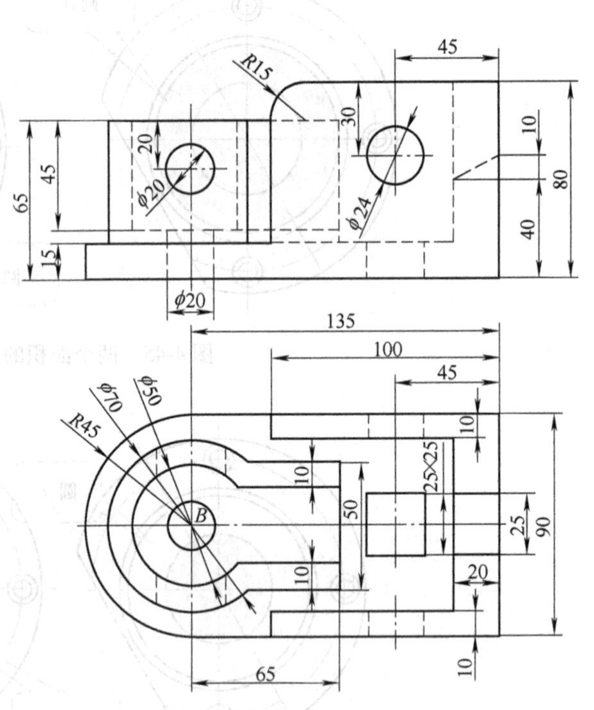

图4-47　补画、改画视图

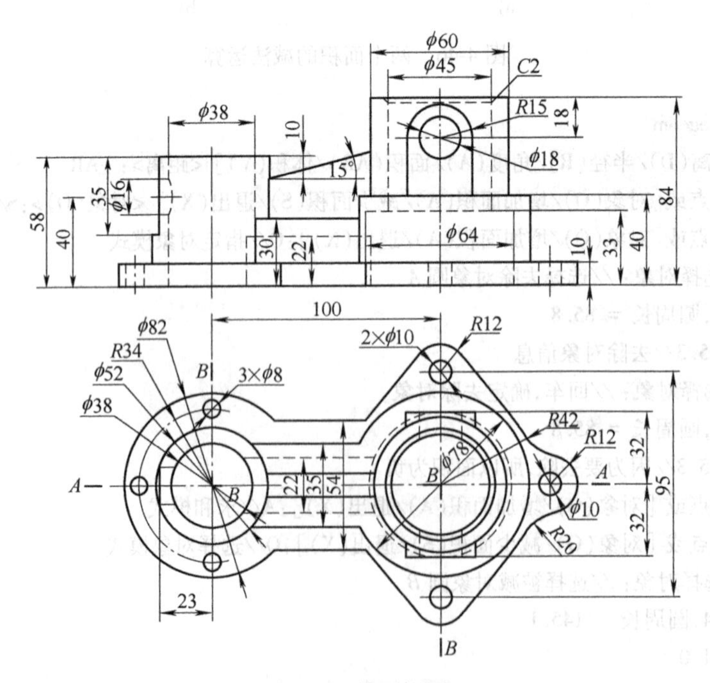

图4-48　补画视图

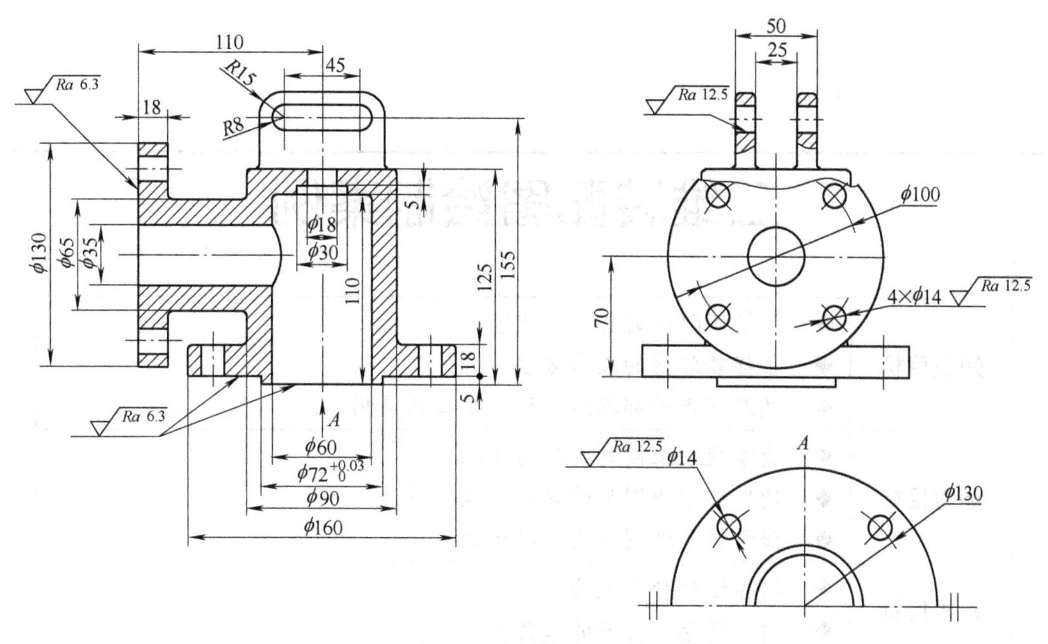

图 4-49　泵盖零件图

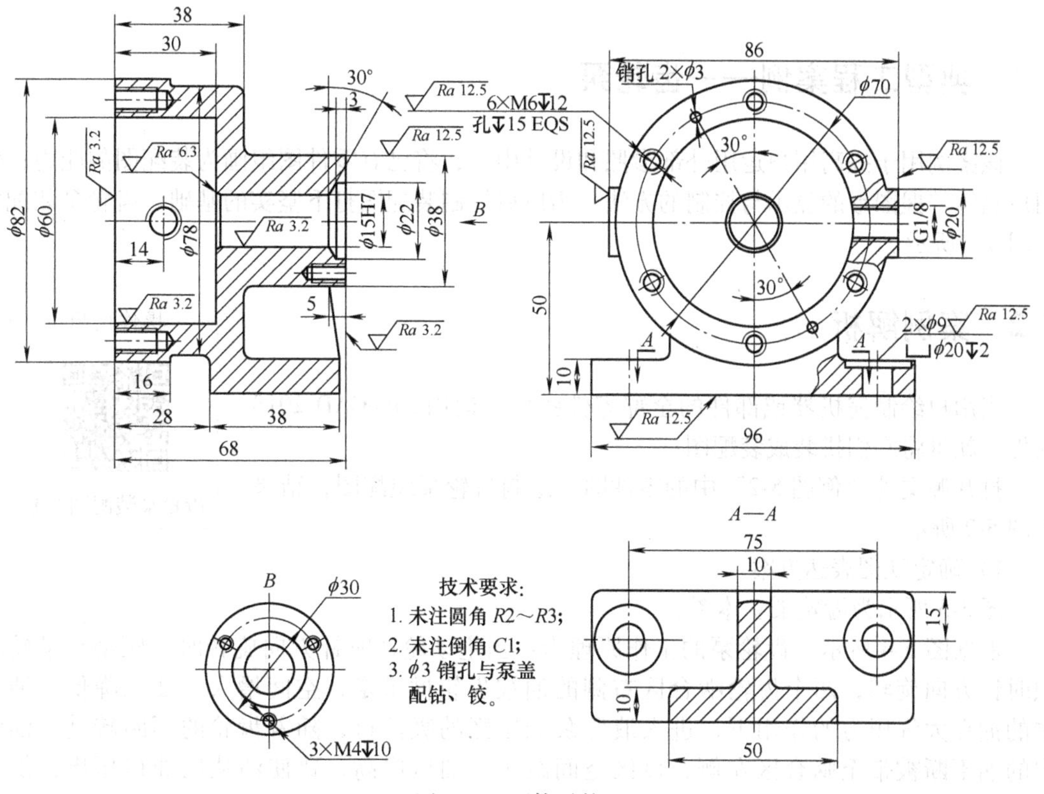

图 4-50　泵体零件图

第 5 章 二维装配图绘制案例

知识目标	◆ 了解装配图的作用与内容 ◆ 掌握装配图的表达方法 ◆ 熟练掌握外部参照和设计中心的应用
能力目标	◆ 能掌握装配图的画法与步骤 ◆ 能熟练掌握图形的显示与控制方法 ◆ 能掌握管理图形文件的方法
素质目标	◆ 培养逻辑分析能力 ◆ 培养规范、良好的工作态度
推荐学时	4 学时

5.1 典型工程案例——齿轮泵

该案例用于提高用户运用外部参照和设计中心，将已有零件图组画为装配图的能力；使用户熟练掌握图形的显示与控制的方法，为以后绘制装配图打下坚实的基础。齿轮泵装配图如图 5-1 所示。

5.2 案例解析

操作视频

齿轮泵装配图绘制

当用户绘制完机器或部件的全部零件图后，运用 AutoCAD 2018 软件，就可将它们拼装成装配图。

打开源文件“例图 5-2”中的零件图，绘制齿轮泵装配图，结果如图 5-2 所示。

1）确定视图表达方案。

图 5-3 所示为齿轮泵立体图。

根据图 5-4 所示，齿轮泵的工作原理为：当主动轮逆时针方向旋转时，驱动从动轮按顺时针方向旋转，两个齿轮啮合区右侧的油被齿轮槽带走，空间增大，油压降低，油池中的油在大气压力的作用下，进入液压泵低压区的吸油口，随着齿轮的不断转动，油池中的油不断被带至啮合区左侧，该区空间减小，油压增高，致使油从压油口压出，供给机器液压系统。

齿轮泵装配图的主视图按工作位置放置，因为齿轮泵前后对称，故采用通过前后对称面剖切作全剖视图，表达齿轮泵零件间的装配关系。用左视图辅助表达，左视图采用沿左端盖

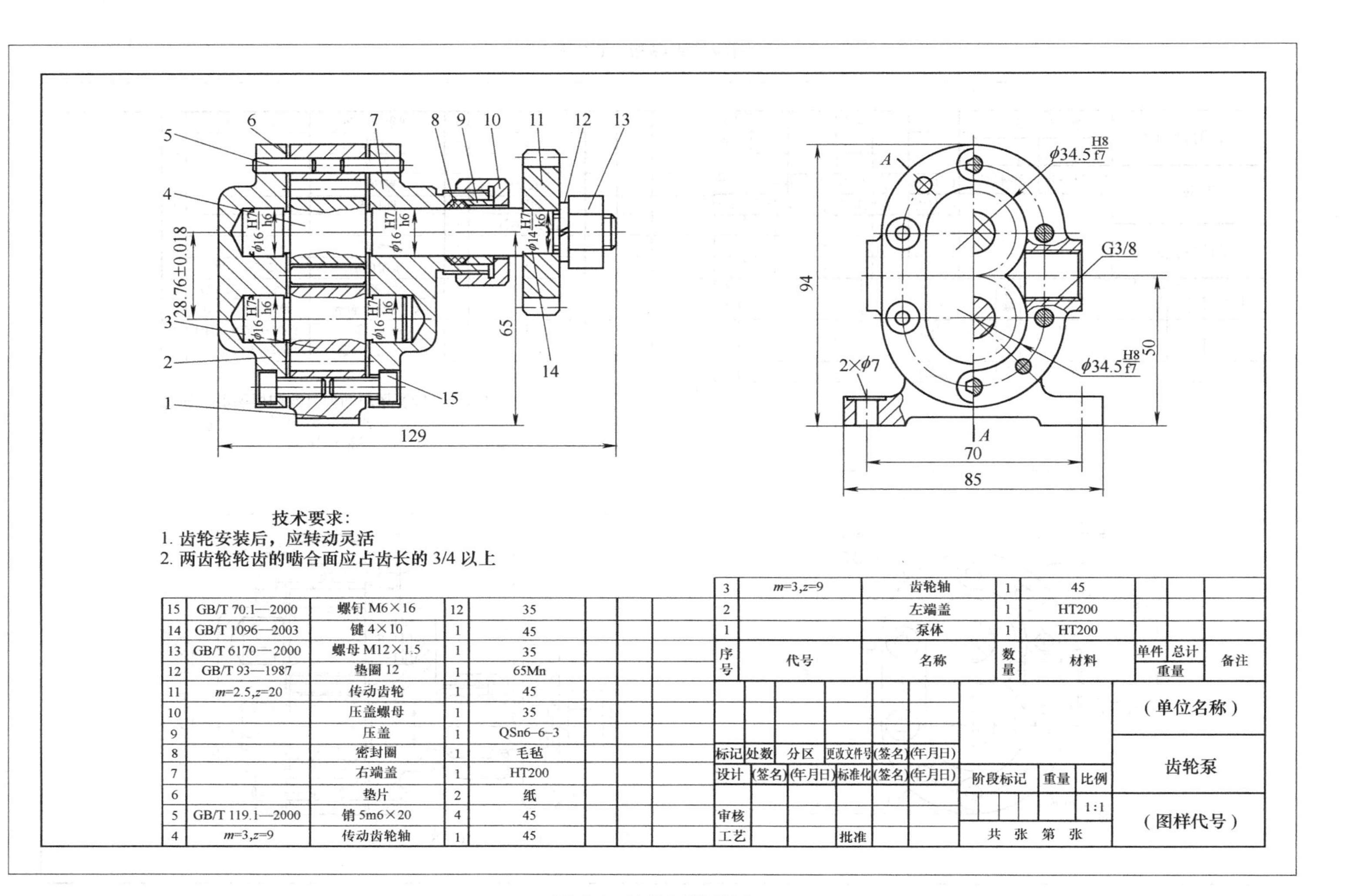
1 2 3 4 5 6 7 8 9 10 11 12 13 14 15
28.76±0.018
129
65
φ16 H7/h6
φ14 H7/k6
φ34.5 H8/f7
G3/8
2×φ7
A
94
50
70
85
技术要求：
1. 齿轮安装后，应转动灵活
2. 两齿轮轮齿的啮合面应占齿长的 3/4 以上
15 GB/T 70.1—2000 螺钉 M6×16 12 35
14 GB/T 1096—2003 键 4×10 1 45
13 GB/T 6170—2000 螺母 M12×1.5 1 35
12 GB/T 93—1987 垫圈 12 1 65Mn
11 m=2.5,z=20 传动齿轮 1 45
10 压盖螺母 1 35
9 压盖 1 QSn6-6-3
8 密封圈 1 毛毡
7 右端盖 1 HT200
6 垫片 2 纸
5 GB/T 119.1—2000 销 5m6×20 4 45
4 m=3,z=9 传动齿轮轴 1 45
3 m=3,z=9 齿轮轴 1 45
2 左端盖 1 HT200
1 泵体 1 HT200
序号 代号 名称 数量 材料 单件 总计 重量 备注
（单位名称）
齿轮泵
（图样代号）
标记 处数 分区 更改文件号 (签名) (年月日)
设计 (签名) (年月日) 标准化 (签名) (年月日)
阶段标记 重量 比例
1:1
审核
工艺 批准
共 张 第 张

图 5-1　齿轮泵装配图

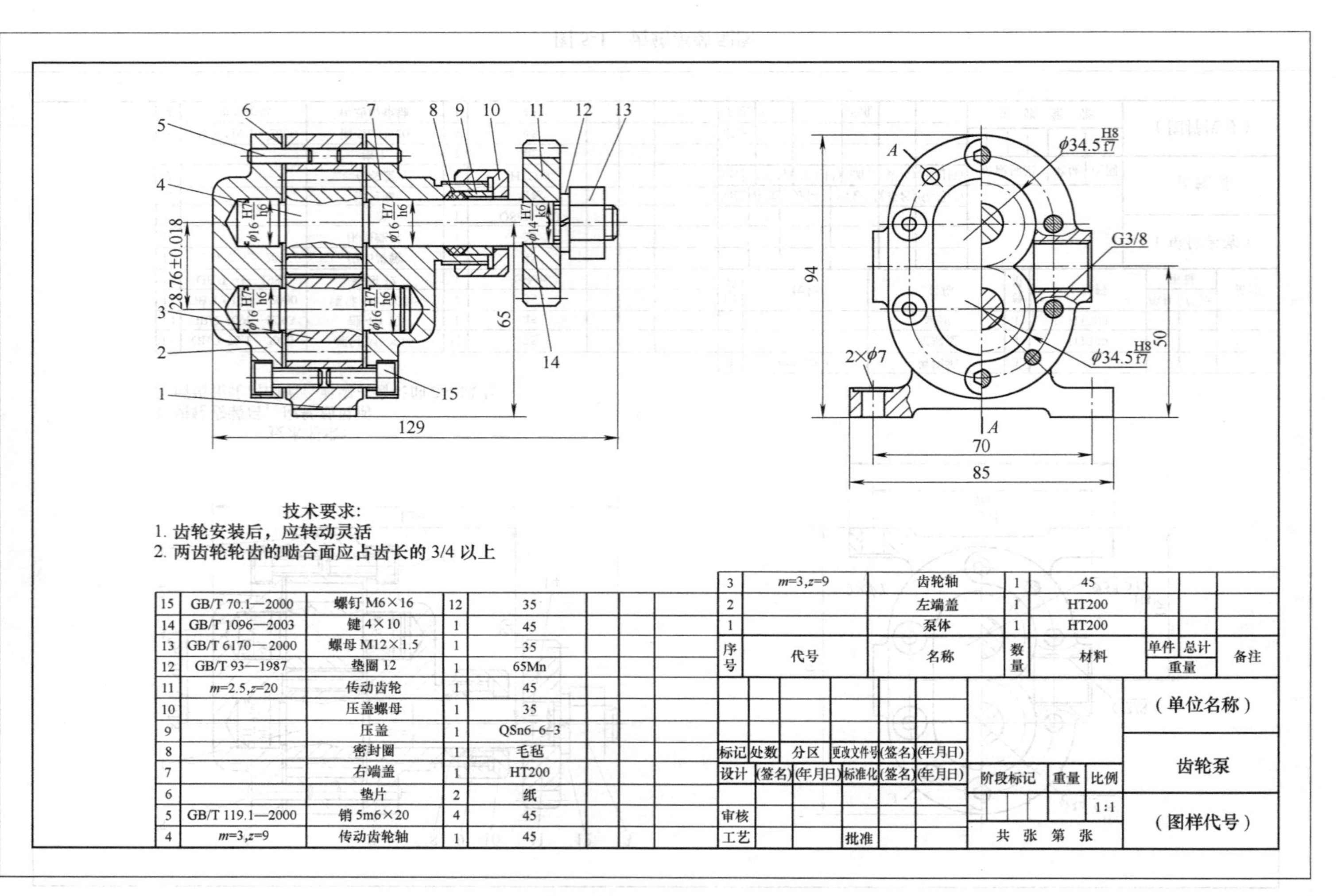
技术要求：
1. 齿轮安装后，应转动灵活
2. 两齿轮轮齿的啮合面应占齿长的 3/4 以上
15 GB/T 70.1—2000 螺钉 M6×16 12 35
14 GB/T 1096—2003 键 4×10 1 45
13 GB/T 6170—2000 螺母 M12×1.5 1 35
12 GB/T 93—1987 垫圈 12 1 65Mn
11 m=2.5,z=20 传动齿轮 1 45
10 压盖螺母 1 35
9 压盖 1 QSn6-6-3
8 密封圈 1 毛毡
7 右端盖 1 HT200
6 垫片 2 纸
5 GB/T 119.1—2000 销 5m6×20 4 45
4 m=3,z=9 传动齿轮轴 1 45
3 m=3,z=9 齿轮轴 1 45
2 左端盖 1 HT200
1 泵体 1 HT200
序号 代号 名称 数量 材料 单件 总计 重量 备注
标记 处数 分区 更改文件号 (签名) (年月日)
设计 (签名) (年月日) 标准化 (签名) (年月日)
阶段标记 重量 比例 1:1
审核
工艺 批准 共 张 第 张
(单位名称)
齿轮泵
(图样代号)
G3/8
2×φ7
28.76±0.018
129
65
94
70
85
50

图 5-2 齿轮泵装配图

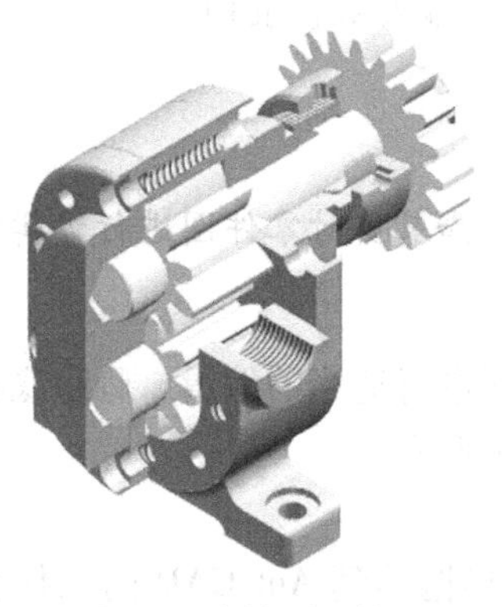

图 5-3　齿轮泵立体图

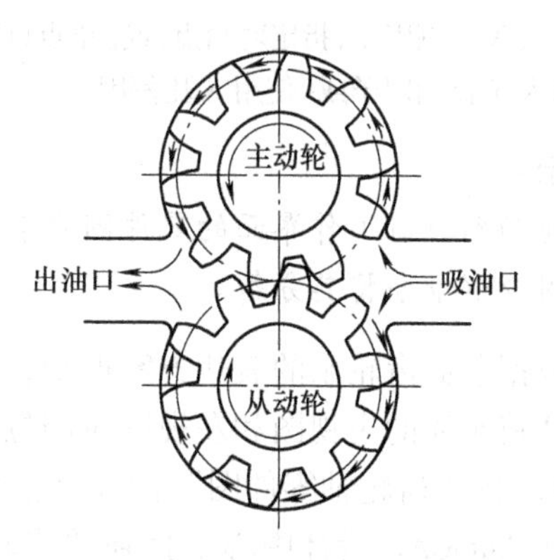

图 5- 4　齿轮泵的工作原理

和泵体结合面剖切的半剖视图，用来反映泵的外部形状、齿轮啮合情况以及吸、压油的工作原理和联接螺钉、定位销的分布。在左视图上再用局部剖视图来反映吸、压油口的情况。

2）双击桌面上的快捷图标，启动 AutoCAD 2018，进入工作界面。

3）将“泵体零件图”添加到新绘制的图形中。

打开 AutoCAD 设计中心，找到所需的“泵体零件图”，将其拖动到 AutoCAD 的工作界面，并删去所有尺寸、技术要求以及标题栏，如图 5-5 所示。

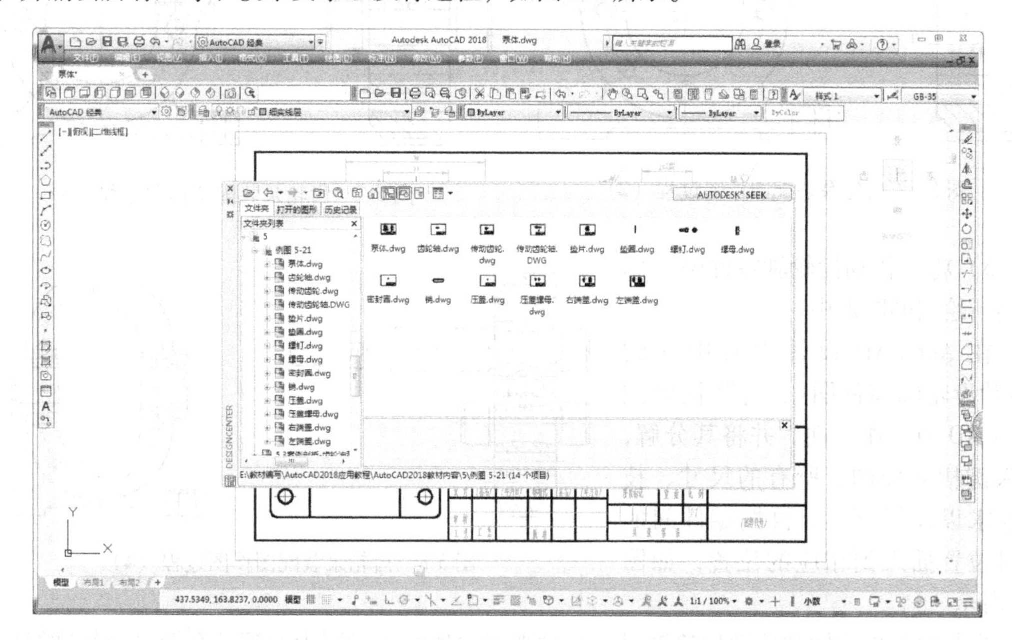

图 5-5　齿轮泵装配图作图过程（1）

当拖动“泵体零件图”到当前工作界面时，命令行将提示：

```
命令:_insert
输入块名或[?]:"C:\Documents and Settings\Administrator\桌面\齿轮油泵零件图\泵体.dwg"
单位:毫米　转换:1.0000
指定插入点或[基点(B)/比例(S)/X/Y/Z/旋转(R)]:0,0//输入插入点
```

输入 X 比例因子,指定对角点,或[角点(C)/XYZ(XYZ)]<1>://输入 X 比例因子

输入 Y 比例因子或<使用 X 比例因子>://输入 Y 比例因子

☞提示：

拖动到当前工作界面的零件图自动默认成一个整体，如果要对零件图进行编辑的话，必须要用分解命令将其分解。

根据前面齿轮泵的表达方案得知，需对泵体的零件图进行适当的编辑。删除底板局部视图，并将泵体的主视图和左视图对调位置，结果如图 5-6 所示。

4）将“齿轮轴零件图”添加到新绘制的图形中。

在 AutoCAD 设计中心中找到“齿轮轴零件图”，将其拖动到 AutoCAD 的工作界面，并将其分解，删除所有的尺寸、技术要求以及标题栏，再按零件间的相对位置插入到相应的位置，如图 5-7 所示。

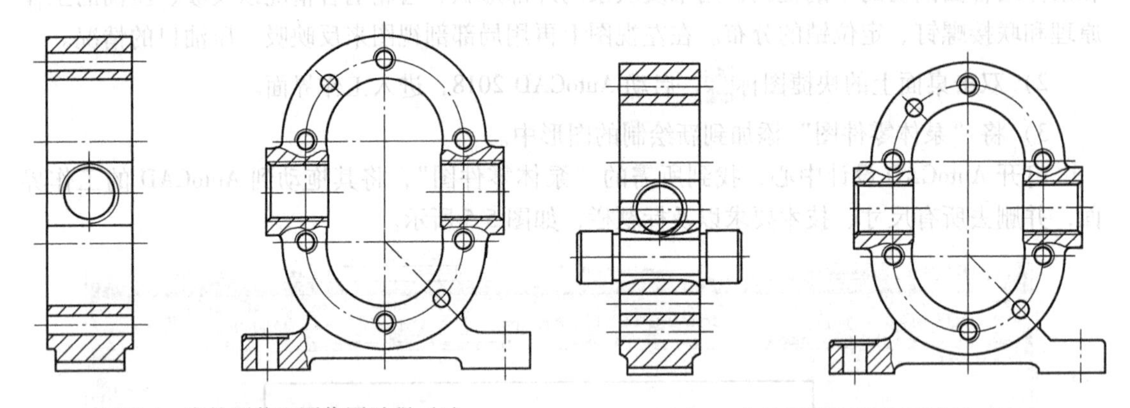

图 5-6　齿轮泵装配图作图过程（2）

图 5-7　齿轮泵装配图作图过程（3）

5）将“传动齿轮轴零件图”添加到新绘制的图形中。

在 AutoCAD 设计中心中找到“传动齿轮轴零件图”，将其拖动到 AutoCAD 的工作界面，并将其分解，删除键槽断面图、所有的尺寸、技术要求以及标题栏，再按零件间的相对位置插入到相应的位置，如图 5-8 所示。

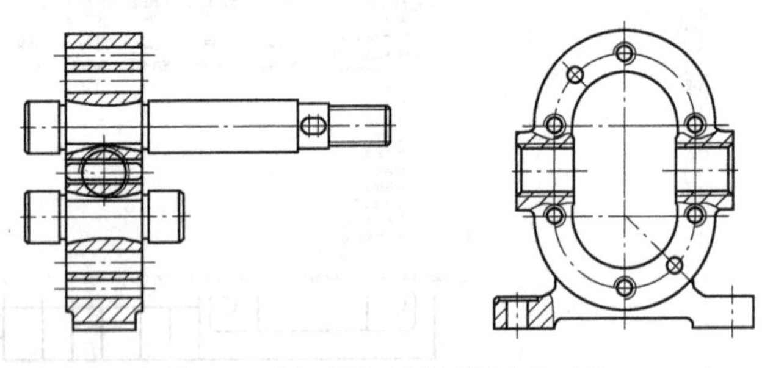

图 5-8　齿轮泵装配图作图过程（4）

当装配好齿轮轴和传动齿轮轴时，通过观察发现，主视图中的螺纹孔及部分轮廓线已被遮住，需要删除，结果如图 5-9 所示。

6）将“左端盖零件图”添加到新绘制的图形中。

在 AutoCAD 设计中心中找到“左端盖零件图”，将其拖动到 AutoCAD 的工作界面，并将其分解，删除所有的尺寸、技术要求以及标题栏。将左端盖的左视图修剪为留左边的一半，再按零件间的相对位置分别将左端盖的主视图和左视图插入到相应的位置，结果如图 5-10 所示。

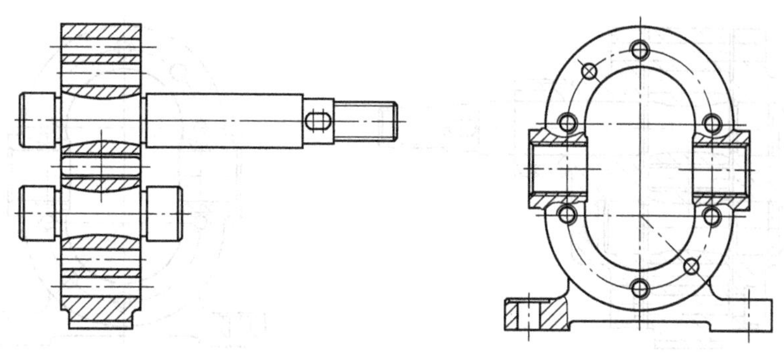

图 5-9 齿轮泵装配图作图过程（5）

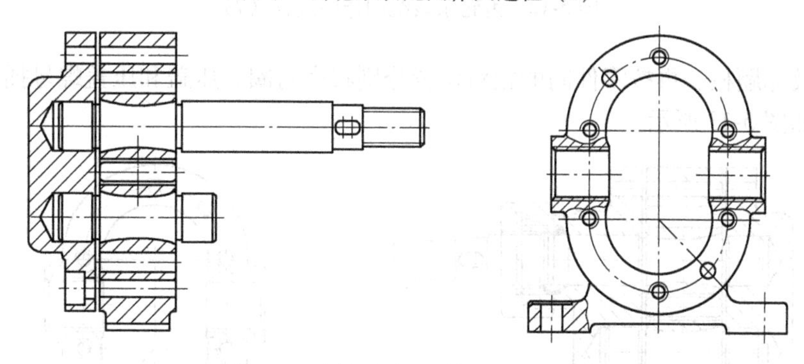

图 5-10 齿轮泵装配图作图过程（6）

☞**提示：**

在主视图上将左端盖的右端面与泵体的左端面之间留出 1mm 间隙，用于后面绘图时插入垫片。

7）将“右端盖零件图”添加到新绘制的图形中。

在 AutoCAD 设计中心中找到“右端盖零件图”，将其拖动到 AutoCAD 的工作界面，并将其分解，删除左视图、所有的尺寸、技术要求以及标题栏。根据观察得知，右端盖的主视图无法直接装配在新绘制的图形中，必须要对它进行适当处理，即对右端盖主视图镜像。

绘制一条与右端盖右端面轮廓线平行的直线，并以此直线的两端点作为镜像的两点对右端盖主视图进行镜像操作，结果如图 5-11 所示。再将镜像得到的视图按零件间的相对位置插入到相应位置，结果如图 5-12 所示。

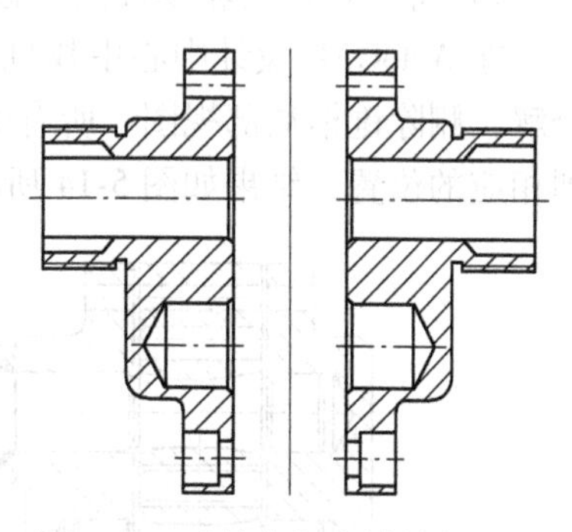

图 5-11 “镜像”右端盖主视图

☞**提示：**

在主视图上将右端盖的左端面与泵体的右端面之间留出 1mm 间隙，用于后面加画垫片。

8）将“密封圈零件图”、“压盖零件图”和“压盖螺母零件图”分别添加到新绘制的图形中。

在 AutoCAD 设计中心中找到“密封圈零件图”、“压盖零件图”和“压盖螺母零件图”，分别将它们拖动到 AutoCAD 的工作界面，并将其分解，删除压盖螺母左视图、所有的尺寸、

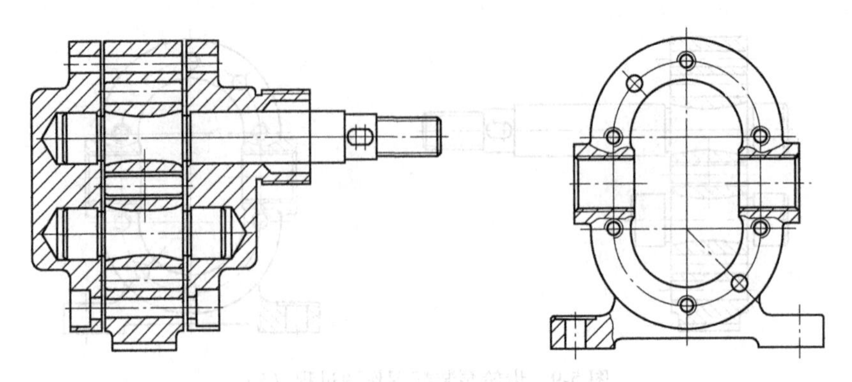

图 5-12　齿轮泵装配图作图过程（7）

技术要求以及标题栏。再按零件间的相对位置分别将密封圈、压盖和压盖螺母插入到相应的位置，结果如图 5-13 所示。

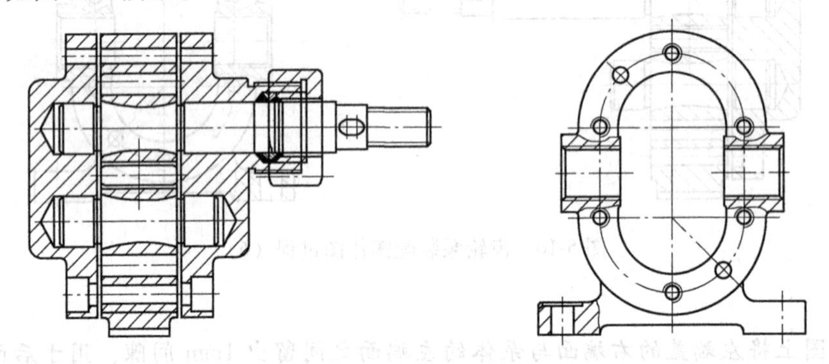

图 5-13　齿轮泵装配图作图过程（8）

9）将“传动齿轮零件图”添加到新绘制的图形中。

在 AutoCAD 设计中心中找到“传动齿轮零件图”，将其拖动到 AutoCAD 的工作界面并分解，删除键槽局部视图、所有的尺寸、技术要求以及标题栏，再按零件间的相对位置插入到相应的位置，结果如图 5-14 所示。

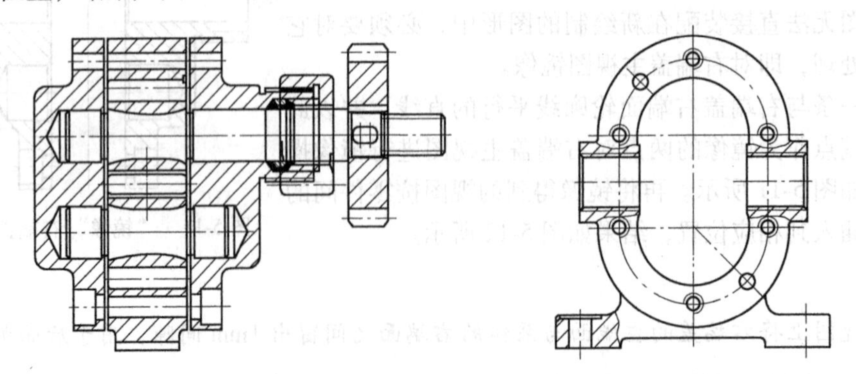

图 5-14　齿轮泵装配图作图过程（9）

10）整理图形。

从图 5-15 可以看出，在当前图形的某些局部区域出现图线多余、图线交叉等现象，故需要进行整理。

根据装配图的绘制标准，放大图 5-14 每个需要整理的局部区域，进行删除、修剪等操作，结果如图 5-15～图 5-18 所示。再重新填充剖面线，重新填充剖面线后结果如图 5-19 所示。

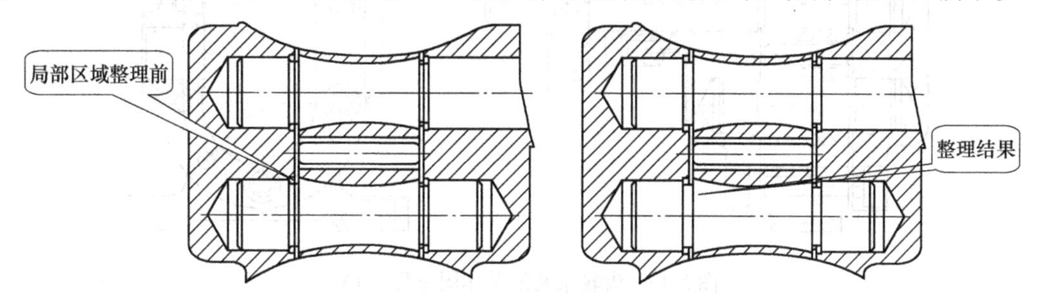

图 5-15　齿轮泵装配图作图过程（10）

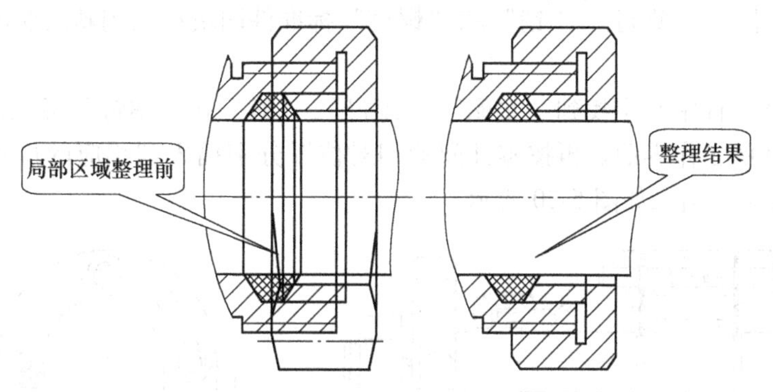

图 5-16　齿轮泵装配图作图过程（11）

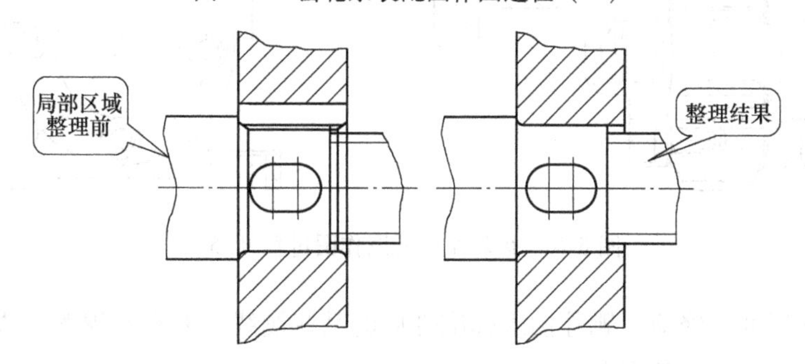

图 5-17　齿轮泵装配图作图过程（12）

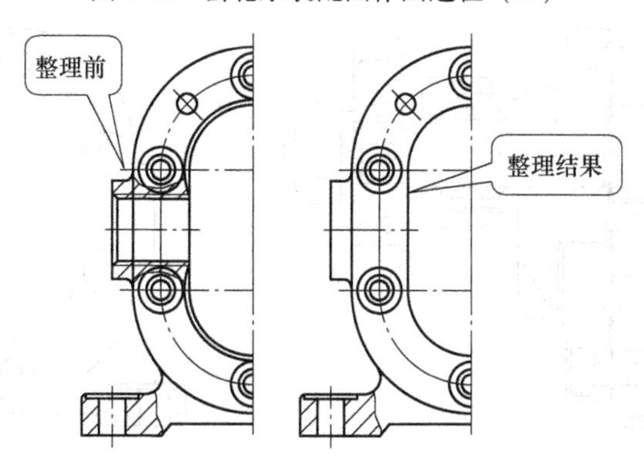

图 5-18　齿轮泵装配图作图过程（13）

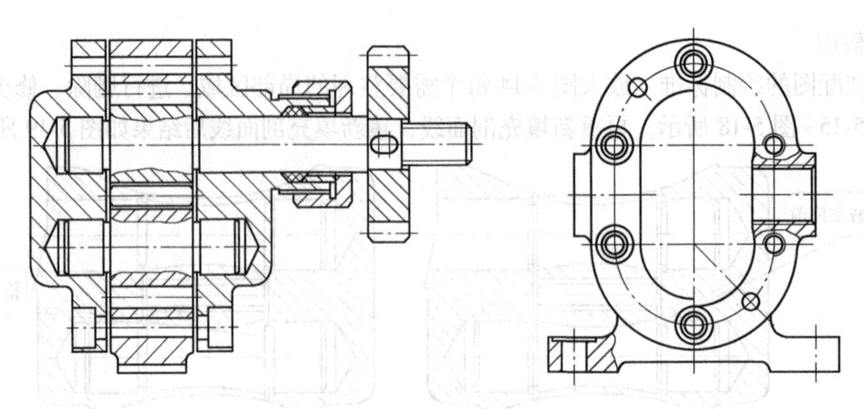

图 5-19　齿轮泵装配图作图过程（14）

11）将“垫圈”、“螺母”、“销”和“螺钉”标准件图块插入到新绘制的图形中，并绘制垫片主视图。

在 AutoCAD 设计中心中找到“垫圈”、“螺母”、“销”和“螺钉”标准件图块，将它们拖动到 AutoCAD 的工作界面。再按零件间的相对位置分别插入到相应的位置，并在主视图上绘制垫片剖视图，结果如图 5-20 所示。

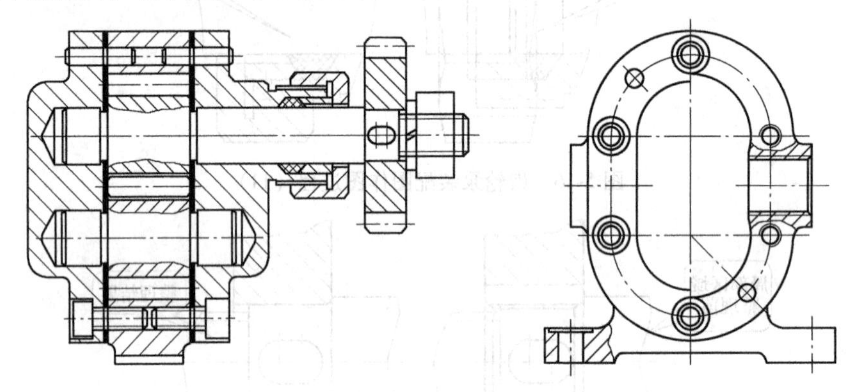

图 5-20　齿轮泵装配图作图过程（15）

根据装配图标准，修剪、删除插入标准件后的某些图线，并在左视图上添加螺钉剖切面和销剖切面剖面线，结果如图 5-21 所示。

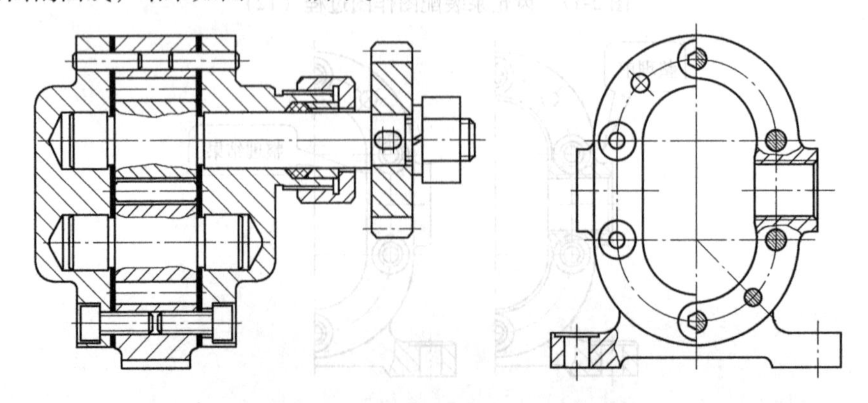

图 5-21　齿轮泵装配图作图过程（16）

12）在左视图上绘制齿轮轴和传动齿轮轴啮合区图，并添加剖面线，结果如图 5-22 所示。

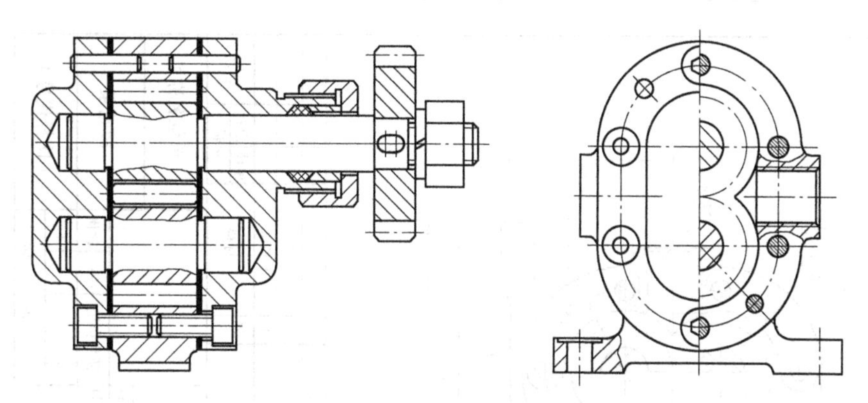

图 5-22　齿轮泵装配图作图过程（17）

13）在主视图和左视图上标注剖切面位置和符号。

14）选择合适的比例和图幅。

在完成各视图的图形后，根据装配体的大小和复杂程度，选择比例和图幅。为反映实际大小，本图比例取 1∶1，设置 A2 图幅。

15）标注尺寸。根据装配图标注尺寸的要求，标注装配图尺寸。

配合尺寸：ϕ16H7/h6、ϕ14H7/k6、ϕ34.5H8/f7。

安装尺寸：G3/8、70。

外形尺寸：129、94、85。

其他重要尺寸：28.76±0.018、65。

16）填写零部件序号、标题栏和明细栏。

绘制如图 5-30 所示的标题栏（尺寸如图 1-2 所示）和明细栏，根据所绘制的装配图填写零部件序号、标题栏和明细栏中内容。

17）注写技术要求。

18）打开线宽，完成后的齿轮油泵装配图如图 5-23 所示。

5.3　知识要点及拓展

5.3.1　装配图的基本知识

装配图是表示产品及其组成部分连接、装配关系的图样。它是设计部门交给生产部门的重要技术文件，也是表达设计思想和技术交流的工具。

1. 装配图的内容

（1）一组视图

一组视图用来正确、完整、清晰地表达机器或部件的工作原理，各零件间的装配关系及主要零件的结构形状等。

（2）必要尺寸

技术要求：

1. 齿轮安装后，应转动灵活
2. 两齿轮轮齿的啮合面应占齿长的 3/4 以上

序号	代号	名称	数量	材料	单件重量	总计重量	备注
15	GB/T 70.1—2000	螺钉 M6×16	12	35			
14	GB/T 1096—2003	键 4×10	1	45			
13	GB/T 6170—2000	螺母 M12×1.5	1	35			
12	GB/T 93—1987	垫圈 12	1	65Mn			
11	m=2.5,z=20	传动齿轮	1	45			
10		压盖螺母	1	35			
9		压盖	1	QSn6–6–3			
8		密封圈	1	毛毡			
7		右端盖	1	HT200			
6		垫片	2	纸			
5	GB/T 119.1—2000	销 5m6×20	4	45			
4	m=3,z=9	传动齿轮轴	1	45			
3	m=3,z=9	齿轮轴	1	45			
2		左端盖	1	HT200			
1		泵体	1	HT200			

标记	处数	分区	更改文件号	(签名)	(年月日)	阶段标记	重量	比例	
设计	(签名)	(年月日)	标准化	(签名)	(年月日)			1:1	（单位名称）
审核									齿轮泵
工艺			批准			共 张 第 张			（图样代号）

图 5-23　齿轮泵装配图

装配图不像零件图那样要标注出所有的尺寸，它只需标注必要尺寸，如性能规格尺寸、外形尺寸、装配尺寸、安装尺寸、外形尺寸及设计时确定的一些重要尺寸等。

（3）技术要求

在装配图中用文字或国家标准规定的符号，说明机器或部件在装配、调试、检验、安装及使用等方面的要求。

（4）零部件序号、标题栏和明细栏

为便于看图，在装配图中，每个不同零部件都应按一定的格式进行编号，并画出标题栏和明细栏。在标题栏中填写部件或机器的名称、规格、比例、图号、设计者、审核者和日期等。在明细栏中依次填写零部件的序号、名称、数量、材料及备注等。

2. 机器或部件的表达方法

机器或部件与零件一样，都要表达出它们的内、外结构。所以表达零件的各种方法（如视图、剖视图、断面图和局部放大图）和选用原则同样适用于表达机器或部件。但机器或部件比单个零件复杂，故针对装配图特意规定了一些特殊的表达方法和规定画法。

（1）装配图的规定画法

1）两个相邻零件的接触面和配合面，只画一条轮廓线，如图 5-24 中①所示。不接触面和非配合表面，即使间隙很小，也必须画两条轮廓线，如图 5-24 中②所示。

2）在装配图中，相邻两零件的剖面线方向应相反，或者方向一致而间隔不等或相错，如图 5-24 所示。在各视图中，同一零件的剖面线方向相同、间隔相等。当零件的厚度小于或等于 2mm 时，允许将剖面涂黑代替剖面符号，如图 5-24 中③所示。

3）当剖切平面通过紧固件（如螺栓、螺母、垫圈、螺柱、键、销等）和实心件（如轴、球、连杆等）的轴线（或对称线）时，均按不剖绘制，如图 5-24 中④所示，即只画出它们的外形，不画出剖面线。当这些零件上的孔、槽等局部结构需要表达时，可用局部剖视表示，如图 5-24 所示的齿轮轴。当剖切平面垂直于这些零件的轴线剖切时，则需画出剖面线。

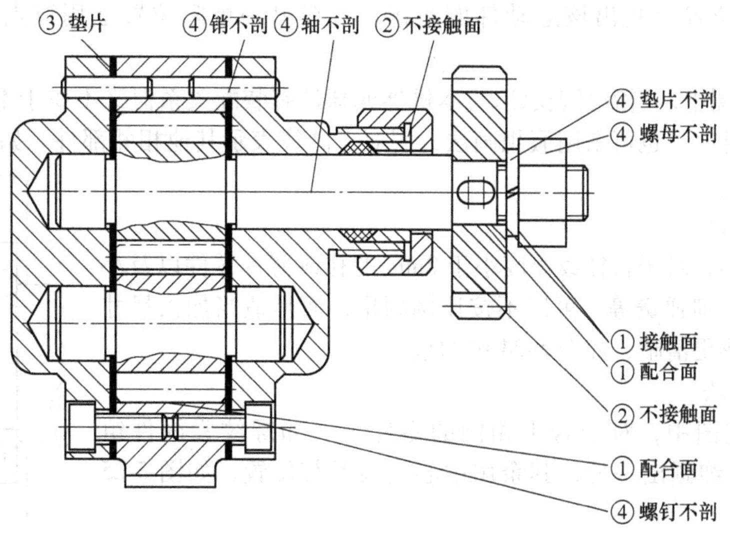

图 5-24　装配图的规定画法与简化画法

（2）装配图的特殊表达方法

1）拆卸画法。

在画装配图的某个视图时，当某些零件遮挡了需要表达的结构或装配关系时，可假想将某些零件拆去后绘制，这种画法称为拆卸画法。采用这种画法必须要标注“拆去 XX 等”。

2）沿结合面的剖切画法。

为表达清楚机器或部件的内部结构，可假想沿着某两个零件的结合面进行剖切。如图 5-25 中的“*A—A*”剖视图就是沿泵盖与泵体接合面剖切后画出的。

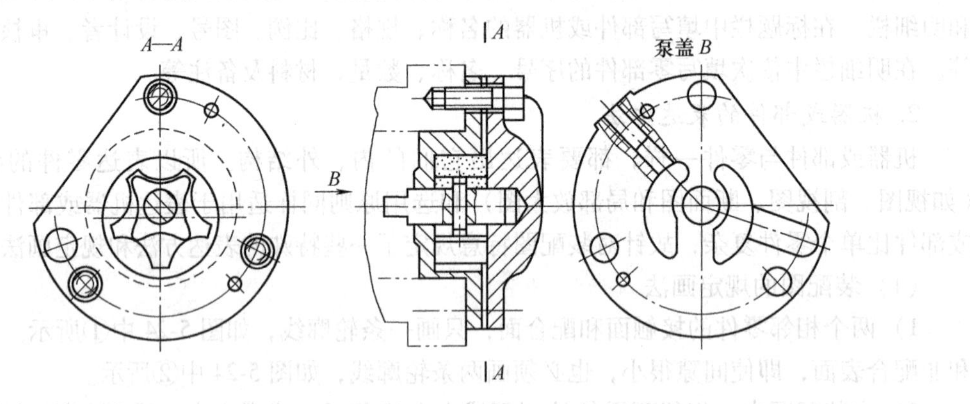

图 5-25　特殊表达方法

3）单独表示某零件。

在装配图中，为表示某个重要零件的形状，可以单独画出该零件的某一视图或剖视图，并在所画视图的上方注出该零件的视图名称，同时在相应的视图附近用箭头指明投射方向，且注出同样的字母，如图 5-25 所示的转子泵泵盖的 *B* 向视图。

4）假想画法。

① 在装配图中，当需要表示出运动件的运动范围或极限位置时，可采用假想画法。先在一个极限位置上画出该运动件的轮廓，再在另一极限位置上用双点画线画出该运动件。

② 在装配图中，当需要表示出与本机器或部件有装配关系但又不属于本机器或部件的其他相邻零部件时，也可采用假想画法，用双点画线表示其他相邻部件。如图 5-25 中的中间视图所示。

5）夸大画法。

在装配图中，对于直径或厚度小于 2mm 的孔或薄片零件以及小间隙、小锥度、细弹簧等，可以不按比例画出，而是适当加大尺寸画出，以使图形更清晰，如图 5-24 中的垫片。

6）简化画法。

● 在装配图中，对于若干相同的零件组（如螺纹紧固件组等），允许只详细画出一处，其余用中心线表示其位置，如图 5-25 中的螺钉联接。

● 在装配图中，对于滚动轴承等零部件，可用规定画法画出，如图 5-26 中的滚动轴承的画法。

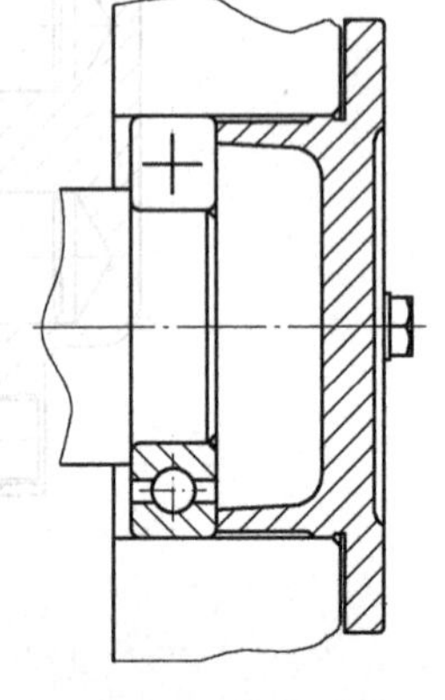

图 5-26　简化画法

- 在装配图中，对于零件的工艺结构，如拔模斜度、小圆角及退刀槽等细小结构，允许省略不画。

3. 装配图的尺寸标注

（1）性能（规格）尺寸

性能尺寸是表示机器或部件性能或规格大小的尺寸。它是设计和选用机器或部件的主要依据。

（2）装配尺寸

1）配合尺寸。它是用来保证两零件之间的配合性质的尺寸。如图 5-27 所示的 ϕ16H7/h6、ϕ14H7/k6、ϕ34. 5H8/f7 为两零件之间的配合尺寸。

2）相对位置尺寸。它是在装配机器时用来保证零件间重要距离、间隙的尺寸。如图 5-27 所示的 28. 76±0. 018 为相对位置尺寸，是设计和选用机器或部件的重要依据。

3）安装尺寸。它是将机器或部件安装到其他设备或基础件上所需的尺寸。如图 5-27 所示的齿轮泵底板上的 70 为两个安装螺栓孔的中心距尺寸，G3/8 为吸、压油口的管螺纹尺寸，便于在安装之前准备好与之对接的管线。

4）外形尺寸。它是表示机器或部件的外形轮廓的尺寸，即总长、总宽、总高。供包装、运输和安装时参考，如图 5-27 所示的 129、94、85 为齿轮泵的总长、总高、总宽。

5）其他重要尺寸。它是在设计中确定的，而又未包括在上述几类尺寸之中的重要尺寸。如运动件的极限位置尺寸、主要零件的重要结构尺寸等。这类尺寸在拆画零件图时，不能改变。如图 5-27 所示的 28. 76±0. 018、65 是设计和安装所要求的尺寸。前者反映出对齿轮啮合中心距的要求，后者是传动齿轮轴线离泵体安装底面的高度要求。

必须指出，装配图中并非要求全部标注上述各类尺寸，并且有时同一个尺寸兼有几种作用，因此应根据实际需要来进行标注。

4. 装配图的技术要求

用文字或符号说明机器或部件的性能、装配、检验、适用和外观等方面的要求。技术要求一般注写在明细表的上方或图样下部的空白处，如果内容很多，也可另外编写成技术文件作为图样的附件。

5. 装配图的零件序号及明细栏

为便于看图、装配、图样管理以及做好生产准备工作，装配图中所有不同零、部件都必须编排序号，并填写明细栏，用于说明各零件或部件的名称、数量、材料等有关内容。

（1）零件序号

1）一般规定。装配图中所有零、部件都要编排序号，且应与明细栏中序号一致。形状和尺寸相同的零件只编一个号，其数量填写在明细栏内。形状相同但尺寸不同的零件需另编号。

2）零件序号编写形式。零件序号的编写形式如图 5-28 所示，是由圆点、指引线、水平线（或圆）及数字组成。

①指引线用细实线绘制，从零件的可见轮廓内引出，并在末端画一小圆点，如图 5-28a 所示。若所指部分（很薄的零件或涂黑的剖面区域）内不便于画圆点时，可在指引线末端画箭头，并指向该部分的轮廓，如图 5-28b 所示。指引线彼此不能相交，当通过剖面线区域

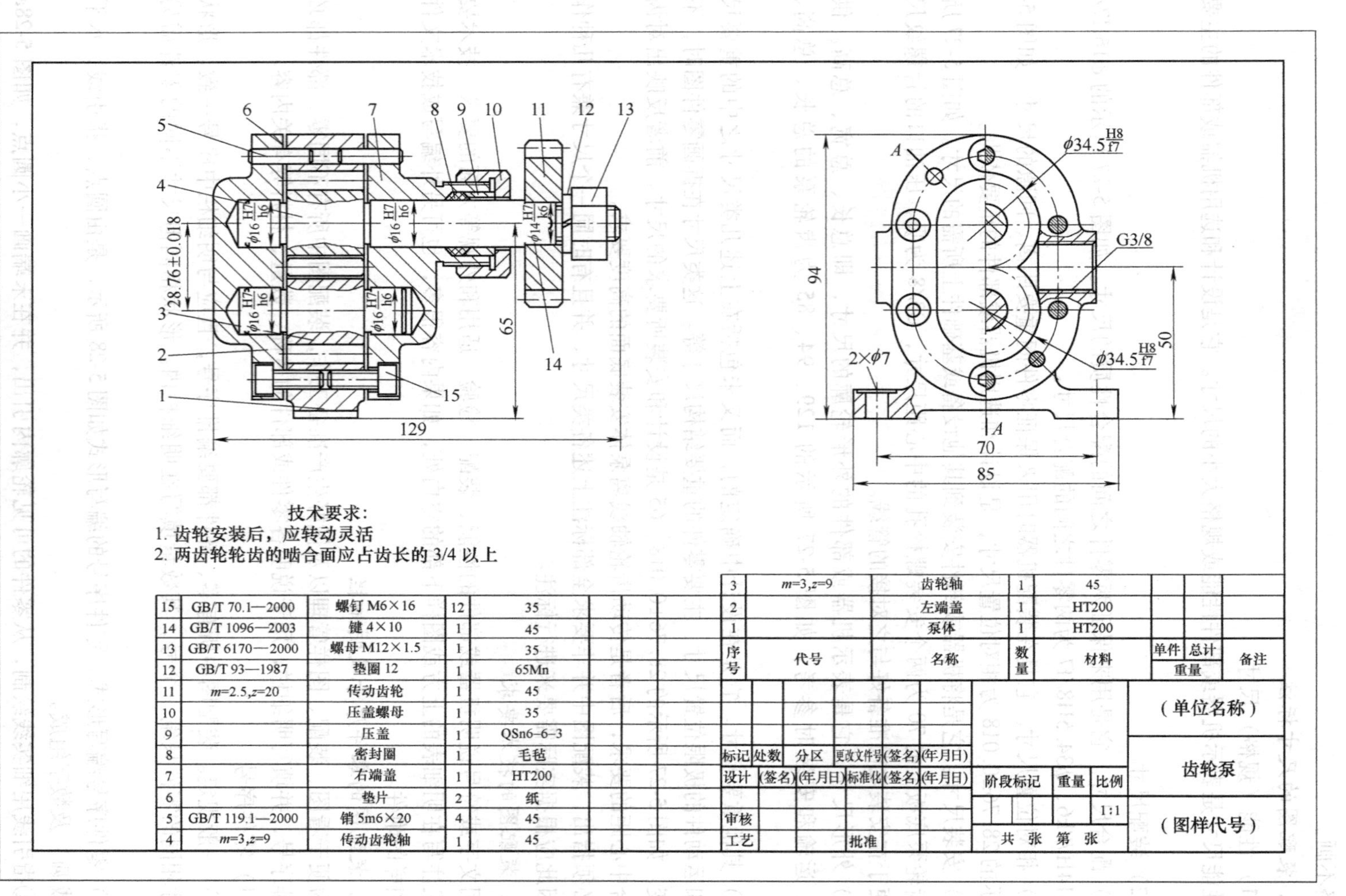

序号	代号	名称	数量	材料	单件重量	总计重量	备注
15	GB/T 70.1—2000	螺钉 M6×16	12	35			
14	GB/T 1096—2003	键 4×10	1	45			
13	GB/T 6170—2000	螺母 M12×1.5	1	35			
12	GB/T 93—1987	垫圈 12	1	65Mn			
11	m=2.5,z=20	传动齿轮	1	45			
10		压盖螺母	1	35			
9		压盖	1	QSn6-6-3			
8		密封圈	1	毛毡			
7		右端盖	1	HT200			
6		垫片	2	纸			
5	GB/T 119.1—2000	销 5m6×20	4	45			
4	m=3,z=9	传动齿轮轴	1	45			
3	m=3,z=9	齿轮轴	1	45			
2		左端盖	1	HT200			
1		泵体	1	HT200			

标记	处数	分区	更改文件号	(签名)	(年月日)			
设计	(签名)	(年月日)	标准化	(签名)	(年月日)	阶段标记	重量	比例
审核								1:1
工艺			批准			共 张 第 张		

（单位名称）

齿轮泵

（图样代号）

图 5-27　齿轮泵装配图

时，指引线不能与剖面线平行，必要时指引线可画成折线，但只可曲折一次，如图 5-28c 所示。对于一组紧固件或装配关系清楚的零件组，可采用公共指引线，如图 5-29所示。

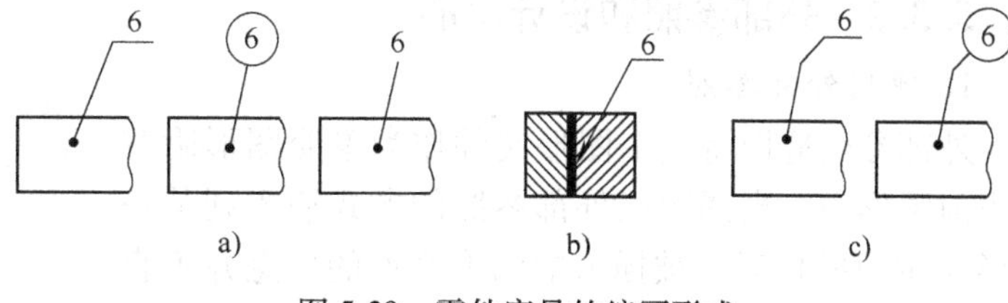

图 5-28　零件序号的编写形式

②序号应注写在细实线绘制的水平线上或圆内，序号字高比图中的尺寸数字高度大一或两号。也可不画水平线或圆，在指引线另一端注写序号，如图 5-28所示。

③序号应按水平或垂直方向排列整齐，并按顺时针或逆时针方向顺序排列编号，如图 5-27 所示。

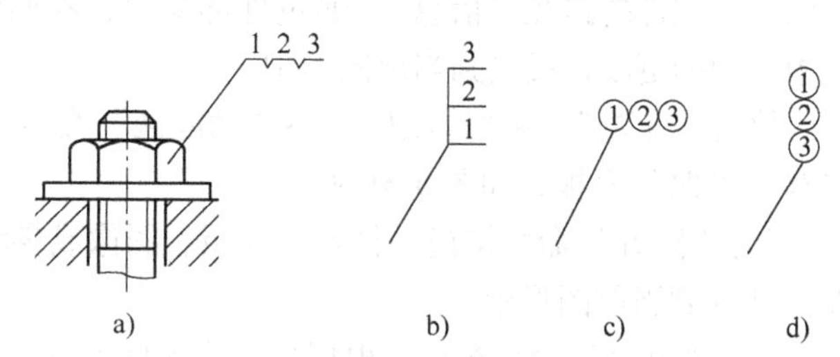

图 5-29　零件组件的指引线及编号画法

2）明细栏。

明细栏是机器或部件中所有零、部件的详细目录，栏内填写零件序号、代号、名称、材料、数量、重量及备注等内容。国家标准对明细栏的基本要求、格式、内容和尺寸都进行了规定。

①明细栏放在标题栏的上方，并与标题栏相连。当地方不够时，可将明细栏的一部分移至标题栏左边。明细栏与标题栏的分界线为粗实线，外框竖线为粗实线。

②明细栏中的零件序号按自下而上从小到大顺序填写，且应与装配图上零件序号一致，即一一对应。

③代号栏用来填写图样中组成部分的图样代号或标准号。

④对于标准件，应在"名称"栏内写出规定代号及工程尺寸，并在"代号"栏内写出国标号。

⑤备注栏中，一般填写该项的附加说明或其他有关内容。如齿轮的模数、齿数、弹簧的内径或外径、簧丝直径、有效圈数、自由长度等，如图 5-30 所示。

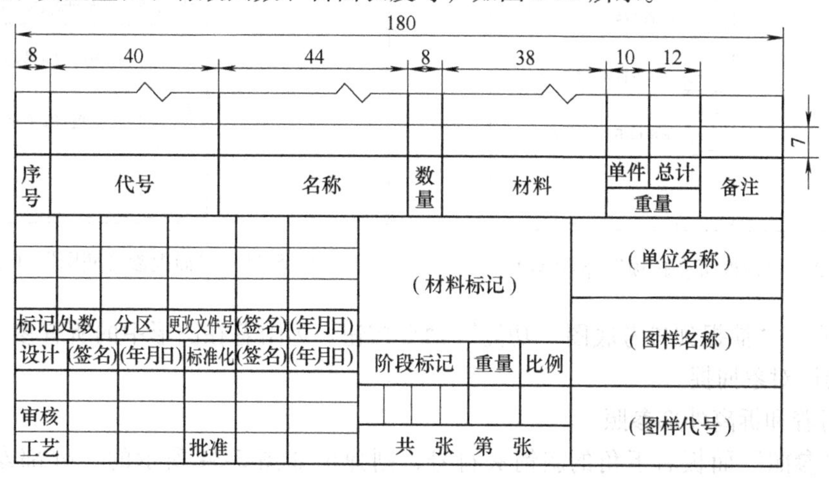

图 5-30　装配图明细栏

5.3.2 外部参照和设计中心

1. 使用外部参照

外部参照是指将整个图形文件作为参照图形附着到当前图形中。当图形以外部参照的方式插入到某一图形（主图形）后，被插入的图形文件的信息并不直接加入到主图形中，主图形只记录参照的关系（例如参照图形文件的路径等信息）。通过外部参照，参照图形中所做的更改将反映到当前图形中。

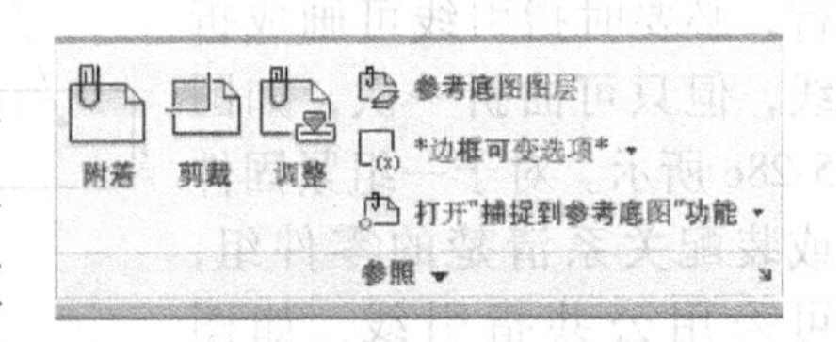

图 5-31 “参照”面板

执行“工具”→“选项板”→“功能区”命令，选择“插入”选项卡，该选项卡内对应有“参照”面板，如图 5-31 所示。

：“附着”命令按钮。将外部参照、图像或参考底图（DWF、DWFx、PDF 或 DGN 文件）插入到当前图形中。

：“剪裁”命令按钮。根据指定边界修剪选定的外部参照、图像、视口或参考底图。

：“调整”命令按钮。调整选定图像或参考底图的淡入度、对比度和单色设置。

：“参考底图图层”命令按钮。控制 DWF、DWFx、PDF 或 DGN 参考底图中图层的显示。

：“边框可变选项”命令按钮。单击后面的下箭头符号，弹出如图 5-32 所示的子菜单。

隐藏边框：隐藏所有 DWF、DWFx、PDF、DGN 和图像的边框。

显示并打印边框：显示并打印所有 DWF、DWFx、PDF、DGN 和图像的边框。

显示但不打印边框：显示参考底图边框但不被打印。

：“打开‘捕捉参考底图’功能”命令按钮。为附着在图形中的所有参考底图中的几何图形启用对象捕捉。单击后面的下箭头符号，则弹出如图 5-33 所示的子菜单。

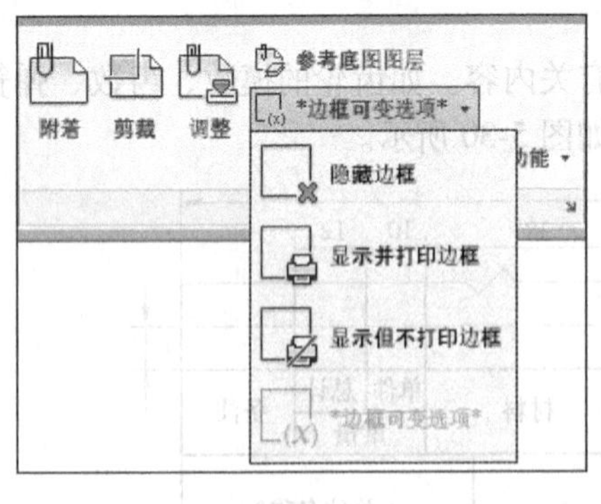

图 5-32 “边框可变选项”下拉菜单

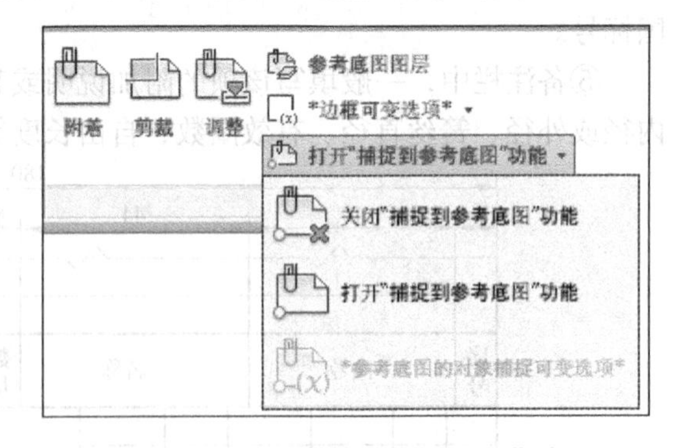

图 5-33 “捕捉参考底图”子菜单

：“关闭‘捕捉到参考底图’功能”命令按钮。为附着在图形中的所有参考底图中的几何图形禁用对象捕捉。

（1）附着和拆离外部参照

单击“参照”面板右下角的斜箭头符号，则弹出如图 5-34 所示的“外部参照”选项板。在该对话框内，可以设置附着外部参照。单击后的下箭头符号，弹出如图 5-35 所示的子菜单，根据该子菜单得知，一共有五种可选择的外部参照文件类型。在选项板下方的外部参照文件列表中，显示当前图形中所有外部参照文件名称。在该区域选中任意一个外部参照文件，则在下方“详细信息”选项区域中列出该外部参照图形的名称、加载状态、文件大小、参照类型、参照日期和参照文件的存储路径等内容。

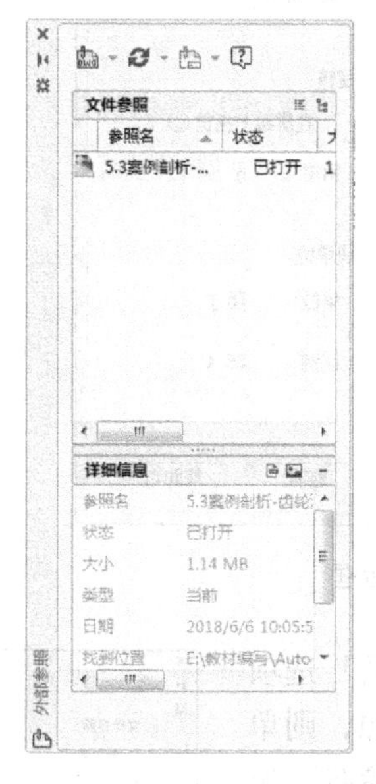

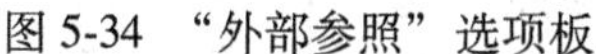

图 5-34　“外部参照”选项板

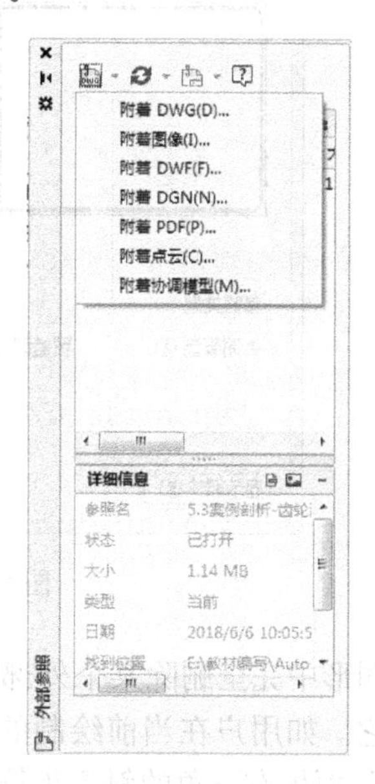

图 5-35　“附着类型”子菜单

在弹出的子菜单内选择“附着 DWG(D)”，则弹出“选择参照文件”对话框，如图 5-36 所示。在该对话框中，选择要附着的一个或多个文件，然后单击“打开”按钮，出现如图 5-37 所示的“附着外部参照”对话框。在该对话框内，不仅可以预览选定的参照图形，还可以对参照类型、比例、插入点、路径类型等参数进行设置。

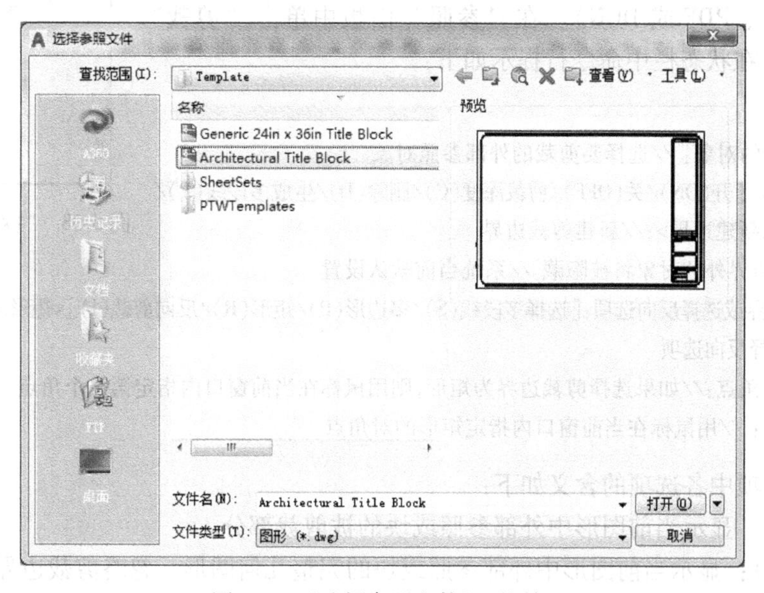

图 5-36　“选择参照文件”对话框

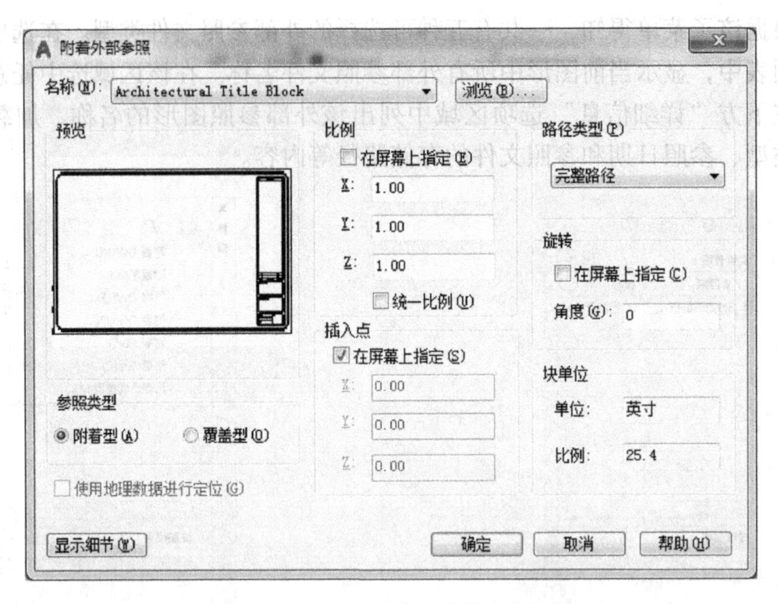

图 5-37 “附着外部参照”对话框

要从图形中完全删除某个外部参照，需在“外部参照”选项板中拆离它。如用户在当前绘制的图形中已附着外部参照，则单击“参照”面板右下角的斜箭头符号，在弹出的“外部参照”选项板中选择要删除的参照图形，并单击鼠标右键，弹出如图 5-38 所示的快捷菜单。选择快捷菜单中的“拆离”，则该图形文件被彻底删除。

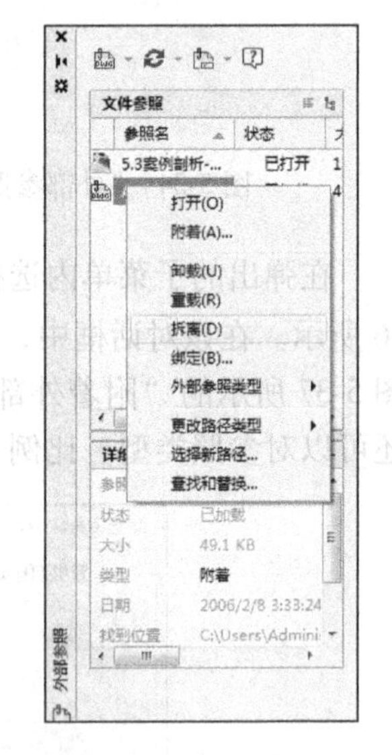

图 5-38 “拆离”外部参照

(2) 剪裁外部参照

根据指定边界修剪选定的外部参照、图像、视口或参考底图(DWF、DWFx、PDF 或 DGN)。在“参照”面板中单击“剪裁”命令按钮，在状态栏中命令行提示如下：

命令:_clip

选择要剪裁的对象://选择要剪裁的外部参照对象

输入剪裁选项[开(ON)/关(OFF)/剪裁深度(C)/删除(D)/生成多段线(P)/新建边界(N)]<新建边界>://新建剪裁边界

外部模式-边界外的对象将被隐藏。//系统当前默认设置

指定剪裁边界或选择反向选项:[选择多段线(S)/多边形(P)/矩形(R)/反向剪裁(I)]<矩形>://指定剪裁边界的类型或是选择反向选项

指定第一个角点://如果选择剪裁边界为矩形，则用鼠标在当前窗口内指定第一个角点

指定对角点://用鼠标在当前窗口内指定矩形的对角点

在剪裁选项中各选项的含义如下：

开(ON)：显示当前图形中外部参照或块的被剪裁部分。

关(OFF)：显示当前图形中外部参照或块的完整几何图形，忽略剪裁边界。

剪裁深度(C)：在外部参照或块上设定前剪裁平面或后剪裁平面，系统将不显示由边

界和指定深度所定义的区域外的对象。剪裁深度应用在平行于剪裁边界的方向上，与当前 UCS 无关。

删除（D）：为选定的外部参照或块删除剪裁边界。

生成多段线（P）：自动绘制一条与剪裁边界重合的多段线。此多段线采用当前的图层、线型、线宽和颜色设置。

新建边界：定义一个矩形或多边形剪裁边界，或者用多段线生成一个多边形剪裁边界。

☞**提示：**

只有删除旧的剪裁边界后，才能为选定的外部参照参考底图创建一个新边界。

2. 使用设计中心

AutoCAD 2018 设计中心为用户提供了一个高效且直观的工具，它就相当于 AutoCAD 的专用资源管理器。通过设计中心，用户可以组织对图形、块、图案填充和其他图形内容的访问。可以将图形、块和图案填充拖动到工具选项板上。

在 AutoCAD 2018 中，使用 AutoCAD 设计中心可以完成如下工作：

1）浏览用户计算机、网络驱动器和 Web 页上的图形内容（例如图形或符号库）。

2）在定义表中查看图形文件中命名对象（例如块和图层）的定义，然后将定义插入、附着、复制和粘贴到当前图形中。

3）更新块定义。

4）创建指向常用图形、文件夹和 Internet 网址的快捷方式。

5）向图形中添加内容（例如外部参照、块和图案填充）。

6）在新窗口中打开图形文件。

7）将图形、块和图案填充拖动到工具选项板上以便访问。

执行“工具”→“选项板”→“设计中心”命令，弹出如图 5-39 所示的对话框。“设计中心”窗口分为两个部分，左边为树状图，右边为内容区。在左边区域中有“文件夹”、“打开的图形”、“历史记录”选项卡，用户可以根据需要选择相应的选项。可以在左边的树状图中浏览内容的源，而在右边的内容区中将显示内容。可以在内容区中将项目添加到图形或工具选项板中。

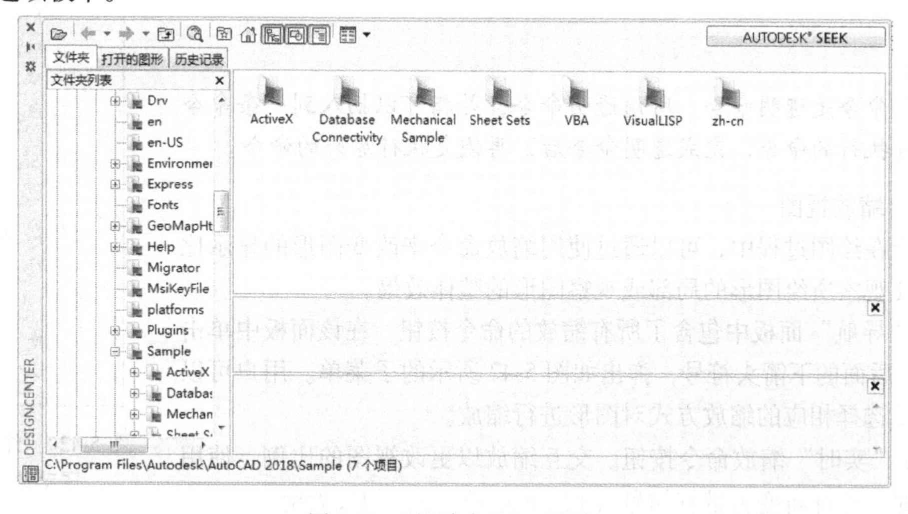

图 5-39 “设计中心”对话框

在内容区的下面，可以显示选定的图形、块、填充图案或外部参照的预览或说明。窗口顶部的工具栏控制树状图和内容区中信息的浏览和显示。

5.3.3 图形显示与控制

用户在绘制装配图时，只有灵活地对图形进行显示和控制，才能更加精确地绘制出所要的图形。在功能区中单击“视图”选项卡，对应有“导航”面板，如图 5-40 所示。该面板包括了最常用的图形显示与控制的命令按钮。

1. 平移和缩放视图

观察图形最常用的方法就是利用缩放和平移命令。利用它们可以在绘图区域内任意放大或缩小绘制的图形，或改变图形在窗口中的观察位置。

(1) 平移视图

在“导航”面板中，只包含了一个最常用的“平移”命令按钮，即“实时平移”。单击此命令按钮，在显示手形图标后，单击并按住左键进行移动，即可达到实时平移的目的。

执行“视图”→“平移”命令，出现如图 5-41 所示的子菜单。

图 5-40 “导航”面板

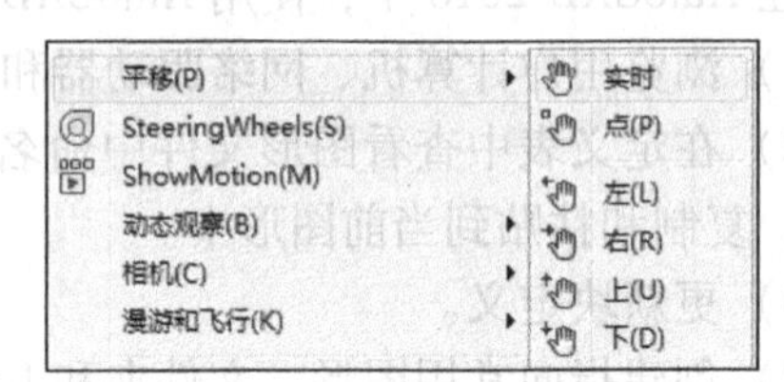

图 5-41 “平移”子菜单

：通过指定点平移。选择“点平移”命令，则在状态栏内出现如下提示：

命令:_pan//执行点平移命令

指定基点或位移://在绘图窗口内指定平移的基点或是位移

当用户需要取消平移操作时，按<Enter>键或是<Esc>键即可退出该命令。也可单击鼠标右键，在弹出的快捷菜单中选择“退出”，结束平移。

☞提示：

平移命令是透明命令。所谓透明命令，是指可以插入到一条命令执行期间执行的命令，完成透明命令后，再恢复执行原来的命令。

(2) 缩放视图

用户在绘图过程中，可以通过使用缩放命令来改变图形的显示比例，以便观察所绘图形的局部或观察图形的整体效果。

在“导航”面板中包含了所有缩放的命令按钮。在该面板中单击“范围”后面的下箭头符号，弹出如图 5-42 所示的子菜单。用户可以根据需要选择相应的缩放方式对图形进行缩放。

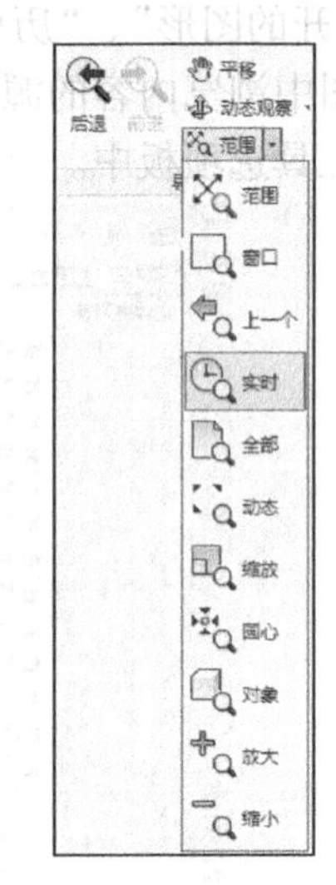

图 5-42 “缩放”子菜单

：“实时”缩放命令按钮。交互缩放以更改视图的比例。使用此命令时，光标将变为带有加号（+）和减号（-）的放大镜。

：“上一个”命令按钮。缩放显示上一个视图，当使用此命令时，最多可恢复此前的10 个视图。

：“窗口”缩放命令按钮。缩放显示矩形窗口指定的区域。

“动态”缩放命令按钮。使用矩形视图框进行平移和缩放。视图框表示视图，可以更改它的大小，或是在图形中移动。

：“比例”缩放命令按钮。使用比例因子来缩放视图以更改其比例。在输入比例因子时，如果比例因子后面为 x，则根据当前视图指定比例；如果比例因子后面为 xp，则指定相对于图样空间单位的比例。

：“中心点”缩放命令按钮。缩放以显示由中心点和比例值/高度所定义的视图。当输入的高度值较小时则增大放大比例，高度值比较大时则减小放大比例。

：“对象”缩放命令按钮。缩放以便尽可能大地显示一个或多个选定的对象并使其位于视图的中心。

：“放大”命令按钮。使用比例因子 2 进行放大。增大当前视图的比例。

：“缩小”命令按钮。使用比例因子 0.5 进行缩小。缩小当前视图的比例。

：“全部”缩放命令按钮。缩放以显示所有可见对象和视觉辅助工具。

：“范围”缩放命令按钮。缩放以显示所有对象的最大范围。

在用户命令行中输入“zoom”命令，则命令行提示如下：

```
命令:'_zoom
指定窗口的角点,输入比例因子(nX 或 nXP),或者[全部(A)/中心(C)/动态(D)/范围(E)/上一个(P)/
比例(S)/窗口(W)/对象(O)]<实时>:
```

该提示信息给出了多个选项，用户也可以在命令行中输入选项中的字母来指定缩放的方式。

5.4　熟能生巧

1）根据图 5-43“可调支承”装配图，打开源文件（第 5 章/练习文件/图 5.4-1q.dwg），将“可调支承”各零件的零件工作图组画成装配图。

2）根据图 5-44“铣床分度头尾架”装配图，打开源文件（第 5 章/练习文件/图 5.4-2q.dwg），将“铣床分度头尾架”各零件的零件工作图组画成装配图。

3）根据图 5-45“球阀”装配图，打开源文件（第 5 章/练习文件/图 5.4-3q.dwg），将“球阀”各零件的零件工作图组画成装配图。

4）打开源文件（第 5 章/练习文件/图 5.4-4q.dwg），根据“管钳”装配图（图 5-46），拆画钳座 3、滑块 6 的零件工作图，粗糙度、几何公差等自定义。

5）打开源文件（第 5 章/练习文件/图 5.4-5q.dwg），根据“四通阀”装配图（图 5-47），拆画阀体 2、阀芯 6 的零件工作图，粗糙度、几何公差等自定义。

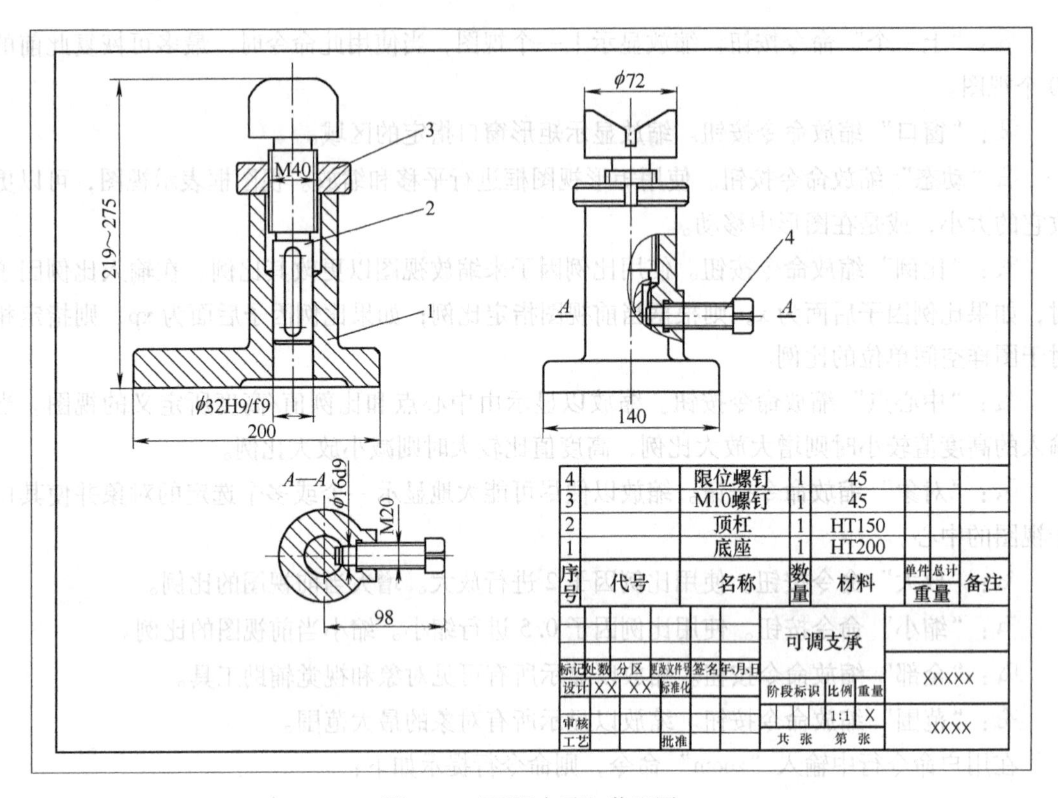

图 5-43 “可调支承”装配图

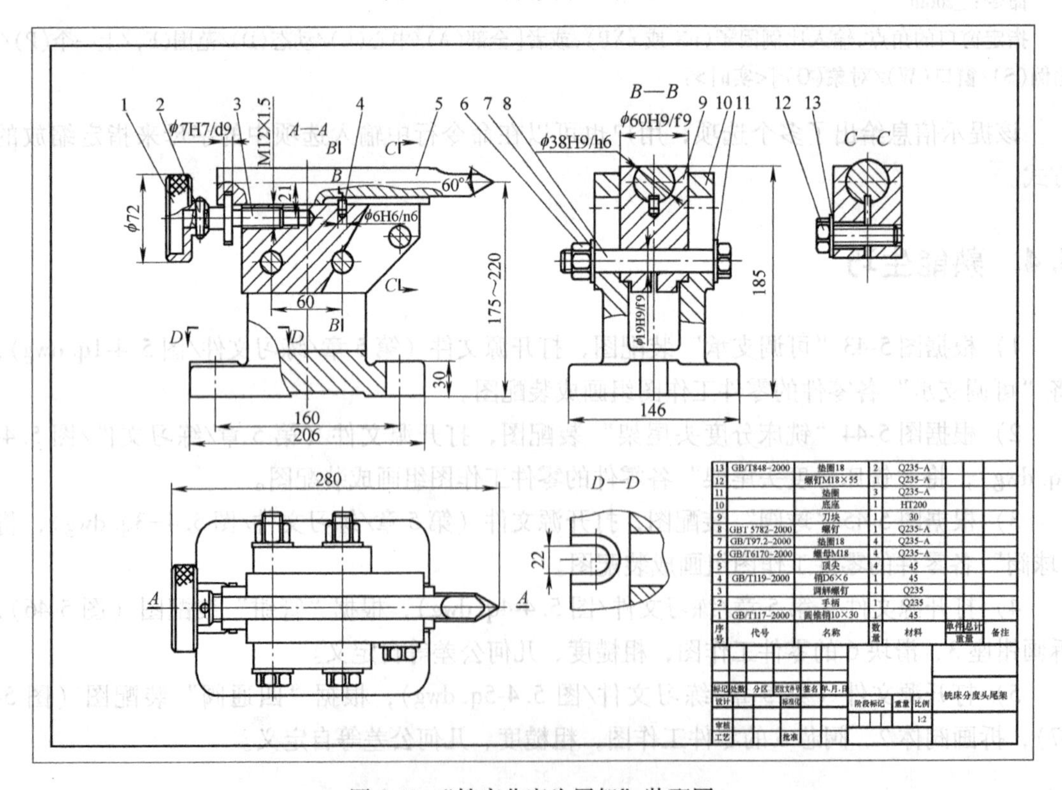

图 5-44 “铣床分度头尾架”装配图

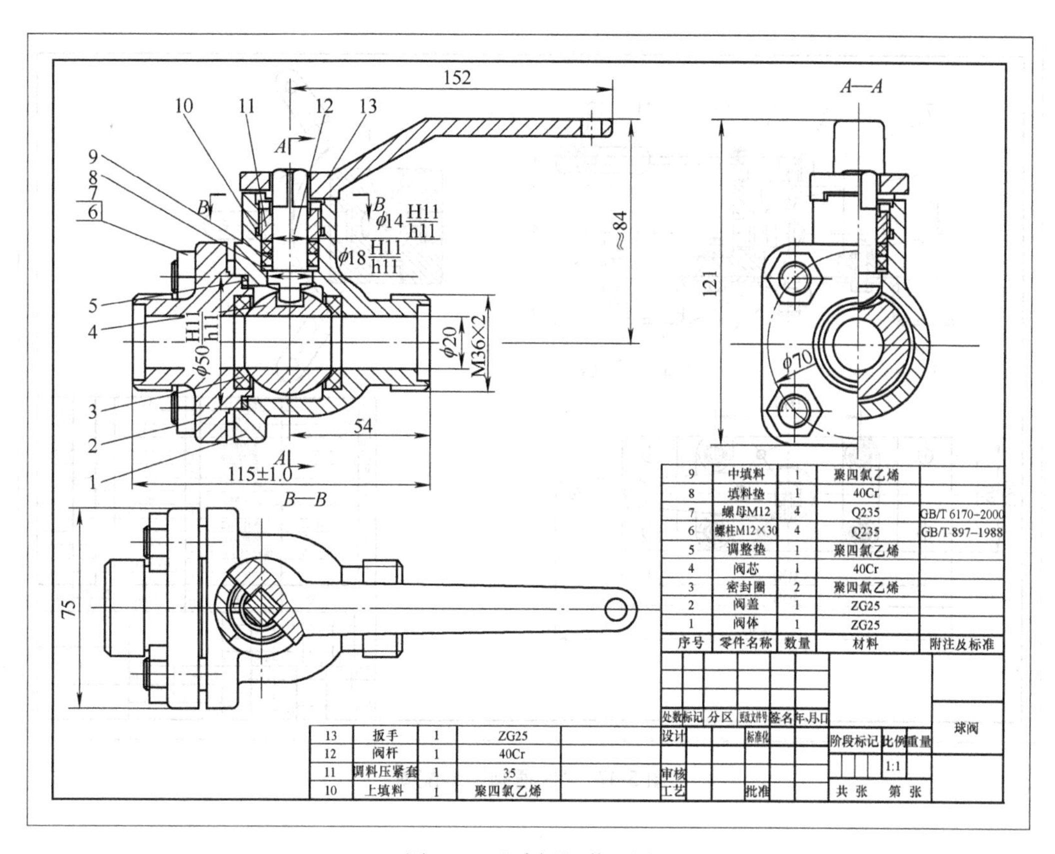

图 5-45 “球阀”装配图

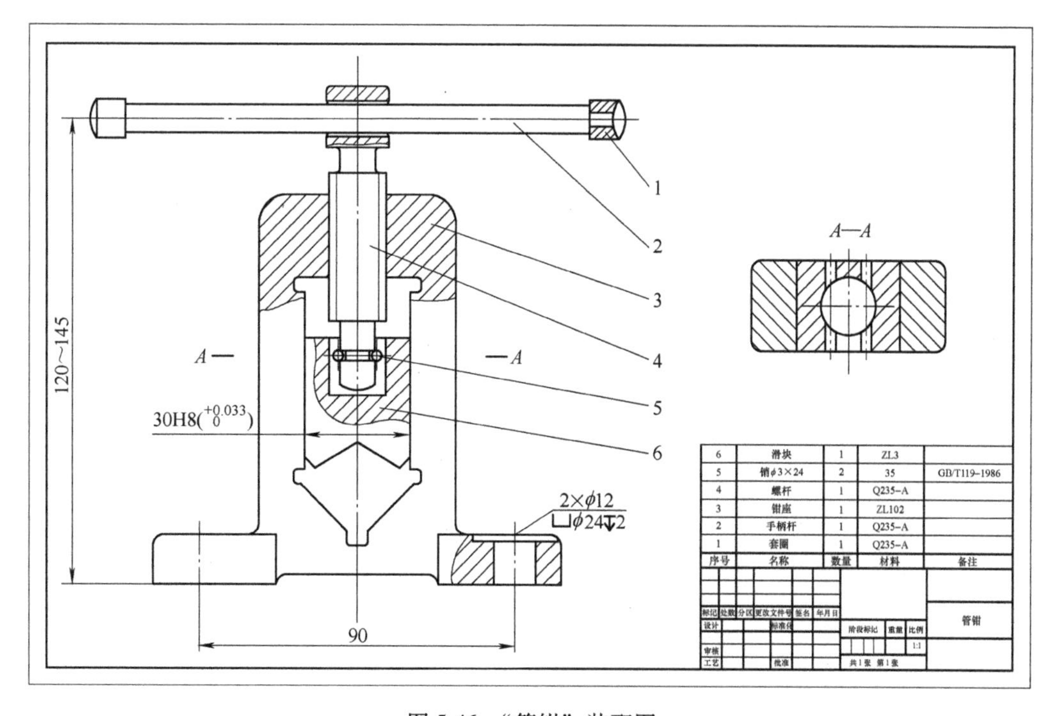

图 5-46 “管钳”装配图

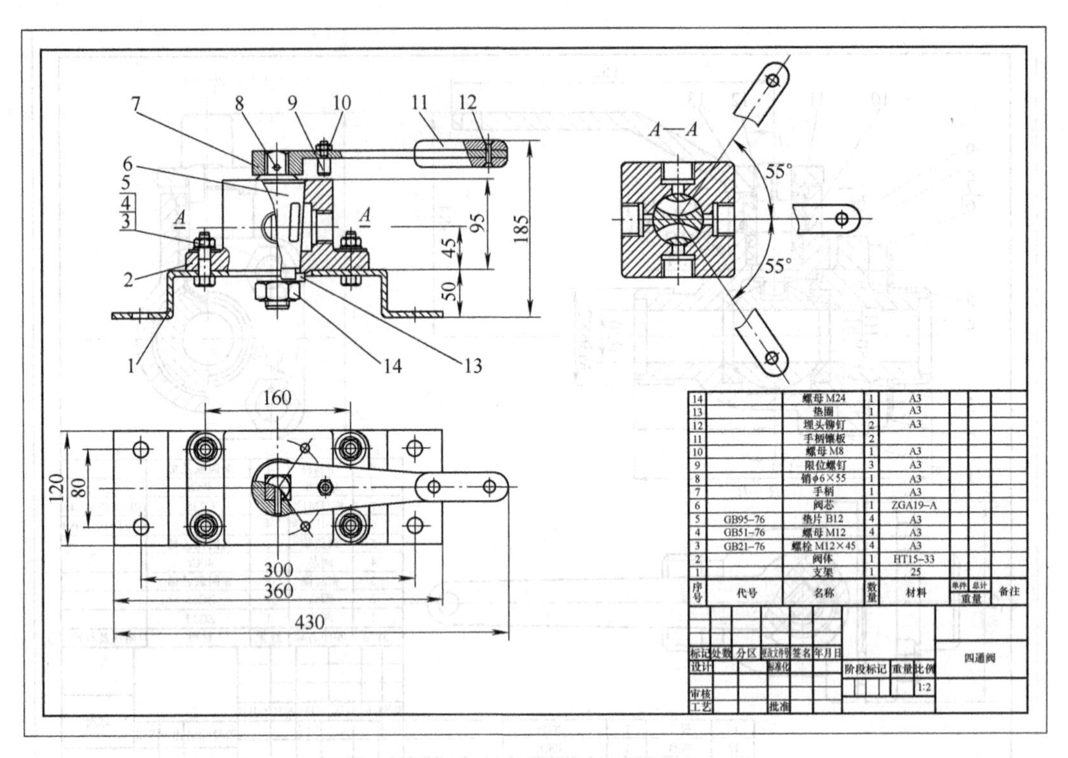
7
8
9
10
11
12
6
5
4
3
A
A
2
1
14
13
95
185
45
50
A—A
55°
55°
160
120
80
300
360
430
14 螺母 M24 1 A3
13 垫圈 1 A3
12 埋头铆钉 2 A3
11 手柄镶板 2
10 螺母 M8 1 A3
9 限位螺钉 3 A3
8 销 φ6×55 1 A3
7 手柄 1 A3
6 阀芯 1 ZGA19-A
5 GB95-76 垫片 B12 4 A3
4 GB51-76 螺母 M12 4 A3
3 GB21-76 螺栓 M12×45 4 A3
2 阀体 1 HT15-33
1 支架 1 25
序号 代号 名称 数量 材料 单件 总计 重量 备注
标记 处数 分区 更改文件号 签名 年月日
设计 标准化 阶段标记 重量 比例
1:2
四通阀
审核
工艺 批准

图 5-47 “四通阀”装配图

第6章

一般零件三维建模案例

知识目标	◆ 掌握一般零件三维建模的方法
能力目标	◆ 能熟悉三维世界坐标系和用户坐标系的应用 ◆ 能对一般零件曲面建模 ◆ 能快速、准确地对一般零件实体建模
素质目标	◆ 培养零件三维建模的能力 ◆ 培养空间思维能力及分析判断能力
推荐学时	8学时

6.1 典型工程案例

1. 曲面建模（如图6-1所示）

该案例主要用于提高用户在绘图过程中运用三维世界坐标系和用户坐标系的能力，使用户掌握常用曲面建模命令，掌握经线、纬线的设置，为复杂曲面建模打下基础。

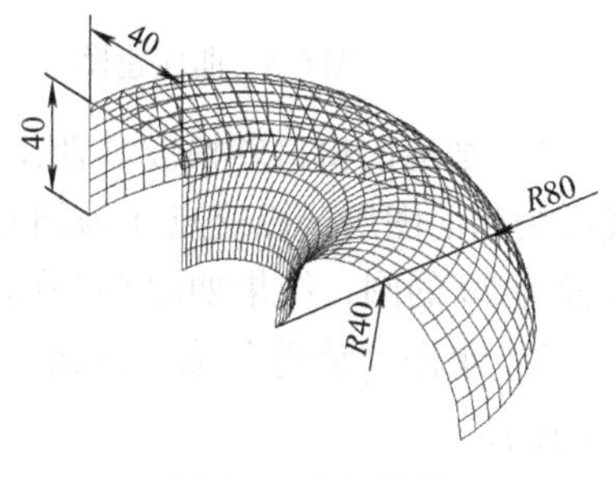

图6-1 曲面建模

2. 三维实体建模与渲染（如图6-2所示）

该案例主要使用户能根据零件三视图绘制三维实体，学会熟练切换视觉样式，掌握视图的显示方法和常用实体建模命令，提高渲染三维实体的能力，为复杂实体建模打下基础。

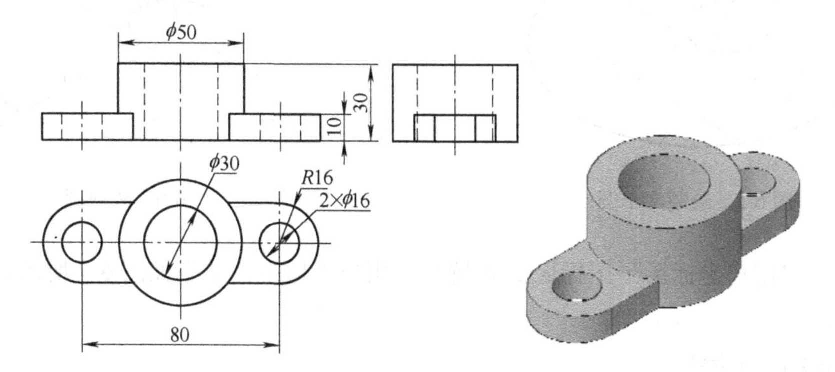

图6-2 零件三视图及三维实体模型

6.2 案例解析

6.2.1 案例解析一

绘制如图6-3所示的网格曲面，要求网格曲面经线数20，纬线数36。

分析：根据图得知，此曲面是由三段圆弧和一条多段线为约束边界形成的边界网格曲面，因此可以用绘制边界网格曲面的方法进行构造。

1）选择中心线层为当前图层，在状态栏中打开“正交”按钮。在“对象捕捉”对话框中选择“端点”、“交点”。绘制互相垂直正交的构造线1、2，并把构造线2分别向上偏移20，向下偏移40，生成了构造线3和4。构造线1和构造线2、3、4的交点分别为A、B、C，结果如图6-4所示。

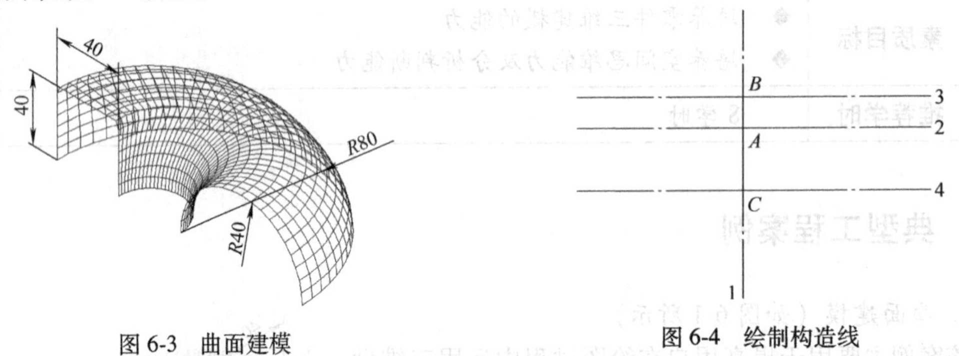

图6-3 曲面建模　　图6-4 绘制构造线

2）把当前窗口转换成“西南等轴测”模式，设置当前坐标系为世界坐标系。选择粗实线层为当前图层。以交点A为圆心，绘制一个半径为80的圆，以交点B为圆心，绘制一个半径为20的圆，结果如图6-5所示。

3）单击“修剪”命令按钮，将半径为80和20的两个圆修剪成两个半圆，结果如图6-6所示。

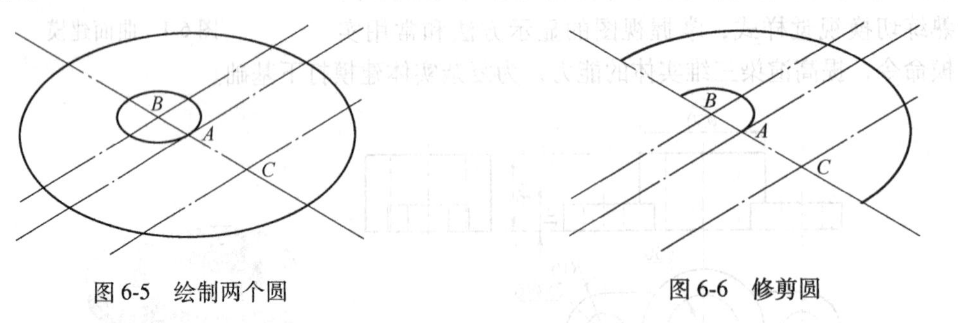

图6-5 绘制两个圆　　图6-6 修剪圆

4）单击“用户坐标系”图标，设置当前用户坐标系，结果如图6-7所示。

```
命令：_ucs
当前 UCS 名称：*世界*
指定 UCS 的原点或[面(F)/命名(NA)/对象(OB)/上一个(P)/视图(V)/世界(W)/X/Y/Z/Z 轴(ZA)]
<世界>：//捕捉交点 A
```

指定 X 轴上的点或<接受>：//在构造线 1 上任意指定一点

指定 XY 平面上的点或<接受>://打开“正交”按钮，利用“正交捕捉”在垂直于世界坐标系所确定的 *XY* 平面且通过构造线 1 的平面内任意指定一点

5）捕捉交点 *C*，绘制一个半径为 40 的圆，结果如图 6-8 所示。

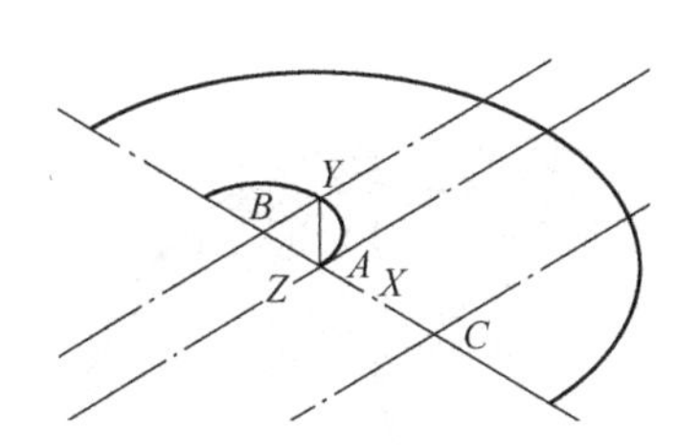

图 6-7　设置用户坐标系

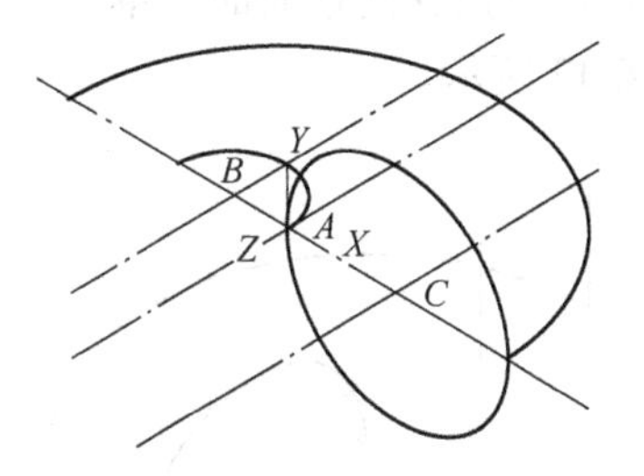

图 6-8　绘制圆

6）单击“修剪”命令按钮，把绘制的圆修剪为半圆，结果如图 6-9 所示。

7）单击“二维多段线”命令按钮，绘制一条多段线，结果如图 6-10 所示。

命令：_pline

指定起点：//捕捉半径为 80 的半圆弧的端点

忽略倾斜、不按统一比例缩放的对象。

当前线宽为 0.0000

指定下一个点或[圆弧(A)/半宽(H)/长度(L)/放弃(U)/宽度(W)]：40 回车//向 *Y* 轴的正方向移动光标，输入距离值 40

指定下一点或[圆弧(A)/闭合(C)/半宽(H)/长度(L)/放弃(U)/宽度(W)]:40//向 *X* 轴的正方向移动光标，输入距离值 40

指定下一点或[圆弧(A)/闭合(C)/半宽(H)/长度(L)/放弃(U)/宽度(W)]://捕捉半径为 20 的半圆弧的端点

忽略倾斜、不按统一比例缩放的对象。

指定下一点或[圆弧(A)/闭合(C)/半宽(H)/长度(L)/放弃(U)/宽度(W)]：回车//结束命令

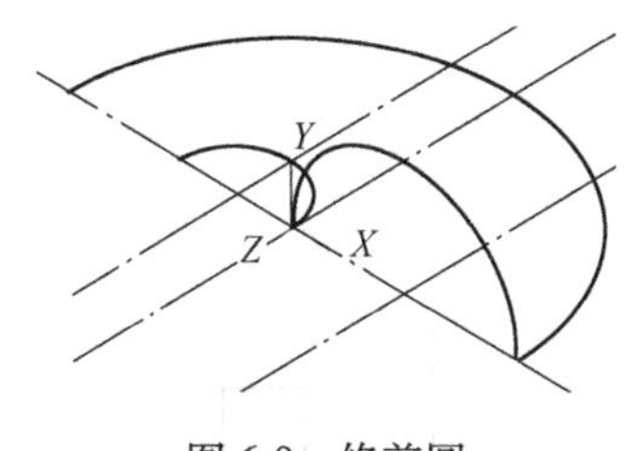

图 6-9　修剪圆

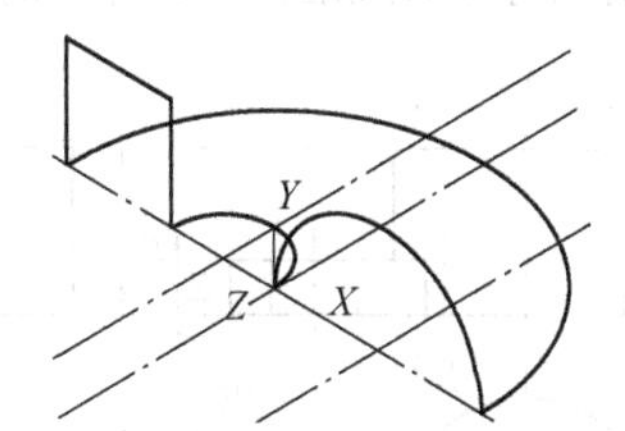

图 6-10　绘制二维多段线

8）删除所有构造线，把当前坐标系设置为“世界坐标系”，结果如图 6-11 所示。

9）设置线框密度。

① 设置经线数：

命令：surftab1 回车

输入 surftab1 的新值<6>:20 回车//输入经线数 20

② 设置纬线数：

命令:surftab2 回车

输入 surftab2 的新值<6>:36 回车//输入纬线数 36

10）生成边界网格曲面。单击“边界曲面”命令按钮，选择所绘制的四条边界，结果如图 6-12 所示。

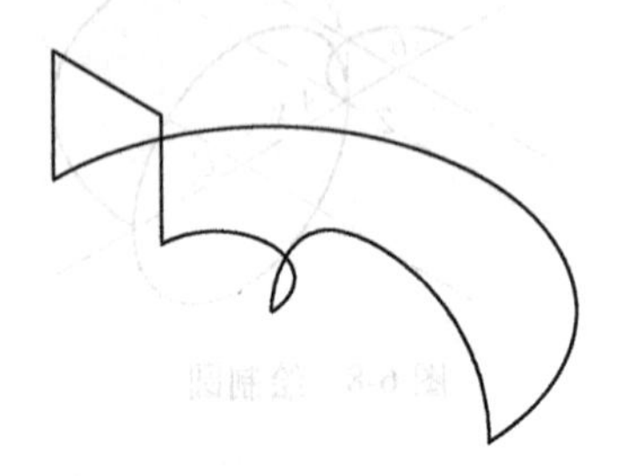

图 6-11　删除构造线、设置 UCS

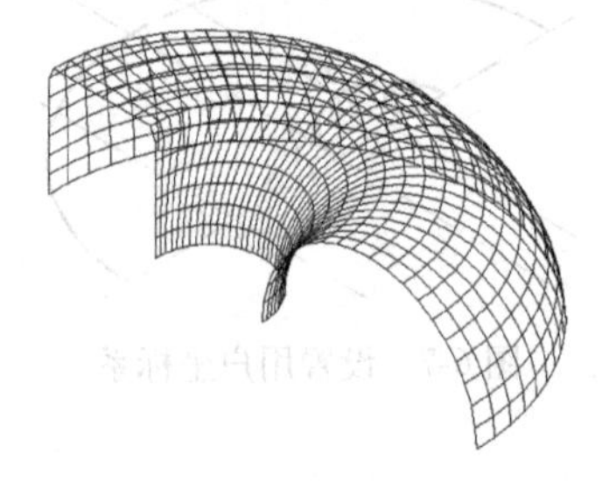

图 6-12　构造网格曲面结果图

6.2.2　案例解析二

根据下面给出的三视图（图 6-13）建立实体模型。要求建立好的实体底面大圆圆心与原点重合。在点（-48，0，32）处建立点光源，在源位置点（42，0，44）和目标位置点（15，0，30）处建立聚光灯。设置实体的材质为金属，并对其进行渲染，将渲染的效果保存为 JPG 文件。

1）双击桌面上的快捷图标，启动 AutoCAD 2018。单击标准工具栏中的“新建”命令按钮，弹出“选择样板”对话框，在列表中选择 acadiso3D. dwt 样板，然后单击“打开”按钮。

2）新建名为“01”的粗实线层和名为“05”中心线层。

3）在“视图”选项卡中将当前窗口视图设置为“前视”，选择视觉样式为“二维线框”，根据尺寸绘制如图 6-14 所示的矩形线框和轴线。

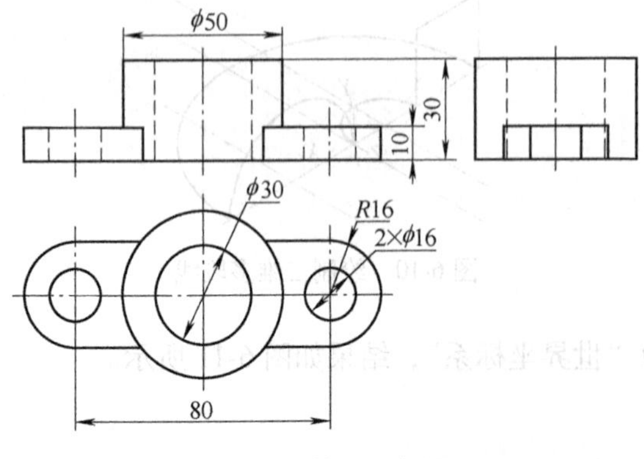

图 6-13　模型三视图

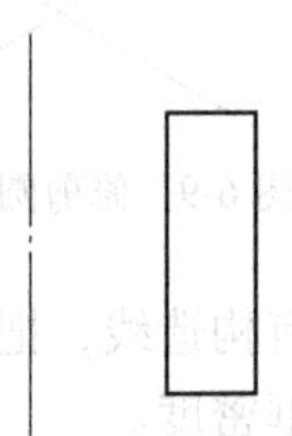

图 6-14　绘制矩形线框和轴线

4）将绘制好的矩形定义为面域，选择视觉样式为“概念”，将当前窗口视图设置为“西南等轴测”，如图 6-15 所示。

5）单击“实体”面板中的“旋转”命令按钮，将矩形面域旋转，结果如图 6-16 所示。

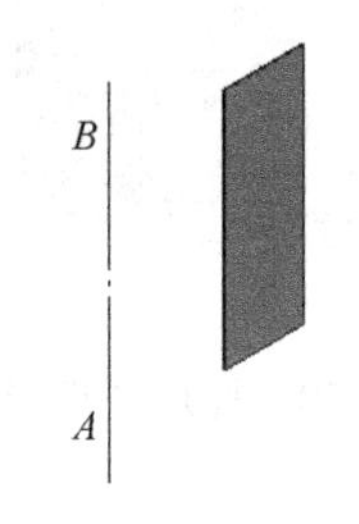

图 6-15　面域矩形

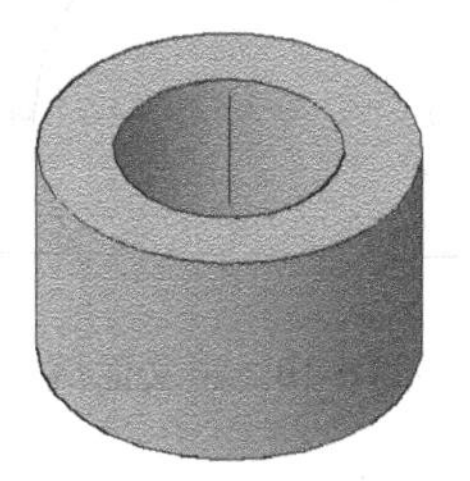

图 6-16　旋转面域

```
命令:_revolve
当前线框密度:ISOLINES=4,闭合轮廓创建模式=实体
选择要旋转的对象或[模式(MO)]:_MO
闭合轮廓创建模式[实体(SO)/曲面(SU)]<实体>:_SO//默认旋转为实体
选择要旋转的对象或[模式(MO)]:找到 1 个 //单击矩形面域
选择要旋转的对象或[模式(MO)]:回车//结束对象的选择
指定轴起点或根据以下选项之一定义轴[对象(O)/X/Y/Z]<对象>: //单击端点 A
指定轴端点: //单击端点 B
指定旋转角度或[起点角度(ST)/反转(R)]<360>:回车//默认旋转角度为 360°
```

6）将当前窗口视图设置为“俯视”。将在步骤 5）中得到的实体模型放在“0”图层上，并关闭“0”图层。绘制如图 6-17 所示的二维图形。

☞**提示：**

将二维图形绘制在实体模型下端面所在的平面上。并且所绘制的大圆圆心与第 5）步中得到的实体的底面圆心重合。

7）修剪多余线条，修剪后的结果如图 6-18 所示。面域修剪后的二维图形，结果如图 6-19 所示。

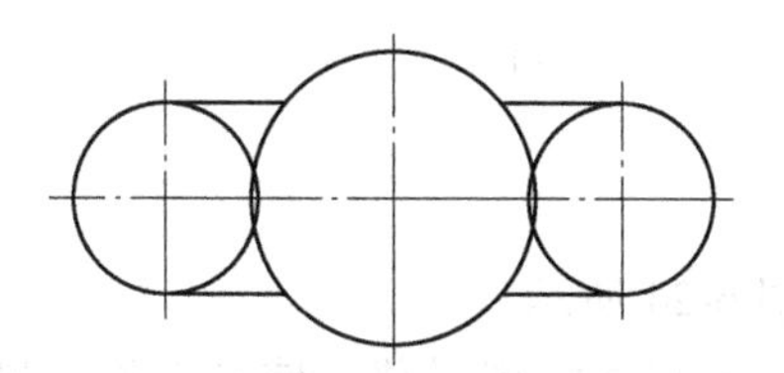

图 6-17　绘制二维图形

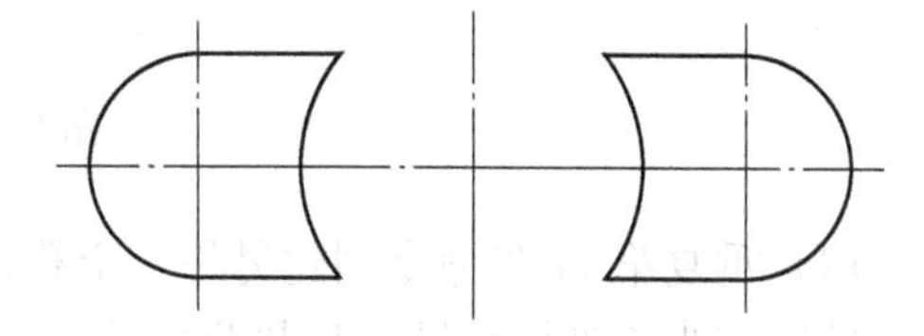

图 6-18　修剪多余线条

8）将当前窗口设置为“西南等轴测”，并打开已关闭的“0”图层，如图 6-20 所示。

9）在“实体”面板中单击“拉伸”命令按钮，拉伸步骤 7）中创建的面域，拉伸高度为 10，结果如图 6-21 所示。

10）选择视觉样式为“二维线框”，并在拉伸好的实体上端面捕捉圆心绘制半径为 8 的圆，结果如图 6-22 所示。

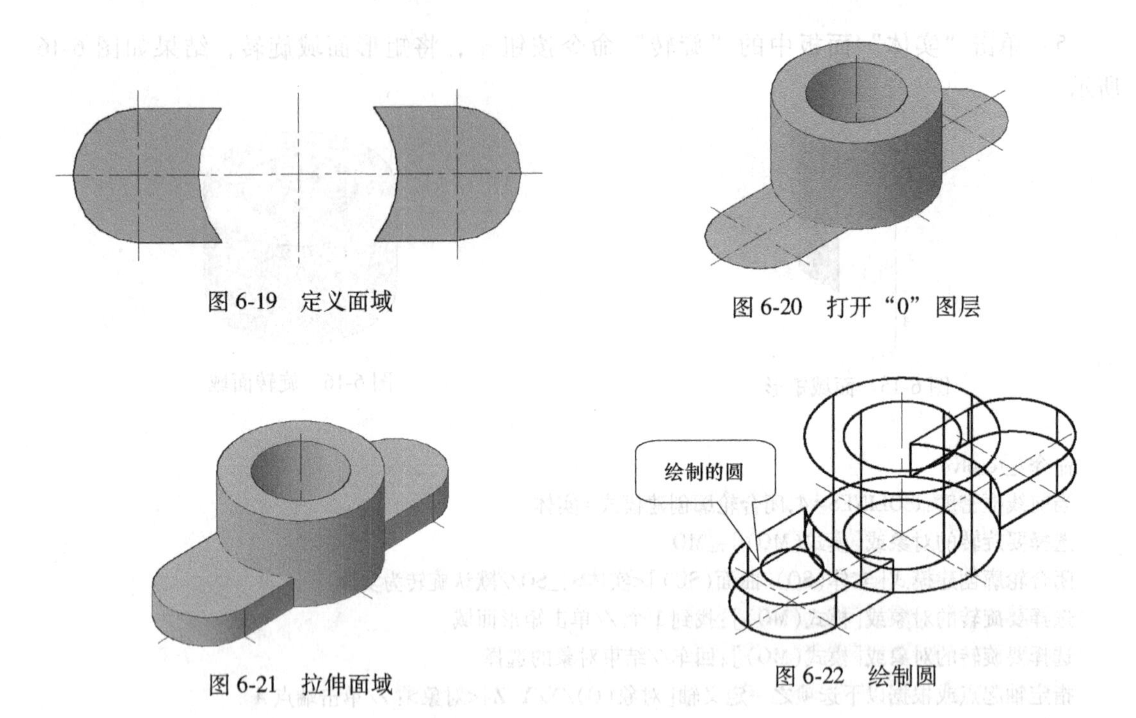

图 6-19 定义面域

图 6-20 打开“0”图层

图 6-21 拉伸面域

图 6-22 绘制圆

11）删除多余辅助线条。选择视觉样式为“概念”。在“实体”面板中单击“按住并拖动”命令按钮，创建一个半径为 8 的孔，创建过程如图 6-23 所示。

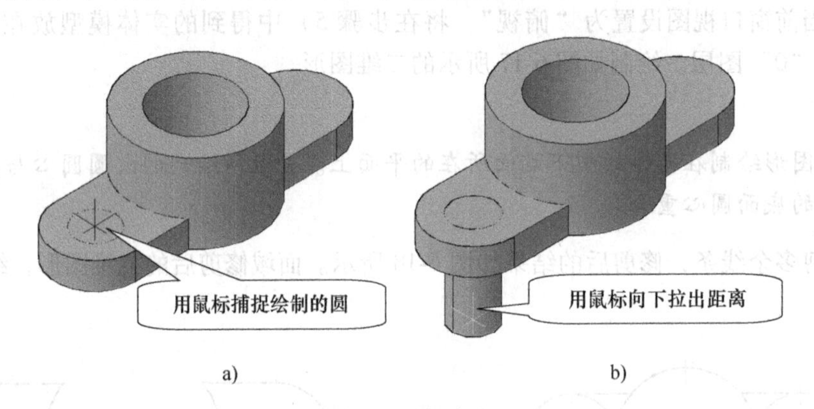

a) b)

图 6-23 创建孔

12）重复第 11 步命令创建另外一个孔，结果如图 6-24 所示。

13）将当前坐标系设为世界坐标系，并将建立好的实体模型平移，使其底面大圆圆心与原点重合。

14）在“可视化”选项卡中的“光源”面上先单击“点”光源命令按钮，在点（−48，0，32）处建立点光源，再单击“聚光灯”命令按钮，输入源位置点（42，0，44），目标位置（15，0，30），建立聚光灯，结果如图 6-25 所示。

15）单击“光源”面板上右下角的斜箭头符号，在弹出的“模型中的光源”选项板中选中点光源，如图 6-26a 所示，并单击右键，在弹出的快捷菜单中选择特性，在“特性”面板中按照图 6-26b 和图 6-26c 设置光源特性。

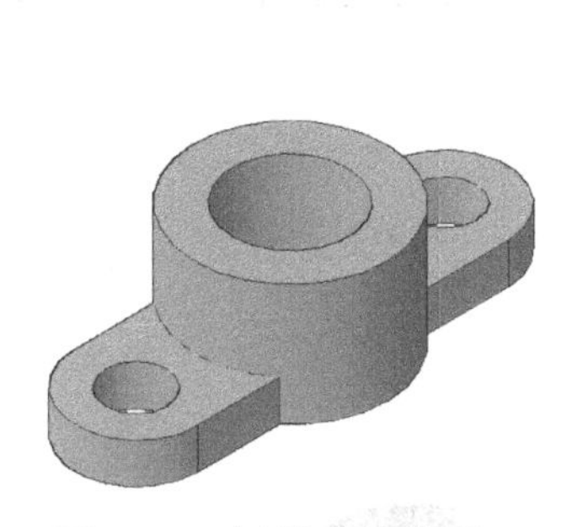

图 6-24　绘制好的实体模型

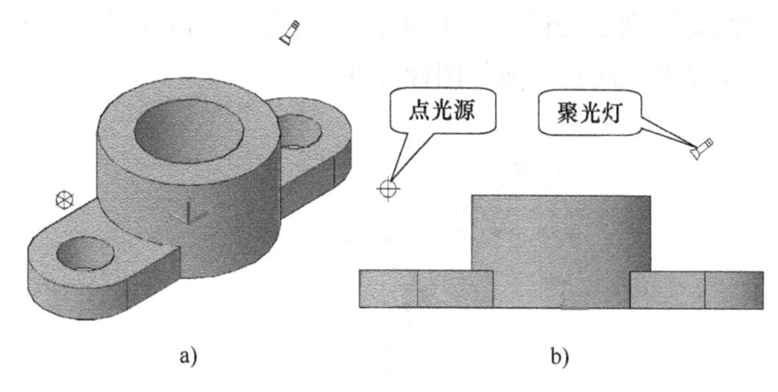

a)　　b)

图 6-25　创建光源

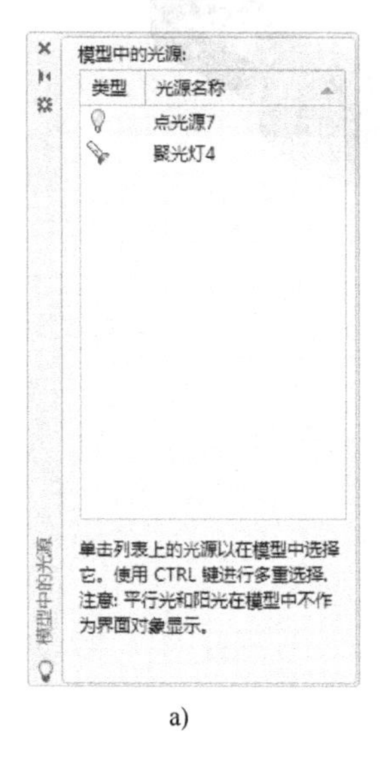

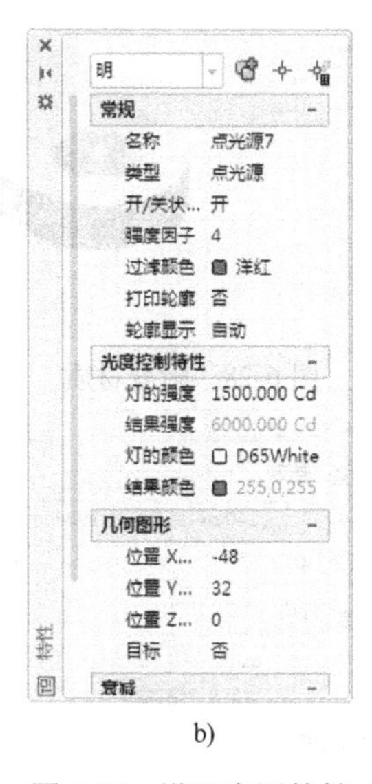

a)　　b)　　c)

图 6-26　设置光源特性

16）在“材质”面板上单击“材质浏览器”命令按钮，在弹出的选项板中单击“创建材质”按钮并选择“金属”类别，如图 6-27a 所示，在弹出的“金属材质编辑器”选项卡中设置如图 6-27b 所示的参数。

17）选择视觉样式为“真实”。在“材质浏览器”选项板中选择新建的“金属”材质，单击鼠标右键，在弹出的快捷菜单中选择“选择要应用的对象”，如图 6-28a 所示，并选择绘制好的实体模型，结果如图 6-28b 所示。

18）单击“渲染”面板右下角的斜箭头符号，在弹出的“渲染设置管理器”对话框中设置相关参数，如图 6-29 所示。

19）在“渲染设置管理器”面板上单

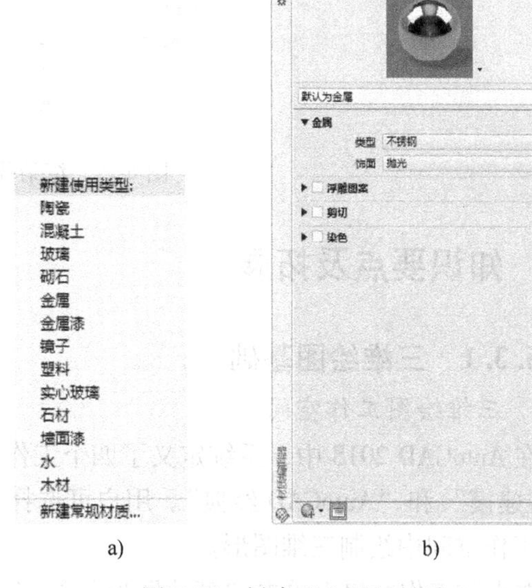

a)　　b)

图 6-27　创建“金属”材质

击“渲染”命令按钮，即可在“渲染”窗口内对视图中的实体模型进行渲染，并将渲染文件保存为“底座 . jpg”图像文件。

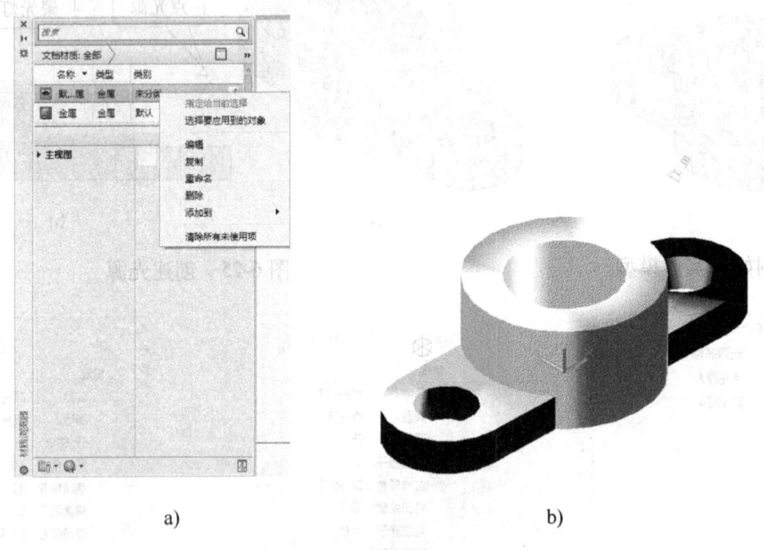

图 6-28　附着材质

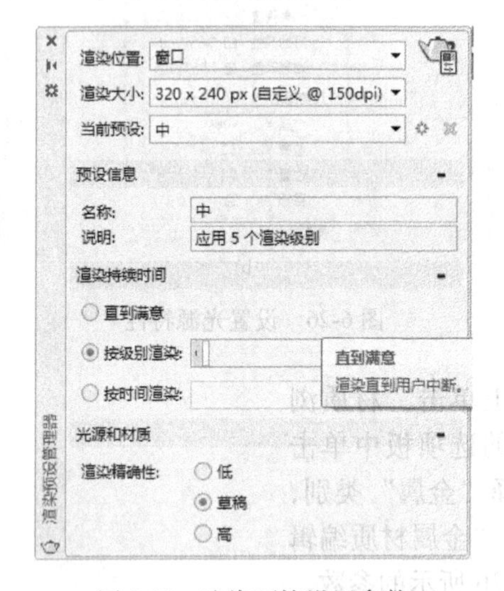

图 6-29　渲染环境设置参数

6.3　知识要点及拓展

6.3.1　三维绘图基础

1. 三维绘图工作空间

在 AutoCAD 2018 中，系统定义了四个工作空间，分别是“草图与注释”、“三维基础”、“三维建模”和“AutoCAD 经典”。用户可选择进入“AutoCAD 经典”工作空间或“三维建模”工作空间中绘制三维图形。

在当前工作窗口上单击“新建图形”按钮，在弹出的对话框中选择 acadiso3D. dwt 样板，如图 6-30 所示，单击“打开”按钮，则出现如图 6-31 所示的工作界面。如果用户当前的工作空间是“AutoCAD 经典”，则可单击“工作空间”工具栏，在弹出的下拉菜单中选择“三维建模”，如图 6-32 所示，进入三维工作空间。

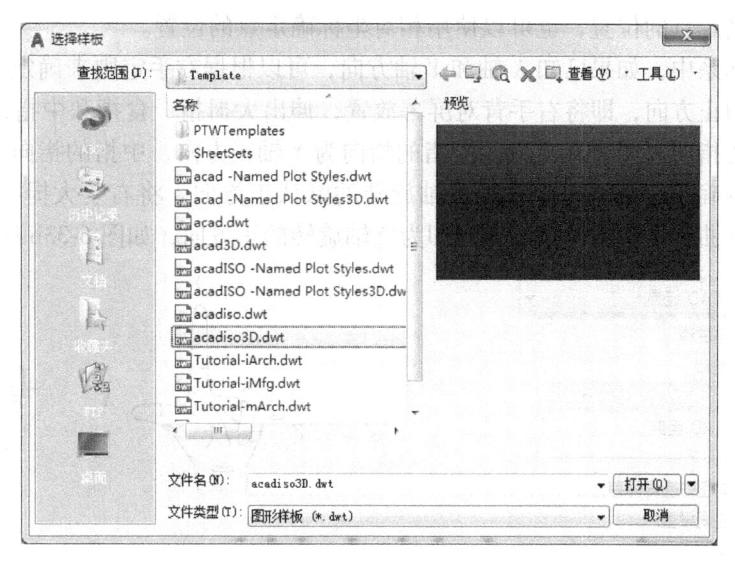

图 6-30　“新建图形”对话框

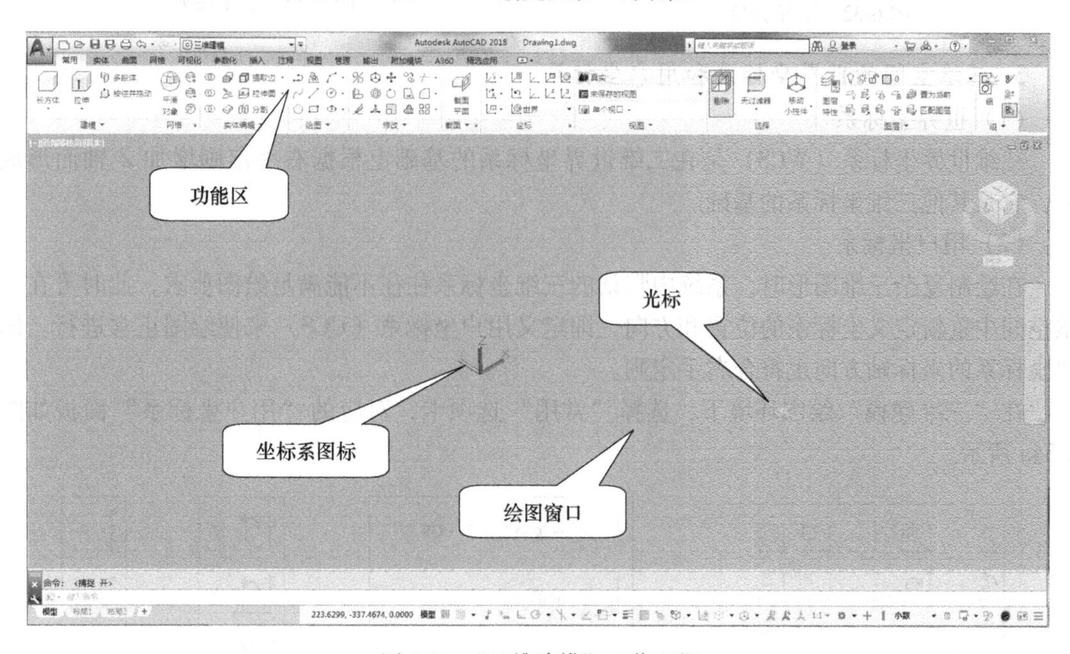

图 6-31　“三维建模”工作空间

2. 三维空间坐标系

在绘制二维图形时，用户可以选择“AutoCAD 经典”工作空间来绘制图形。此时，用户所在的绘图平面是 *XY* 平面，它的默认坐标系是直角坐标系，即只需输入 *X* 坐标和 *Y* 坐标值就能确定点的位置。但在三维空间中绘图时，应采用合适的三维坐标系。在 AutoCAD 中，可使用的三维坐标系有 3 种，分别是笛卡尔坐标、柱坐标和球坐标，最常用的是笛卡尔坐标系。

三维笛卡尔坐标（X，Y，Z）相对于二维笛卡尔坐标（X，Y）增加了 Z 值。用户可以使用绝对坐标确定点的位置，也可以使用相对坐标确定点的位置。

在三维坐标系中，如果已知 X 轴和 Y 轴方向，可以根据右手定则来确定 Z 轴的正方向。要确定 3 根轴的正方向，即将右手背对屏幕放置，伸出大拇指、食指和中指，如图 6-33a 所示，则大拇指的指向为 X 轴正方向，食指的指向为 Y 轴正方向，中指的指向为 Z 轴正方向。右手定则还可以确定三维空间中绕坐标轴旋转的默认正方向。将右手大拇指指向轴的正方向，其余四指弯曲，则四指所指的方向即为绕轴旋转的正方向，如图 6-33b 所示。

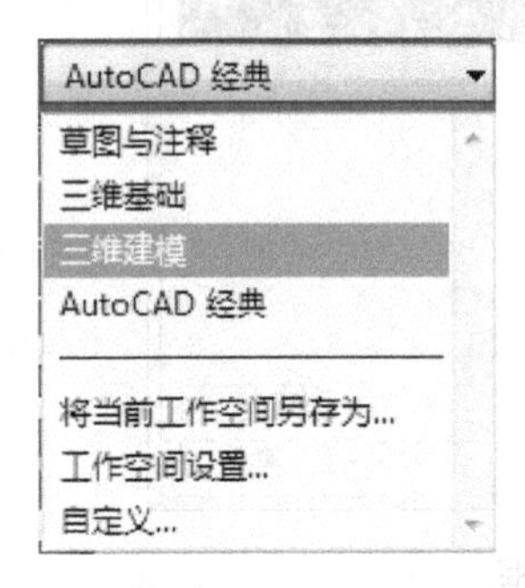

图 6-32　下拉菜单

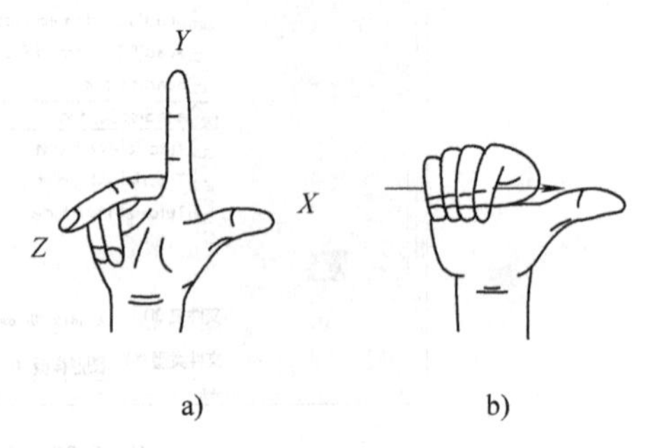

图 6-33　右手定则

3. 三维空间的世界坐标系和用户坐标系

（1）世界坐标系

三维世界坐标系（WCS）是在二维世界坐标系的基础上根据右手定则增加 Z 轴而形成的，它是其他三维坐标系的基础。

（2）用户坐标系

在绘制复杂三维图形时，系统中默认的三维坐标系往往不能满足绘图要求，此时可在三维空间中重新定义坐标系的位置和方向，即定义用户坐标系（UCS）来使绘图正常进行。用户坐标系的坐标轴方向也符合右手定则。

在“三维建模”绘图环境下，选择“常用”选项卡，对应的“用户坐标系”面板如图 6-34a 所示。

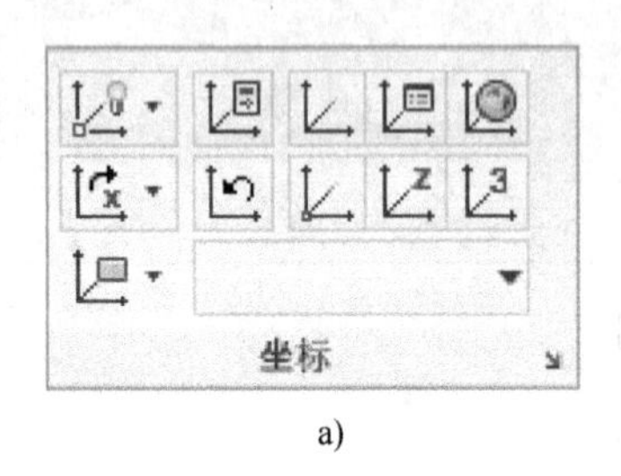

a)

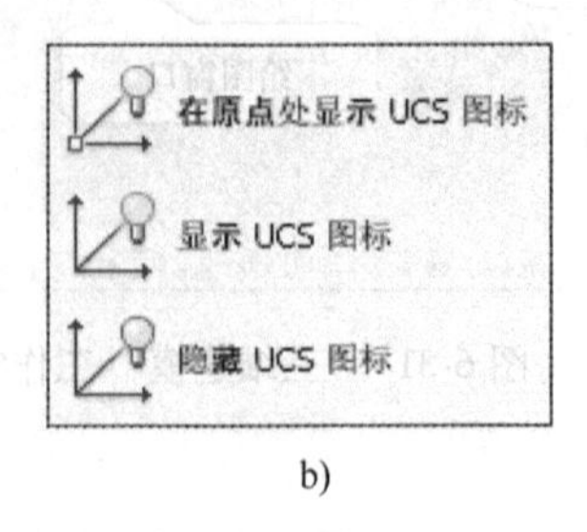

b)

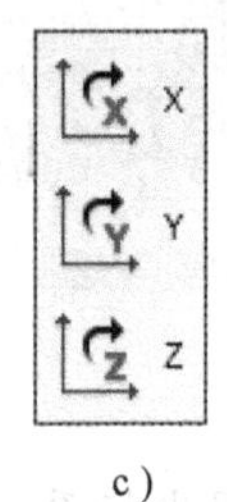

c)

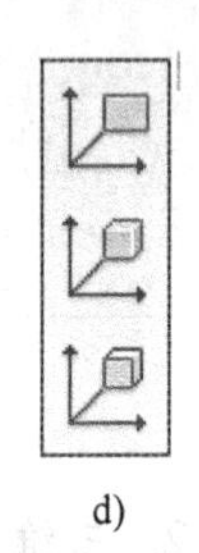

d)

图 6-34　“UCS”面板及子菜单

单击后面的倒三角符号，弹出来的子菜单如图 6-34b 所示。此菜单中的选项用来控制 UCS 图标的可见性和位置。

：单击选择该图标，则系统把当前 UCS 图标设定为仅在原点处显示。如当前视口内无法看到原点位置时，则图标将显示在视口的左下角。

：单击选择该图标，则系统把当前 UCS 图标设定在左下角显示。即不管 UCS 原点在何处，UCS 图标始终都显示在左下角位置。

：单击选择该图标，则系统设定为隐藏 UCS 图标，即在当前视口内无法看到 UCS 图标。

单击后面的倒三角符号，弹出的子菜单如图 6-34c 所示。

：单击选择该图标，用户通过指定 *YZ* 平面绕 *X* 轴旋转的角度来确定 UCS，如图 6-35b 所示。

提示：

绕轴旋转符合右手定则，大拇指指向 *X/Y/Z* 轴的正方向，四指弯曲的方向就是旋转的正方向。

：单击选择该图标，用户通过指定 *ZX* 平面绕 *Y* 轴旋转的角度来确定 UCS，如图 6-35c 所示。

：单击选择该图标，用户通过指定 *XY* 平面绕 *Z* 轴旋转的角度来确定 UCS，如图 6-35d 所示。

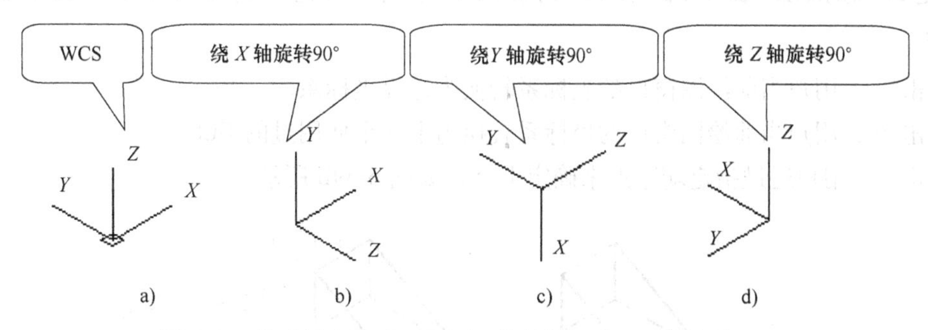

图 6-35　将世界坐标系（WCS）分别绕 *X*、*Y*、*Z* 轴旋转 90°

单击后面的倒三角符号，弹出的子菜单如图 6-34d 所示。

打开源文件“例图 6-36a”，分别执行如下操作：

：单击选择该图标，用户当前坐标系的 *XY* 平面变得与屏幕对齐，如图 6-36b 所示。

：单击选择该图标，UCS 将与用户所选择的三维对象对齐，且此时坐标系的原点将位于距所选对象位置最近的顶点，如图 6-37b 所示。

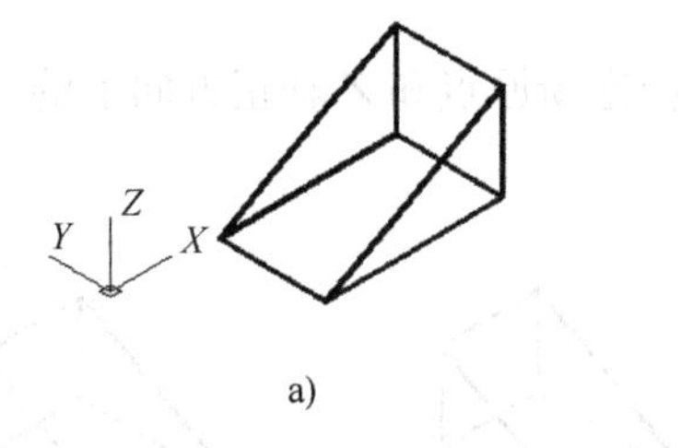

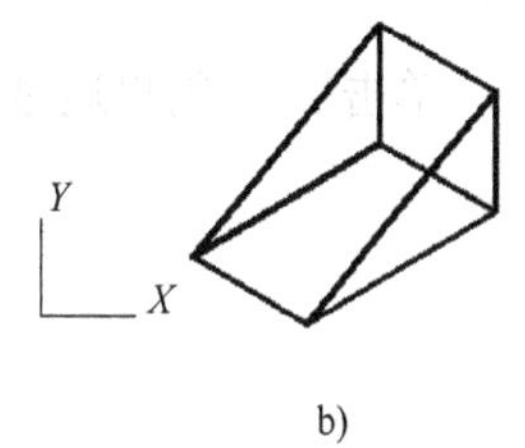

图 6-36　通过指定视图确定 UCS

：单击选择该图标，用户可选择实体的一个面来对齐确定 UCS，如图 6-38b 所示。

单击，在命令行中出现如下提示，用户可以根据提示建立合适的用户坐标系。

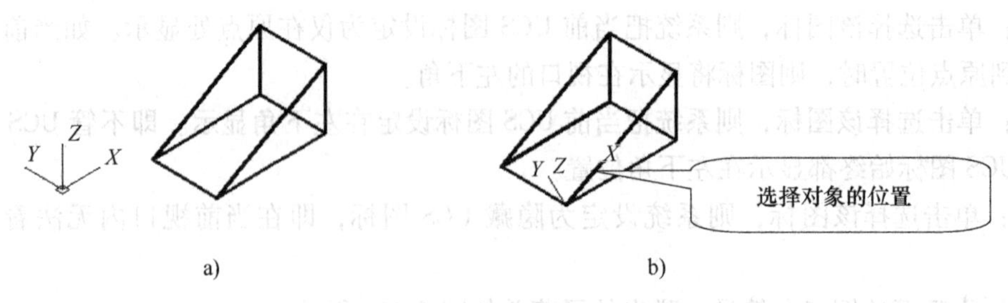

图 6-37 通过指定对象来确定 UCS

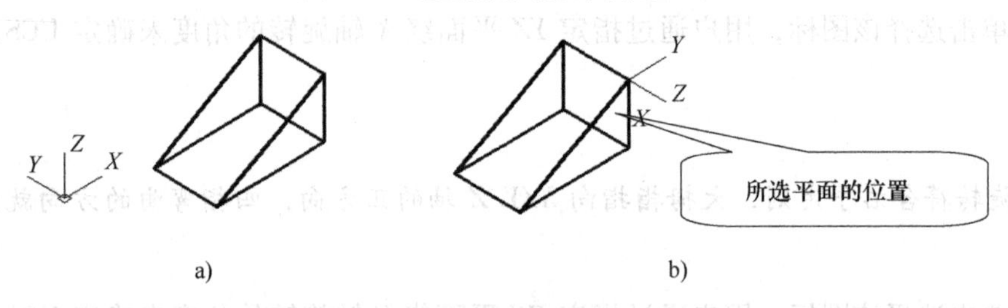

图 6-38 通过指定面来确定 UCS

命令: _ucs
当前 UCS 名称: * 世界 *
指定 UCS 的原点或 [面(F)/命名(NA)/对象(OB)/上一个(P)/视图(V)/世界(W)/X/Y/Z/Z 轴(ZA)] <世界>:

单击，用户当前绘图窗口的坐标系转换为世界坐标系。

单击，用户当前绘图窗口的坐标系转换为上一个使用过的 UCS。

单击，用户通过指定新原点来确定 UCS，如图 6-39b 所示。

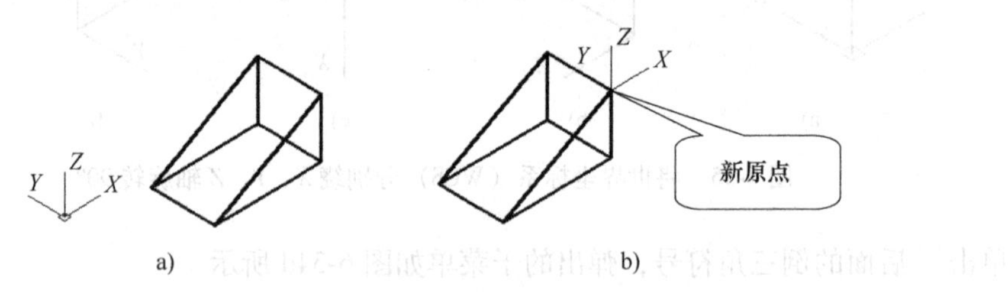

图 6-39 通过指定新原点确定 UCS

单击，用户通过指定新原点和 Z 轴正方向上的一点来确定 UCS，如图 6-40b 所示。

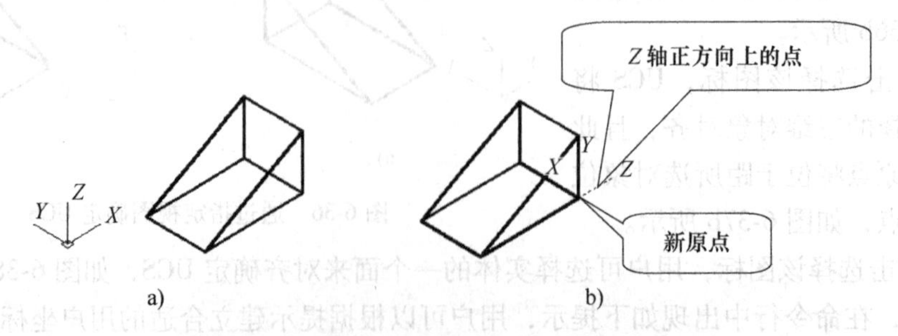

图 6-40 通过指定新原点和 Z 轴正方向确定 UCS

单击，用户通过指定新原点、X 轴正方向上一点和 Y 轴正方向上一点来确定 UCS，如图 6-41b 所示。

图 6-41　通过指定三点确定 UCS

单击，则弹出如图 6-42 所示的“UCS 图标”对话框。

根据该对话框得知，UCS 图标样式有二维和三维两种样式，二者只能选择其一。如果选中图标样式为三维，则可以对 UCS 图标的线宽进行设置，共有 3 种线宽，如图 6-42 所示线宽的下拉菜单。

UCS 图标大小：用于控制 UCS 图标的大小。

UCS 图标颜色：用于控制 UCS 图标在模型空间中的颜色。

应用单色复选框：当选中此框，UCS 图标颜色显示为单色。

单击，弹出如图 6-43 所示的对话框。对话框显示为“命名 UCS”选项卡，该选项卡将会列出所有的用户坐标系。用户可以在该选项卡内设置当前 UCS，命名 UCS 或删除已命名的 UCS。

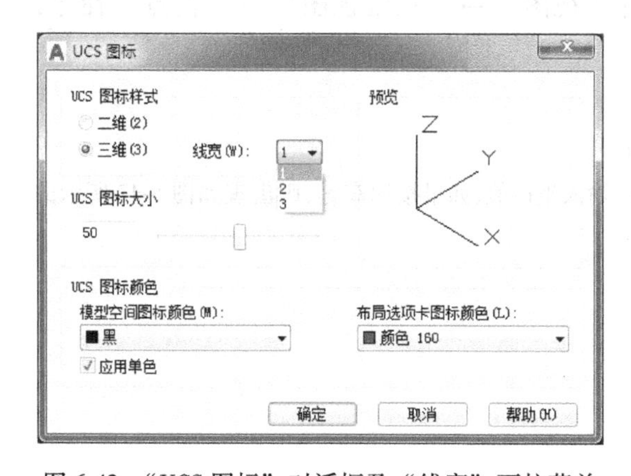

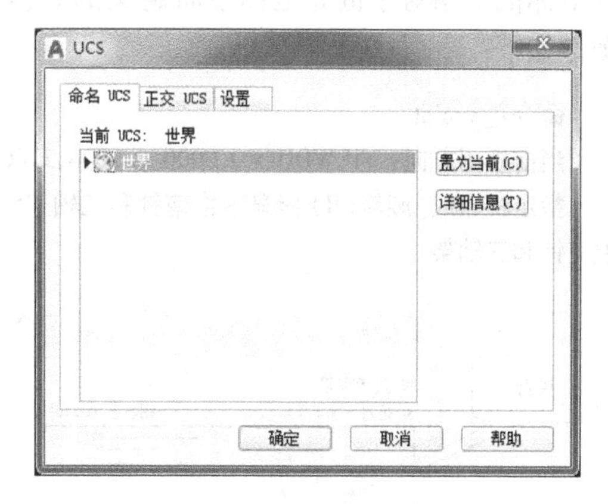

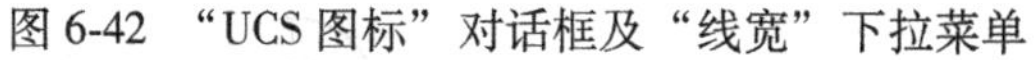

图 6-42　“UCS 图标”对话框及“线宽”下拉菜单

图 6-43　“命名 UCS”选项卡

正交 UCS：单击该选项卡，弹出如图 6-44 所示的对话框。该选项卡中列出了 6 个正交坐标系。正交坐标系是相对于列表中所指定的坐标系定义的。如果当前所选择的坐标系是世界坐标系，则 6 个正交坐标系是相对世界坐标来定义的。

设置 UCS：在“设置”选项卡内，可以对 UCS 图标及 UCS 进行相关设置，如图 6-45 所示。

4. 设置视点

（1）视点预设

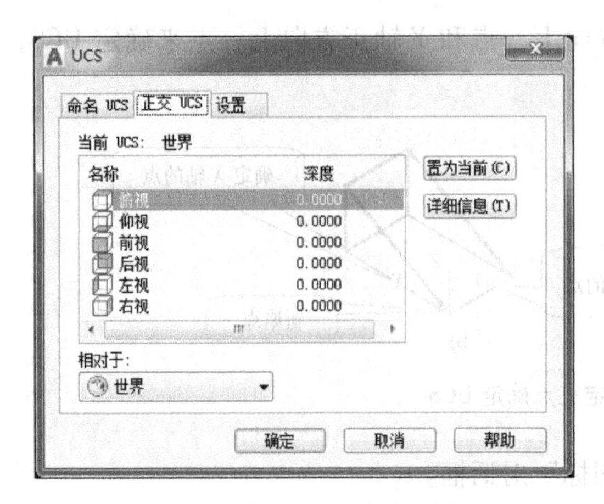

图 6-44 “正交 UCS” 选项卡

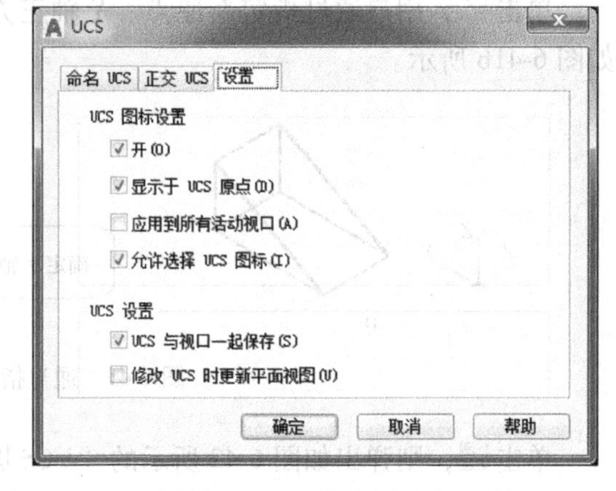

图 6-45 “设置” 选项卡

在 AutoCAD 2018 中，视点预设是通过设定两个相对于当前坐标系的 X 轴和 XY 平面的角度来定义观察方向。在“AutoCAD 经典”模式下，执行“视图”→“三维视图”→“视点预设”命令，弹出如图 6-46 所示的对话框。在该对话框中，设置观察角度可绝对于 WCS，也可相对于 UCS。对话框中的图，灰针指示了当前角度，用户可通过移动鼠标来控制黑针以指示新角度，也可在 X 轴和 XY 平面后对应的文本框中输入角度值来设定视点。

（2）视点

视点是指在绘图窗口中观察图形的出发点。可通过输入点的坐标值来定义观察方向，视点坐标值是相对于世界坐标系而定义的。执行“视图”→“三维视图”→“视点”命令，操作如下：

命令：_ vpoint

当前视图方向：VIEWDIR＝0.0000,0.0000,1.0000

指定视点或［旋转(R)］<显示指南针和三轴架>：//输入坐标值，如果按回车键，则出现如图 6-47 所示的指南针和三轴架。

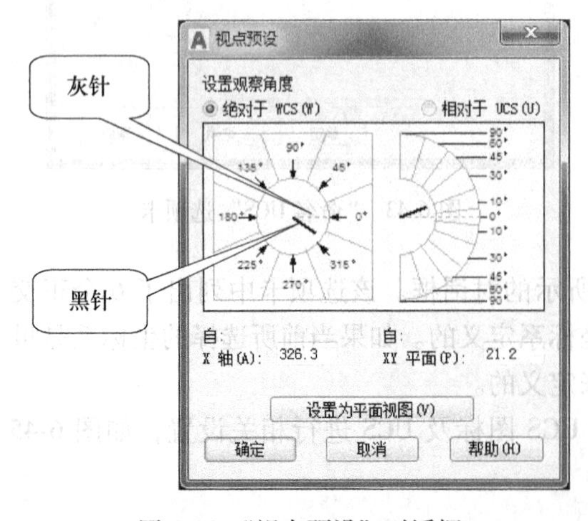

图 6-46 “视点预设” 对话框

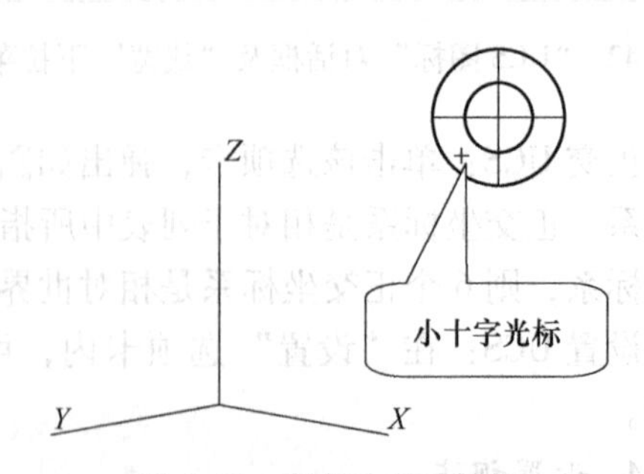

图 6-47 指南针和三轴架

☞提示：

①当移动鼠标控制小十字光标在球坐标范围内移动时，可以调整 *X*、*Y*、*Z* 轴的相对方位，从而定义视点。

②因“三维建模”工作空间中的部分图标命令没有在选项板中显示，用户可切换到经典空间按提示调用或操作。

5. 视图的显示

在绘制三维模型时，往往需要观察模型向不同投影面的投影，这样利于及时了解所绘制模型是否准确。用户可以执行“视图”→“三维视图”命令，在子菜单中单击模型相应视图进行观察。也可以选择功能区中“视图”选项卡，在对应的“视图”面板上直接单击进行选择，如图 6-48 所示。

☞提示：

“视图”面板中各个视图也可通过视点预设和视点命令来进行设置。例如主视图对应的视点坐标值为（0，-1，0），俯视图对应的视点坐标值为（0，0，1），左视图对应的视点坐标值为（-1，0，0），西南等轴测图对应的视点坐标值为（-1，-1，1）等。

6. 视图的动态观察

与前面所介绍的模型不同视图显示相比较，动态观察模型更直观、更方便。选择“视图”选项卡，单击“导航栏”面板，如图 6-49a 所示。在该面板内包含有“动态观察”等选项，单击图标下方的下箭头符号，弹出如图 6-49b 所示的子菜单。用户可在子菜单中选中相应选项观察模型。

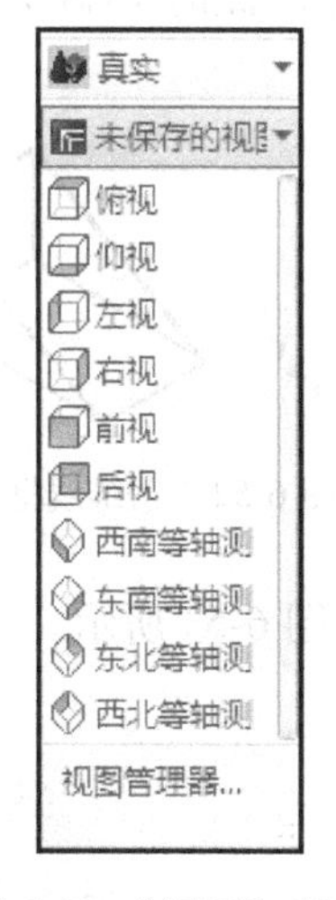

图 6-48　“视图”面板

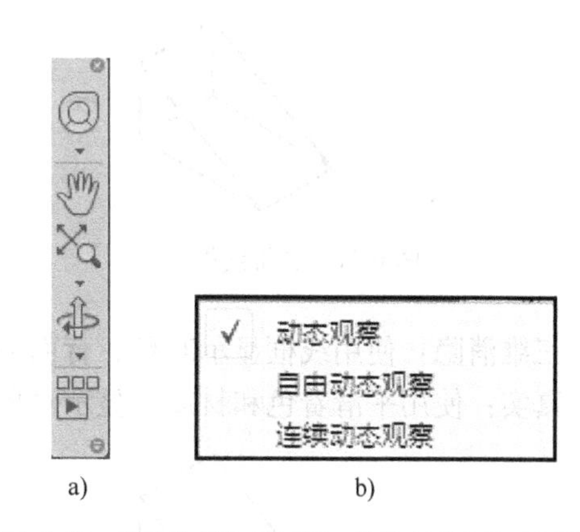

图 6-49　“导航栏”面板和“动态观察”子菜单

动态观察：在当前绘图窗口内通过移动鼠标实现动态观察。此时，视图的目标位置保持不变，是沿 *XY* 平面或 *Z* 轴受约束的三维动态观察。

自由动态观察：不参照任何平面，在任意方向上可进行动态观察。当沿着 *Z* 轴的 *XY* 平面进行动态观察时，视点不受约束。

连续动态观察：先在要连续动态观察移动的方向上单击并拖动鼠标，然后再松开鼠标，可以看到模型在该方向上沿着轨道连续旋转，从而达到连续动态观察的效果。

☞**提示**：

用户也可以执行“视图”→“动态观察”命令，在弹出的子菜单中选择相应的观察模式进行观察。

7. 视觉样式

在 AutoCAD 2018 中，系统提供了很多模型的显示效果，即视觉样式。执行“视图”→“视觉样式”命令，出现相应的子菜单，用户可以选择子菜单中不同的视觉样式来显示模型。也可以选择“视图”选项卡，在对应的“视觉样式”面板上单击“二维线框”后的下箭头符号，出现如图 6-50 所示的选项板。用户可在该选项板中选择不同的视觉样式来显示模型。

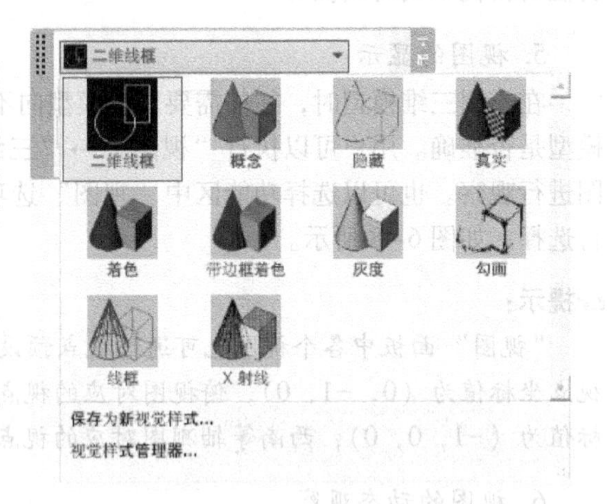

图 6-50 “视觉样式”选项板

再次打开源文件“例图 6-36a”，设置当前坐标系为世界坐标系，视图的显示模式为西南等轴测，视觉样式有如下几种：

二维线框：通过使用直线和曲线表示边界的方式显示对象。其光栅、OLE 对象、线型和线宽均可见，如图 6-51 所示。

三维线框：通过使用直线和曲线表示边界的方式显示对象。此时 UCS 为一个着色的三维图标，如图 6-52 所示。

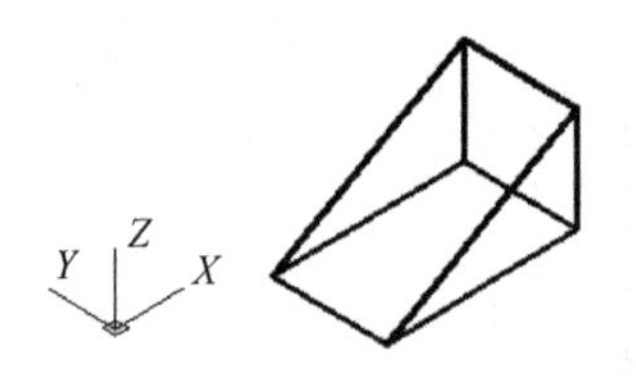

图 6-51 二维线框

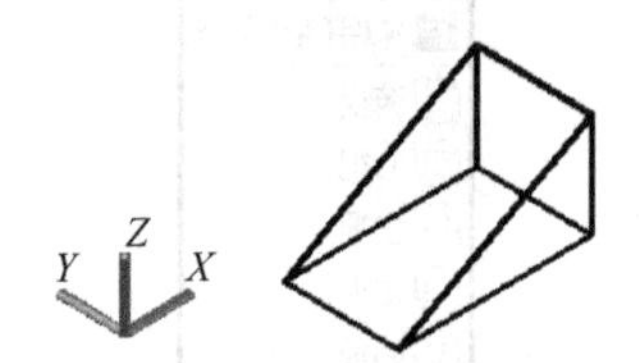

图 6-52 三维线框

三维消隐：使用线框显示对象，背面的线被隐藏表示，如图 6-53 所示。

真实：使用平滑着色和材质来显示对象，如图 6-54 所示。

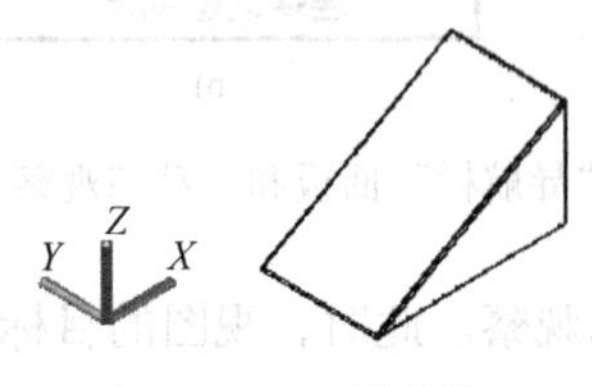

图 6-53 三维消隐

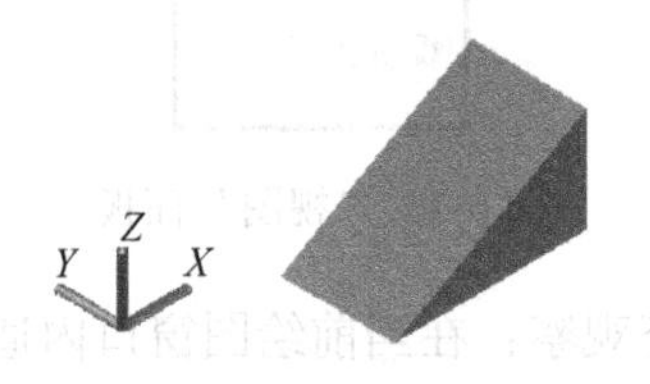

图 6-54 真实

概念：使用平滑着色和古氏面样式显示对象。古氏面样式在冷暖颜色而不是明暗效果之间转换。与真实样式相比其效果缺乏真实感，但可以更方便地查看模型的细节，如图 6-55

所示。

着色：使用平滑着色显示对象，如图 6-56 所示。

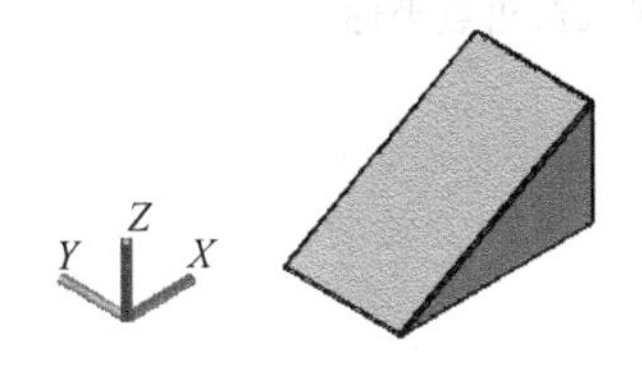

图 6-55　概念

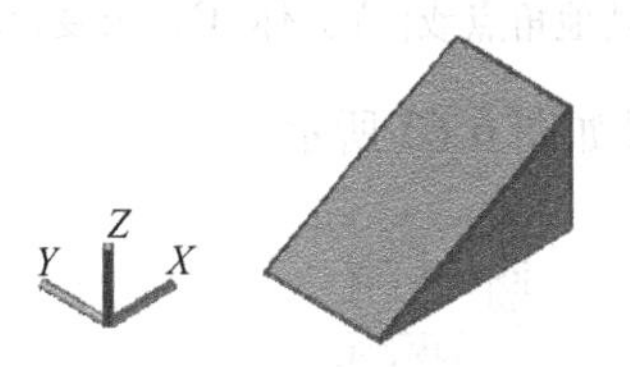

图 6-56　着色

带边缘着色：使用平滑着色和可见边显示对象，如图 6-57 所示。

灰度：使用平滑着色和单色灰度显示对象，如图 6-58 所示。

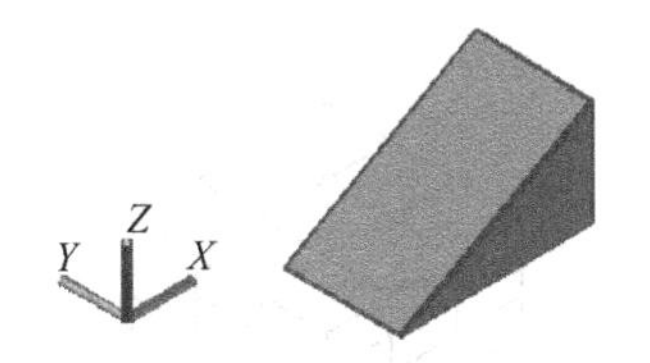

图 6-57　带边缘着色

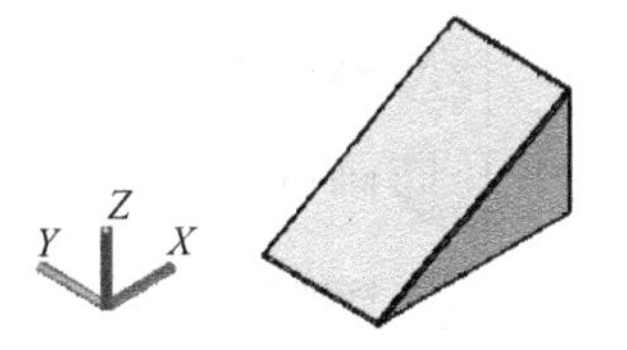

图 6-58　灰度

勾画：使用线延伸和抖动边修改器显示手绘效果的对象，如图 6-59 所示。

X 射线：以局部透明度显示对象，如图 6-60 所示。

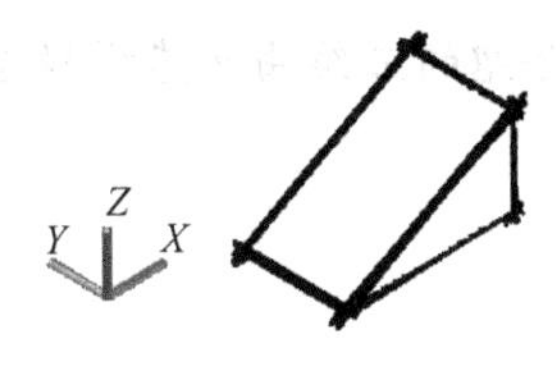

图 6-59　勾画

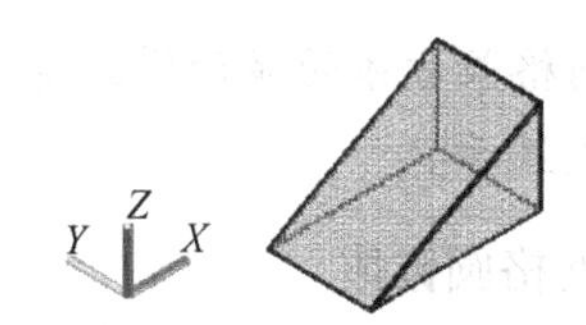

图 6-60　X 射线

6.3.2　三维曲面（网格）建模

1. 三维网格图元

三维网格图元是一种里面空心，外表为平面或是曲面包裹的模型。执行“绘图”→“建模”→“网格”→“图元”命令，弹出如图 6-61 所示的子菜单，在弹出的子菜单中选择相应的三维网格图元。或选择“网格”选项卡，在对应的“图元”面板上直接单击进行选择，如图 6-62 所示。

曲面(F)
网格(M)
设置(U)
图元(P)
平滑网格(S)
三维面(F)
旋转网格(M)
平移网格(T)
直纹网格(R)
边界网格(D)
长方体(B)
楔体(W)
圆锥体(C)
球体(S)
圆柱体(Y)
圆环体(T)
棱锥体(P)

图 6-61　“网格图元”子菜单

（1）网格长方体

单击“网格长方体”命令按钮，操作如下：

```
命令:_mesh
当前平滑度设置为:0 //系统默认平滑度
输入选项[长方体(B)/圆锥体(C)/圆柱体(CY)/棱锥体(P)/球体(S)/楔体(W)/圆环体(T)/设置
```

(SE)]<长方体>: _BOX//绘制网格长方体

指定第一个角点或[中心(C)]: //在绘图窗口内任意指定一点

指定其他角点或[立方体(C)/长度(L)]:@30,30,15 回车//输入对角点坐标

结果如图 6-63 所示。

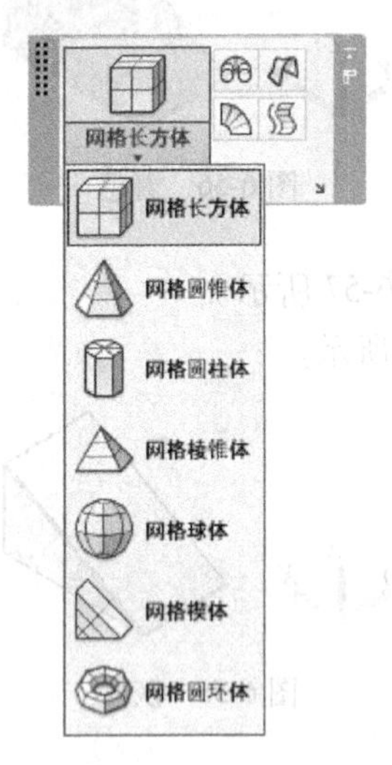

图 6-62 “图元”面板

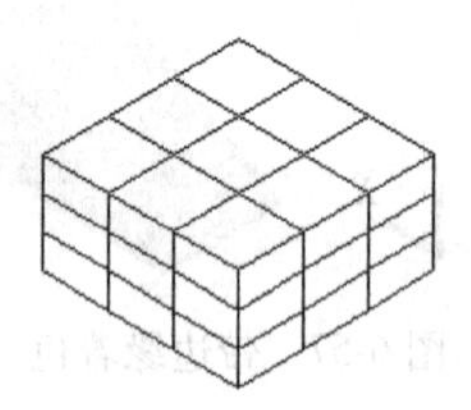

图 6-63 网格长方体

☞**提示：**

图中网格长方体的显示样式是二维线框模式，其后所介绍的三维曲面建模模型都是以二维线框模式显示。

(2) 网格圆锥体

单击“网格圆锥体”命令按钮，操作如下：

命令:_mesh

当前平滑度设置为: 0

输入选项[长方体(B)/圆锥体(C)/圆柱体(CY)/棱锥体(P)/球体(S)/楔体(W)/圆环体(T)/设置(SE)]:_CONE //绘制网格圆锥体

指定底面的中心点或[三点(3P)/两点(2P)/切点、切点、半径(T)/椭圆(E)]: //在绘图窗口内任意指定一点

指定底面半径或[直径(D)]:15 回车//输入底面半径 15

指定高度或[两点(2P)/轴端点(A)/顶面半径(T)]:T 回车//输入 T 以选择确定顶面半径

指定顶面半径<0.0000>:10 回车//输入顶面半径 10

指定高度或[两点(2P)/轴端点(A)]:20 回车//输入圆锥高度 20

结果如图 6-64 所示。

(3) 网格圆柱体

单击“网格圆柱体”命令按钮，操作如下：

命令:_mesh

当前平滑度设置为:0

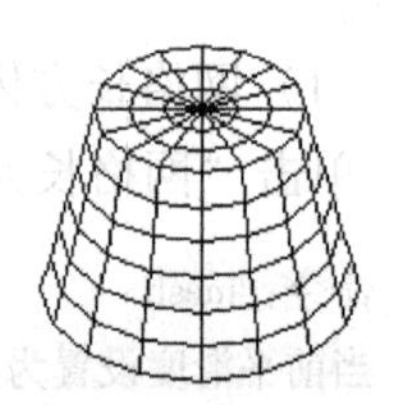

图 6-64 网格圆锥体

输入选项[长方体(B)/圆锥体(C)/圆柱体(CY)/棱锥体(P)/球体(S)/楔体(W)/圆环体(T)/设置(SE)]<圆锥体>: _CYLINDER //绘制网格圆柱体

指定底面的中心点或[三点(3P)/两点(2P)/切点、切点、半径(T)/椭圆(E)]: //在绘图窗口内任意指定一点

指定底面半径或[直径(D)]:15 回车//输入底面半径 15

指定高度或[两点(2P)/轴端点(A)]:20 回车//输入圆柱高度 20

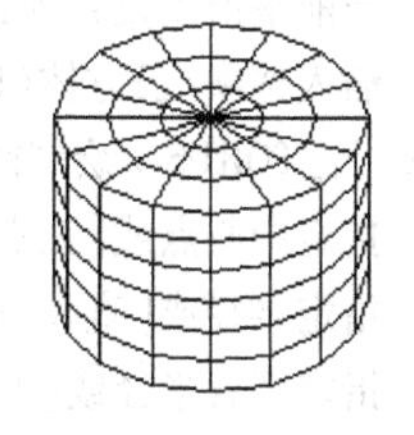

图 6-65　网格圆柱体

结果如图 6-65 所示。

(4) 网格棱锥体

单击“网格棱锥体”命令按钮，操作如下：

命令:_mesh

当前平滑度设置为:0

输入选项[长方体(B)/圆锥体(C)/圆柱体(CY)/棱锥体(P)/球体(S)/楔体(W)/圆环体(T)/设置(SE)]<棱锥体>: _PYRAMID //绘制网格棱锥体

4 个侧面 外切 //系统默认为四棱锥

指定底面的中心点或[边(E)/侧面(S)]: //在绘图窗口内任意指定一点

指定底面半径或[内接(I)]:15 回车//输入底面半径 15

指定高度或[两点(2P)/轴端点(A)/顶面半径(T)]:30 回车//输入棱锥高度 30

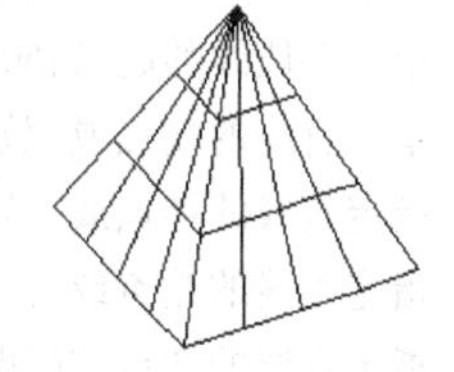

图 6-66　网格棱锥体

结果如图 6-66 所示。

(5) 网格球体

单击“网格球体”命令按钮，操作如下：

命令:_mesh

当前平滑度设置为:0

输入选项[长方体(B)/圆锥体(C)/圆柱体(CY)/棱锥体(P)/球体(S)/楔体(W)/圆环体(T)/设置(SE)]<棱锥体>: _SPHERE //绘制网格球体

指定中心点或[三点(3P)/两点(2P)/切点、切点、半径(T)]://在绘图窗口内任意指定一点

指定半径或 [直径(D)]:15 回车//输入网格球体半径 15

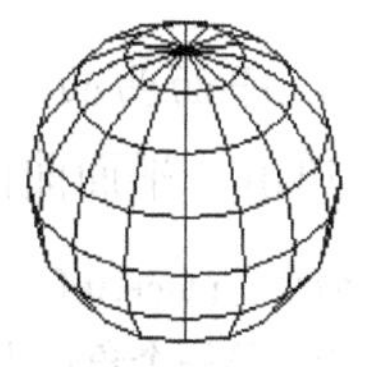

图 6-67　网格球体

结果如图 6-67 所示。

(6) 网格楔体

单击“楔体”命令按钮，操作如下：

命令:_mesh

当前平滑度设置为:0

输入选项[长方体(B)/圆锥体(C)/圆柱体(CY)/棱锥体(P)/球体(S)/楔体(W)/圆环体(T)/设置(SE)]:_WEDGE//绘制网格楔体

指定第一个角点或[中心(C)]: //在绘图窗口内任意指定一点

指定其他角点或[立方体(C)/长度(L)]:L 回车//输入 L 以指定楔体长度

指定长度:30 回车//输入楔体长度 30

指定宽度:20 回车//输入楔体宽度 20

指定高度或[两点(2P)]:20 回车//输入楔体高度 20

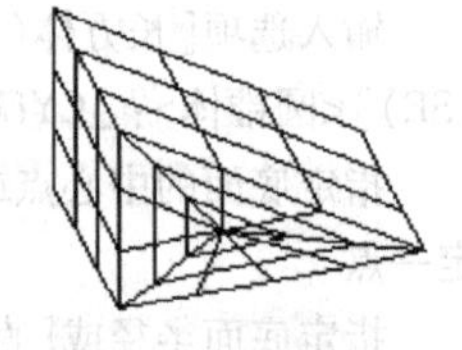
图 6-68 网格楔体

结果如图 6-68 所示。

(7) 网格圆环体

单击“网格圆环体”命令按钮，命令与操作如下：

命令:_mesh
当前平滑度设置为:0
输入选项[长方体(B)/圆锥体(C)/圆柱体(CY)/棱锥体(P)/球体(S)/楔体(W)/圆环体(T)/设置(SE)]:_TORUS//绘制网格圆环体
指定中心点或[三点(3P)/两点(2P)/切点、切点、半径(T)]://在绘图窗口内任意指定一点
指定半径或[直径(D)]:15 回车//输入网格圆环体半径 15
指定圆管半径或[两点(2P)/直径(D)]:5 回车//输入圆管半径 5

结果如图 6-69 所示。

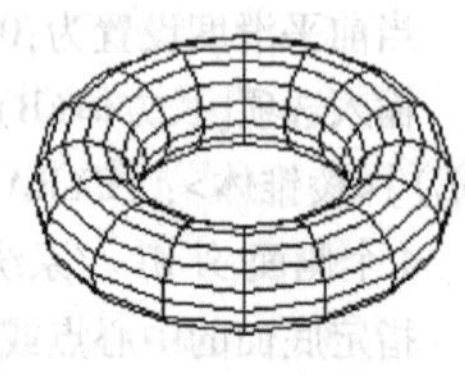
图 6-69 网格圆环体

2. 三维多段线

与二维多段线相比，确定三维多段线的点增加了 Z 坐标值。在功能区中选择“曲面”选项卡。单击“三维多段线”命令按钮，操作如下：

命令:_3dpoly
指定多段线的起点:50,50,0 回车//输入第一点坐标
指定直线的端点或[放弃(U)]:60,70,20 回车//输入第二点坐标
指定直线的端点或[放弃(U)]:80,30,40 回车//输入第三点坐标
指定直线的端点或[闭合(C)/放弃(U)]:100,80,50 回车//输入第四点坐标
指定直线的端点或[闭合(C)/放弃(U)]:回车//结束命令

结果如图 6-70 所示。

图 6-70 三维多段线

☞提示：

将当前视图设为“西南等轴测”，在“导航”面板中选择“动态观察”，可多方位地观察此三维多段线。

3. 平面曲面

单击“平面曲面”命令按钮，操作如下：

命令:_planesurf
指定第一个角点或[对象(O)]<对象>: //在绘图窗口内任意指定一点
指定其他角点:@20,20 回车//输入对角点的相对坐标

结果如图 6-71 所示。

图 6-71 平面曲面

☞提示：

所绘制的平面曲面在由 X、Y 轴所确定的平面上。

4. 三维面

用户可以通过指定顶点来绘制三维面网格，其顶点数不能超过 4 个。执行“绘图”→“建模”→“网格”→“三维面”命令，操作如下：

```
命令:_3dface
指定第一点或[不可见(I)]:10,10,10 回车//输入第一个顶点坐标
指定第二点或[不可见(I)]:10,20,30 回车//输入第二个顶点坐标
指定第三点或[不可见(I)]<退出>:40,50,60 回车//输入第三个顶点坐标
指定第四点或[不可见(I)]<创建三侧面>:20,50,20 回车//输入第四个顶点坐标
指定第三点或[不可见(I)]<退出>:回车//结束命令
```

结果如图 6-72 所示。

图 6-72　三维面

5. 矩形网格

使用矩形网格命令可以在 *M* 和 *N* 方向（类似于 *XY* 平面的 *X* 轴和 *Y* 轴）上创建开放多边形网格。在命令行内输入“3dmesh”，操作如下：

```
命令:_3dmesh
输入 M 方向上的网格数量:3 回车//输入 M 方向上的网格数量 3
输入 N 方向上的网格数量:3 回车//输入 N 方向上的网格数量 3
为顶点(0, 0)指定位置:10,2,1 回车//输入第 1 行、第 1 列的顶点坐标
为顶点(0, 1)指定位置:10,4,2 回车//输入第 1 行、第 2 列的顶点坐标,以下类同
为顶点(0, 2)指定位置:10,5,3 回车
为顶点(1, 0)指定位置:20,1,0 回车
为顶点(1, 1)指定位置:20,3,2 回车
为顶点(1, 2)指定位置:20,5,4 回车
为顶点(2, 0)指定位置:30,3,1 回车
为顶点(2, 1)指定位置:30,4,2 回车
为顶点(2, 2)指定位置:30,6,4 回车
```

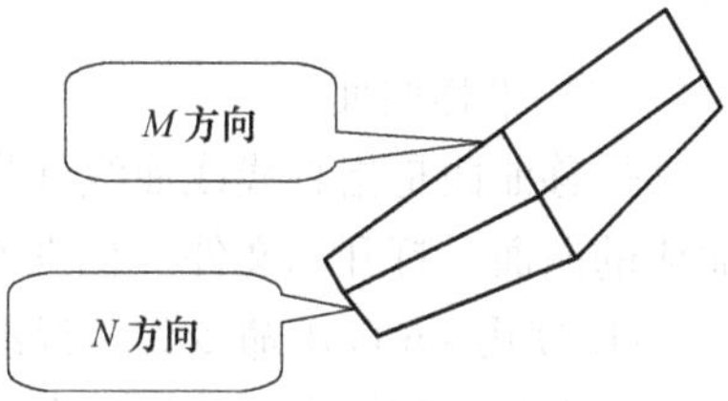

结果如图 6-73 所示。

图 6-73　矩形网格

☞**提示：**

M 和 *N* 方向网格面的顶点数在 2~256 取值，且为整数。

6. 三维网格曲面

在功能区中选择“网格”选项卡。

（1）直纹曲面

直纹曲面是由指定的直线或曲线作为相对的两边所生成。打开源文件“例图 6-74a”，单击“直纹曲面”命令按钮，操作如下：

```
命令:_rulesurf
当前线框密度:SURFTAB1=20 //系统显示当前的默认线框密度
选择第一条定义曲线://选择第一条定义线
选择第二条定义曲线://选择第二条定义线
```

结果如图 6-74b 所示。

☞**提示：**

直纹曲面的边界可以是直线、点、圆弧、圆、椭圆、椭圆弧、二维多段线、三维多段线

和样条曲线。用做直纹曲面边界的两个对象必须是全部开放或是闭合。点对象可以和开放或闭合对象成对使用，不受影响。

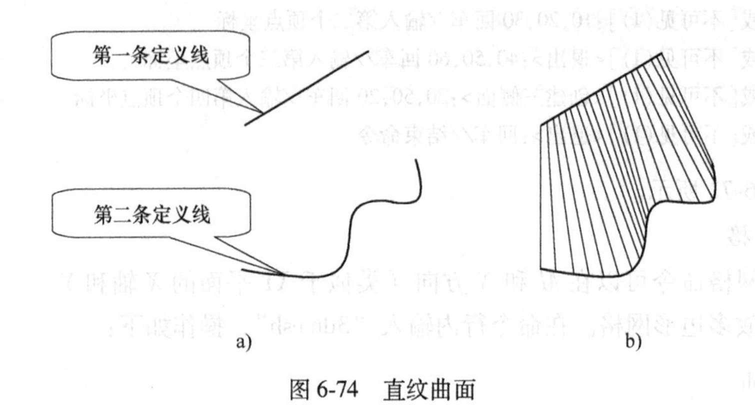

图 6-74　直纹曲面

☞提示：

线框密度可通过输入 surftab1，surftab2 来进行设置。surftab1（经线）可用于控制 Rulesurf（直纹曲面）和 Tabsurf（平移曲面）命令的网格控制点数目，也可用于 Revsurf（旋转曲面）和 Edgesurf（边界曲面）命令的 M 方向网格点数目。surftab2（纬线）用于控制 Revsurf（旋转曲面）和 Edgesurf（边界曲面）命令的 N 方向网格点数目。

（2）平移曲面

平移曲面是指直线或曲线（即轨迹曲线）沿着指定的方向和距离（即方向矢量）伸展而成的曲面。打开源文件“例图 6-75a”。

① 使用 surftab1 命令设置经线方向线框密度为 20。

在命令行中输入“surftab1”，操作如下：

```
命令:_surftab1
输入 SURFTAB1 的新值<6>:20 回车//输入新值 20
```

② 使用平移曲面命令。

单击“平移曲面”命令按钮，操作如下：

```
命令:_tabsurf
当前线框密度:SURFTAB1=20 //设置的线框密度
选择用做轮廓曲线的对象://选择轨迹曲线
选择用做方向矢量的对象://选择方向矢量
```

☞提示：

选择直线作为方向矢量时，若选中直线上的点 A，则伸展方向从 A 到 B，如图 6-75b 所示；若选中直线上的点 B，则伸展方向从 B 到 A，伸展的距离为方向矢量的长度，如图 6-75c 所示。

（3）旋转曲面

旋转曲面命令是指一条轮廓线绕指定轴以指定角度旋转而形成的曲面。该轮廓线可以是

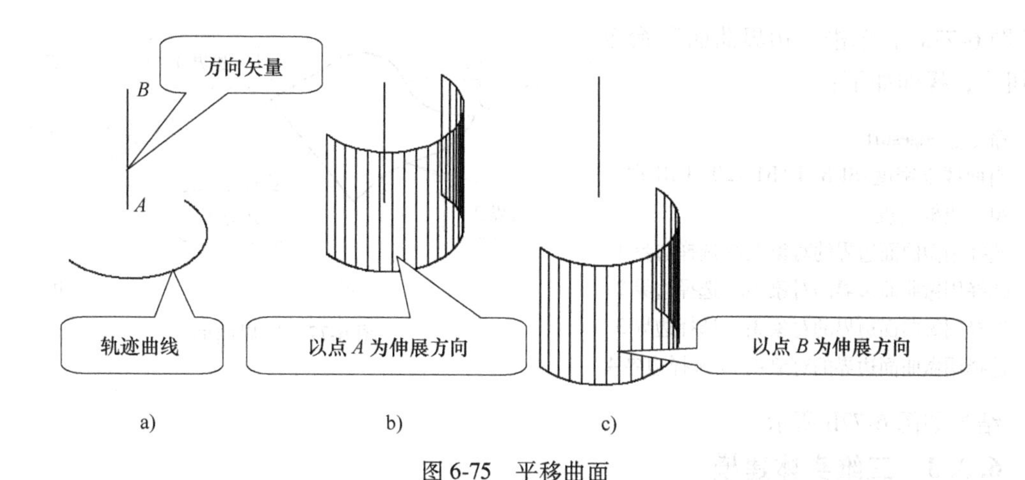

图 6-75　平移曲面

由直线、圆、圆弧、椭圆、椭圆弧、多段线、样条曲线、闭合多段线、多边形、闭合样条曲线和圆环的任意组合组成的。旋转而成的曲面可以是封闭的，也可以不是封闭的。打开源文件“例图 6-76a”。

1）使用 surftab1 命令设置经线方向线框密度为 20。

在命令行中输入“surftab1”，操作如下：

```
命令:SURFTAB1 回车//设置经线数
输入 SURFTAB1 的新值<6>:20 回车//输入新值 20
```

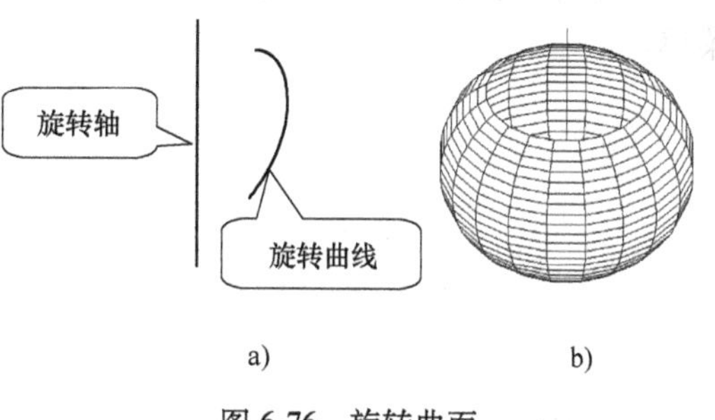

图 6-76　旋转曲面

2）使用 SURFTAB2 命令设置纬线方向线框密度为 20。

在命令行中输入“SURFTAB2”，操作如下：

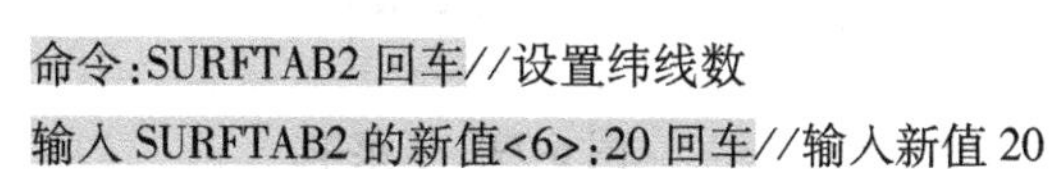

```
命令:SURFTAB2 回车//设置纬线数
输入 SURFTAB2 的新值<6>:20 回车//输入新值 20
```

3）使用旋转曲面命令，绘制的旋转曲面如图 6-76b 所示。

单击“旋转曲面”命令按钮，操作如下：

```
命令:_revsurf
当前线框密度:SURFTAB1=20 SURFTAB2=20 //设置的线框密度
选择要旋转的对象://选择旋转曲线
选择定义旋转轴的对象: //选择旋转轴
指定起点角度<0>:回车//默认旋转的起始角度为 0°
指定包含角(+=逆时针,-=顺时针)<360>:回车//默认包含角为 360°,并结束命令
```

（4）边界曲面

边界曲面是通过定义 4 条首尾相连的边而构成的曲面，它相当于孔斯曲面。边界可以是能够形成闭合环而且能共享端点的圆弧、直线、多段线、样条曲线或椭圆弧。打开源文件

“例图 6-77a”，单击“边界曲面”命令按钮，操作如下：

命令：_edgesurf
当前线框密度：SURFTAB1 = 20 SURFTAB2 = 20//线框密度
选择用做曲面边界的对象 1：//选择边界 1
选择用做曲面边界的对象 2：//选择边界 2
选择用做曲面边界的对象 3：//选择边界 3
选择用做曲面边界的对象 4：//选择边界 4

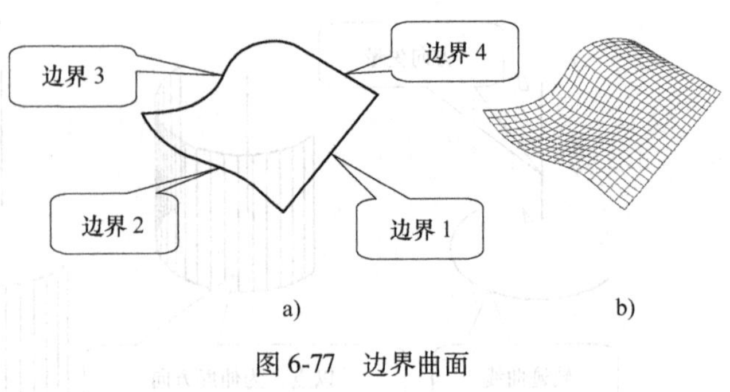

图 6-77　边界曲面

结果如图 6-77b 所示。

6.3.3　三维实体建模

1. 绘制基本三维实体

AutoCAD 2018 除了三维曲面建模功能，还有三维实体建模功能。选择“功能区”中的“实体”选项卡，对应有“图元”面板，如图 6-78 所示。基本的三维实体包括长方体、圆柱体、球体、多段体等。单击“多段体”图标下的下箭头符号，弹出如图 6-79 所示的子菜单。

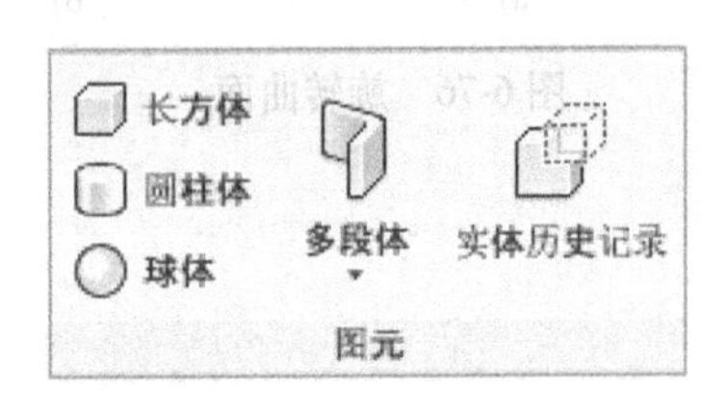

图 6-78　“图元”面板

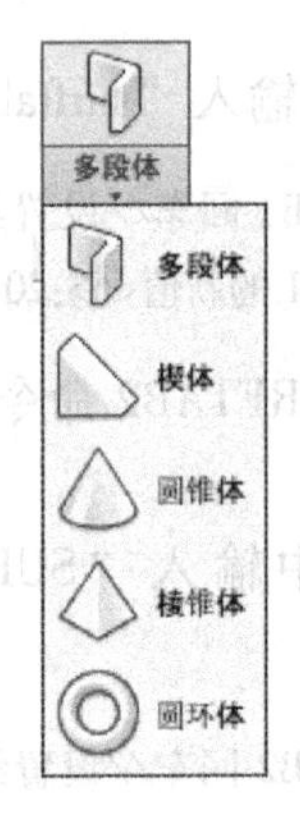

图 6-79　子菜单

（1）长方体

根据命令行的提示，用户可以用不同的方法绘制长方体。

1）通过指定两个对角点（*A* 点、*B* 点）绘制长方体。

单击“长方体”命令按钮，操作如下：

命令：_box
指定第一个角点或[中心(C)]：//在绘图窗口内任意指定第一角点 *A*
指定其他角点或[立方体(C)/长度(L)]：@ 30,30,20 回车//指定第二个对角点 *B*

结果如图 6-80 所示。

☞**提示：**

绘制的长方体的视觉样式是二维线框模式。

2）通过指定两个角点（*A* 点、*B* 点）和高度绘制长方体。

单击“长方体”命令按钮，操作如下：

```
命令:_box
指定第一个角点或[中心(C)]://在绘图窗口内任意指定第一角点 A
指定其他角点或[立方体(C)/长度(L)]:@ 30,30 回车//指定长方体底面第二角点 B
指定高度或[两点(2P)]:20 回车//输入高度 20
```

结果如图 6-81 所示。

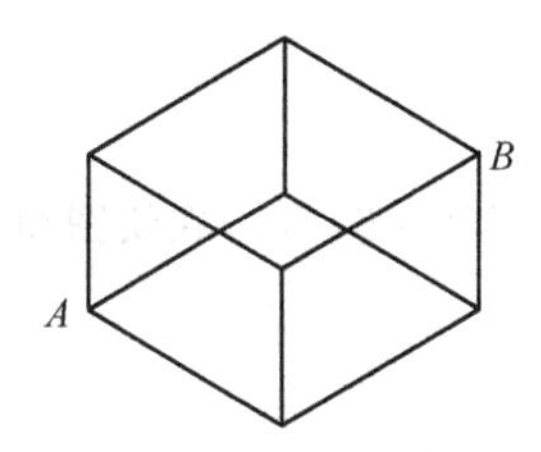

图 6-80　指定两个角点

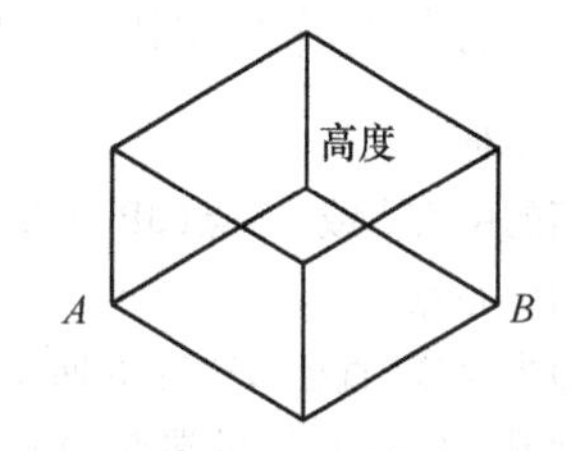

图 6-81　指定两个角点和高度

3）通过指定长、宽、高绘制长方体。

单击“长方体”命令按钮，操作如下：

```
命令:_box
指定第一个角点或[中心(C)]://在绘图窗口内任意指定一点
指定其他角点或[立方体(C)/长度(L)]:L 回车//输入 L 以指定长方体的长度
指定长度:30 回车//输入长方体的长度 30
指定宽度:30 回车//输入长方体的宽度 30
指定高度或[两点(2P)]:20 回车//输入长方体的高度 20
```

结果如图 6-82 所示。

4）通过指定中心点（*A* 点）和角点（*B* 点）绘制长方体。

单击“长方体”命令按钮，操作如下：

```
命令:_box
指定第一个角点或[中心(C)]:C 回车//输入 C 以指定长方体的中心
指定中心://在绘图窗口内任意指定中心点 A
指定角点或[立方体(C)/长度(L)]:@ 10,20,30 回车//输入点的相对坐标以确定长方体的角点 B
```

结果如图 6-83 所示。

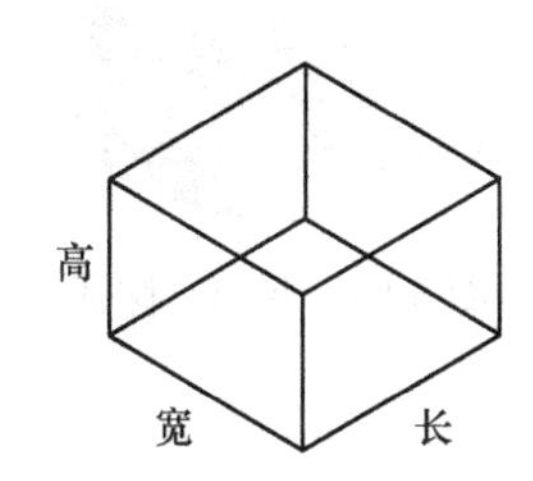

图 6-82　指定长、宽、高

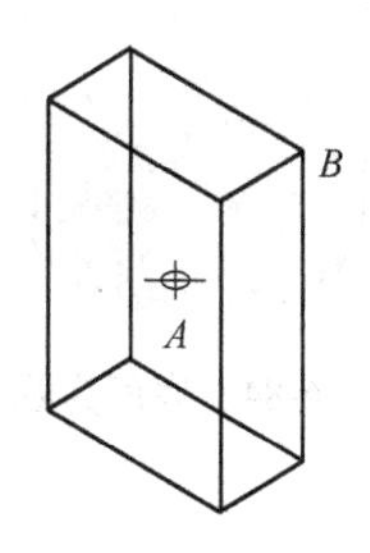

图 6-83　指定中心点和角点

☞提示：

除上面介绍的 4 种方法以外，绘制长方体的方法还有很多，例如通过指定长、宽和两点进行绘制，通过指定两角点和两点进行绘制等。

（2）圆柱体

圆柱体的底面可以是圆或椭圆。根据第 2 章介绍得知，圆和椭圆的绘制方法有多种，则圆柱体的绘制方法也有多种，这里不做详细介绍。

1）底面为圆的圆柱体。

单击“圆柱体”命令按钮，操作如下：

命令：_cylinder

指定底面的中心点或[三点(3P)/两点(2P)/切点、切点、半径(T)/椭圆(E)]：//在绘图窗口内任意指定一点为底面中心点

指定底面半径或[直径(D)]:15 回车//输入底面半径值

指定高度或[两点(2P)/轴端点(A)]<20.0000>:20 回车//输入高度值

结果如图 6-84 所示。

☞提示：

绘制的圆柱体的视觉样式是概念模式。

2）底面为椭圆的圆柱体。

单击“圆柱体”命令按钮，操作如下：

命令：_cylinder

指定底面的中心点或[三点(3P)/两点(2P)/切点、切点、半径(T)/椭圆(E)]:E//输入 E 以指定底面为椭圆

指定第一个轴的端点或[中心(C)]://在绘图窗口内任意指定第一个轴的端点

指定第一个轴的其他端点:30 回车//先用鼠标使十字光标向 X 轴的正方向移动，再输入 30 以确定椭圆轴的另一个端点

指定第二个轴的端点:20 回车//先用鼠标使十字光标向 Y 轴的正方向移动，在输入 20 以确定第二个轴的两个端点

指定高度或[两点(2P)/轴端点(A)]<20.0000>:20 回车//输入高度值

结果如图 6-85 所示。

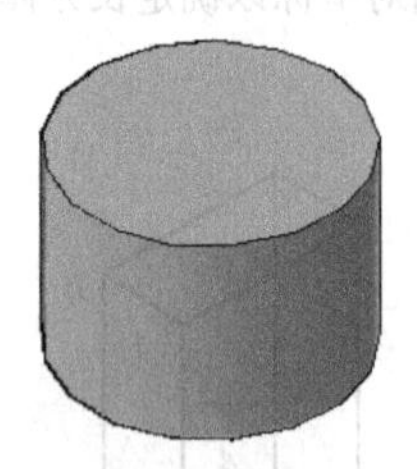

图 6-84　底面为圆

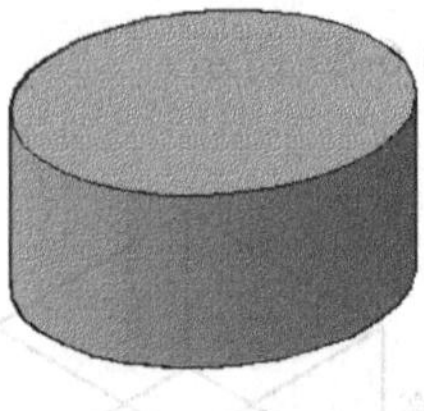

图 6-85　底面为椭圆

（3）球体

单击“球体”命令按钮，操作如下：

命令:_sphere

指定中心点或[三点(3P)/两点(2P)/切点、切点、半径(T)]://在绘图窗口内任意指定一点为球体中心点

指定半径或[直径(D)]:15 回车//输入半径值 15

结果如图 6-86 所示。

图 6-86　球体

☞提示：

通过命令行得知，球体的绘制方法有多种。命令行选项中的“三点”表示可以通过指定球体圆周上的三点进行绘制，“两点”表示可以通过指定球体圆周上的两点进行绘制，“切点、切点、半径”表示可以通过指定与球体相切的两对象及球体半径进行绘制。

（4）多段体

绘制多段体是指绘制具有固定高度和宽度的直线段和曲线段。单击“多段体”命令按钮，操作如下：

命令:_polysolid

高度=80.0000,宽度=5.0000,对正=居中//当前多段体的设置

指定起点或[对象(O)/高度(H)/宽度(W)/对正(J)]<对象>:H 回车//输入 H 以指定多段体高度

指定高度<80.0000>:20 回车//输入多段体新高度 20

高度=20.0000,宽度=5.0000,对正=居中//显示修改后的多段体设置

指定起点或[对象(O)/高度(H)/宽度(W)/对正(J)]<对象>://在绘图窗口内任意指定一点

指定下一个点或[圆弧(A)/放弃(U)]://任意指定一点

指定下一个点或[圆弧(A)/放弃(U)]:A 回车//输入 A 以画圆弧段

指定圆弧的端点或[闭合(C)/方向(D)/直线(L)/第二个点(S)/放弃(U)]: //任意指定一点

指定下一个点或[圆弧(A)/闭合(C)/放弃(U)]:指定圆弧的端点或 [闭合(C)/方向(D)/直线(L)/第二个点(S)/放弃(U)]:回车//结束命令

结果如图 6-87 所示。

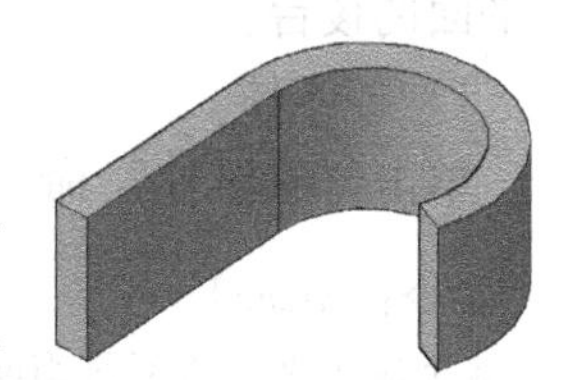

图 6-87　多段体

☞提示：

在对应的命令行中有“［对象（O）］”这一选项，它表示可以把直线、二维多段线、圆弧和圆等对象转换为多段体，打开源文件“例图 6-88a”，执行多段体命令，先在命令行中输入“O”，按<Enter>键，然后选择源文件中的线段，结果如图 6-88b 所示。

（5）楔体

与绘制长方体类似，楔体的绘制方法也有多种。单击“楔体”命令按钮，操作如下：

命令:_wedge

指定第一个角点或[中心(C)]: //在绘图窗口内任意指定一点

指定其他角点或[立方体(C)/长度(L)]:@ 30,30 回车//指定第二角点

指定高度或[两点(2P)]<20.0000>:20 回车//输入高度值 20

结果如图 6-89 所示。

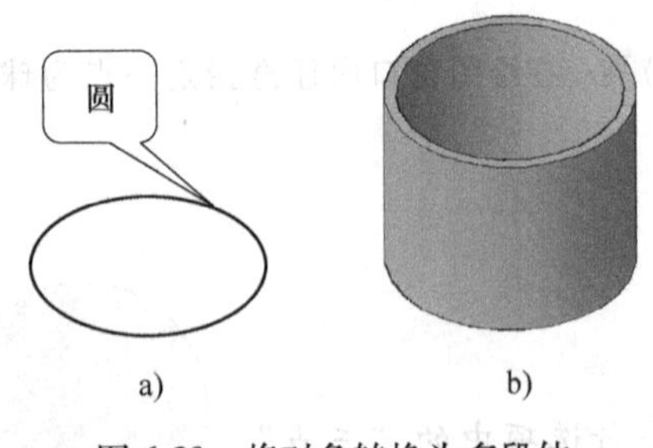

图 6-88　将对象转换为多段体

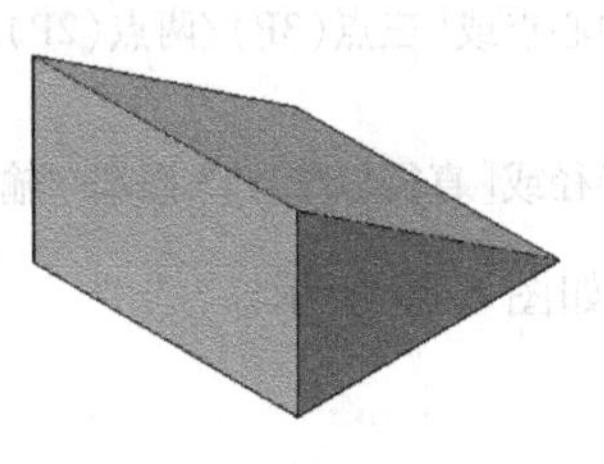
图 6-89　楔体

☞**提示：**

根据命令行得知，用户还可以通过指定两个角点绘制楔体，通过指定长、宽、高绘制楔体以及通过指定中心点和角点绘制楔体等。

(6) 锥体

锥体的底面跟圆柱体一样，可以是圆，也可以是椭圆。因圆和椭圆的绘制方法有多种，故圆锥体的绘制方法也有多种。单击“圆锥体”命令按钮，操作如下：

命令：_cone

指定底面的中心点或[三点(3P)/两点(2P)/切点、切点、半径(T)/椭圆(E)]：//在绘图窗口内任意指定一点为底面中心点

指定底面半径或[直径(D)]:15 回车//输入底面半径值 15

指定高度或[两点(2P)/轴端点(A)/顶面半径(T)]<20.0000>：20 回车//输入圆锥体高度值 20

结果如图 6-90 所示。

(7) 棱锥体

在 AutoCAD 2018 中，可绘制最多具有 32 个侧面的棱锥体。使用绘制棱锥体命令，能够绘制倾斜至一个点的棱锥体，也能绘制从底面倾斜至平面的棱台。

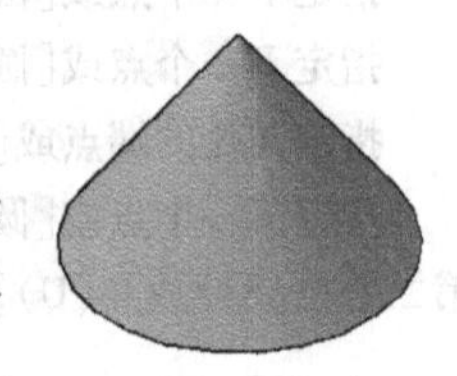
图 6-90　圆锥体

1) 棱锥体。

单击“棱锥体”命令按钮，操作如下：

命令：_pyramid

4 个侧面 外切//系统当前默认为四棱锥

指定底面的中心点或[边(E)/侧面(S)]：S 回车//输入 S 以指定棱锥的侧面数

输入侧面数<4>：6 回车//输入 6 以指定棱锥的侧面数为 6

指定底面的中心点或[边(E)/侧面(S)]：//在绘图窗口内任意指定一点

指定底面半径或[内接(I)]：15 回车//输入底面外切圆半径值 15

指定高度或[两点(2P)/轴端点(A)/顶面半径(T)]：20 回车//输入棱锥高度 20

结果如图 6-91 所示。

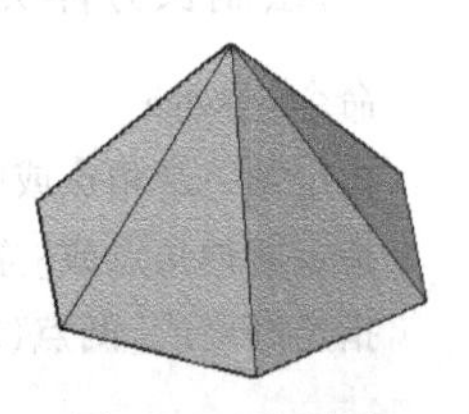
图 6-91　六棱锥

2) 棱台。

单击“棱锥体”命令按钮，操作如下：

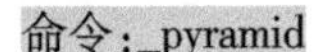
命令：_pyramid

6 个侧面 外切//系统当前默认为六棱锥
指定底面的中心点或[边(E)/侧面(S)]://在绘图窗口内任意指定一点
指定底面半径或[内接(I)]:15 回车//输入底面外切圆半径值 15
指定高度或[两点(2P)/轴端点(A)/顶面半径(T)]<20.0000>:T 回车//输入 T 以指定顶面外切圆半径
指定顶面半径<0.0000>:10 回车//输入顶面外切圆半径值 10
指定高度或[两点(2P)/轴端点(A)]<20.0000>:20 回车//输入棱台高度值 20

结果如图 6-92 所示。

（8）绘制圆环体

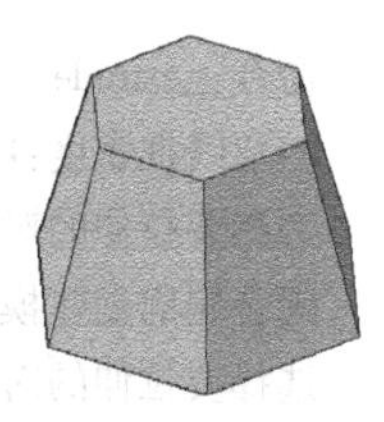

图 6-92　六棱台

绘制圆环体需要确定两个半径值，一个是圆管半径，另一个是从圆环体的圆心到圆管的圆心之间的距离（即圆环体半径）。圆环体可以有中心孔，也可以没有。自交的圆环体没有中心孔，因为圆管半径大于圆环体的半径。

1）有中心孔的圆环体。

单击“圆环体”命令按钮◎，操作如下：

命令:_torus
指定中心点或[三点(3P)/两点(2P)/切点、切点、半径(T)]://在绘图窗口内任意指定一点
指定半径或[直径(D)]:15 回车//输入圆环体半径值 15
指定圆管半径或[两点(2P)/直径(D)]:5 回车//输入圆管半径值 5

结果如图 6-93 所示。

2）无中心孔的圆环体。

单击“圆环体”命令按钮◎，操作如下：

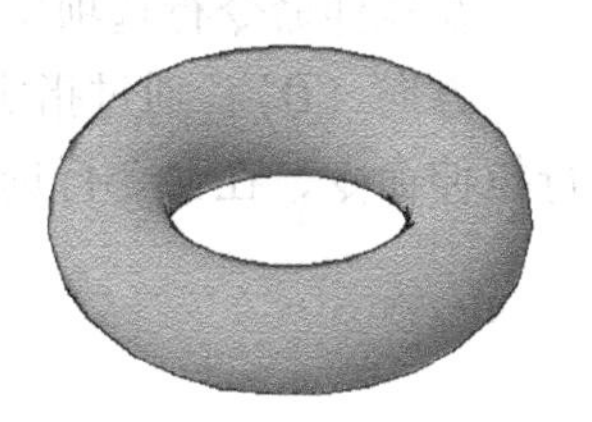

图 6-93　有中心孔的圆环体

命令:_torus
指定中心点或[三点(3P)/两点(2P)/切点、切点、半径(T)]://在绘图窗口内任意指定一点
指定半径或[直径(D)]<15.0000>:10 回车//输入圆环体半径值 10
指定圆管半径或[两点(2P)/直径(D)]<20.0000>:15 回车//输入圆管半径值 15

结果如图 6-94 所示。

2. 从二维几何图形创建三维实体

在 AutoCAD 2018 中，系统提供了从二维几何图形创建三维实体的各种方法，包括扫掠、拉伸、旋转、放样、剖切等。在功能区中选择“实体”选项卡，对应有“实体”面板，如图 6-95a 所示。单击“扫掠”图标下的下箭头符号，弹出如图 6-95b 所示的子菜单。

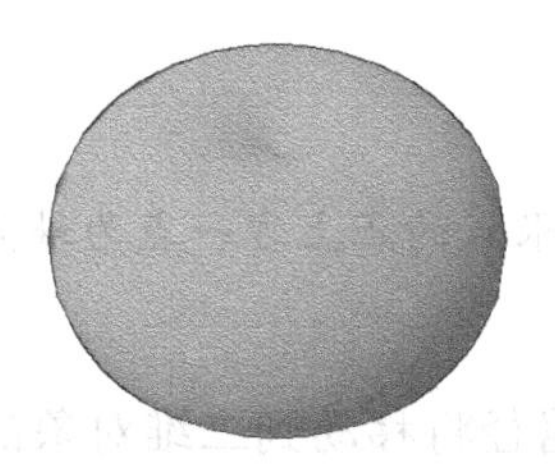

图 6-94　无中心孔的圆环体

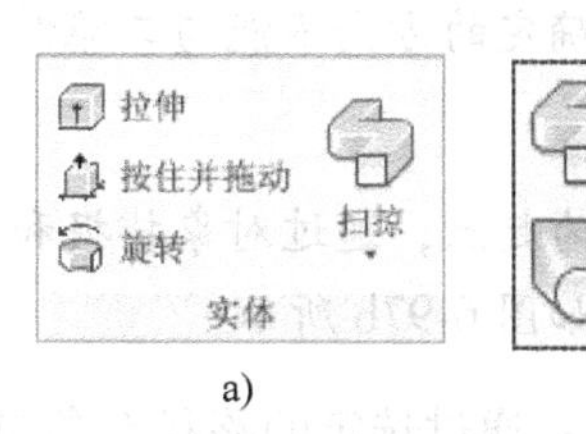

a)

扫掠
放样

b)

图 6-95　“实体”面板及子菜单

（1）拉伸

通过拉伸二维或三维曲线来创建三维实体或曲面。可以被拉伸的对象有三维面、圆弧、圆、椭圆、椭圆弧、直线、二维和三维多段线、面域、宽线、二维实体、网格的边和面、三维实体的边和面、二维和三维样条曲线、曲面的边、曲面。但是不能拉伸具有交叉线段的二维多段线，也不能拉伸块。打开源文件“例图 6-96a”，单击“拉伸”命令按钮，操作如下：

```
命令:_extrude
当前线框密度:ISOLINES=4,闭合轮廓创建模式=实体//显示当前系统设置
选择要拉伸的对象或[模式(MO)]:_MO
闭合轮廓创建模式[实体(SO)/曲面(SU)]<实体>:_SO//系统默认拉伸为实体
选择要拉伸的对象或[模式(MO)]:找到 1 个//选择圆为拉伸对象
选择要拉伸的对象或[模式(MO)]:回车//结束对象的选择
指定拉伸的高度或[方向(D)/路径(P)/倾斜角(T)]:30 回车//输入拉伸高度 30
```

结果如图 6-96b 所示。

☞**提示：**

用户在“选择要拉伸的对象或［模式(MO)］”命令行后面输入“MO”可以对轮廓的创建模式进行设置，即可设置成“实体”或是“曲面”。

在拉伸命令行选项中，“方向”、“路径”和“倾斜角”的含义分别如下。

方向（D）：通过指定两点指定拉伸的长度和方向。再次打开源文件“例图 6-96a”，执行拉伸命令，在命令行选项中输入“D”，则拉伸结果如图 6-97c 所示。

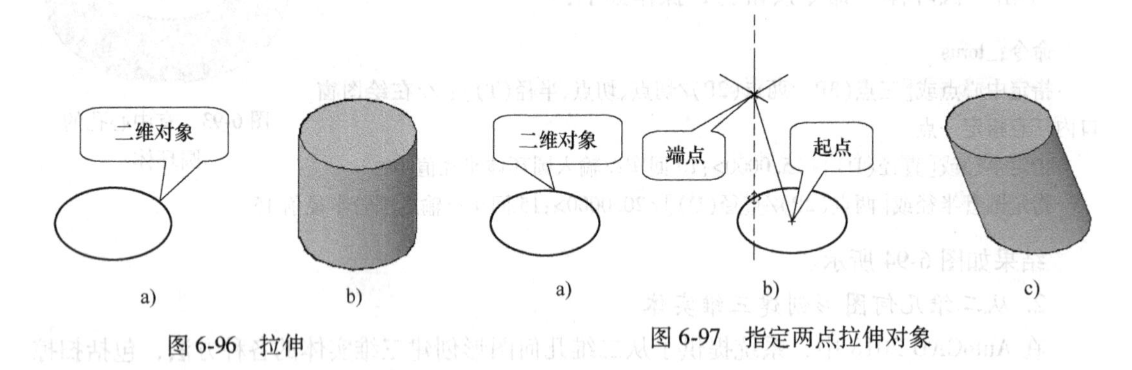

图 6-96 拉伸　　图 6-97 指定两点拉伸对象

☞**提示：**

通过两点确定的方向不能与二维对象所在的平面平行。

☞**技巧：**

指定圆心为起点，通过对象捕捉和对象追踪指定圆象限点的正上方一点为端点，以确定拉伸的方向，如图 6-97b 所示。

路径（P）：通过选定的路径对象进行拉伸。此时，路径将移动到二维对象的质心，然后沿选定的路径拉伸二维对象。打开源文件“例图 6-98a”，执行拉伸命令，在命令行选项

中输入“P”，则拉伸结果如图 6-98b 所示。

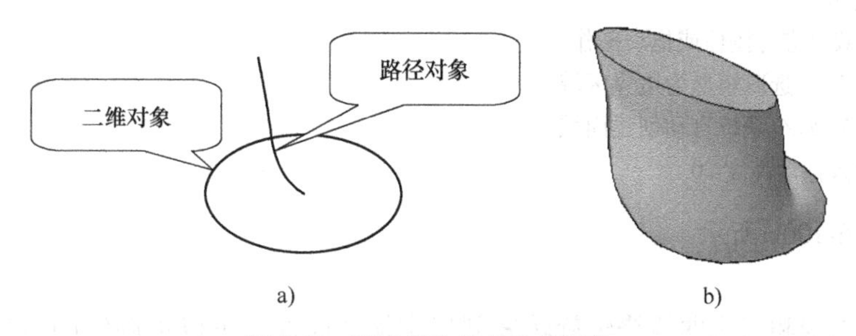

图 6-98　通过指定路径拉伸对象

☞提示：

路径不能与二维对象处于同一平面，同时曲率半径不能太小，否则，将不能成功拉伸。

倾斜角（T）：通过指定倾斜角拉伸。倾斜角在−90°～90°之间取值。再次打开源文件“例图 6-96a”，执行拉伸命令，在命令行选项中输入“T”，指定倾斜角度为 30°，拉伸高度为 10，则拉伸结果如图 6-99b 所示。

☞提示：

如果用户指定一个较大的倾斜角或较长的拉伸高度，将会导致对象或对象的一部分在未达到拉伸高度之前就已经汇聚到一点，其拉伸结果为圆锥，如图 6-99c 所示（指定倾斜角度为 30，拉伸高度为 30）。

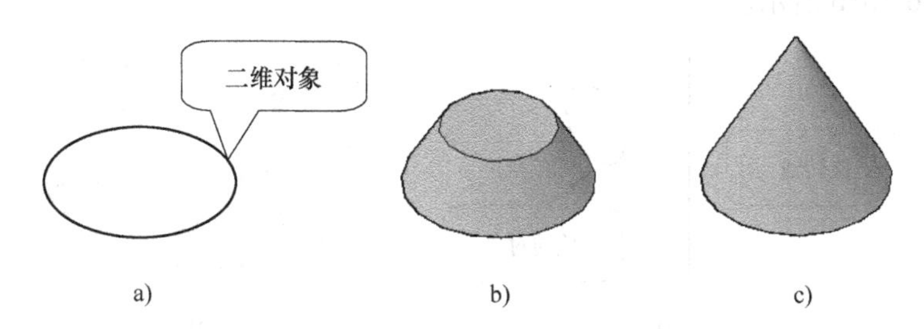

图 6-99　通过指定倾斜角拉伸对象

（2）按住并拖动

按住并拖动命令是按住并拖动边界区域成实体。该边界区域包括可以通过以零间距公差拾取点来填充的区域、由交叉共面和线型几何体（包括边或块中的几何体）围成的区域、具有共面顶点的闭合多段线、面域、三维面、二维实体的面和由与三维实体的面共面的几何图形（包括二维对象和面的边）封闭的区域。打开源文件“例图 6-100a”，单击“按住并拖动”命令按钮，操作如下：

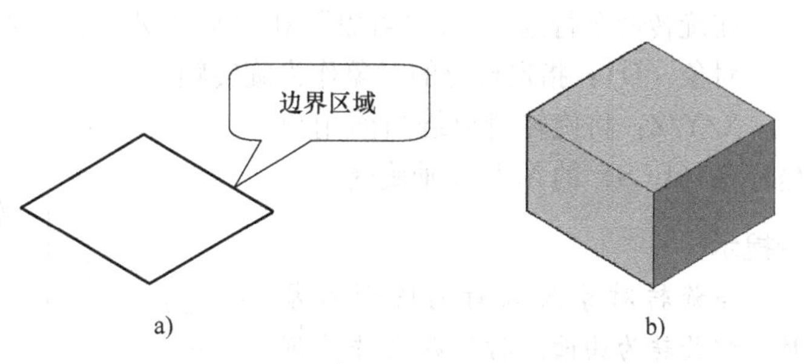

图 6-100　按住并拖动边界区域成实体

命令:_presspull
单击有限区域以进行按住或拖动操作。
已提取 1 个环。//选取矩形为边界区域
已创建 1 个面域。//系统自动创建面域
20 回车//输入拖动高度 20

结果如图 6-100b 所示。

(3) 旋转

通过指定二维和三维曲线绕轴旋转来创建实体或曲面。可以被旋转的对象有圆、圆弧、椭圆、椭圆弧、宽线、二维和三维多段线、二维和三维样条曲线、面域、曲面、实体和二维实体。打开源文件“例图 6-101a”，单击“旋转”命令按钮，操作如下：

命令:_revolve
当前线框密度:ISOLINES=4 闭合轮廓创建模式=实体//显示当前系统设置
选择要旋转的对象或[模式(MO)]:_MO
闭合轮廓创建模式[实体(SO)/曲面(SU)]<实体>:_SO//系统默认旋转为实体
选择要旋转的对象或[模式(MO)]:找到 1 个//选择圆为对象
选择要旋转的对象或[模式(MO)]:回车//结束对象的选择
指定轴起点或根据以下选项之一定义轴[对象(O)/X/Y/Z]<对象>://指定直线的上端点为轴起点
指定轴端点://指定直线的下端点为轴端点
指定旋转角度或[起点角度(ST)/反转(R)]<360>:270 回车//输入旋转角度 270°

结果如图 6-101b 所示。

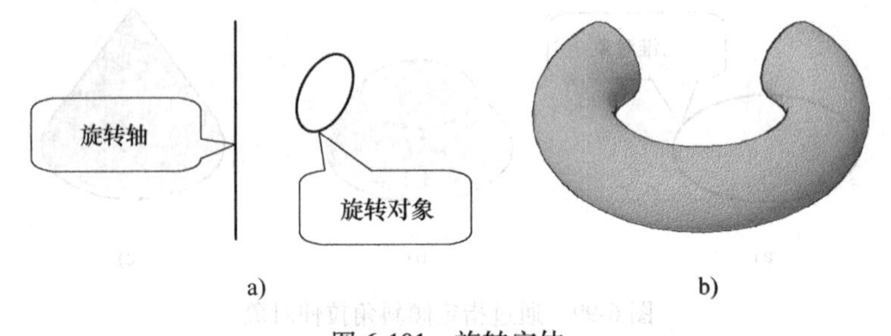

图 6-101 旋转实体

在旋转命令行选项中，“对象”和“X/Y/Z”的含义分别如下。

对象（O）：指定现有的对象作为旋转轴。

X/Y/Z：将旋转对象绕当前用户坐标系（UCS）的 *X*/*Y*/*Z* 轴旋转。

☞提示：

当旋转对象为未封闭图形对象时，则旋转为曲面。打开源文件“例图 6-102a”，执行旋转命令，指定旋转角度为 360°，则结果如图 6-102b 所示。

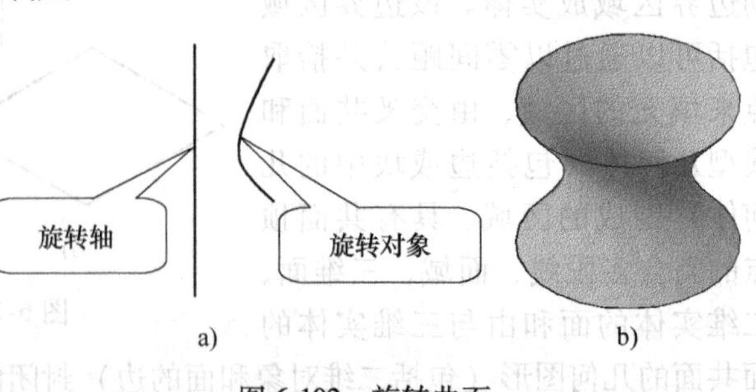

图 6-102 旋转曲面

（4）扫掠

通过沿指定路径扫掠二维对象或三维对象来创建三维实体或曲面。打开源文件“例图 6-103a”，单击“扫掠”命令按钮，操作如下：

```
命令:_sweep
当前线框密度:ISOLINES=4,闭合轮廓创建模式=实体//显示当前系统设置
选择要扫掠的对象或[模式(MO)]:_MO
闭合轮廓创建模式[实体(SO)/曲面(SU)]<实体>:_SO //系统默认扫掠为实体
选择要扫掠的对象或[模式(MO)]:找到 1 个//选择圆为扫掠对象
选择要扫掠的对象或[模式(MO)]:回车//结束对象的选择
选择扫掠路径或[对齐(A)/基点(B)/比例(S)/扭曲(T)]://选择螺旋线为扫掠路径
```

结果如图 6-103b 所示。

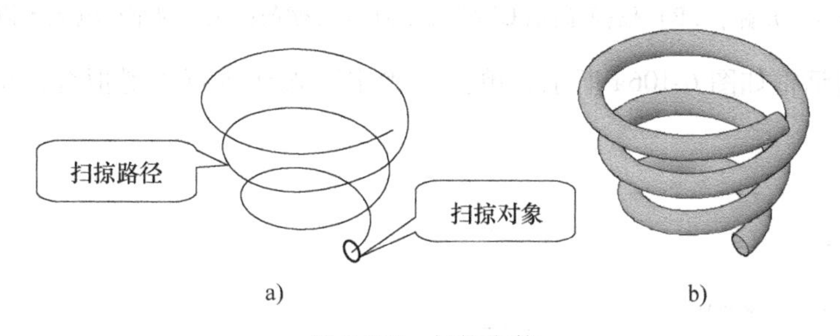

a)　　b)

图 6-103　扫掠实体

在扫掠命令行选项中，“对齐”、“基点”、“比例”和“扭曲”的含义分别如下：

对齐（A）：用于设置是否对齐扫掠对象以使其垂直于扫掠路径的切向。

基点（B）：用于设置扫掠对象的基点。

比例（S）：用于设置比例因子以进行扫掠。从扫掠路径的开始到结束，比例因子将统一应用到扫掠的对象。不同的比例因子扫掠成的实体不同，图 6-104a 比例因子为 1，图 6-104b 比例因子为 0.2。

扭曲（T）：用于设置被扫掠对象的扭曲角度。扭曲角度指沿扫掠路径全部长度的旋转量。打开源文件“例图 6-105a”，执行扫掠命令，在命令行选项中输入“T”，并指定扭曲角度为 60°，则结果如图 6-105b 所示。图 6-105c 为未指定扭曲角度的扫掠结果。

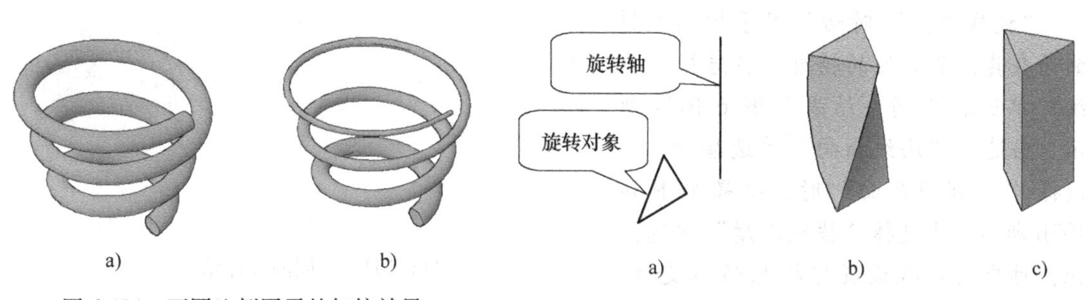

a)　　b)

图 6-104　不同比例因子的扫掠效果

a)　　b)　　c)

图 6-105　不扭曲与扭曲效果图

（5）放样

在若干指定的横截面之间的空间中创建三维实体或曲面。打开源文件“例图 6-106b”，单击“放样”命令按钮，操作如下：

命令：_loft
当前线框密度：ISOLINES=4，闭合轮廓创建模式=实体//显示当前系统设置
按放样次序选择横截面或[点(PO)/合并多条边(J)/模式(MO)]：_MO
闭合轮廓创建模式[实体(SO)/曲面(SU)]<实体>：_SO//系统默认放样为实体
按放样次序选择横截面或[点(PO)/合并多条边(J)/模式(MO)]：找到 1 个//选择矩形
按放样次序选择横截面或[点(PO)/合并多条边(J)/模式(MO)]：找到 1 个，总计 2 个//选择六边形
按放样次序选择横截面或[点(PO)/合并多条边(J)/模式(MO)]：找到 1 个，总计 3 个//选择圆
按放样次序选择横截面或[点(PO)/合并多条边(J)/模式(MO)]：回车//结束对象的选择
选中了 3 个横截面
输入选项[导向(G)/路径(P)/仅横截面(C)/设置(S)]<仅横截面>：S 回车//输入 S 以对放样进行设置

弹出来的对话框如图 6-106a 所示，单击“确定”按钮进行平滑拟合，结果如图 6-106c 所示。

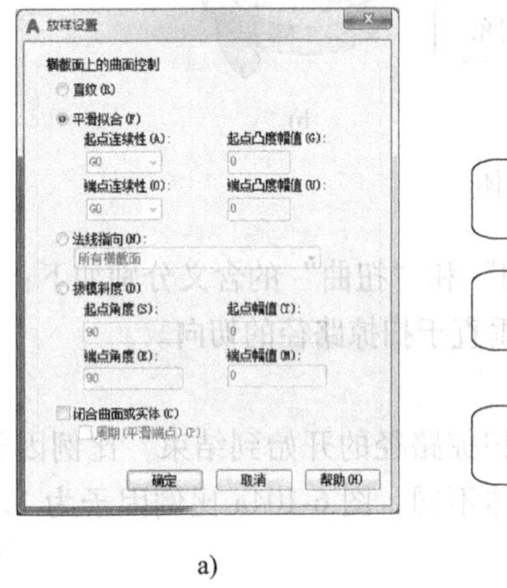

a)

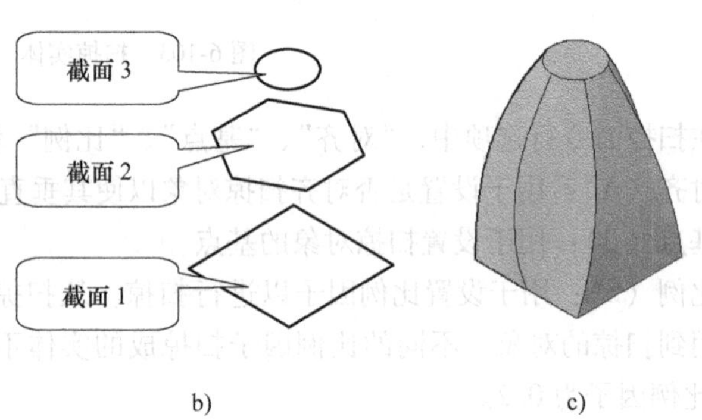

b)　　c)

图 6-106　放样实体

☞提示：

“放样设置”对话框用于控制放样曲面在其横截面处的轮廓。当选择“直纹”单选按钮时，结果如图 6-107a 所示。当选择“法线指向”单选按钮，并选择“所有横截面”时，结果如图 6-107b 所示。当选择“拔模斜度”单选按钮，对应的参数设置保持原值不变时，结果如图 6-107c 所示。

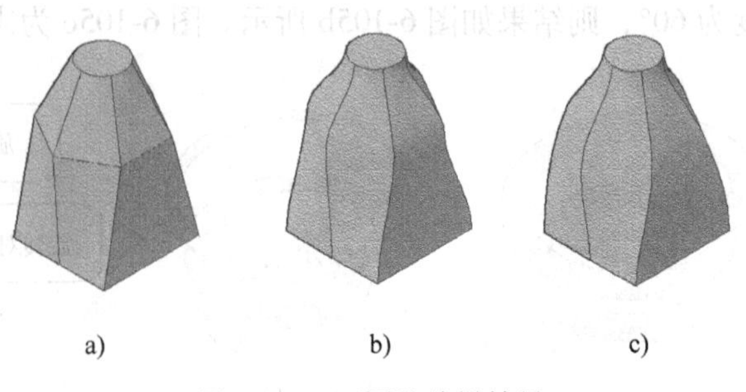

a)　　b)　　c)

图 6-107　不同的放样结果

6.3.4　三维实体渲染

对于绘制的三维图形，用户可以用视觉样式进行观察，但缺乏真实感。AutoCAD 2018 软件用渲染解决了这个难题。渲染是基于三维场景来创建二维图像，它使用已设置的光源、已应用的材质和环境设置（例如背景和雾化），为几何模型着色。

在功能区中选择“渲染”选项卡，进入到渲染设置区中。

1. 设置光源

(1) 创建光源

当用户没有为场景创建光源时，AutoCAD 2018 将会使用默认光源对场景进行着色。即来回移动模型时，默认光源来自视点后的两个平行光源。模型中所有的面均被照亮，以使其可见。用户可以控制亮度和对比度，不需要自己创建或放置光源。

在“可视化”选项卡中对应有“光源”面板，如图 6-108a 所示。在此面板中，可以设置光源和阴影。单击“创建光源”后的下箭头符号，弹出如图 6-108b 所示的子菜单，用户可以选择其中的任意一项进行创建。单击“无阴影”图标后的下箭头符号，弹出子菜单如图 6-108c 所示。用户可以通过此子菜单控制视觉样式是否显示阴影。

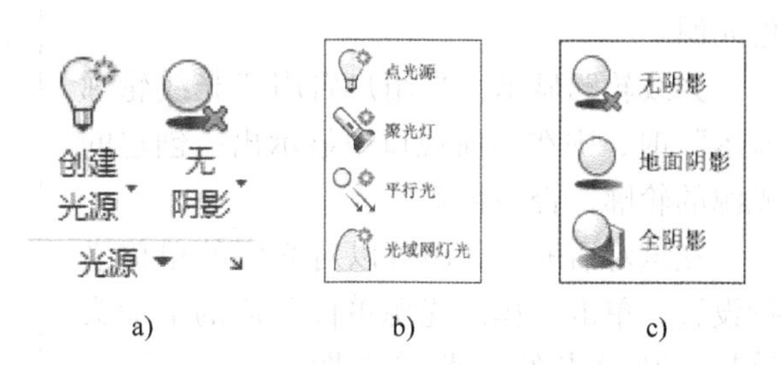

图 6-108　“光源”面板及子菜单

点光源：点光源像太阳光一样，可以从其所在位置向四周发射光线。使用点光源可以达到基本的照明效果。选择创建“点光源”，则相应的命令行提示如下：

指定源位置<0,0,0>：//指定位置

输入要更改的选项[名称(N)/强度因子(I)/状态(S)/光度(P)/阴影(W)/衰减(A)/过滤颜色(C)/退出(X)]<退出>：

聚光灯：聚光灯像闪光灯一样，分布投射一个聚焦光束。它发射定向锥形光，用户根据实际需要，可以对光源的方向和圆锥体的尺寸进行控制。选择创建“聚光灯”，则相应的命令行提示如下：

指定源位置<0,0,0>://指定聚光灯源位置

指定目标位置<0,0,-10>：//指定所照射的目标位置

输入要更改的选项[名称(N)/强度因子(I)/状态(S)/光度(P)/聚光角(H)/照射角(F)/阴影(W)/衰减(A)/过滤颜色(C)/退出(X)]<退出>：

平行光：平行光只向一个方向发射统一的平行光光线。当在视口中指定好起点和终点时，光线的方向也就被定义了。选择创建“平行光”，则相应的命令行提示如下：

指定光源来向<0,0,0>或[矢量(V)]://指定起点或输入 V

指定光源去向<1,1,1>：//指定终点

输入要更改的选项[名称(N)/强度因子(I)/状态(S)/光度(P)/阴影(W)/过滤颜色(C)/退出(X)]<退出>：

光域网灯光：光域网灯光是具有现实中的自定义分布的广度控制光源。它是光源的光强度分布的三维表示。选择创建“光域网灯光”，则相应的命令行提示如下：

指定源位置<0,0,0>:

指定目标位置<0,0,-10>:

输入要更改的选项[名称(N)/强度因子(I)/状态(S)/光度(P)/光域网(B)/阴影(W)/过滤颜色(C)/退出(X)] <退出>:

在“光源”面板中单击最下方的箭头符号，则弹出如图 6-109a 所示的对话框。在该对话框中，用户可以对所创建光源的亮度、对比度和中间色调进行设置。

默认光源：当用户启用“默认光源”时，则在当前视口中“默认光源”替代了其他光源。

光线轮廓显示：当用户启用“光线轮廓显示”时，则在当前视口中显示出已创建的光源的轮廓，否则将不显示。

在该对话框中，还可以对光源的单位进行设置，单击“国际光源单位”后的下箭头符号，则弹出的子菜单如图 6-109b 所示。AutoCAD 2018 提供了两种单位，分别是“美制光源单位”和“国际光源单位”。

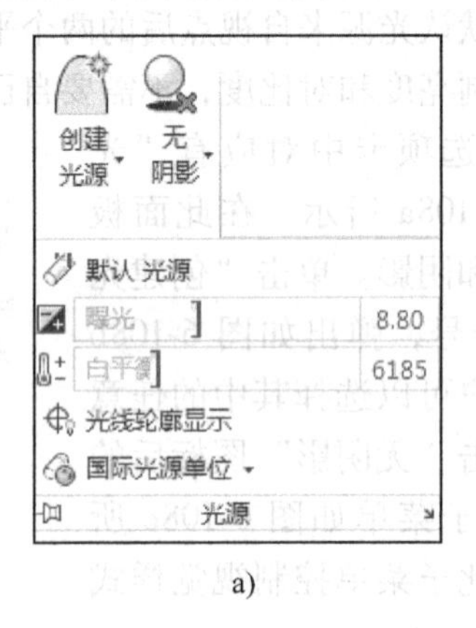

a)

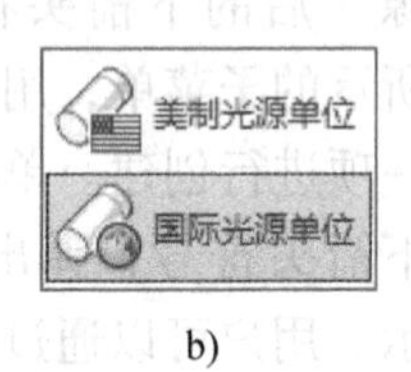

b)

图 6-109 “光源”对话框及子菜单

(2) 光源列表

单击“光源”面板右下角的斜箭头符号，则弹出如图 6-110a 所示的“模型”选项板。在该选项板中，列出了当前视图中所创建的光源。选择列表中的任意光源对象，单击右键，在相应的子菜单中可以删除选中的光源，也可以对光源的轮廓显示进行控制，如图 6-110b 所示。当选中“特性”选项时，弹出如图 6-110c 所示的“特性”选项板。用户可以在该选项板中对该光源的特性参数进行设置。

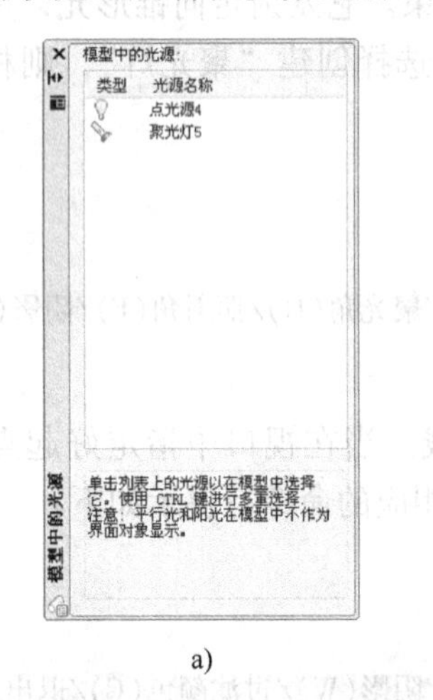

a)

b)

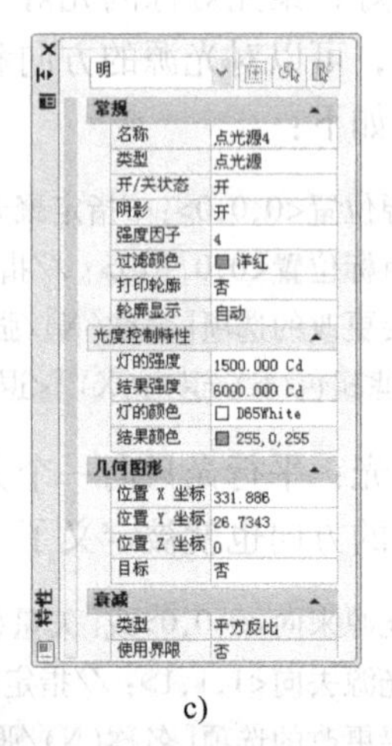

c)

图 6-110 “模型”选项板、光源“轮廓线显示”子菜单及“特性”选项板

(3) 设置阳光和位置

在“可视化”选项卡中，对应有“阳光和位置”面板，如图 6-111 所示。

阳光状态：阳光状态是模拟太阳光效果的光源，它的光线相互平行，在任何距离处都具有相同强度。

设置位置：用于指定图形中对象的地理位置、方向和标高。单击“设置位置”倒三角按钮，弹出如图 6-112 所示选项。用户可以通过两种不同的方式来定义图形的位置。

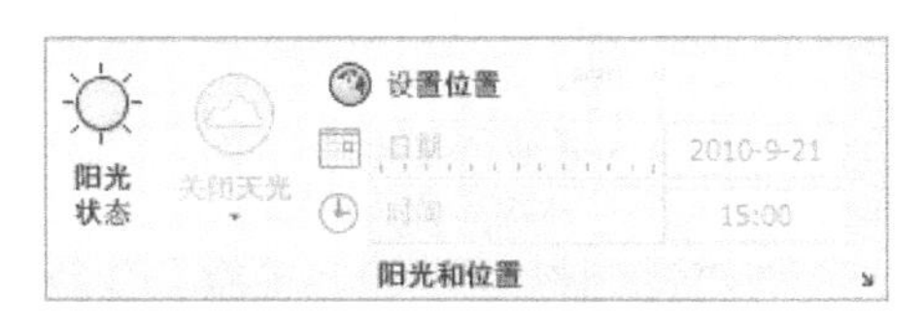

图 6-111 “阳光和位置”面板

图 6-112 “定义地理位置”选项卡

2. 材质

在对三维图形进行渲染时，可以为该对象添加材质，使三维对象更加逼真。在“可视化”选项卡中对应有“材质”面板，如图 6-113a 所示。单击“材质/纹理关”选项后面的下箭头符号，弹出如图 6-113b 所示的子菜单。在该子菜单中，可以对“材质”和“纹理”进行相关设置。单击“材质贴图”选项后的下箭头符号，弹出如图 6-113c 所示的子菜单。

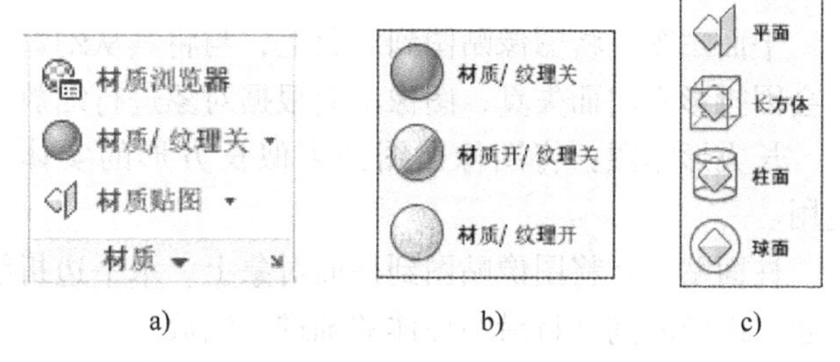

图 6-113 “材质”面板及子菜单

(1) 创建和修改材质

在“材质”面板中单击“材质浏览器”，弹出“材质浏览器”选项板，如图 6-114 所示。

创建材质：单击“在文档中创建新材质”命令按钮，在弹出的下拉菜单中选择所要创建的材质的类型。选择“新建常规材质…”类型，如图 6-115 所示，则弹出如图 6-116 所示的“材质编辑器”选项板，在该选项板中，用户可以对材质的名称、常规特性、反射率、透明度、剪切、自发光和凹凸特性进行设置。

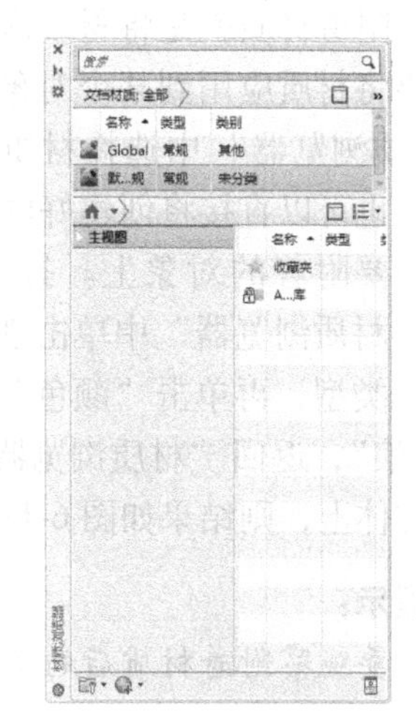

图 6-114 “材质浏览器”选项板

(2) 材质贴图

指定给材质的图像称为贴图。可以使用贴图来改善材质的外观和真实感。包含一个或多个图像的材质称为贴图材质。附着带纹理的材质后，可以调整对象或面上的纹理贴图的方向。材质被映射后，用户可以调整材质以适应对象的形状。将合适的材质贴图类型应用到对象，可以使它更加适合对象。根据图 6-113c 可知，贴图类型一共有 4 种。

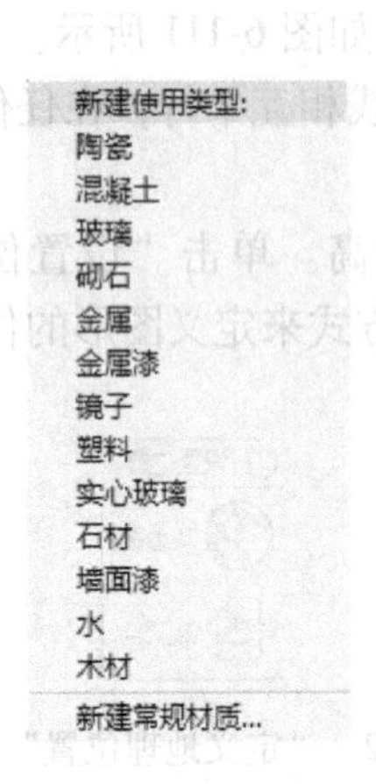

图 6-115　创建新材质

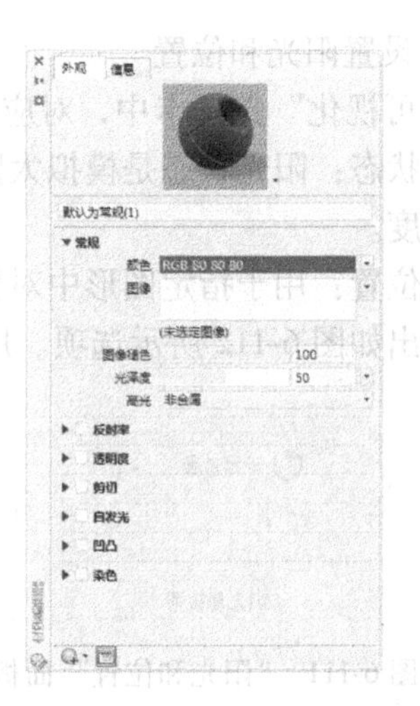

图 6-116　“材质编辑器”选项板

平面贴图：将图像贴图到对象上，与将其从幻灯片投影仪投影到二维曲面上一样。图像不会因投影方向而失真，图像不会根据对象进行缩放。此贴图最常用于面。

长方形贴图：将图像贴图到类似长方形的实体上。该图像将在对象的每个面上重复使用。

柱面贴图：将图像贴图到柱面对象上。水平边折绕在一起，顶边和底部的边不会折绕在一起。图像的高度将沿圆柱体的轴进行缩放。

球面贴图：将图像贴图到球面对象上。纹理贴图的顶边在球体的“北极”和“南极”压缩为一个点。

（3）附着材质

附着材质就是将材质应用于对象、图层或面。如果要将材质应用到某个对象，要先选择对象，然后从“材质浏览器”中选择材质，则材质将附着在该对象上。也可以直接将创建好的材质或是材质样例直接拖动到要附着的对象上。打开源文件“例图 6-117a”，在“材质浏览器”中单击创建新材质按钮，选择“陶瓷”类型，再单击“颜色”右侧的下三角按钮，选择“波浪”，返回“材质浏览器”，在建立成功的对应名称上单击右键，将材质附着在绘制好的长方体上，则结果如图 6-117b 所示。

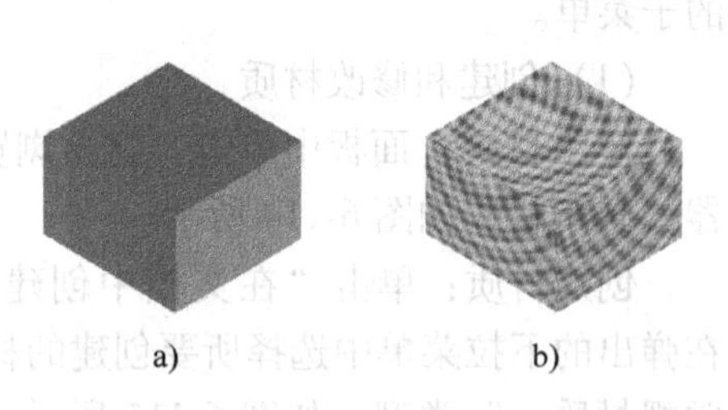

图 6-117　附着材质

☞提示：

要观察附着材质后的实体，必须要将视觉样式转换为“真实”样式。

3. 渲染

渲染是基于三维场景来创建二维对象。它使用已设置好的光源、已应用的材质和环境设置（例如背景和雾化），为场景的几何图形着色。在“可视化”选项卡中，对应有“渲染”面板，如图 6-118 所示。

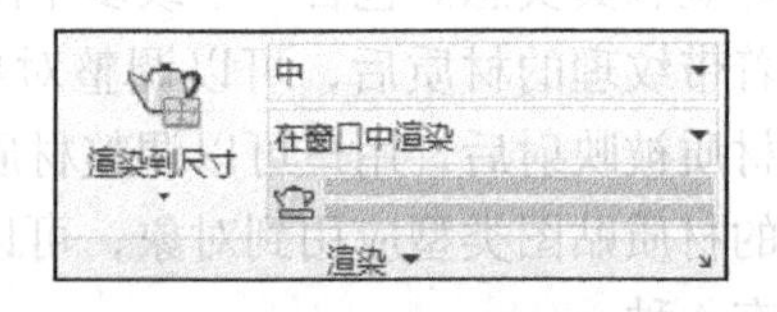

图 6-118　“渲染”面板

中：表示当前渲染预设为中。单击后面的下箭头符号，可以在弹出的菜单内预设当前的渲染，并可访问渲染预设管理器，如图 6-119a 所示。

“在窗口中渲染”：选择显示渲染图像的位置和方式。单击后面的下箭头符号，可进行选择，如图 6-119b 所示。

：在后面的矩形框中，显示当前渲染所剩的时间量。

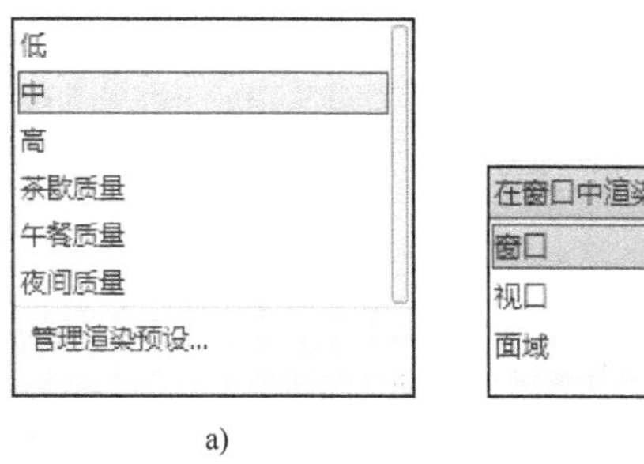

a)

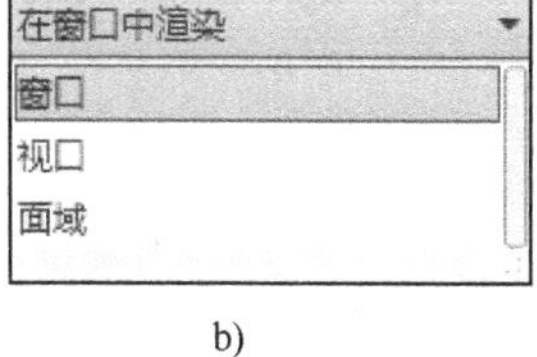

b)

图 6-119 “渲染”面板

在“渲染”面板中，单击“渲染到尺寸”图标下的下箭头符号，弹出来的列表如图 6-120a 示。用户也可单击“更多输出设置”，打开“渲染到尺寸输出设置”对话框进行设置，如图 6-120b 所示。

a)

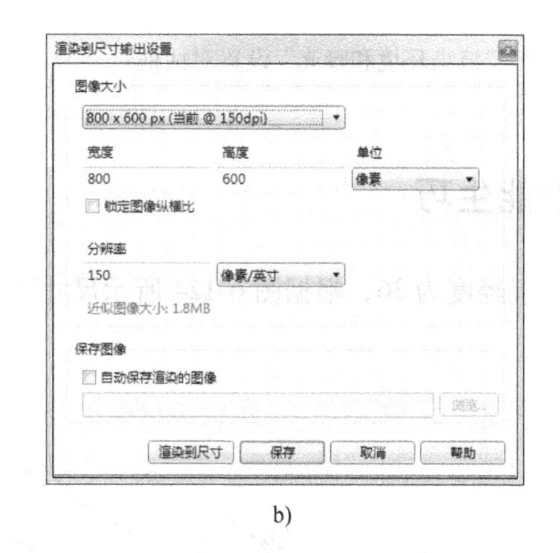

b)

图 6-120 “渲染到尺寸”选择与设置

（1）调整渲染曝光

在“渲染”面板中单击“渲染”下方的下箭头符号，打开下拉菜单，如图 6-121 所示。在弹出的下拉菜单中选择“渲染环境和曝光”，如图 6-122 所示，出现“渲染环境和曝光”对话框，在该对话框中，用户可以进行相关设置。

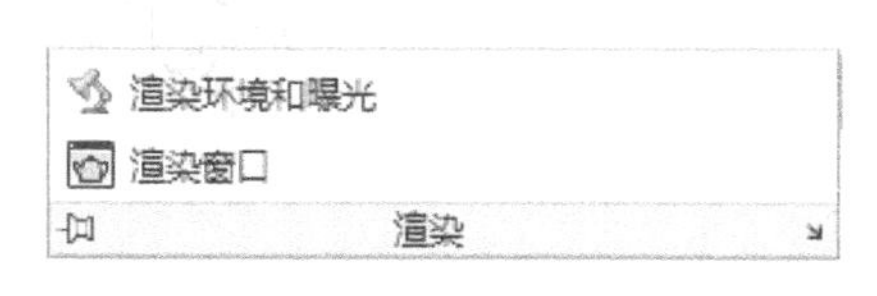

图 6-121 “渲染”下拉菜单

（2）渲染窗口

在“渲染”面板中单击“渲染”下方的下箭头符号，在弹出的下拉菜单中选择“渲染窗口”，则在窗口中可显示渲染图像，并可将图像保存为文件或者将图像的副本保存为文件等。

（3）渲染预设管理器

单击“渲染”面板右下角的斜箭头符号，出现“渲染预设管理器”对话框，如图 6-123 所示。选项板包含了从基本设置到高级设置的若干部分，用户可在该选项板内设定渲染参数。

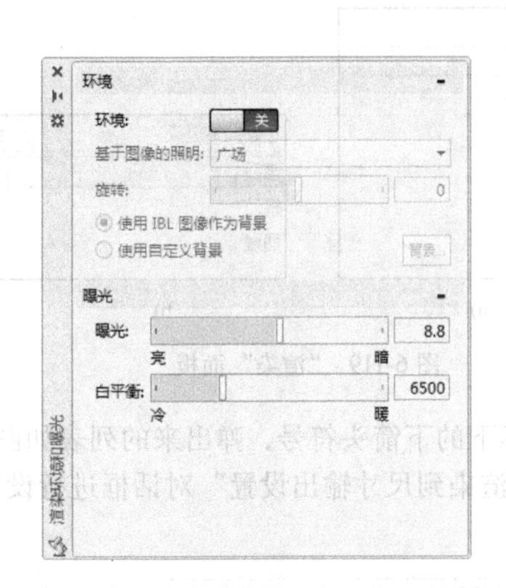

图 6-122 “渲染环境和曝光”设置对话框

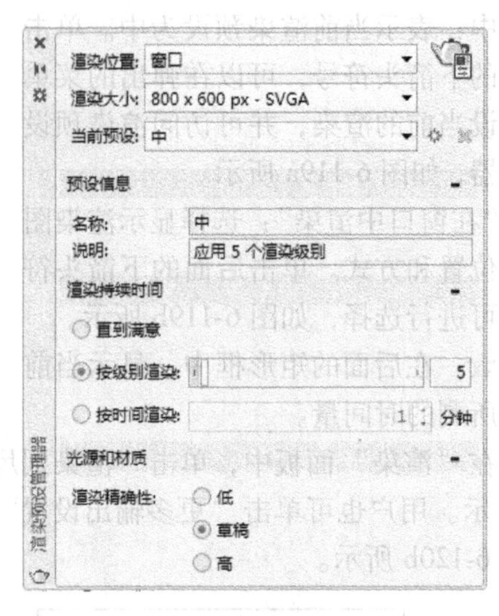

图 6-123 “渲染预设管理器”选项板

6.4 熟能生巧

1）设置经度为 36，根据图 6-124 所示尺寸绘制曲面。目的是使用户掌握平移网格的创建方法。

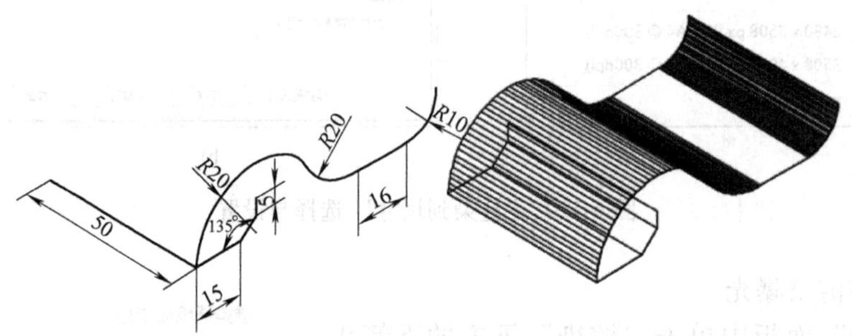

图 6-124 平移网格

2）设置经度为 48，根据图 6-125 所示尺寸绘制曲面。目的是使用户掌握直纹网格的创建方法。

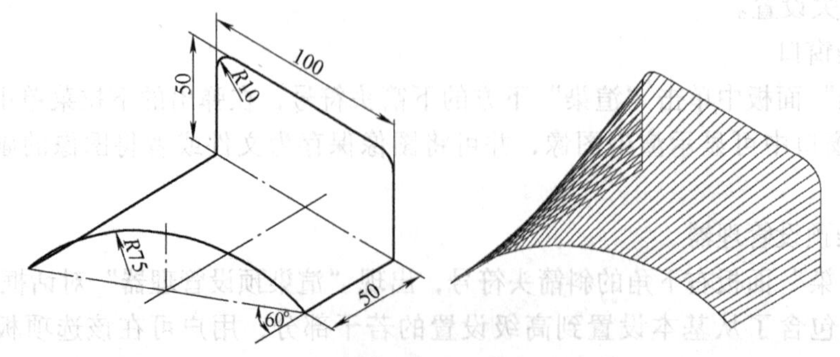

图 6-125 直纹网格

3）设置经度为 24、纬度为 24，根据图 6-126 所示尺寸绘制曲面图形。目的是使用户掌握旋转网格的创建方法。

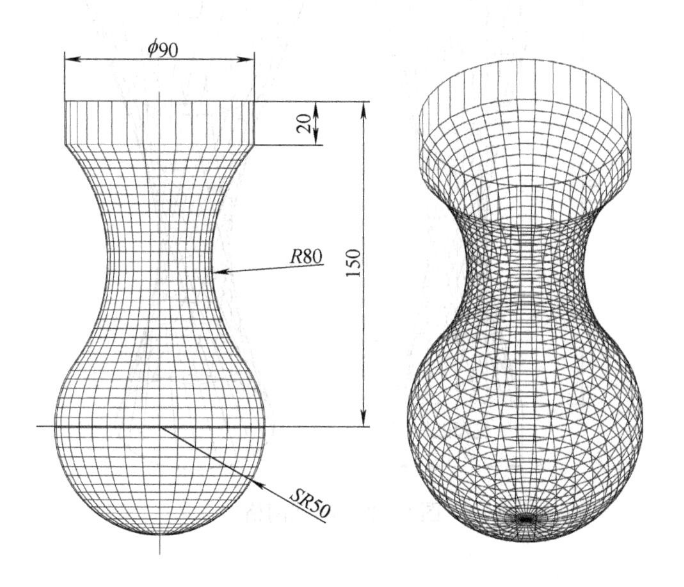

图 6-126　旋转网格

4）设置经度为 36、纬度为 24，根据图 6-127 所示尺寸绘制曲面。目的是使用户掌握边界网格的创建方法。

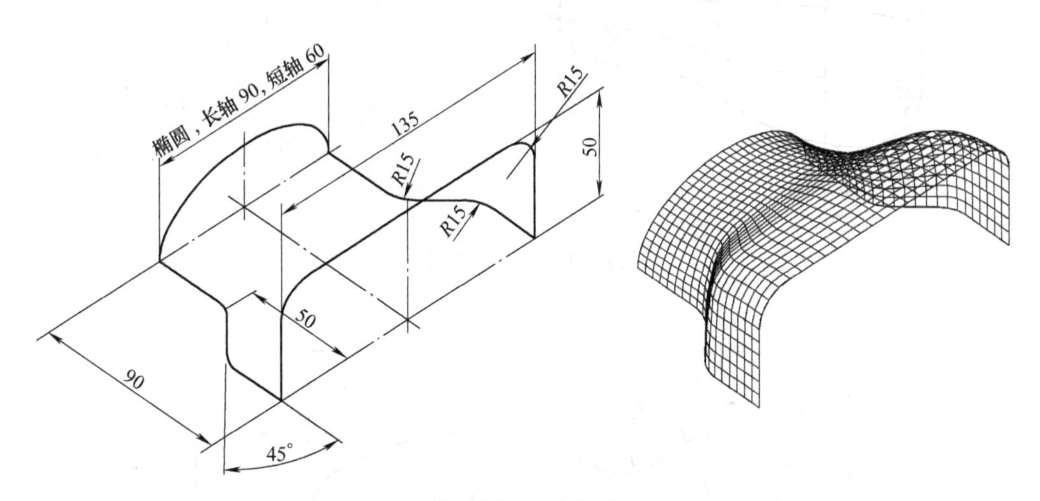

图 6-127　边界网格

5）设置经度为 24、纬度为 6，根据图 6-128 所示尺寸绘制曲面。目的是使用户掌握喉圆网格的创建方法。

6）设置经度为 12、纬度为 12，根据图 6-129 所示尺寸绘制曲面图形。目的是提高用户综合运用放样、旋转、平移、布尔运算等曲面创建、编辑工具。

7）根据图 6-130 所示尺寸绘制手柄的三维实体模型。

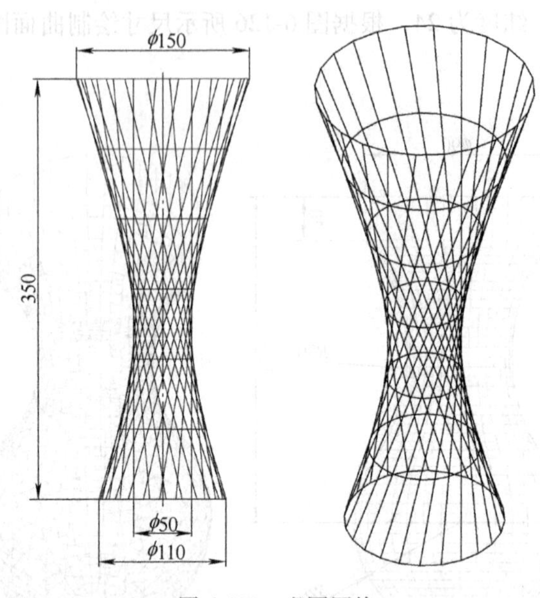

图 6-128　喉圆网格

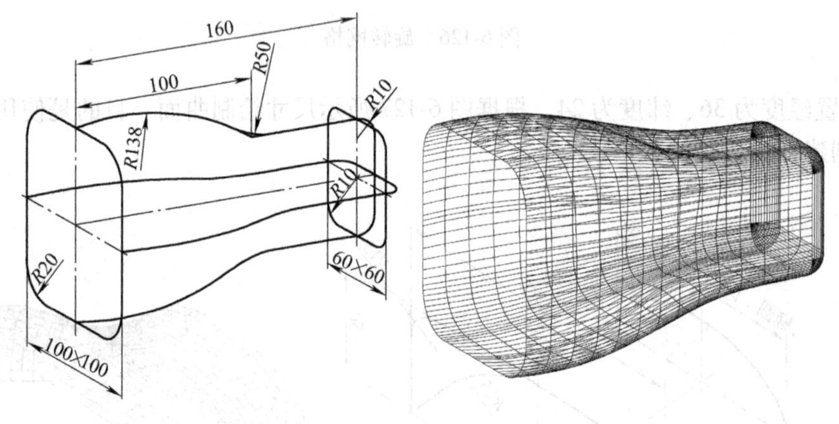

图 6-129　综合练习

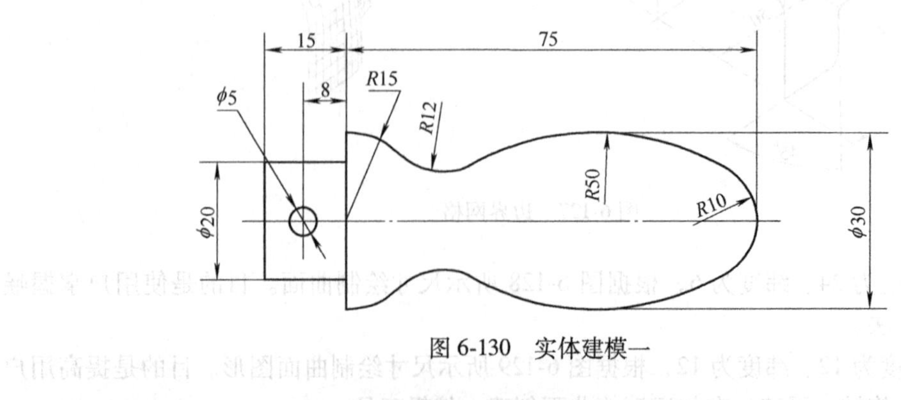

图 6-130　实体建模一

8）根据图 6-131 所示尺寸绘制三维实体模型。

9）根据图 6-132 所示尺寸绘制三维实体模型。

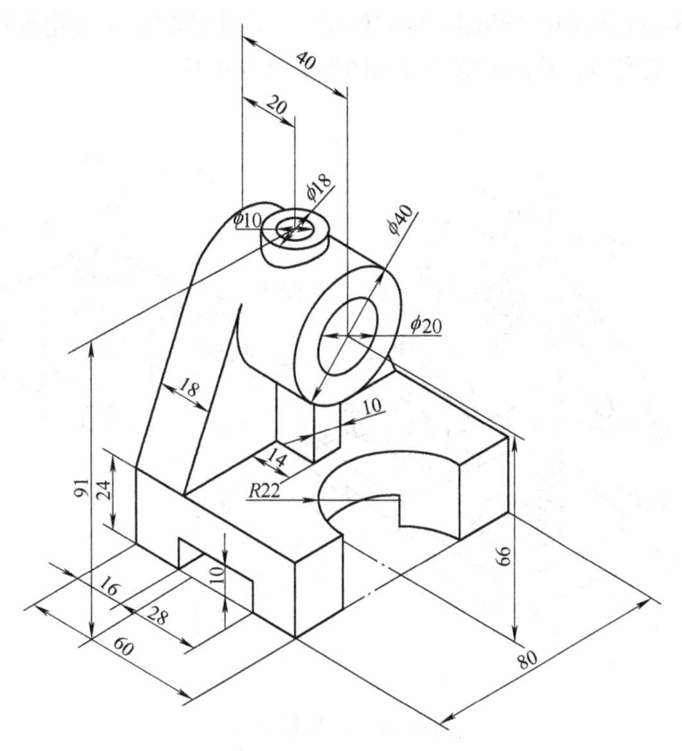

图 6-131　实体建模二

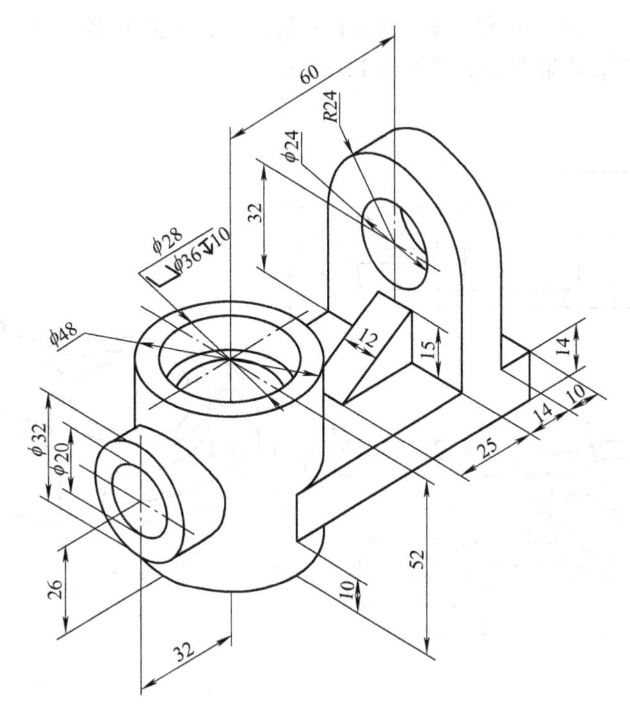

图 6-132　实体建模三

10）根据图 6-133 所示尺寸绘制三维实体模型，给实体赋金属（铬酸锌 1）的材质，在西南等轴测图中渲染实体，并输出渲染效果图形文件 6. 4-10. jpg。

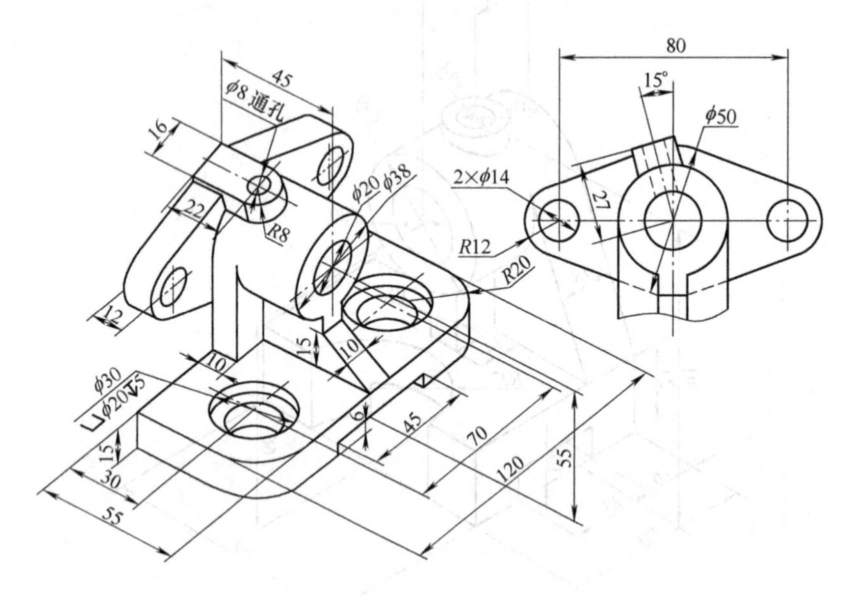

图 6-133　实体建模四

11）根据图 6-134 所示尺寸绘制三维实体模型，给实体赋塑料（LED-红灯关）的材质，设置白色点光源（右、前、上方）和聚光灯（左、后、下方）各一个，在西南等轴测图中渲染实体，并输出渲染效果图形文件 6. 4-11d. jpg。

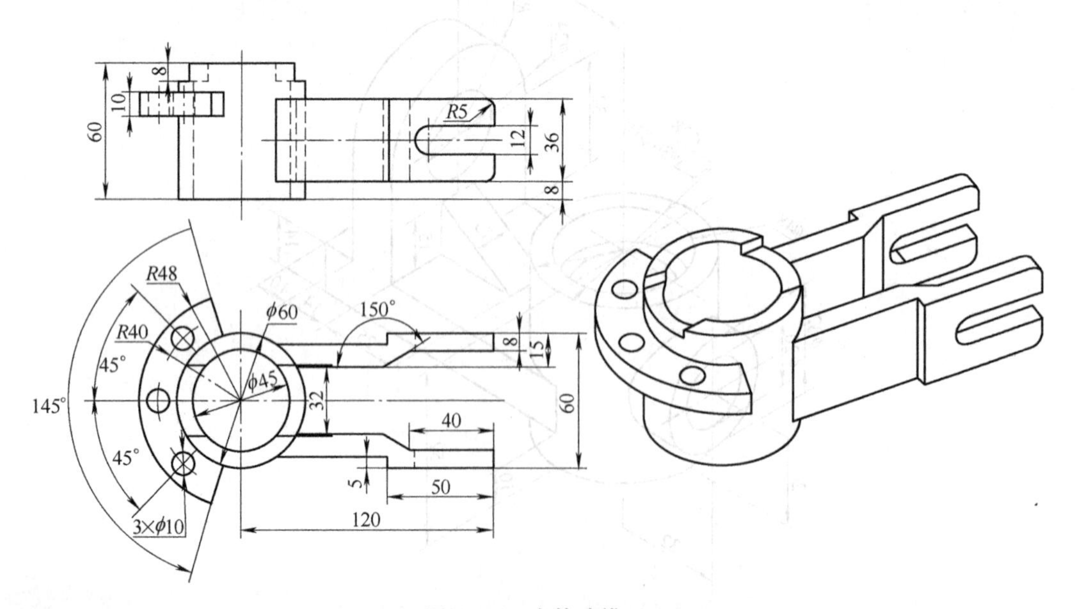

图 6-134　实体建模五

☞提示：

8)、9)、10)、11）题运用本章内容练习实体建模时如感觉困难，可参考第 7 章复杂三维实体建模的方法后再完成。

12）根据图 6-135 所示尺寸绘制三维实体模型，掌握扫掠实体工具的运用。

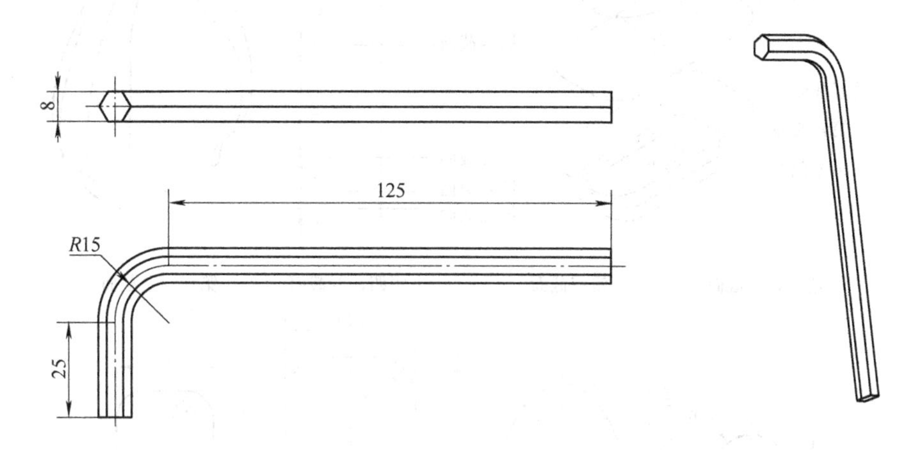

图 6-135　实体建模六

13）根据图 6-136 所示尺寸绘制三维实体模型，模型壁厚为 2mm。目的是掌握放样、抽壳工具的运用。

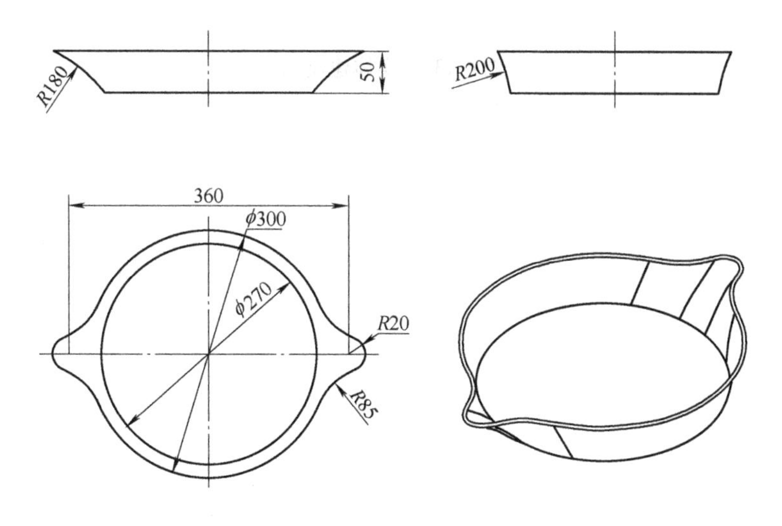

图 6-136　实体建模七

14）根据图 6-137 所示尺寸绘制三维实体模型，参照源文件（第 6 章/练习文件/图 6. 4-14. jpg）给实体赋合适的材质，设置合适的光源，并贴上源文件（第 6 章/练习文件/图片 6. 4-14q. jpg），渲染输出效果图形文件 6. 4-14d. jpg。

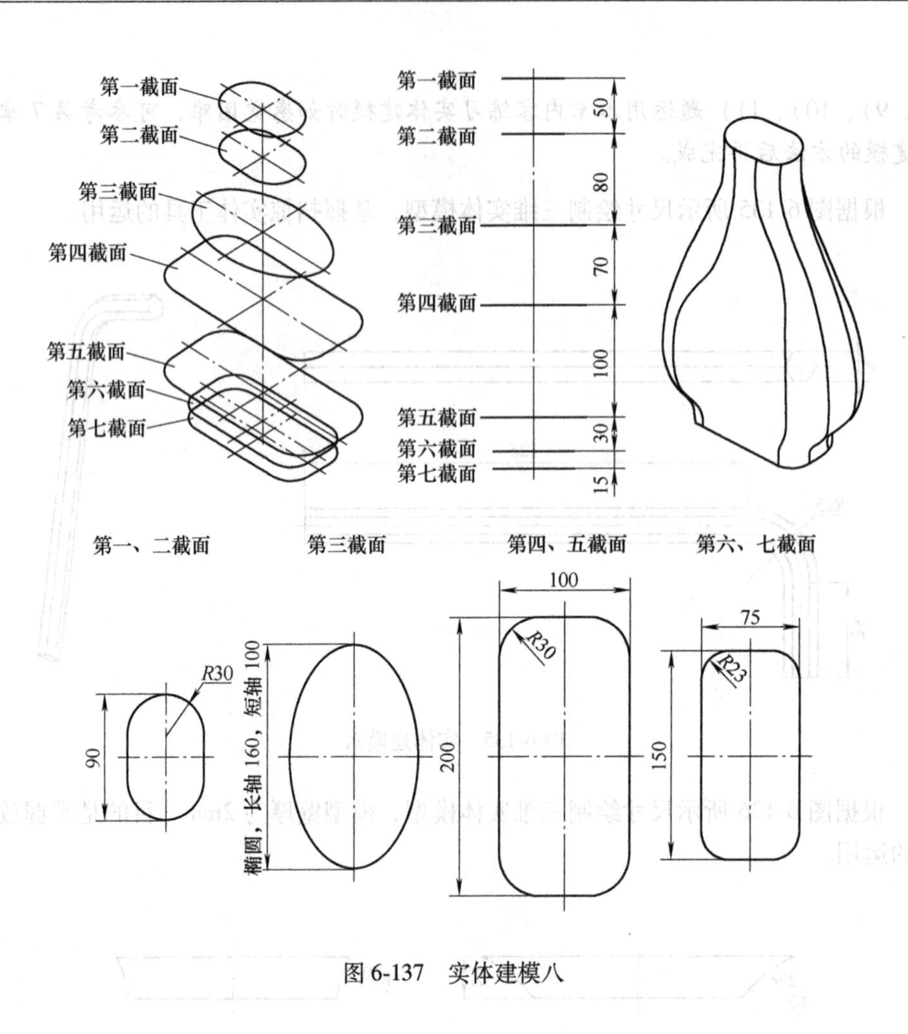
第一截面
第二截面
第三截面
第四截面
第五截面
第六截面
第七截面
50
80
70
100
30
15
第一、二截面
第三截面
第四、五截面
第六、七截面
R30
90
椭圆，长轴 160，短轴 100
100
R30
200
75
R23
150

图 6-137　实体建模八

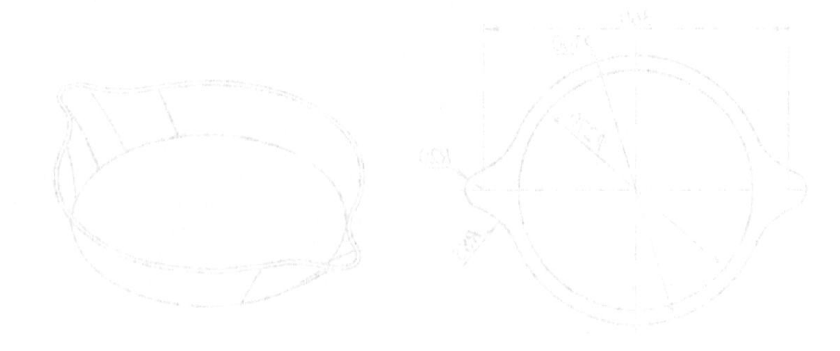

第 7 章

复杂零件三维设计与装配案例

知识目标	◆ 掌握结构复杂机械零件三维设计方法及装配
能力目标	◆ 能熟练使用布尔运算及三维对象的编辑方法与技巧 ◆ 能对复杂机械零件进行结构分析及设计 ◆ 能进行三维装配
素质目标	◆ 培养对复杂零件的结构分析，提高设计能力 ◆ 培养空间思维能力及分析判断能力
推荐学时	8 学时

7.1 典型工程案例——阀体及止回阀装配体

止回阀阀体零件图及三维装配体如图 7-1a、b 所示。

该案例旨在辅助用户熟练掌握在 AutoCAD 软件中设计复杂三维实体模型的自由式设计过程及方法，使用户快速领悟三维模型的设计思路、步骤、编辑技巧等。同时，还要求用户掌握如何从其他文件调用相关零件完成部件或组件三维装配的方法。

7.2 案例解析

操作视频

阀体实体建模

7.2.1 案例解析一

根据图 7-1a 所示各尺寸，构建一阀体三维模型。该零件是油、水等液体传输过程中的一种设备零件，主要由两个空心轴、底板及连接板构成。通过控制阀心的位置，来控制液体的流量及方向。

创建复杂零件模型，基本方法是先对零件进行形体分析，将其剖分为若干个基本形体（此处将所有实体结构和孔、槽结构均按实体建模）。建模的顺序是先完成主体，再完成孔、槽结构，最后再完成工艺结构等修饰部分。将构建好的基本实体通过布尔运算、实体编辑等方法进行叠加或切割，从而完成实体零件的建模。

操作步骤如下：

1）新建一名称为“阀体.dwg”的图形文件。切换“视图”选择“俯视”为当前视图。绘制底板 120×100×15，执行“建模”工具栏中的“长方体”命令。再切换到“西南等轴测”方向。操作步骤如下：

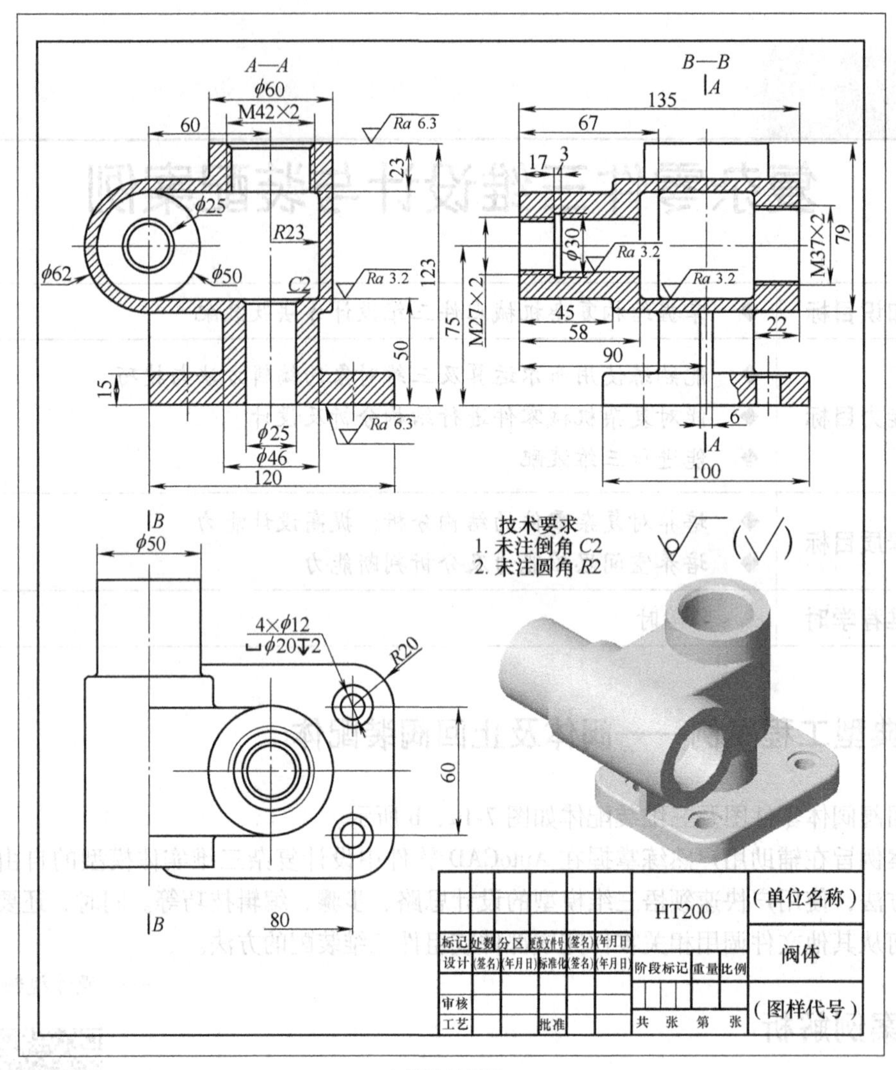

a) 阀体零件图

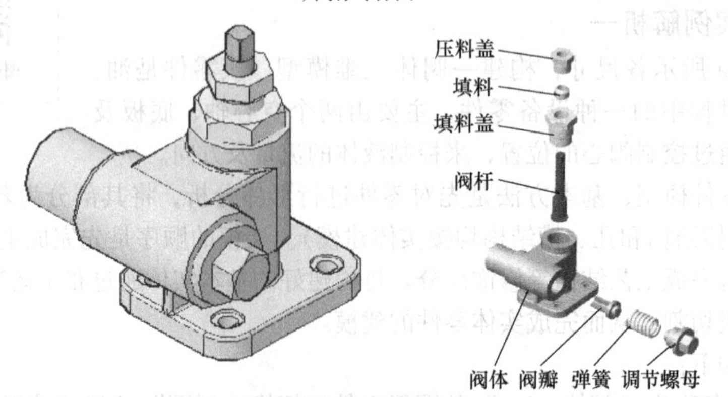

b) 三维装配体及爆炸图

图 7-1 阀体零件图和三维装配体及爆炸图

```
命令:_box
指定第一个角点或[中心(C)]:0,0
指定其他角点或[立方体(C)/长度(L)]:120,100,-15
```

操作结果如图 7-2 所示。

2）切换“视图”，选择“主视”为当前视图方向。利用“直线”命令在任意位置按照图 7-3a 所示尺寸绘制竖直圆柱轮廓线。然后将平面图形定义为面域，并切换“概念”为当前视觉样式观察效果，如图 7-3b 所示。

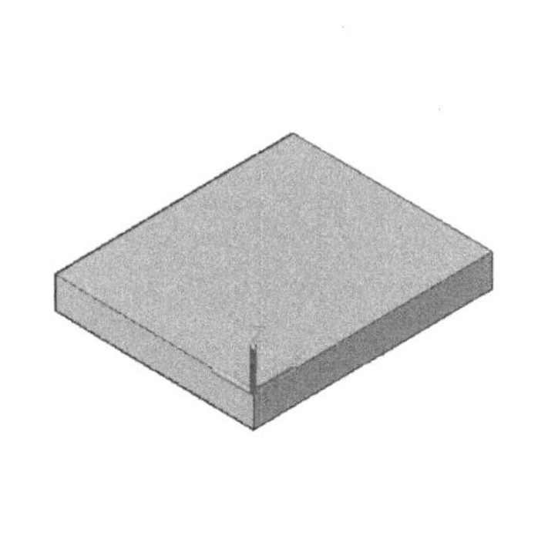

图 7-2　创建底板

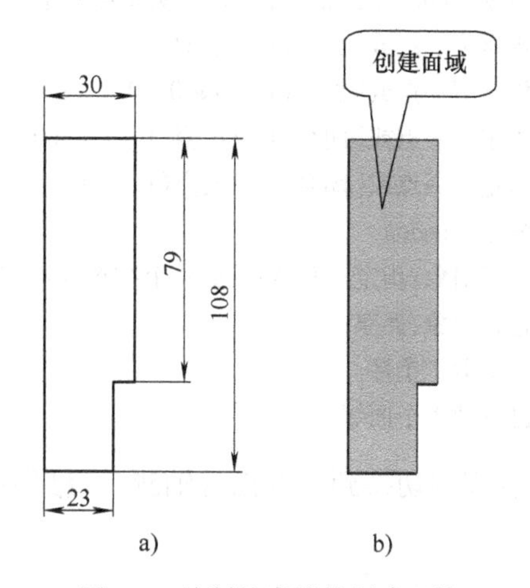

图 7-3　绘制轮廓线并创建面域

3）切换“视图”，选择“西南等轴测”为当前视图。执行“建模”→“旋转”命令。操作过程如下：

```
命令:_revolve
当前线框密度:ISOLINES=4,闭合轮廓创建模式=实体
选择要旋转的对象或[模式(MO)]:_MO
闭合轮廓创建模式[实体(SO)/曲面(SU)]<实体>:_SO
选择要旋转的对象或[模式(MO)]:指定对角点:找到 1 个//选择图 7-3 所示待执行“旋转”操作的面域
选择要旋转的对象或[模式(MO)]:回车//结束选择
指定轴起点或根据以下选项之一定义轴[对象(O)/X/Y/Z]<对象>://捕捉面域左侧的上端点
指定轴端点://捕捉面域左侧的下端点
指定旋转角度或 [起点角度(ST)/反转(R)/表达式(EX)]<360>:360//输入创建实体旋转的角度 360°
```

结果如图 7-4 所示。

4）执行“修改”工具栏中的“移动”命令，先将圆柱体移动至底板上表面，捕捉圆柱体底面圆心为移动基点，位移至坐标原点（0，0）。结果如图 7-5 所示。

5）再次执行“移动”命令，将竖直圆柱体移动至底板的中心，其操作过程如下：

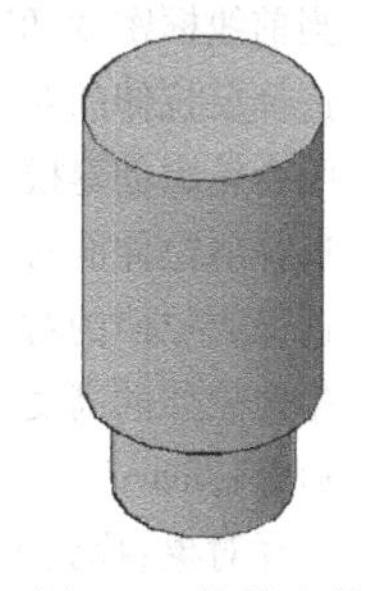

图 7-4　旋转实体

```
命令:_move
选择对象:找到 1 个//选择竖直圆柱体
```

```
选择对象://回车结束选择
指定基点或[位移(D)]<位移>://捕捉圆柱体底面圆心
指定第二个点或<使用第一个点作为位移>:60,50
```

结果如图 7-6 所示。

6）将视图切换至“俯视”，创建一 60×60×62 正四棱柱体。执行“直线”命令，从原点开始画一矩形，并将其定义为面域，操作如下：

```
命令:_line 指定第一点:0,0//从原点开始画直线
指定下一点或[放弃(U)]:-60,0
指定下一点或[放弃(U)]:@0,60
指定下一点或[闭合(C)/放弃(U)]:@60,0
指定下一点或[闭合(C)/放弃(U)]:C
命令:_region
选择对象:指定对角点:找到 4 个//选择构成矩形的 4 条线段
选择对象:回车
已提取 1 个环。
已创建 1 个面域。
```

将视图切换到“西南等轴测”。结果如图 7-7 所示。

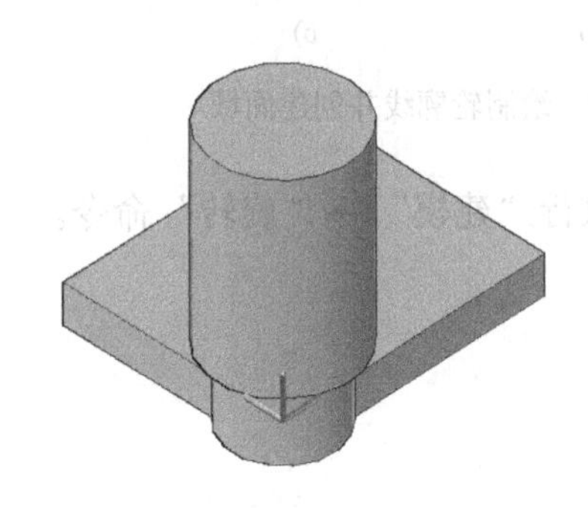

图 7-5　将圆柱体移动至原点　　图 7-6　将圆柱体移动到底板中心

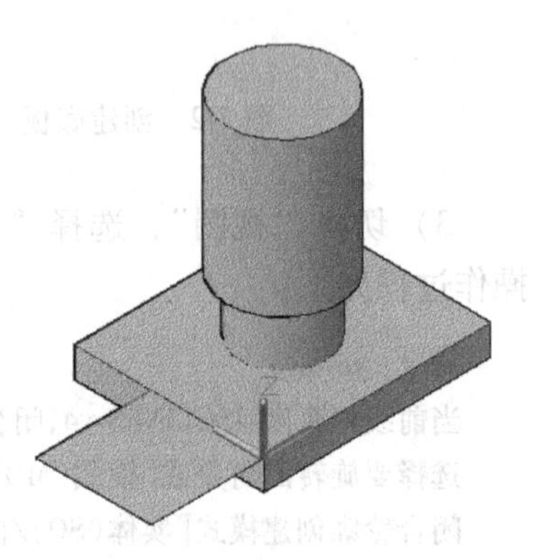

图 7-7　创建矩形及面域

执行“拉伸”命令，将创建的矩形面域沿 Z 轴拉伸，高度为 62。再执行“移动”命令。操作如下：

```
命令:_extrude
当前线框密度:ISOLINES=4,闭合轮廓创建模式=实体
选择要拉伸的对象或[模式(MO)]:_MO
闭合轮廓创建模式[实体(SO)/曲面(SU)]<实体>:_SO
选择要拉伸的对象或[模式(MO)]:找到 1 个//选择矩形面域
选择要拉伸的对象或[模式(MO)]:回车
指定拉伸的高度或[方向(D)/路径(P)/倾斜角(T)/表达式(E)]<15.0000>:62 回车
命令:_move
选择对象:找到 1 个//选择矩形实体
选择对象:回车
```

指定基点或[位移(D)]<位移>://捕捉原点
指定第二个点或<使用第一个点作为位移>:60,20,29

结果如图 7-8 所示。

7）单击“长方体”命令按钮，在任意位置构建一 60×6×60 的长方体肋板。再执行“移动”命令。操作如下：

命令:_box
指定第一个角点或[中心(C)]:任意位置单击
指定其他角点或[立方体(C)/长度(L)]:@60,6,60//输入肋板尺寸
命令:_move
选择对象:指定对角点:找到 1 个//选择 60×6×60 的肋板
选择对象://回车结束选择
指定基点或[位移(D)]<位移>://捕捉肋板下方棱边的中点
指定第二个点或<使用第一个点作为位移>://捕捉底板右侧的中点

结果如图 7-9 所示。

8）旋转坐标轴，单击命令按钮。将坐标轴绕 X 轴旋转 90°。再单击移动坐标轴命令按钮。将坐标原点定义到正四棱柱体前方棱边中点上。结果如图 7-10 所示。

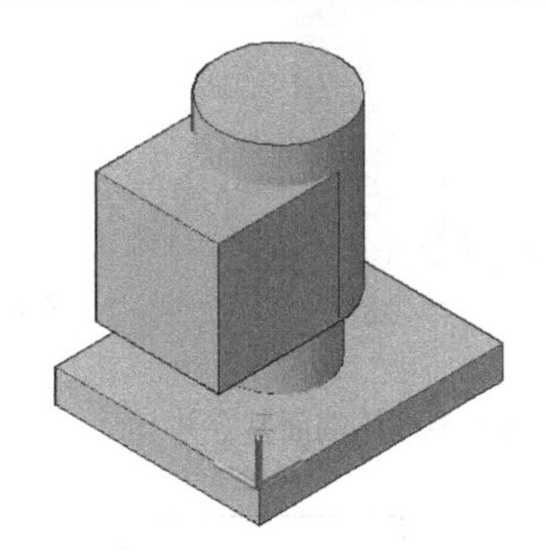

图 7-8　拉伸并移动长方体

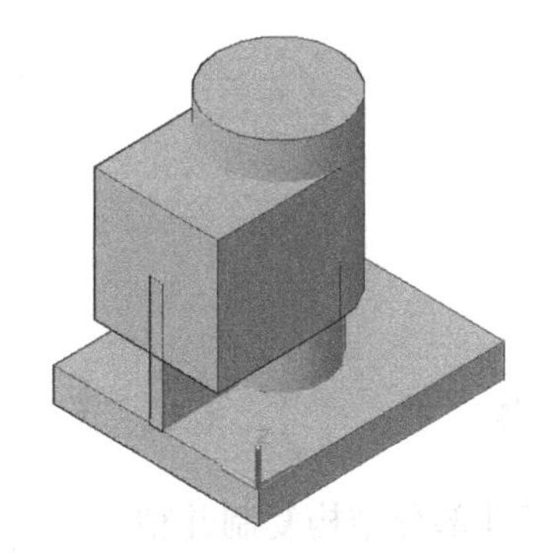

图 7-9　构建并移动肋板

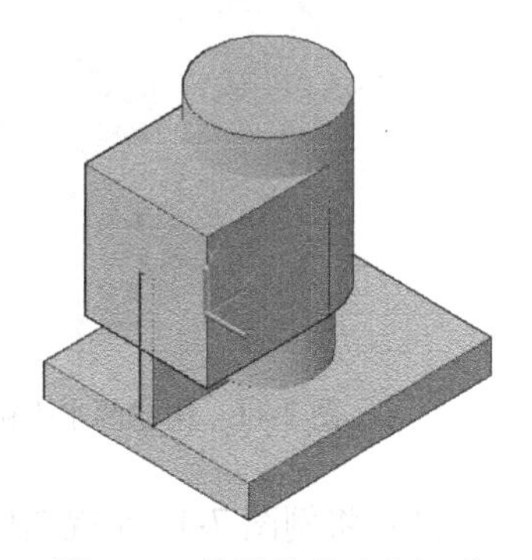

图 7-10　旋转并移动坐标系

9）以原点为圆心，构建两直径为 60 和 50，长度为 90 和 45 的水平圆柱体。操作步骤如下：

命令:_ cylinder
指定底面的中心点或[三点(3P)/两点(2P)/切点、切点、半径(T)/椭圆(E)]://捕捉棱边中点(原点)
指定底面半径或 [直径(D)]://捕捉棱边的端点或输入直径 60
指定高度或 [两点(2P)/轴端点(A)]: -75//输入圆柱体高度-75
命令://回车重复执行“圆柱体”命令
CYLINDER
指定底面的中心点或[三点(3P)/两点(2P)/切点、切点、半径(T)/椭圆(E)]://捕捉直径为 60 圆柱体后端面圆心
指定底面半径或[直径(D)]<31.0000>:25//输入圆柱体半径
指定高度或[两点(2P)/轴端点(A)]<-90.0000>:-45//输入圆柱体高度

结果如图 7-11 所示。

10）执行“移动面”命令，将直径为 60 的圆柱体前端面向 Z 轴正方向移动 15。操作如下：

命令：_solidedit
实体编辑自动检查：SOLIDCHECK=1
输入实体编辑选项[面(F)/边(E)/体(B)/放弃(U)/退出(X)]<退出>：_FACE
输入面编辑选项
[拉伸(E)/移动(M)/旋转(R)/偏移(O)/倾斜(T)/删除(D)/复制(C)/颜色(L)/材质(A)/放弃(U)/退出(X)]<退出>：_MOVE//移动面
选择面或[放弃(U)/删除(R)]：找到一个面。//选择圆柱体前端面
选择面或[放弃(U)/删除(R)/全部(ALL)]：
指定基点或位移：//捕捉圆心
指定位移的第二点：15//输入移动面的距离 15

将所有构建完成的实体执行“并集”命令。结果如图 7-12 所示。

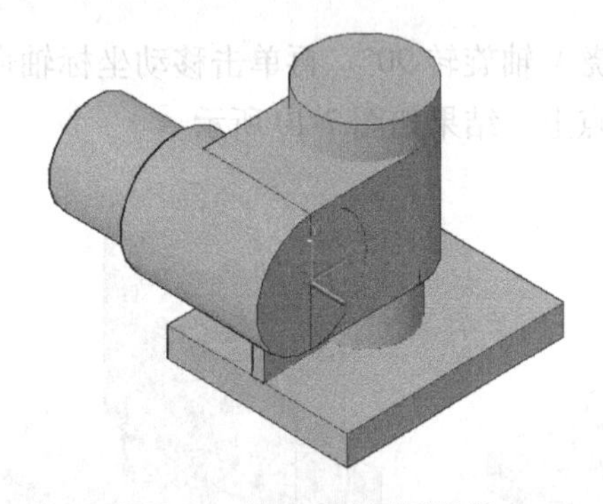
图 7-11　构建两水平圆柱体

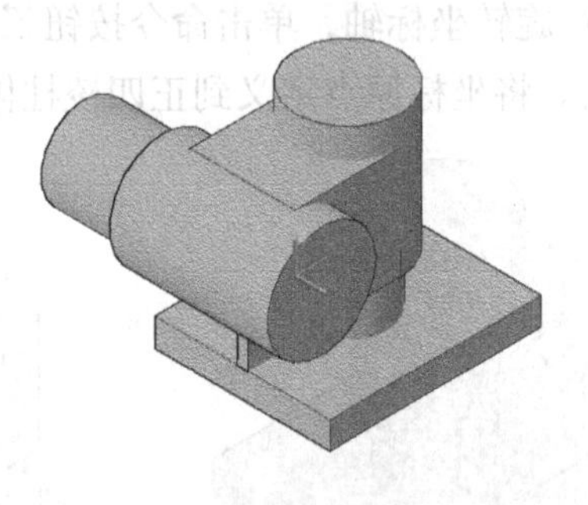
图 7-12　移动圆柱体端面并合并

11）将例图 7-1a 左视图中间孔部分结构复制并粘贴到当前窗口，为便于旋转操作，只取水平孔结构投影的一半。修改后如图 7-13 所示。

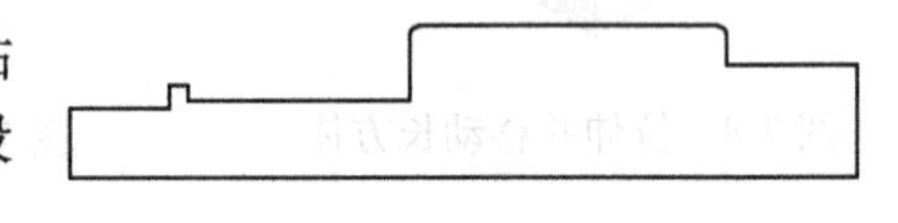
图 7-13　水平圆柱孔投影

12）将图 7-13 所示的平面图形定义为面域，执行“旋转”命令，构建为一回转体。再执行“二维对齐”命令，使其与直径为 $\phi62$ 的圆柱同轴。“二维对齐”操作如下：

命令：_align
选择对象：指定对角点：找到 1 个//选择新构建的回转体
选择对象：回车
指定第一个源点：//捕捉直径为 $\phi37$ 圆柱端面圆心，即图 7-13 所示圆柱右端面圆心
指定第一个目标点：//捕捉直径为 $\phi62$ 圆柱端面圆心
指定第二个源点：//捕捉直径为 $\phi27$ 圆柱端面圆心，即图 7-13 所示圆柱左端面圆心
指定第二个目标点：//捕捉直径为 $\phi50$ 圆柱端面圆心
指定第三个源点或<继续>：//回车结束
是否基于对齐点缩放对象？[是(Y)/否(N)]<否>：//回车确认

结果如图 7-14 所示。

13）按照上述方法，复制图 7-1a 主视图中竖直圆柱孔的外形投影轮廓线，为方便下一步旋转操作，只取竖直孔结构的一半。修改后将其定义为面域，如图 7-15 所示。再执行“旋转”命令，构建一回转实体，并运用“二维对齐”命令将其移动到与 ϕ60 圆柱同轴。结果如图 7-16 所示。

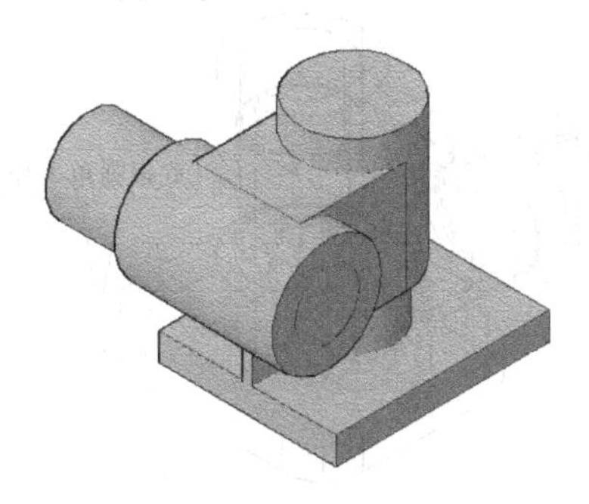

图 7-14　“二维对齐”操作结果

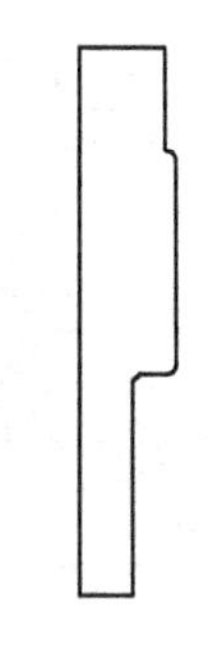

图 7-15　竖直圆柱孔投影

14）在任意位置构建一 60×46×50 的长方体。并将其移动至水平圆柱体端面，使长方体外侧棱边的中点与 ϕ62 圆柱的圆心重合，如图 7-17 所示。

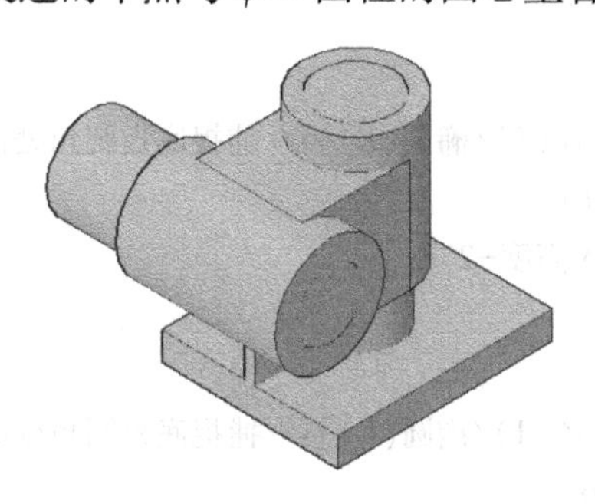

图 7-16　构建竖直圆柱孔并与 ϕ60 圆柱同轴

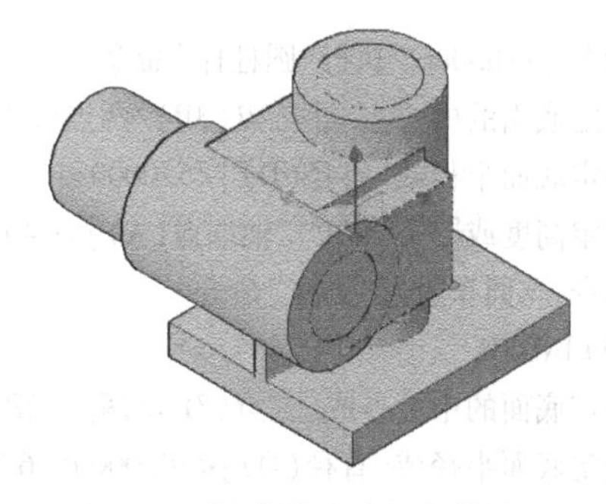

图 7-17　创建并移动长方体效果

15）将上述长方体沿 Y 轴方向移动 22。再执行“差集”命令。操作过程如下：

```
命令:_move 找到 1 个//选择长方体
指定基点或[位移(D)]<位移>://捕捉 φ62 圆柱的圆心
指定第二个点或<使用第一个点作为位移>:22//沿 Y 轴移动光标确定移动方向并指定移动距离 22
命令:_subtract 选择要从中减去的实体、曲面和面域...
选择对象:找到 1 个//选择步骤 10)创建的合并体
选择对象:回车
选择要减去的实体、曲面和面域...
选择对象:找到 1 个//选择步骤 12)创建的需删除的水平圆柱体
选择对象:找到 1 个,总计 2 个//选择步骤 13)创建的需删除的竖直圆柱体
选择对象:找到 1 个,总计 3 个//选择步骤 14)创建的需删除的长方体
选择对象:回车
```

结果如图 7-18 所示。

☞提示：

如在“概念”视觉样式下选择不到需删除的实体，可将其切换至“二维线框”视觉样式下即可选择。

16）切换至“二维线框”视觉样式，执行“圆角”命令。结果如图 7-19 所示。

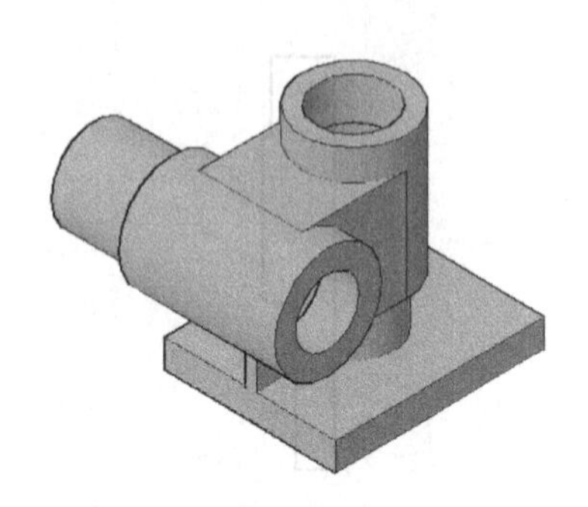

图 7-18 移动后“差运算”效果

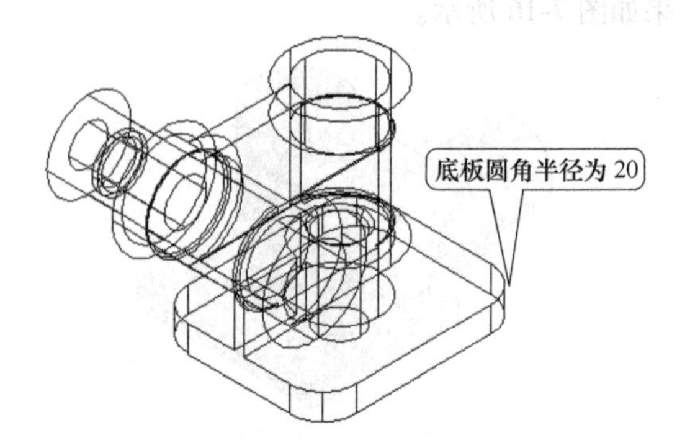

图 7-19 底板“圆角”效果

17）在底板圆角圆心处，构建两圆柱体，并执行“并集”命令，完成台阶圆柱的构建。操作如下：

```
命令:_cylinder//执行“圆柱体”命令
指定底面的中心点或[三点(3P)/两点(2P)/切点、切点、半径(T)/椭圆(E)]://捕捉底板圆角处圆心
指定底面半径或[直径(D)]<6.0000>:10//输入圆柱半径 10
指定高度或[两点(2P)/轴端点(A)]<-40.8952>:-2//输入高度-2
命令://回车重复“圆柱”命令
CYLINDER
指定底面的中心点或[三点(3P)/两点(2P)/切点、切点、半径(T)/椭圆(E)]://捕捉底板圆角处圆心
指定底面半径或[直径(D)]<10.0000>:6//输入圆柱半径 6
指定高度或[两点(2P)/轴端点(A)]<-2.0000>://输入高度值要大于底板高度 15
命令:_union//执行“并集”命令
选择对象:找到 1 个//选择直径为 ϕ20,高为 2 的圆柱体
选择对象:找到 1 个,总计 2 个//选择直径为 ϕ12,高为大于 15 的圆柱体
选择对象://回车结束命令
```

结果如图 7-20 所示。

18）单击“三维阵列”命令按钮。将上述创建的两圆柱体进行矩形阵列。操作如下：

```
命令:_3darray//执行“三维阵列”命令
选择对象:找到 1 个//选择上步创建的两圆柱体
选择对象:
输入阵列类型[矩形(R)/环形(P)]<矩形>://选择阵列类型
输入行数(---)<1>:2//输入阵列行数 2
输入列数(|||)<1>:2//输入阵列列数 2
输入层数(...)<1>://输入阵列层数,此处为 1 层
指定行间距(---):60//输入行间距 60
```

指定列间距(|||):-80//输入列间距-80

结果如图 7-21 所示。

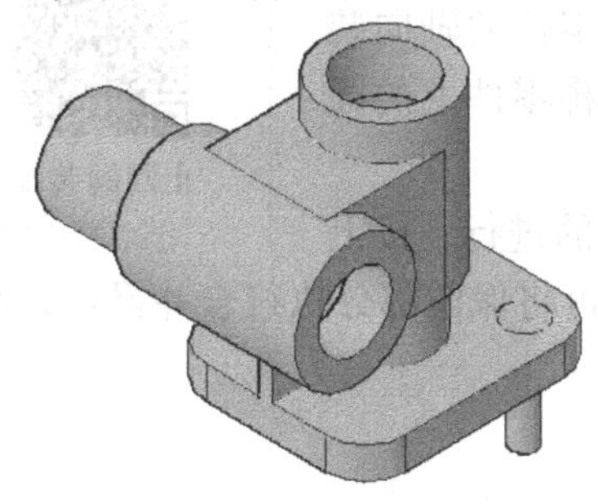

图 7-20　创建台阶圆柱

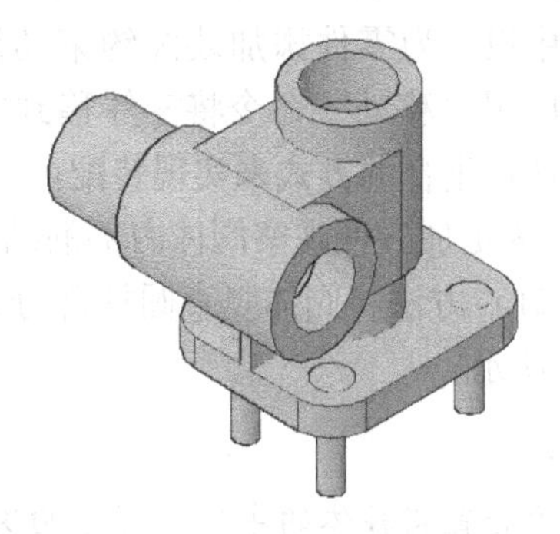

图 7-21　矩形阵列台阶圆柱

19）单击“差集”命令按钮，创建底板上的 4 个台阶孔。结果如图 7-22 所示。

20）切换至“二维线框”视觉模式。按图 7-1a 中圆角 *R*2 和倒角 *C*2 尺寸要求。单击“圆角”命令按钮和“倒角”命令按钮，结合 ViewCube 工具，对创建的实体外形轮廓进行圆角和倒角修饰。在“概念”视觉样式下观察，结果如图 7-23 所示。

21）单击“剖切”命令按钮。将实体切开观看内部结构形状。操作如下。

命令:_slice

选择要剖切的对象:找到 1 个//选择剖切实体

选择要剖切的对象:回车//结束选择

指定切面的起点或[平面对象(O)/曲面(S)/Z 轴(Z)/视图(V)/XY(XY)/YZ(YZ)/ZX(ZX)/三点(3)]<三点>:YZ//选择 YZ 面作为剖切平面

指定 YZ 平面上的点<0,0,0>://捕捉 ϕ62 圆柱端面的圆心

在所需的侧面上指定点或[保留两个侧面(B)]<保留两个侧面>://在需保留实体一侧单击。

结果如图 7-24 所示。

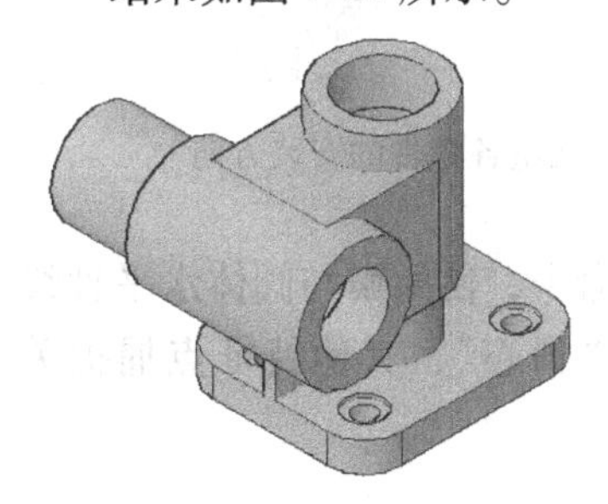

图 7-22　创建底板台阶孔

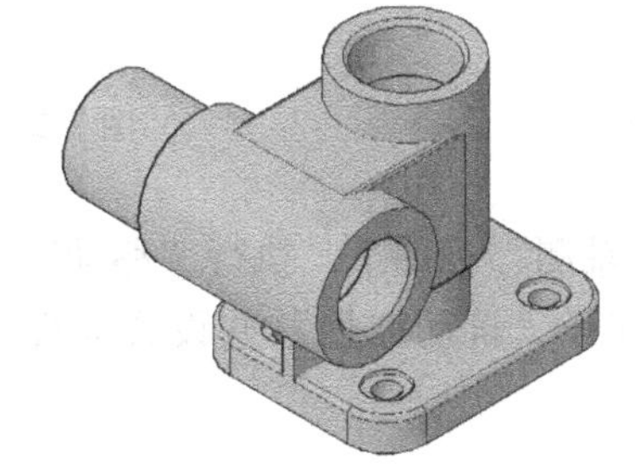

图 7-23　倒角和圆角效果

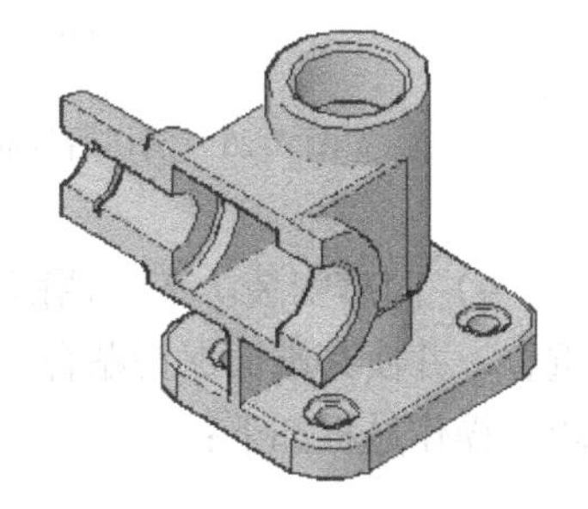

图 7-24　剖切实体

7.2.2　案例解析二

按图 7-1b 所示爆炸图的装配关系，将所有零件组合装配起来，构成一止回阀装配体。止回阀是液体进、出口固定不变的单方向阀门。当旋转阀杆使阀杆上移打开阀门时，高压液体从后面 M27×2 螺孔口进入，克服弹簧力的作用推开阀瓣流入阀体，由阀体下方直径为 25 孔处流出。当阀杆下移关闭阀门时，阀瓣在弹簧 4 的作用下恢复原状。

在 AutoCAD 环境下装配零件三维模型和装配零件实物类似，先确定装配关系和装配顺序。将“阀体”零件视为不可动零件。由于在软件中没有为零件添加装配约束功能，对于本例中零件的轴向装配，可应用“移动”命令将零件移到安装位置并通过将零件上的圆心等特征点重合的方式来实现装配。

1）为更加方便观察阀体内部的结构及有利于装配的进行，按上例步骤 21）方法将阀体竖直圆柱部分进行两次剖切，再将保留部分执行合并操作，结果如图 7-25 所示。

☞**提示：**

对于竖直圆柱体的半剖，可分两次进行，第一次剖切保留两侧，第二次剖切可只保留需要的一侧。最后用“并集”命令将留下来的部分合并为一整体。

2）用“复制”命令将构成止回阀装配体的所有三维零件从源文件夹“装配体零件”中复制粘贴到当前窗口中。

3）将视图切换至“西南等轴测”方向。将各零件运用“三维旋转”和“移动”等操作按其安装方向和顺序进行调整。结果如图 7-26 所示。在后续的各步操作中零件的安放位置均为图 7-26 所显示。

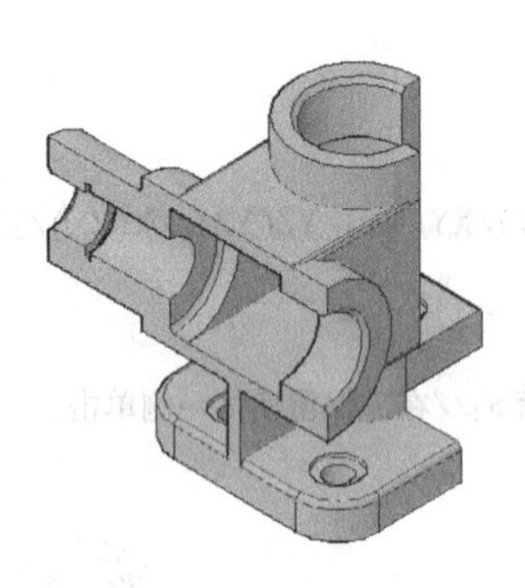

图 7-25　剖切后的阀体

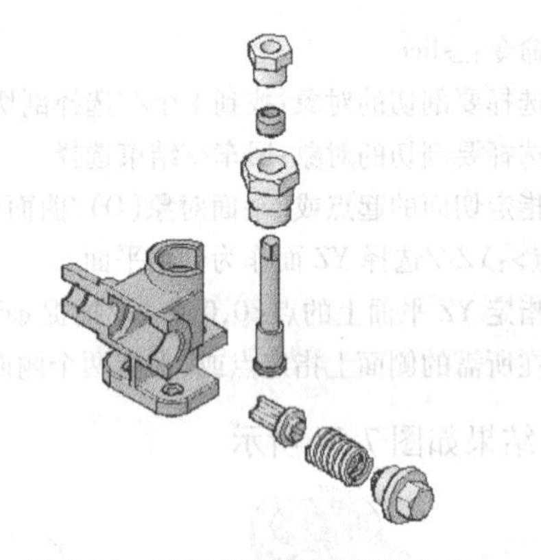

图 7-26　调整各零件的安装方向

4）阀瓣安装。在“西南等轴测”视图下，执行“移动”命令，使阀瓣与阀体水平轴线重合，并使其端面保持贴合。打开“自动捕捉”并设置捕捉“圆心”，其他特征点捕捉关闭。操作过程如下：

```
命令:_move
选择对象:找到 1 个//选择阀瓣
选择对象:回车
指定基点或[位移(D)]<位移>://捕捉阀瓣上圆柱端面圆心 A,如图 7-27a 所示
指定第二个点或<使用第一个点作为位移>://捕捉阀体上圆柱孔端面圆心 B,如图 7-27a 所示
```

结果如图 7-27b 所示。

5）弹簧安装。为便于弹簧的安装，在弹簧的建模过程中，预先在弹簧两端面绘制两辅

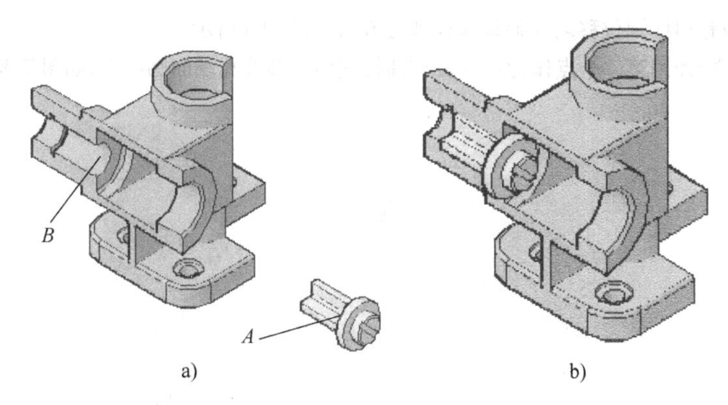

图 7-27　移动阀瓣效果

助圆，以便在安装过程中可顺利地捕捉到弹簧端面的圆心。操作过程如下：

```
命令:_move
选择对象:找到 1 个//选择弹簧
选择对象:
指定基点或[位移(D)]<位移>://捕捉弹簧端面圆心 C,如图 7-28a 所示
指定第二个点或<使用第一个点作为位移>://捕捉阀瓣上圆柱端面圆心 D,如图 7-28a 所示
```

操作结果如图 7-28b 所示。

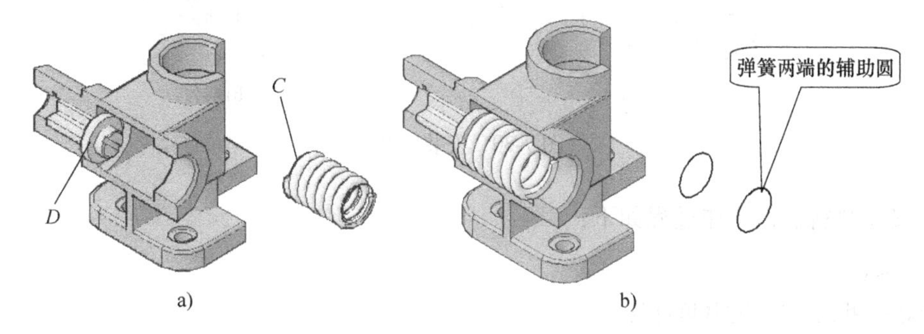

图 7-28　移动弹簧效果

6）安装调节螺母。操作过程如下：

```
命令:_move
选择对象:找到 1 个//选择调节螺母
选择对象:
指定基点或[位移(D)]<位移>://捕捉调节螺母圆心 E,如图 7-29a 所示
指定第二个点或<使用第一个点作为位移>://捕捉阀体上圆柱端面圆心 F,如图 7-29a 所示
```

操作结果如图 7-29b 所示。

7）将视图切换至“东南等轴测”方向。安装阀杆元件。操作过程如下：

```
命令:_move
选择对象:找到 1 个//选择阀杆
选择对象:
```

指定基点或[位移(D)]<位移>://捕捉阀杆圆心 G,如图 7-30a 所示
指定第二个点或<使用第一个点作为位移>://捕捉阀体上圆柱孔端面圆心 H,如图 7-30a 所示

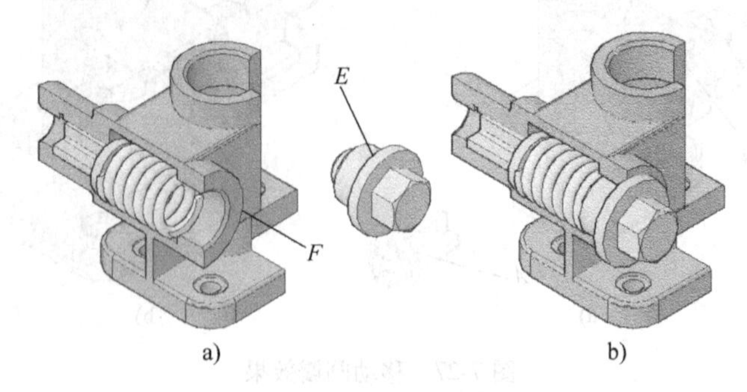

图 7-29　安装调节螺母

操作结果如图 7-30b 所示。

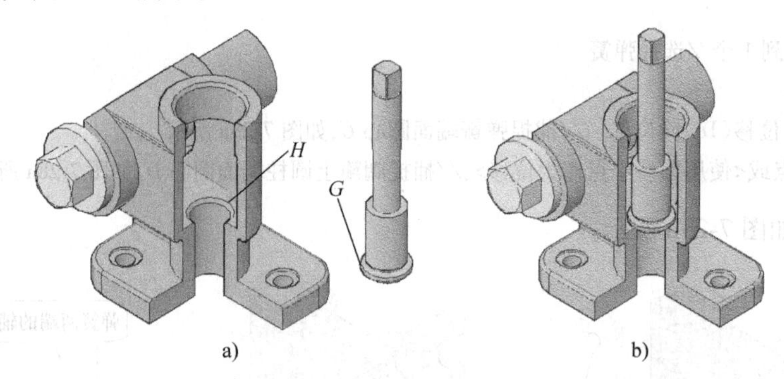

图 7-30　安装阀杆

8）安装填料盖，操作过程如下：

命令:_move
选择对象:找到 1 个//选择填料盖
选择对象:
指定基点或[位移(D)]<位移>://捕捉填料盖上圆心 J,如图 7-31a 所示
指定第二个点或<使用第一个点作为位移>://捕捉阀体上圆柱端面圆心 K,如图 7-31a 所示

操作结果如图 7-31b 所示。

9）安装填料。为便于安装和观察，须将填料盖进行相应的剖切，如图 7-32a 所示。再将剖切形成的两个部分运用“并集”命令合并为一整体，结果如图 7-32b 所示。

将填料安装在填料盖中。操作过程如下。

命令:_move
选择对象:找到 1 个//选择填料
选择对象:
指定基点或[位移(D)]<位移>://捕捉填料上圆心 M,如图 7-33a 所示
指定第二个点或<使用第一个点作为位移>://捕捉填料盖上圆心 N,如图 7-33a 所示

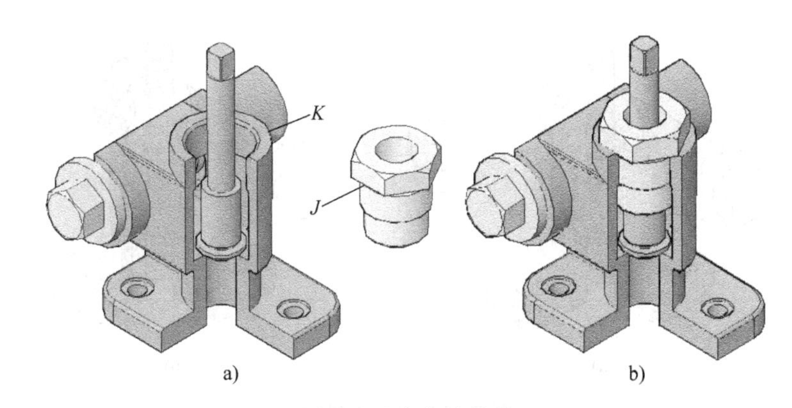

图 7-31　安装填料盖

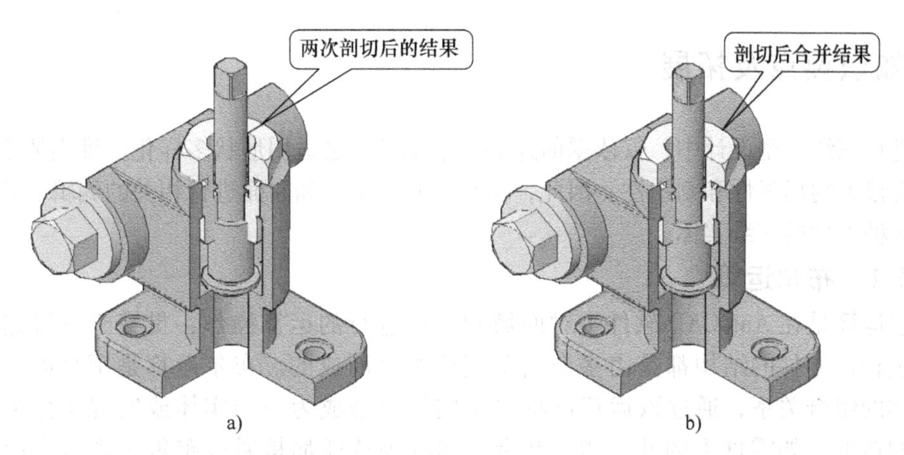

图 7-32　填料盖剖切及合并

操作结果如图 7-33b 所示。

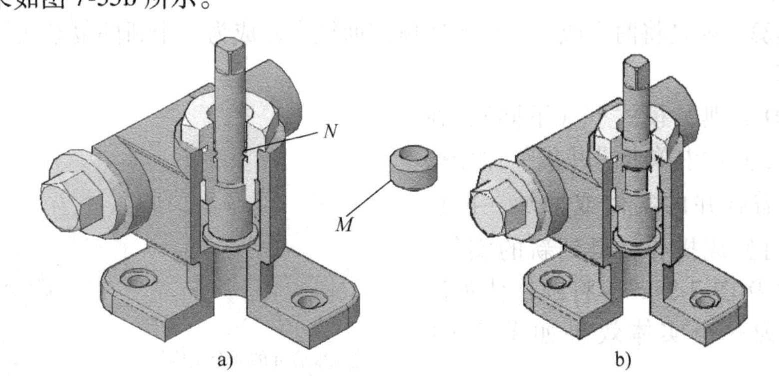

图 7-33　安装填料

10）安装压料盖。可先将填料盖移动到阀杆顶端，如图 7-34a 所示，然后再将其移动到合适位置即可。操作过程同上。结果如图 7-34b 所示。

11）切换到“视图”选项卡，单击“动态观察”命令按钮 动态观察 ，可从多方位自由观察所完成的装配体。

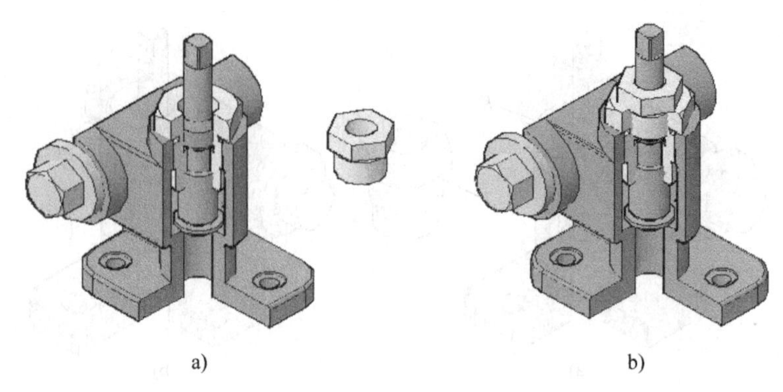

图 7-34　安装压料盖

7.3　知识要点及拓展

在进行三维造型设计中，仅依据前述的基本工具无法适用形状多样化三维实体模型的创建，且有很大的局限性和制约性。因此，必须对基本实体和曲面进行相关的编辑、修改才能设计出各种类型的三维实体。

7.3.1　布尔运算

布尔运算是在 AutoCAD 软件中对面域和实体进行的运算操作，贯穿于三维建模设计的整个过程。零件的结构都是由多个简单实体组合而成的。布尔运算是用来确定多个曲面或实体的组合关系，通过该运算可将多个实体组合成为一个实体或实现实体上某些工艺结构的造型。如零件上的孔、槽、凸台、凹坑等特征都是通过布尔运算组合而成的新特征。

1. 并运算

所谓并运算，就是将两个或多个简单实体或面域合并成为一个新的复杂实体或面域，也就是求和运算。

“AutoCAD 经典”模式下（下同），在“实体编辑”工具栏中单击“并集”命令按钮，选取需合并的实体或面域，再按<Enter>键即可完成操作，得到新的实体。打开源文件“例图 7-35a”，将圆柱体和四棱柱体合并为一个实体效果如图 7-35b 所示。

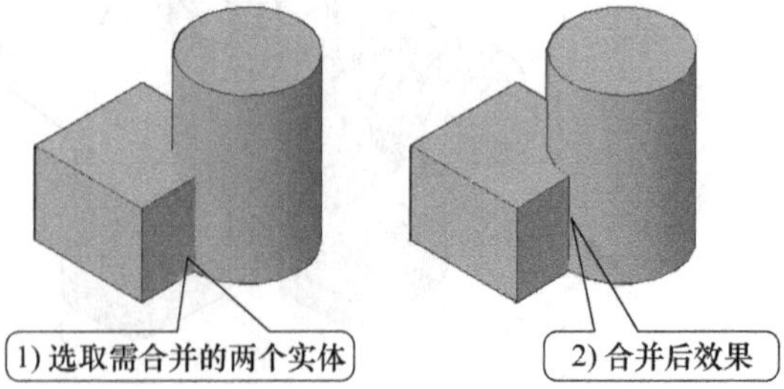

1) 选取需合并的两个实体　　2) 合并后效果

a)　　b)

图 7-35　实体合并

☞**注意：**

1）如实体或面域之间没有公共部分也可执行并运算，组合而成的是一个不相交的新实体，但在显示效果上并无变化。

2）检验是否合并成功，只需用光标单击其中任一实体或面域，如都呈高亮显示，则表示合并成功。

2. 差运算

差运算是指用其中某一实体或面域减去另一实体或面域以获得新的组合体，也就是求两实体间的差值。

在“实体编辑”工具栏中单击“差集”命令按钮，先选择被减去的实体或面域，再选择减去的实体或面域，按<Enter>键即可完成操作，得到新的实体。打开源文件“例图 7-36a”，将圆柱体减去四棱柱体获得的实体效果如图 7-36b 所示。打开源文件“例图 7-37a”，将四棱柱体减去圆柱体获得的实体效果如图 7-37b 所示。

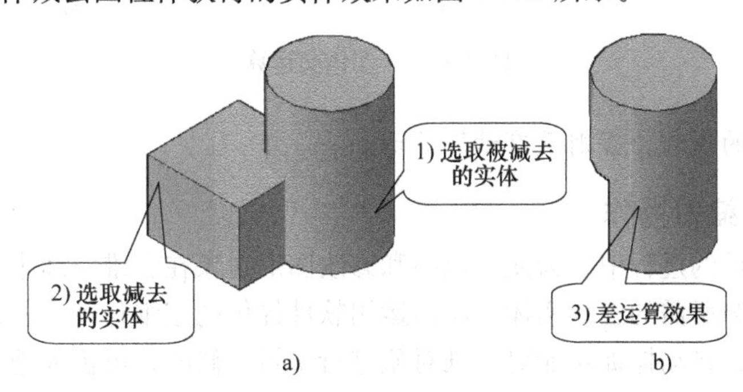

图 7-36　圆柱体减去四棱柱体

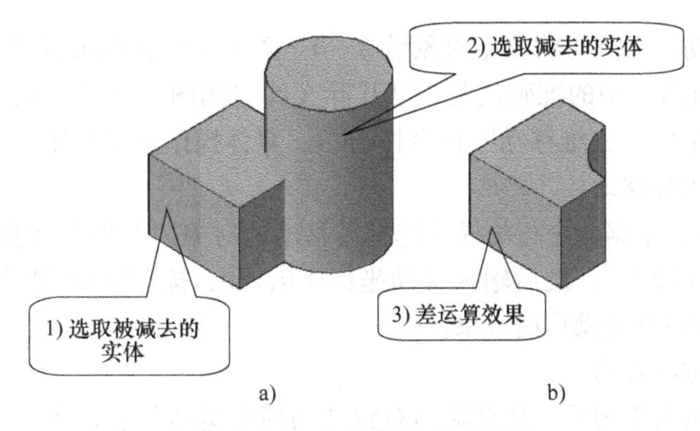

图 7-37　四棱柱体减去圆柱体

☞提示：

在执行差运算的过程中，其得到的结果与选择实体的顺序有关，即要求正确选择被减实体和减去的实体。

3. 交运算

交运算是指获取两相交实体间的公共部分，从而得到另一新实体，即求两实体间的交集。

在“实体编辑”工具栏中单击“交集”命令按钮，选取需进行交运算的实体或面域，再按<Enter>键即可完成操作，得到新的实体。打开源文件“例图 7-38a”，圆柱体和四棱柱体交集效果如图 7-38b 所示。

☞提示：

在执行交运算时，选取对象可不分先后顺序，但必须选择两个以上相交的实体或面域对

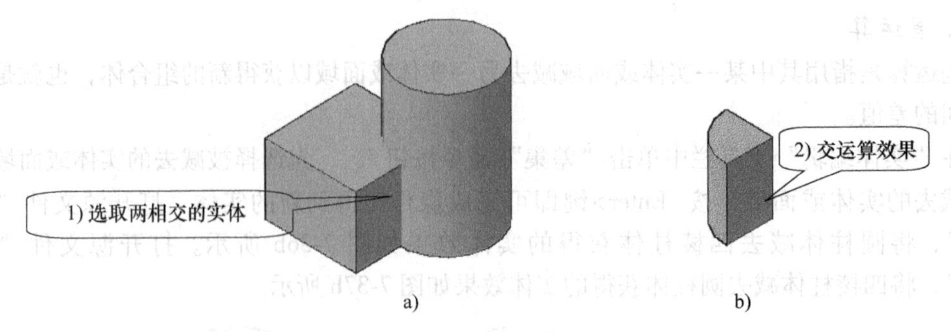

图 7-38　实体交运算

象才能执行交运算的操作，否则没有结果显示。

7.3.2　三维编辑操作

在进行三维设计的过程中，为便于调整和修改图形对象在三维空间中的结构形状和相对位置，从而组合成为所需的三维实体。灵活运用软件提供的三维移动、三维旋转、三维阵列等操作工具，并结合自动捕捉功能对三维对象进行编辑和修改，可极大地提高绘图速度和准确程度，达到提高工作效率的目的。

1. 三维移动

使用“三维移动”工具可将指定对象沿 X、Y、Z 三个坐标轴或其他任意方向移动。从而获得相应的模型在视图中的准确位置。打开源文件“例图 7-39a”，在“修改”工具栏中执行“三维操作”下的“三维移动”命令按钮，具体操作方法有如下几种。

（1）直接指定坐标移动

如图 7-39a 所示，根据命令行的提示选择需移动的对象“马蹄形实体”，再利用捕捉功能选择基点“圆孔的圆心”，最后输入移动坐标@ 0，60，按<Enter>键确认即可完成操作。如图 7-39b 所示为执行移动操作的效果。

（2）沿指定轴方向移动

打开源文件“例图 7-40a”，选择移动对象“马蹄形实体”后，实体中出现 X、Y、Z 三个坐标轴方向的轴句柄，将光标停留在要移动方向的轴句柄上，显示一移动矢量线，此时单击光标确定移动方向，将需移动对象约束在该轴方向。再直接输入移动距离“30”，实体将按指定方向和距离移动。如图 7-40b 所示的移动效果。

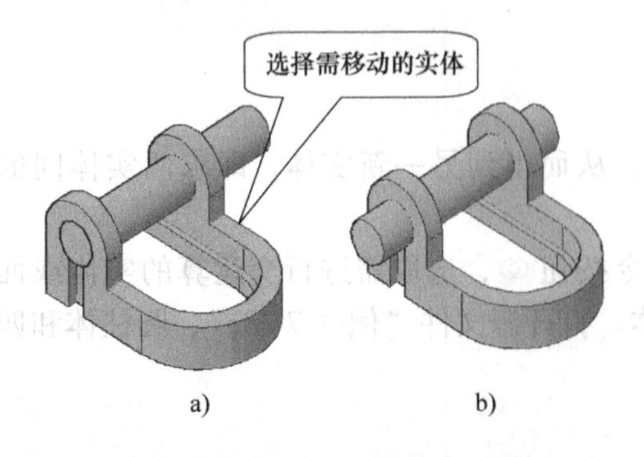

图 7-39　直接指定坐标移动效果

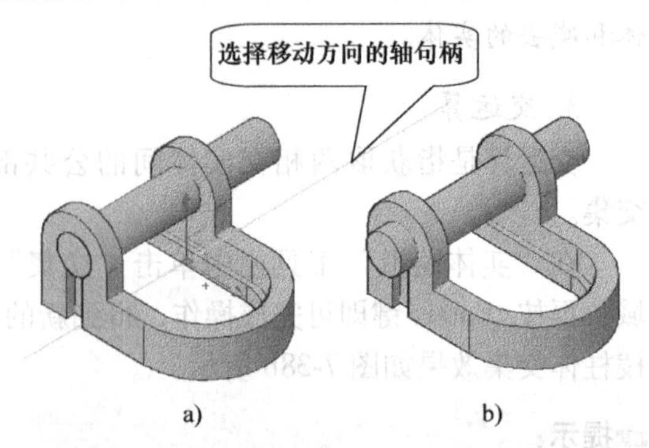

图 7-40　沿指定轴方向和距离移动效果

（3）沿指定平面移动

打开源文件“例图 7-41a”，选择移动对象“马蹄形实体”后，实体中出现 *X*、*Y*、*Z* 三个坐标轴方向的轴句柄，将光标停留在要移动平面的两轴句柄之间，显示黄色矩形块后，此时单击光标确定移动平面，将需移动对象约束到该平面上。输入移动距离@ 0, 100，按<Enter>键后完成操作，如图 7-41b 所示。

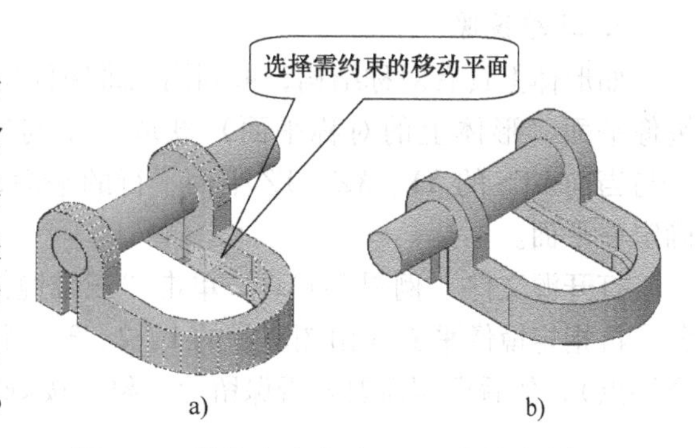

图 7-41　沿指定移动平面及距离的移动效果

☞**提示：**

对于实体对象的三维移动操作，无需执行三维移动操作命令，直接用光标点选要移动的对象，在出现夹点工具的轴句柄后，再按上述方法进行移动操作亦可。

2. 三维旋转

三维旋转是将选定对象利用夹点工具设置旋转约束，使其沿指定的旋转轴进行自由旋转。

单击“三维旋转”命令按钮，在绘图区选定需旋转的对象，光标处将出现 3 个圆环式的轴句柄。其中红色环代表 *X* 轴、绿色环代表 *Y* 轴、蓝色环代表 *Z* 轴。然后在对象上指定一点作为旋转基点，并指定旋转轴。最后输入旋转角度或指定旋转的起点和端点，即完成三维旋转操作。

打开源文件“例图 7-42a”，将连杆的右半部分向上方旋转 45°。操作如下：

```
命令:_3drotate//执行“三维旋转”命令
UCS 当前的正角方向:ANGDIR=逆时针　ANGBASE=0
选择对象:指定对角点:找到 1 个//选择连杆上右半部分
选择对象:回车//结束选择
指定基点://利用捕捉功能捕捉圆筒端部圆心作为旋转基点
拾取旋转轴://移动光标,在所需轴句柄位置单击,以确定旋转轴,如图 7-42a 所示
指定角的起点或键入角度:-45//输入旋转角度,回车结束操作
```

操作结果如图 7-42b 所示。

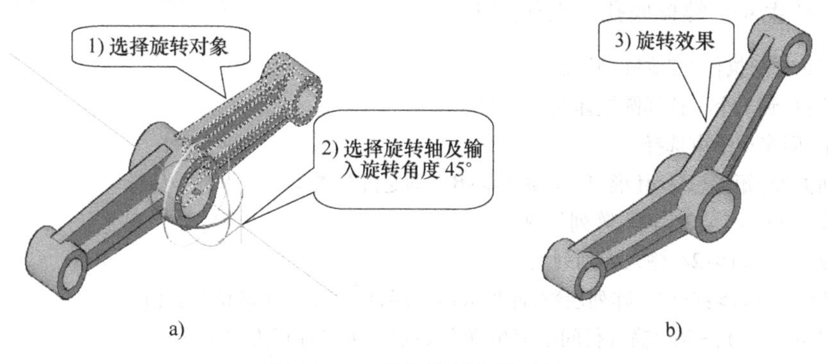

图 7-42　三维旋转操作及效果

3. 三维镜像

如形体上具有对称结构，可利用三维镜像功能简化其操作。三维镜像是将三维对象通过镜像平面（形体上的对称平面）获取一个与原实体一致的对象。镜像平面一般可以是：①与当前 UCS 的 *XY*、*XZ*、*YZ* 平面平行的平面，且指定该平面通过的点；②指定三个点以确定一平面。

打开源文件“例图 7-43a”。单击“三维镜像”命令按钮，在绘图区选定需镜像的对象，再指定镜像平面（由图所示的 1、2、3 三个端点确定的平面或指定 *YZ* 轴平面及其中一个端点），然后根据需要是否保留原对象，按<Enter>键结束操作。结果如图 7-43b 所示。

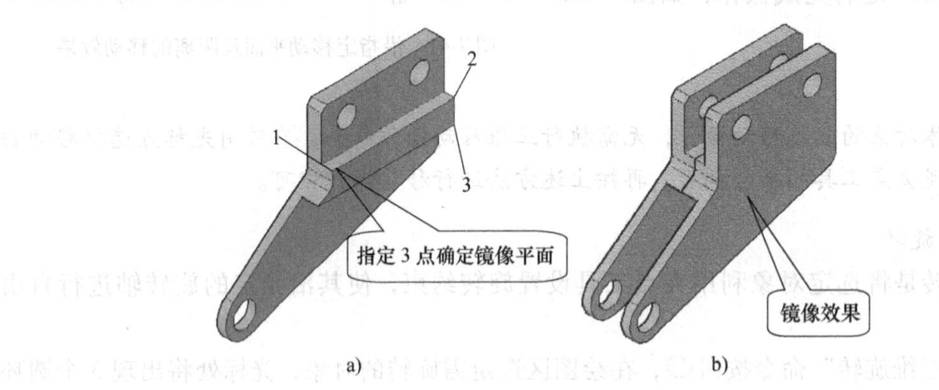

图 7-43　镜像操作及效果

4. 三维阵列

对于按照一定规律或顺序分布的形体，如齿轮、齿条上的轮齿、均布的孔或槽等结构，在创建三维实体时，可用“三维阵列”工具按矩形阵列或环形阵列创建多个指定对象。从而大大提高绘图效率。

打开源文件“例图 7-44a”，单击“三维阵列”命令按钮，选取待阵列的对象，在命令提示行“输入阵列类型[矩形(R)/环形(P)]<矩形>:”中选择阵列的类型，然后再按命令行的提示完成操作。

（1）矩形阵列

在创建三维矩形阵列时，需输入阵列对象的行数、列数、层数、行间距、列间距、层间距。如图 7-44a 所示，将圆柱利用三维矩形阵列功能，按尺寸阵列至矩形板的四角，再执行“差运算”，产生 4 个螺栓底孔。操作如下：

```
命令:_3darray//执行“三维阵列”命令
选择对象:找到 1 个//选择圆柱体为阵列对象
选择对象:回车//结束选择
输入阵列类型[矩形(R)/环形(P)]<矩形>:R//确定阵列类型
输入行数(---)<1>:2//输入阵列行数
输入列数(|||)<1>:2//输入阵列列数
输入层数(...)<1>://输入阵列层数,此处只需一层,可直接回车确认默认值
指定行间距(---):-56//输入行间距-56(负数表示与 Y 坐标正方向相反)
指定列间距(|||):76//输入列间距 76(正数表示与 X 坐标正方向相同)
```

操作结果如图 7-44b 所示。

执行“差运算”，结果显示如图 7-44c 所示。

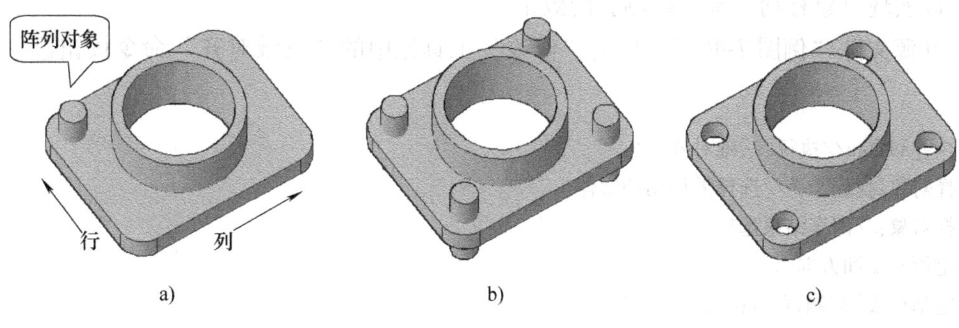

图 7-44　矩形阵列效果

☞**提示：**

在指定间距值时，如输入正值，则表示沿 *X*、*Y*、*Z* 轴的正方向生成阵列；反之，输入负值，则沿对应轴的反方向生成阵列。

（2）环形阵列

执行“环形阵列”命令时，需指定阵列的数目、阵列填充的角度、旋转轴的起点和阵列对象是否围绕阵列中心旋转等参数。

打开源文件“例图 7-45a”，单击“三维阵列”命令按钮，选取待阵列的对象，在命令提示行中选择阵列的类型为环形阵列，然后再按命令行的提示完成操作。操作如下：

命令：_3darray//执行“三维阵列”命令

选择对象：找到 1 个//选择阵列对象

选择对象：回车//结束对象选择

输入阵列类型[矩形(R)/环形(P)]<矩形>：P//确定阵列类型

输入阵列中的项目数目：3//输入阵列数目

指定要填充的角度(+=逆时针，-=顺时针)<360>：360//输入阵列对象填充的角度范围

旋转阵列对象？[是(Y)/否(N)]<Y>：//确定是否旋转阵列对象

指定阵列的中心点：//捕捉圆柱顶面的圆心

指定旋转轴上的第二点：//捕捉圆柱底面的圆心

操作结果如图 7-45b 所示。

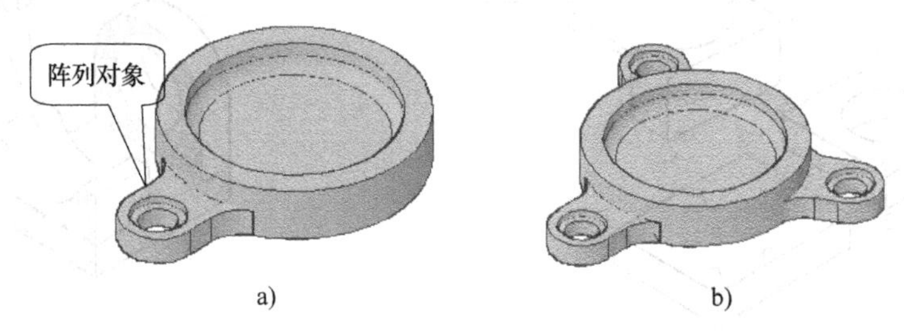

图 7-45　环形阵列效果

5. 三维对齐

在 AutoCAD 软件中，执行三维对齐操作均需对源平面和目标平面通过最多 3 点来进行确定，以实现对象移动、旋转或倾斜的效果。

打开源文件“例图 7-46a”。单击“修改”工具栏中的“三维对齐”命令按钮。操作如下：

```
命令:_3dalign//执行"三维对齐"命令
选择对象:找到 1 个//选择需移动的实体 1
选择对象://回车结束选择
指定源平面和方向...
指定基点或[复制(C)]://捕捉端点 1
指定第二个点或[继续(C)]<C>://捕捉端点 2
指定第三个点或[继续(C)]<C>://捕捉端点 3
正在检查 703 个交点...
指定目标平面和方向...
指定第一个目标点://捕捉端点 4
指定第二个目标点或[退出(X)]<X>://捕捉端点 5
指定第三个目标点或[退出(X)]<X>://捕捉中点 6
命令://回车重复执行"三维对齐"命令
3DALIGN
选择对象:找到 1 个//选择需移动的实体 2
选择对象://回车结束选择
指定源平面和方向...
指定基点或[复制(C)]://捕捉端点 A
指定第二个点或[继续(C)]<C>://捕捉端点 B
指定第三个点或[继续(C)]<C>://捕捉端点 C
指定目标平面和方向...
指定第一个目标点://捕捉端点 D
指定第二个目标点或[退出(X)]<X>://捕捉端点 E
指定第三个目标点或[退出(X)]<X>://捕捉中点 F
```

效果如图 7-46b 所示。

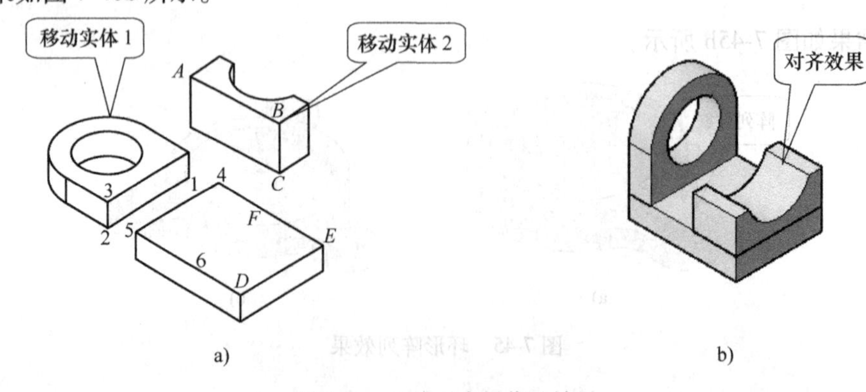

图 7-46　三维对齐操作及效果

6. 剖切

为真实地表达复杂实体内部结构特征，可利用一假想的剖切平面或曲面将实体剖切。然后保留剖切平面之后的实体或将剖切平面之前的部分移开或删除，便可将实体内部结构特征清晰地显示出来。

单击“实体编辑”工具栏中的“剖切”按钮。选择需剖切的实体，指定剖切平面，再根据命令行的提示选择是否保留两侧面。按<Enter>键结束操作。

打开源文件“例图 7-47a”，利用“剖切”功能，将实体内部结构特征表达出来。常用的操作方式有如下几种。

（1）指定切平面的起点

命令：_slice//执行剖切命令
选择要剖切的对象：找到 1 个//选择需剖切的实体
选择要剖切的对象：//回车结束选择
指定切面的起点或[平面对象(O)/曲面(S)/Z 轴(Z)/视图(V)/XY(XY)/YZ(YZ)/ZX(ZX)/三点(3)]
<三点>：//捕捉孔的圆心
指定平面上的第二个点：//捕捉孔的圆心
在所需的侧面上指定点或[保留两个侧面(B)]<保留两个侧面>：//在需保留实体一侧任意位置单击或输入 B 保留两侧

操作效果如图 7-47b 所示。

（2）*XY*、*YZ*、*ZX* 平面

打开源文件“例图 7-48a”，通过选择坐标平面剖切实体，操作如下：

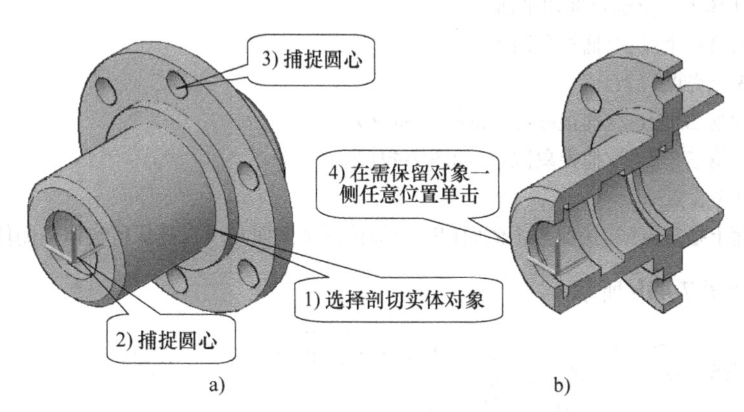

图 7-47　指定剖切面的起点和终点剖切实体

命令：_slice
选择要剖切的对象：找到 1 个//选择剖切实体
选择要剖切的对象：
指定切面的起点或[平面对象(O)/曲面(S)/Z 轴(Z)/视图(V)/XY(XY)/YZ(YZ)/ZX(ZX)/三点(3)]
<三点>：XY//选择 *XY* 面为剖切平面
指定 XY 平面上的点<0,0,0>：//捕捉圆孔的圆心
在所需的侧面上指定点或[保留两个侧面(B)]<保留两个侧面>：//在需保留实体一侧任意位置单击

操作效果如图 7-48b 所示。

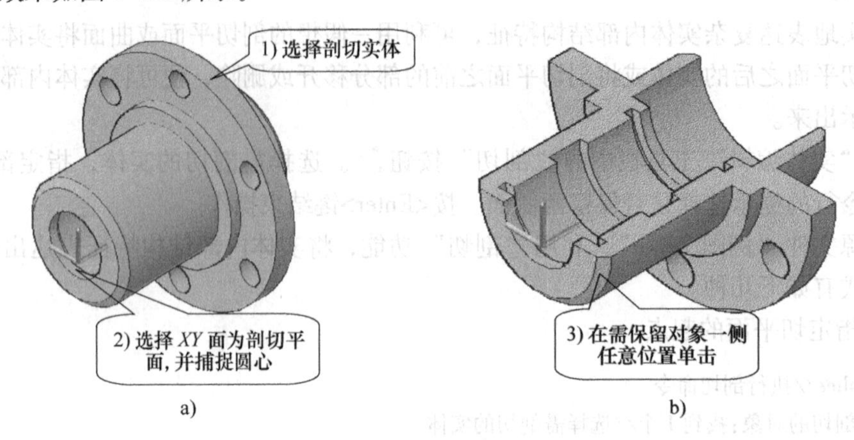

图 7-48　指定坐标平面剖切实体

（3）三点

打开源文件“例图 7-49a”，通过选择剖切对象上同一平面内的三点剖切实体，操作如下：

```
命令:_slice
选择要剖切的对象:找到 1 个//选择剖切实体
选择要剖切的对象:
指定切面的起点或[平面对象(O)/曲面(S)/Z 轴(Z)/视图(V)/XY(XY)/YZ(YZ)/ZX(ZX)/三点(3)]
<三点>:3//选择实体上三点确定剖切平面
指定平面上的第一个点://捕捉象限点
正在检查 903 个交点...
指定平面上的第二个点://捕捉圆心,如图 7-49a 所示
指定平面上的第三个点://捕捉象限点,如图 7-49a 所示
正在检查 630 个交点...
在所需的侧面上指定点或[保留两个侧面(B)]<保留两个侧面>://在需保留实体一侧任意位置单击
```

操作结果如图 7-49b 所示。

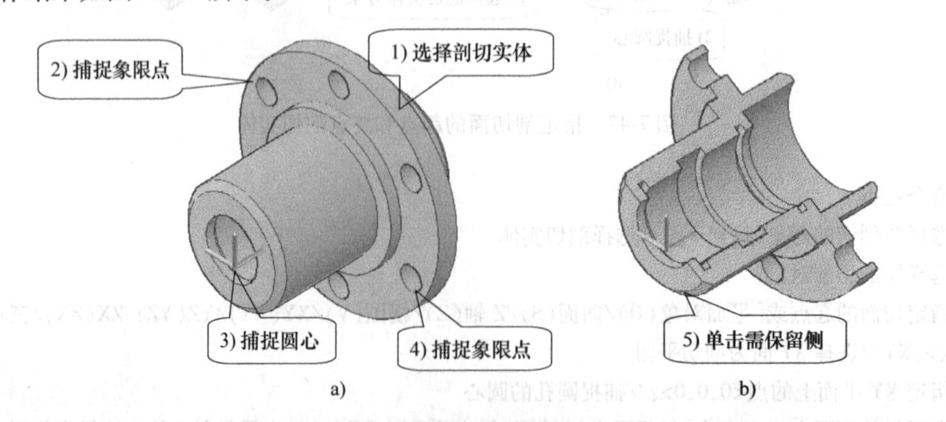

图 7-49　指定 3 点剖切实体

7. 抽壳

抽壳是指从实体内部挖去一部分材料，形成中空或薄壁的实体零件。如电机外壳、面罩等零件。

打开源文件“例图 7-50a”。执行“修改”工具条下的“实体编辑”下的“抽壳”命令按钮，选择需抽壳的实体，再选择需要删除的开放面，最后输入抽壳的距离（厚度），按<Enter>键结束操作。操作结果如图 7-50b 所示。

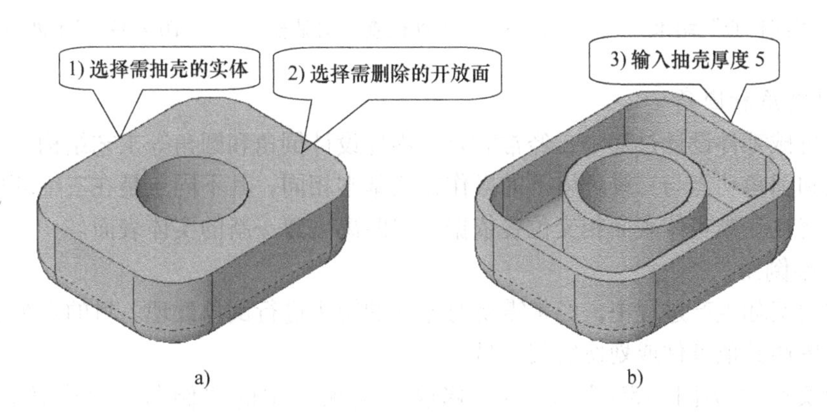

图 7-50　抽壳操作及效果

☞**提示：**

在选择删除面时，如选择不准确或选择不到，可将实体视觉样式切换至“二维线框”模式再进行选择即可。

8. 干涉

当两实体具有相交或重叠现象时，可通过“干涉”来检查实体中的干涉现象。以便在设计过程中即时调整两实体的尺寸或相对位置。也可将干涉部分作为新实体保留。

打开源文件“例图 7-51a”。单击“实体编辑”选项卡中的“干涉”命令按钮。操作过程如下：

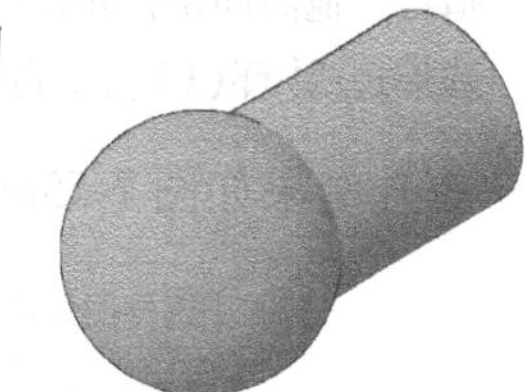

图 7-51　待“干涉检查”的实体

命令：_interfere//执行“干涉”命令

选择第一组对象或[嵌套选择(N)/设置(S)]：找到 1 个//选择圆柱体

选择第一组对象或[嵌套选择(N)/设置(S)]：//结束组对象选择

选择第二组对象或[嵌套选择(N)/检查第一组(K)]<检查>：找到 1 个//选择球体

选择第二组对象或[嵌套选择(N)/检查第一组(K)]<检查>：//结束组对象选择

屏幕中出现两实体干涉检查结果，其中干涉部分呈高亮显示，如图 7-52 所示。同时弹出“干涉检查”对话框，如图 7-53 所示。

当发生干涉的部分较多时，可单击对话框中的“上一个”或“下一个”按钮循环查看。当去掉“关闭时删除已创建的干涉对象”复选框中的“☑”，再“关闭”对话框时，可保留干涉部分的实体。选择圆柱体和球体，执行“删除”命令，可观察保留干涉部分的实体，如图 7-54 所示。

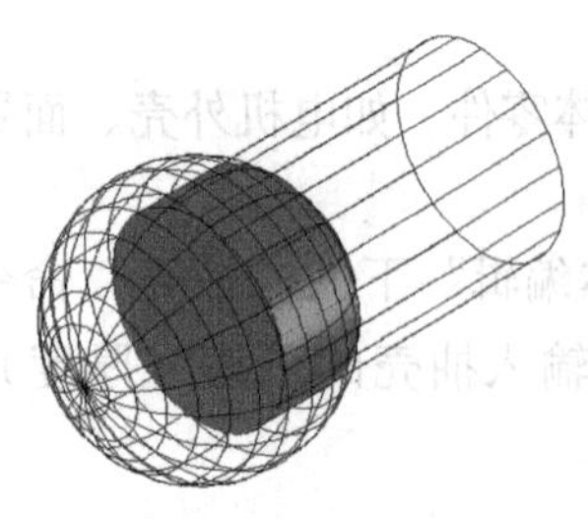

图 7-52 “干涉检查”结果

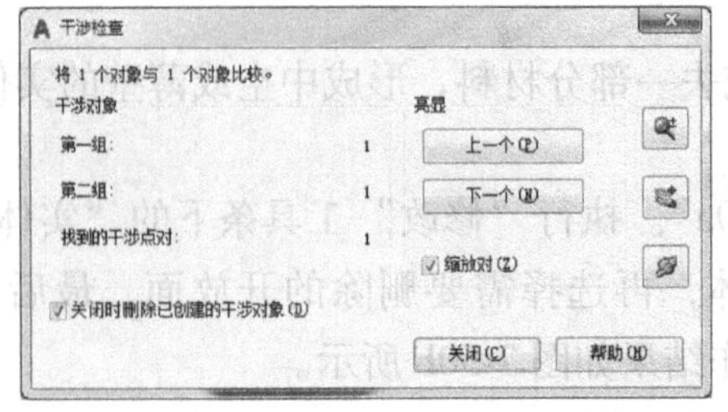

图 7-53 “干涉检查”对话框

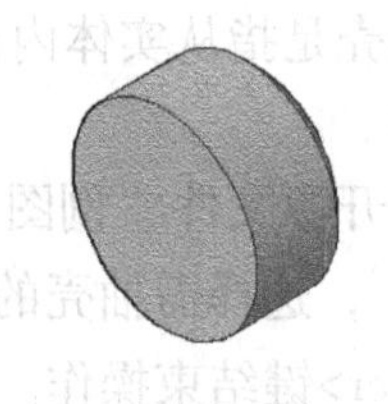

图 7-54 “干涉检查”结果

9. 三维倒角和圆角

在进行机械零件设计过程中，经常需要对零件设计倒角和圆角等工艺结构。三维建模环境下的倒角和圆角功能与二维环境下的操作方法基本相同，其不同点是在三维环境下的倒角和圆角操作将在三维实体表面相交位置依据指定距离创建一新的实体表面。

（1）三维倒角

在零件的实际生产过程中，经常需要对零件的锐边进行倒角处理。目的是为了装配方便及防止锐边擦伤其他零件或划伤安装人员。

打开源文件“例图 7-55a”。单击“修改”选项卡中的“倒角”命令按钮。操作如下：

```
命令:_chamfer//执行“倒角”命令
(“修剪”模式)当前倒角距离 1=3.0000,距离 2=6.0000
选择第一条直线或[放弃(U)/多段线(P)/距离(D)/角度(A)/修剪(T)/方式(E)/多个(M)]:回车//选择需倒角的棱边,如图 7-55a 所示
基面选择...//选择圆柱端面,如图 7-55a 所示
输入曲面选择选项[下一个(N)/当前(OK)]<当前(OK)>:回车
指定基面倒角距离或[表达式(E)]<3.0000>:2 回车//指定倒角距离 2
指定其他曲面倒角距离或[表达式(E)]<6.0000>:2 回车//指定倒角距离 2
选择边或[环(L)]://再次选择、确定需倒角的边,如图 7-55a 所示
```

操作结果如图 7-55b 所示。

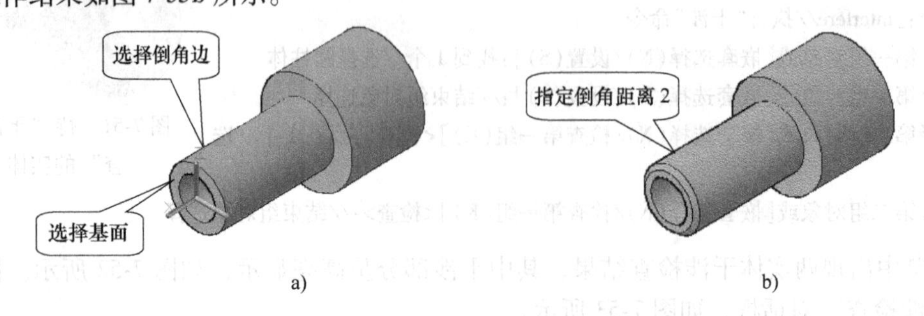

图 7-55 倒角

（2）三维圆角

对回转零件的轴肩处，经常需设立圆角过渡，以防止轴肩处应力集中，导致在运转过程中发生断裂现象。

打开源文件“例图 7-56a”。单击“修改”选项卡中的“圆角”命令按钮。其操作过程与倒角操作基本相同。直接选择待圆角的边线（轴肩位置），再输入圆角的半径参数 5，按<Enter>键即可完成操作。其结果如图 7-56b 所示。

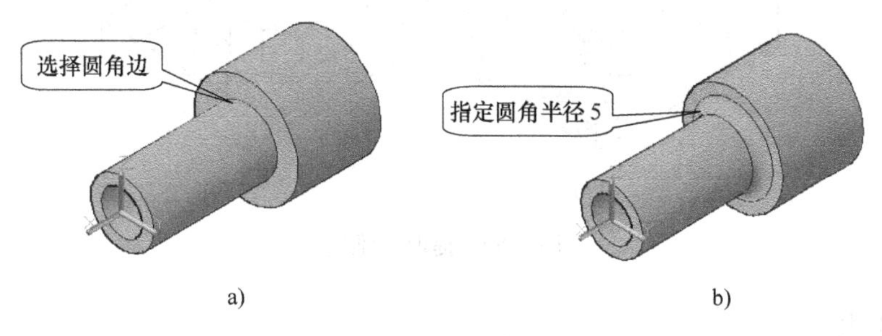

图 7-56　圆角

10. 编辑实体边

编辑实体边是指对实体上的棱边进行提取、复制、着色或将指定的边压印至实体表面上，以便对三维模型进行较为清晰的查看或创建更为复杂的实体模型。

（1）复制边

打开源文件“例图 7-57a”。单击“实体编辑”选项卡中的“复制边”命令按钮。选择需要复制的三维边，按<Enter>键后指定基点，再指定位移的第二点，便可将对象复制到指定位置。操作过程及结果如图 7-57 所示。

（2）着色边

一般情况下，三维实体上的边大部分是相互重叠、交叉在一起的，为方便准确地对三维边进行选择、编辑和观察，可利用“着色边”对实体边进行着色处理。打开源文件“例图 7-58a”。单击“实体编辑”选项卡中的“着色边”命令按钮。操作过程及结果如图 7-58 所示。

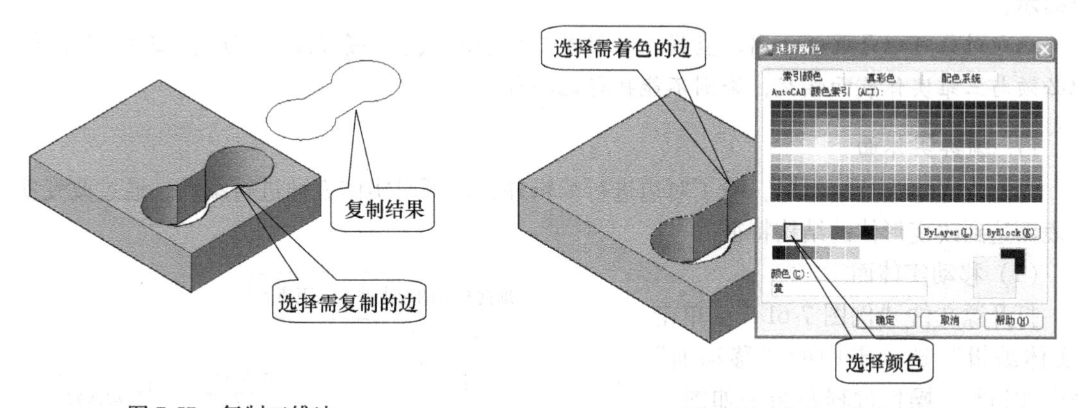

图 7-57　复制三维边

图 7-58　着色三维边

（3）提取边

为方便从任何有利的位置查看模型结构特征，并自动生成标准的正交和辅助视图及分解视图。可在三维建模环境中执行“提取边”的操作。打开源文件“例图 7-59a”。单击“实体编辑”选项卡中的“提取边”命令按钮。操作过程及结果如图 7-59b 所示。

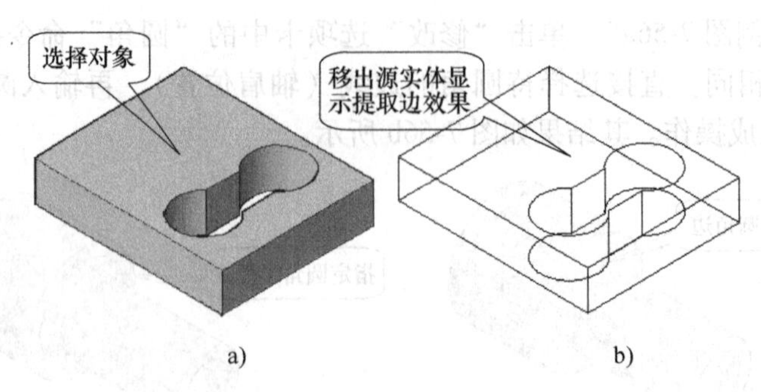

图 7-59　提取三维边

（4）压印边

“压印边”是指将与实体模型表面相交的图形对象压印至模型表面的操作。主要是为了在模型表面增添公司标记或产品标记等图形对象。打开源文件“例图 7-60a”。单击“实体编辑”选项卡中的“压印边”命令按钮。操作过程及结果如图 7-60b 所示。

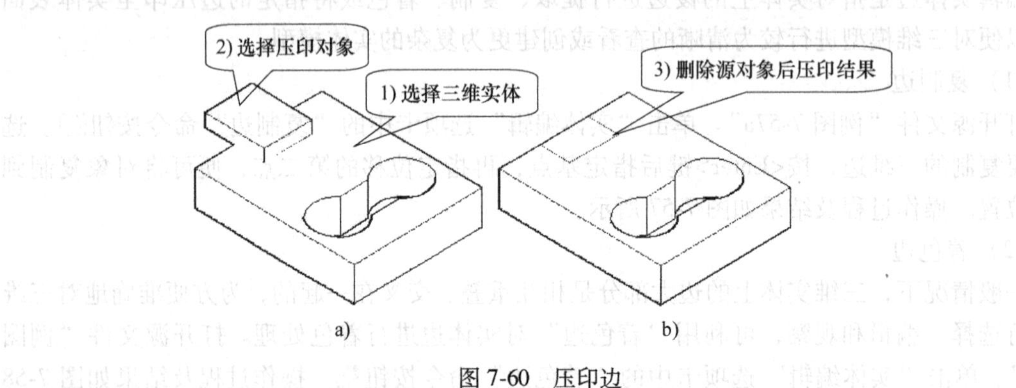

图 7-60　压印边

☞提示：

压印对象可以是圆弧、圆、直线、二维或三维多段线、样条曲线、面域、三维实体等，但必须与三维实体表面相交，否则不能执行此操作。

11. 编辑实体面

对三维实体进行编辑时，除了对边进行编辑外，还可对实体表面进行编辑，通过改变实体表面达到改变形体的结构特征。

（1）移动实体面

打开源文件“例图 7-61a”。单击“实体编辑”选项卡中的“移动面”命令按钮。操作过程及结果如图 7-61b 所示。

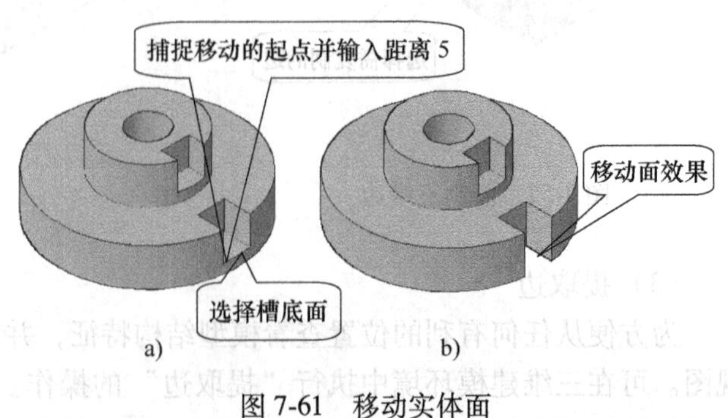

图 7-61　移动实体面

（2）旋转实体面

打开源文件“例图 7-62a”。单击“实体编辑”选项卡中的“旋转面”命令按钮。操作过程及结果如图 7-

62b 所示。

（3）偏移实体面

打开源文件“例图 7-63a”。单击“实体编辑”选项卡中的“偏移面”命令按钮。操作过程及结果如图 7-63b 所示。

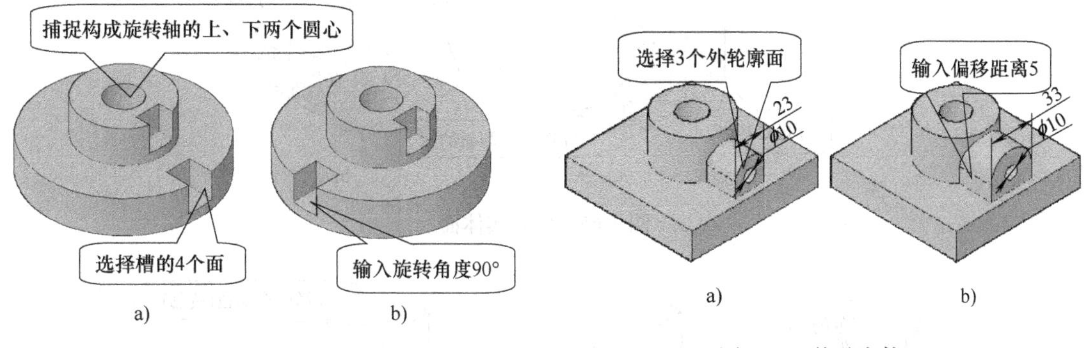

图 7-62　旋转实体面

图 7-63　偏移实体面

☞**提示：**

在执行“偏移面”命令时，如输入偏移距离为正值，将增大实体尺寸和体积；如输入距离为负值，则减小实体尺寸和体积。

（4）删除实体面

打开源文件“例图 7-64a”。单击“实体编辑”选项卡中的“删除面”命令按钮。操作过程及结果如图 7-64b 所示。

☞**提示：**

在执行“删除面”操作时，如选定的面被删除后实体不能成为有效的封闭实体，则该操作不能执行。因此，只能删除不影响实体有效的面。

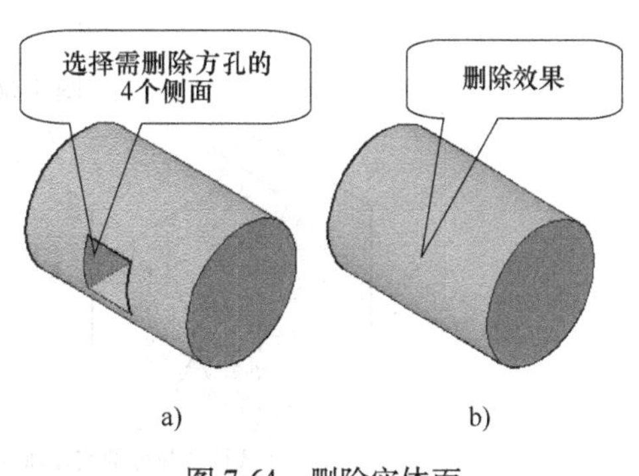

图 7-64　删除实体面

（5）倾斜实体面

打开源文件“例图 7-65a”。单击“实体编辑”选项卡中的“倾斜面”命令按钮。操作过程及结果如图 7-65b 所示。

（6）着色实体面

打开源文件“例图 7-66a”。单击“实体编辑”选项卡中的“着色面”命令按钮。操作过程及结果如图 7-66b 所示。

（7）拉伸实体面

打开源文件“例图 7-67a”。单击“实体编辑”选项卡中的“拉伸面”命令按钮。操作过程及结果如图 7-67b 所示。

（8）复制实体面

打开源文件“例图 7-68a”。单击“实体编辑”选项卡中的“复制面”命令按钮。操作过程及结果如图 7-68 所示。

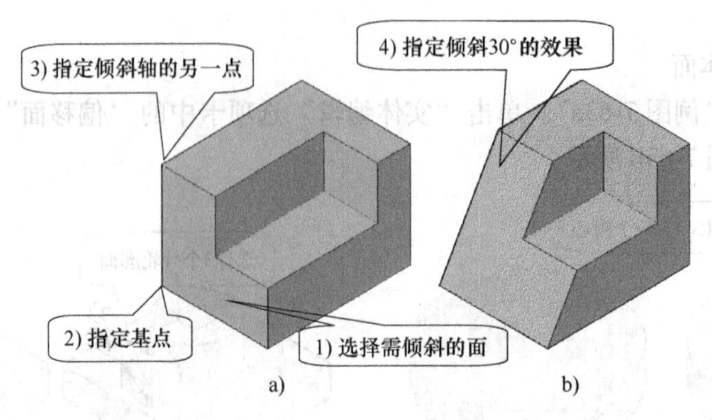

图 7-65 倾斜实体面

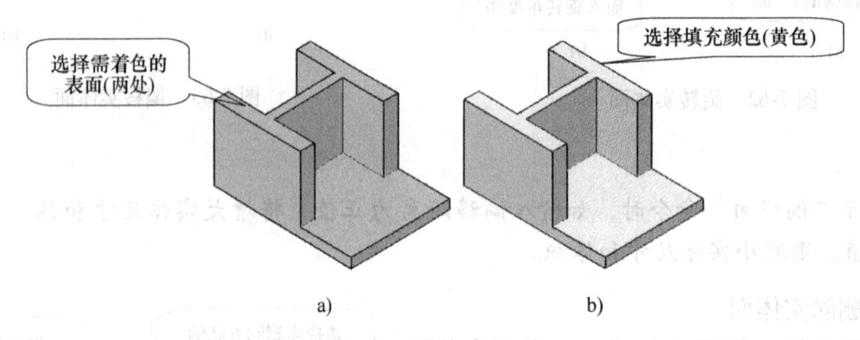

图 7-66 着色实体面

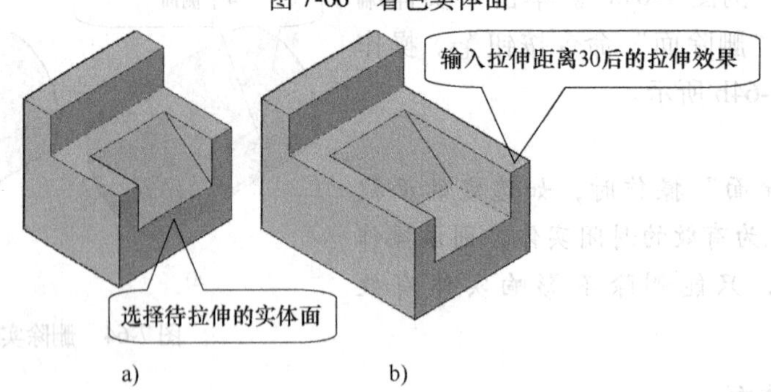

图 7-67 拉伸实体面

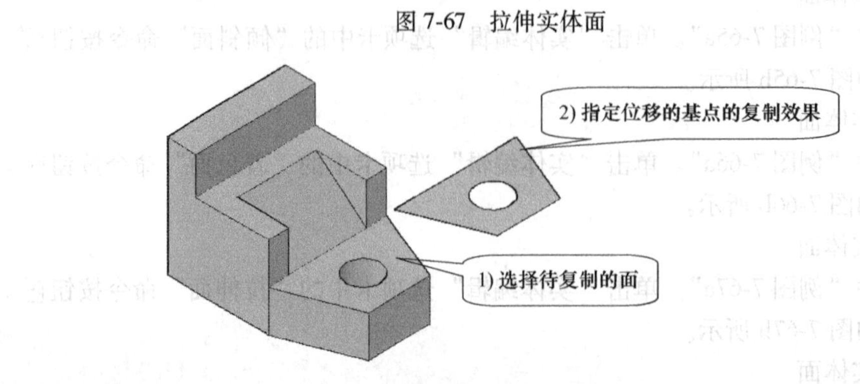

图 7-68 复制实体面

☞**提示：**

在选择待复制的面时，可同时选择多个面。但如果选择的是实体中的平面，则复制结果为面域；如果选择的是曲面，则复制结果为三维表面。

7.4　熟能生巧

1）根据图 7-69 所示的“支架”的零件图，绘制“支架”的三维模型（螺纹部分省略不画）。

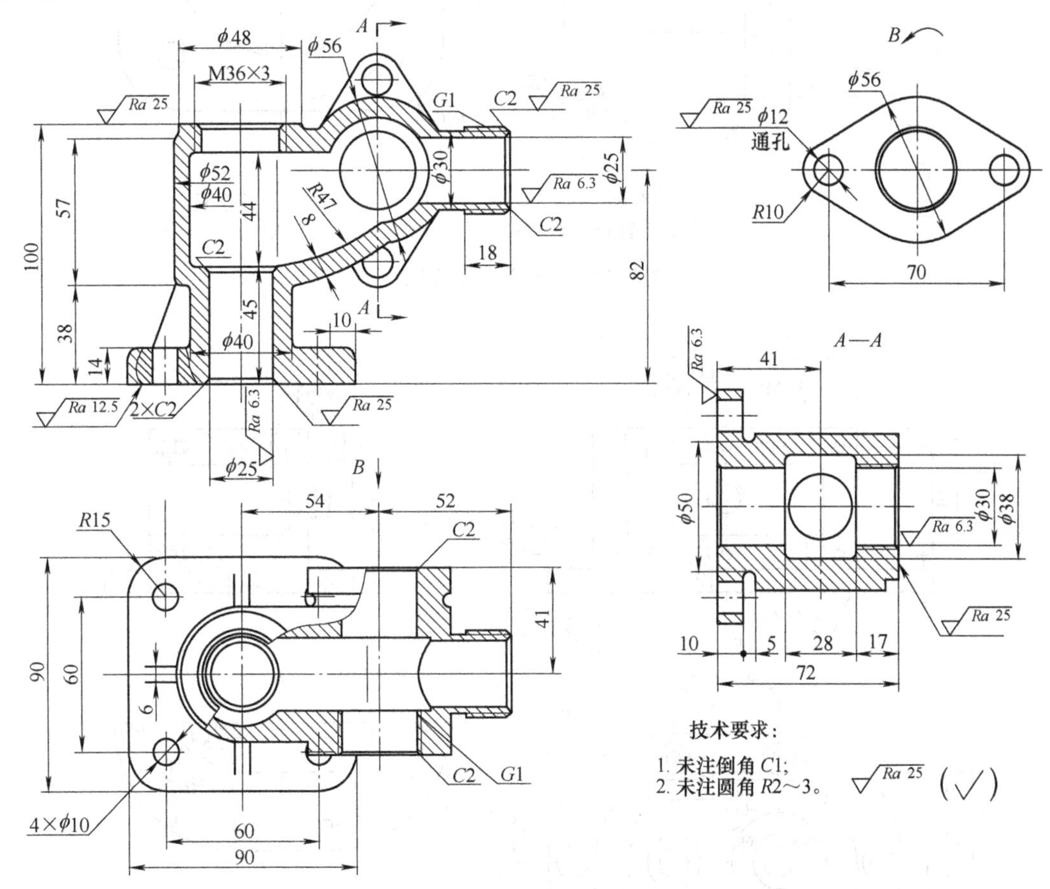

图 7-69　“支架”零件图

2）根据图 7-70 所示的“端盖”的零件图，绘制“端盖”的三维模型。

3）根据图 7-71 所示的“箱体”的零件图，绘制“箱体”的三维模型（螺纹部分省略不画）。

4）根据图 7-72 所示的“主轴”的零件图，绘制“主轴”的三维模型（螺纹部分省略不画）。

5）根据图 7-73 所示的“微型调节支撑”的装配图，打开源文件（第 7 章/练习文件/图 7. 4-5q. dwg），将文件中各零件的三维实体组装成三维实体装配图，并对零件 1、2、4 作全剖。

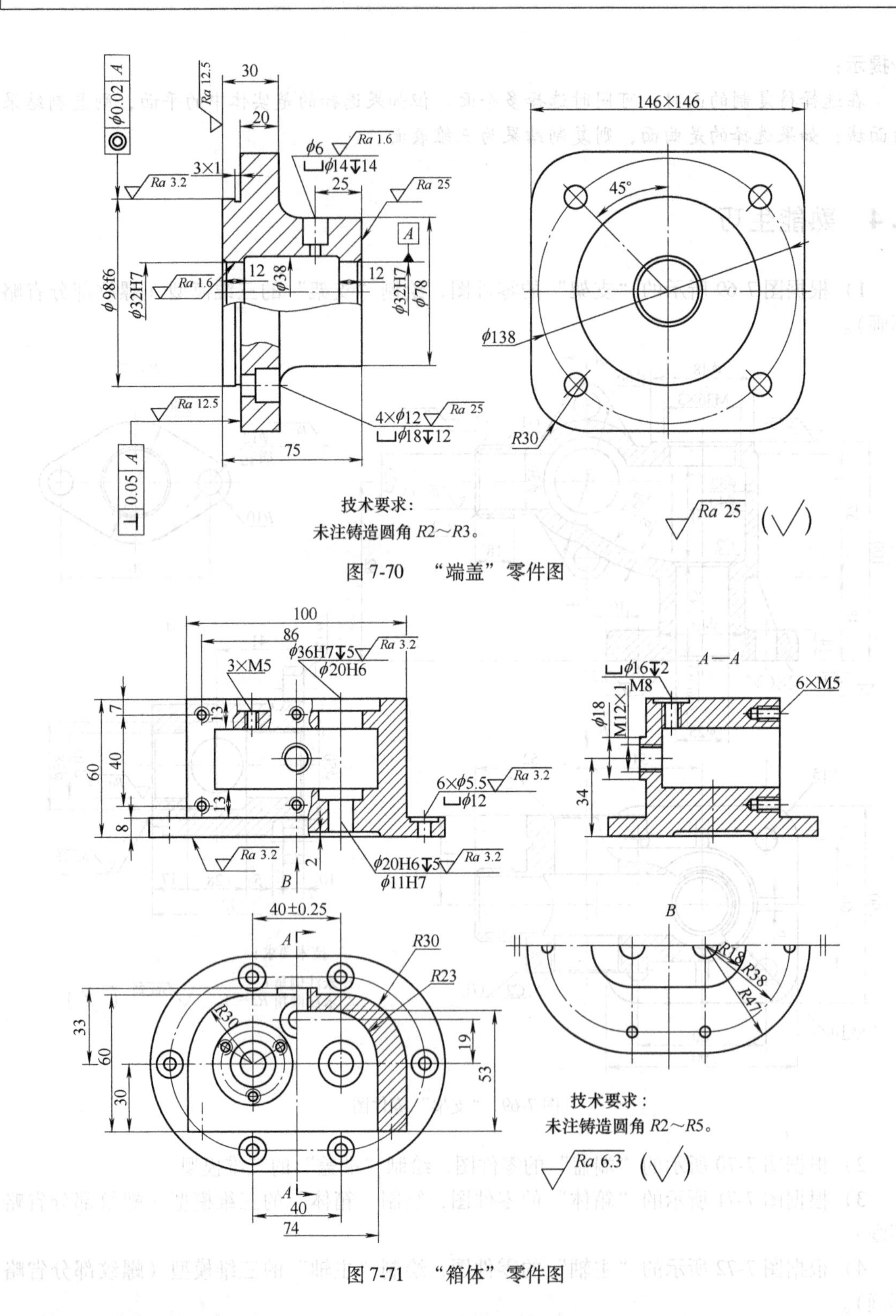

图 7-70 “端盖”零件图

图 7-71 “箱体”零件图

6）根据图 7-74 所示的“调压阀”的装配图，打开源文件（第 7 章/练习文件/图 7.4-6q. dwg），将文件中各零件的三维实体组装成三维实体装配图，并对零件 1、2、4、7、8 作全剖。

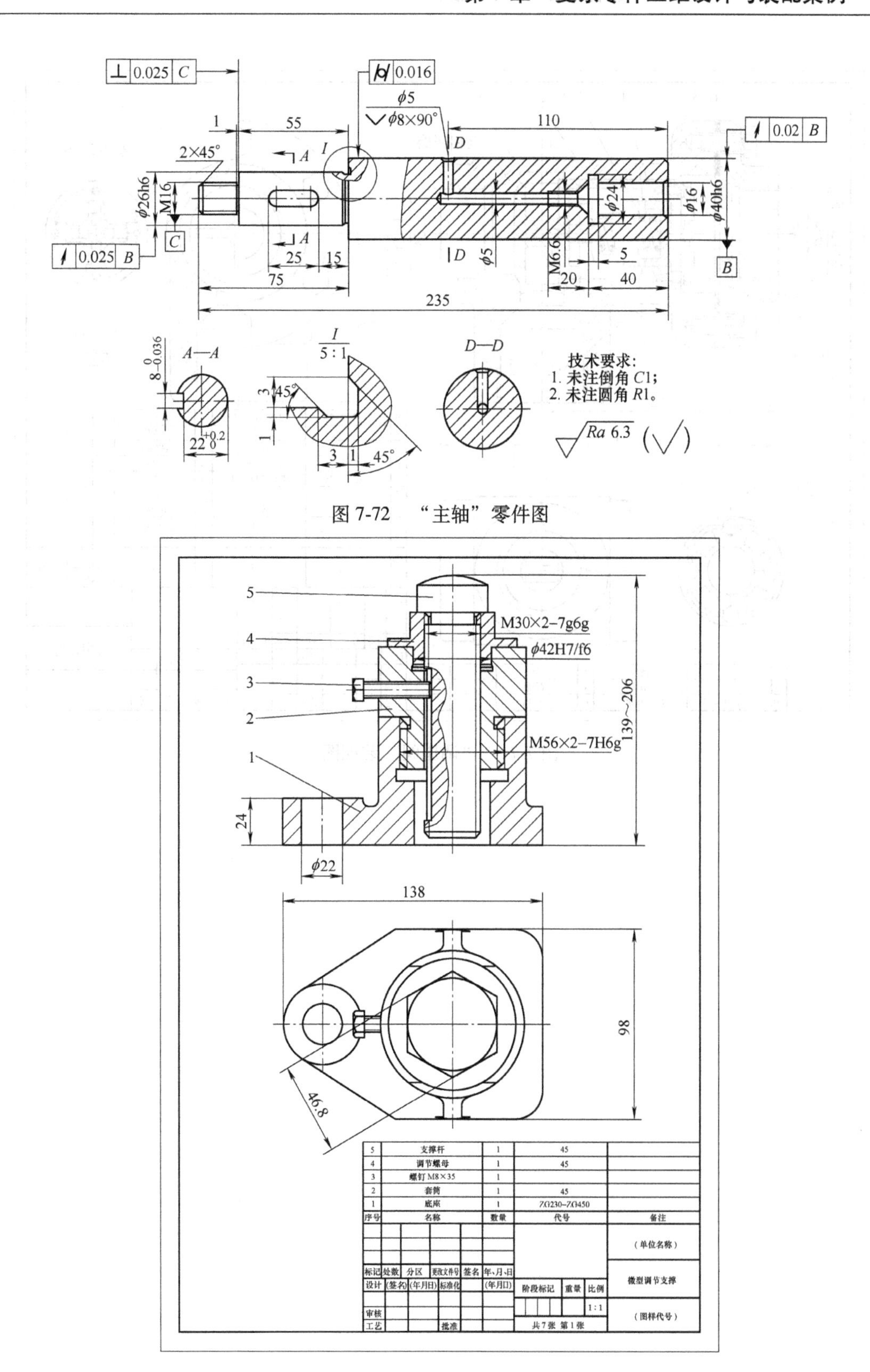

图 7-73　“微型调节支撑”装配图

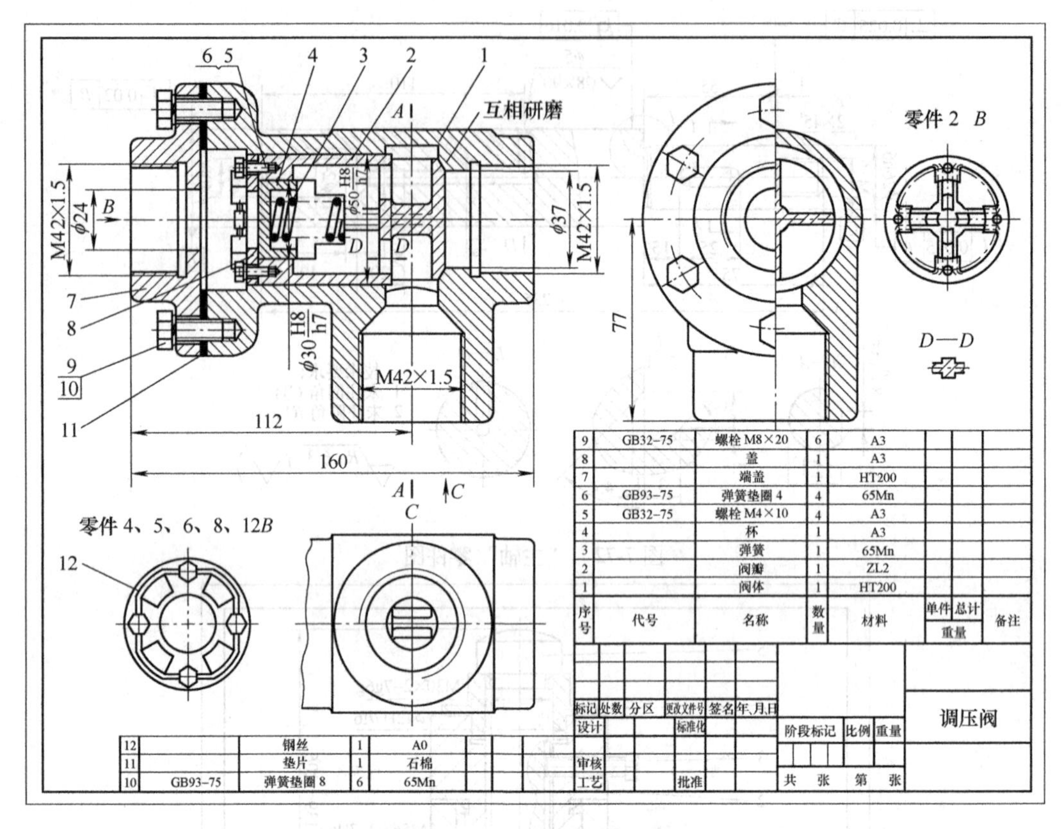

6 5
4
3
2
1
A
互相研磨
零件 2 B
M42×1.5
φ24
B
H8/h7
φ50
φ37
M42×1.5
D
D
7
8
H8/h7
φ30
77
D—D
9
10
M42×1.5
11
112
160
A
C
零件 4、5、6、8、12B
C
12
9 GB32-75 螺栓 M8×20 6 A3
8 盖 1 A3
7 端盖 1 HT200
6 GB93-75 弹簧垫圈 4 4 65Mn
5 GB32-75 螺栓 M4×10 4 A3
4 杯 1 A3
3 弹簧 1 65Mn
2 阀瓣 1 ZL2
1 阀体 1 HT200
序号 代号 名称 数量 材料 单件 总计 重量 备注
标记 处数 分区 更改文件号 签名 年.月.日
设计 标准化
阶段标记 比例 重量
调压阀
审核
工艺 批准
共 张 第 张
12 钢丝 1 A0
11 垫片 1 石棉
10 GB93-75 弹簧垫圈 8 6 65Mn

图 7-74 “调压阀”装配图

第8章 图形转换案例

知识目标	◆ 掌握三维实体转换为二维平面图形的步骤
能力目标	◆ 能正确使用视图的创建及调整方法 ◆ 了解图形打印输出的操作步骤及页面设置方法 ◆ 了解创建与发布 DWF 文件及输出 PDF 格式文件的方法
素质目标	◆ 培养交互式零件设计能力 ◆ 培养对零件从三维实体转换为二维平面图形的能力
推荐学时	6 学时

8.1 典型工程案例——台虎钳固定钳身

台虎钳固定钳身如图 8-1 所示。

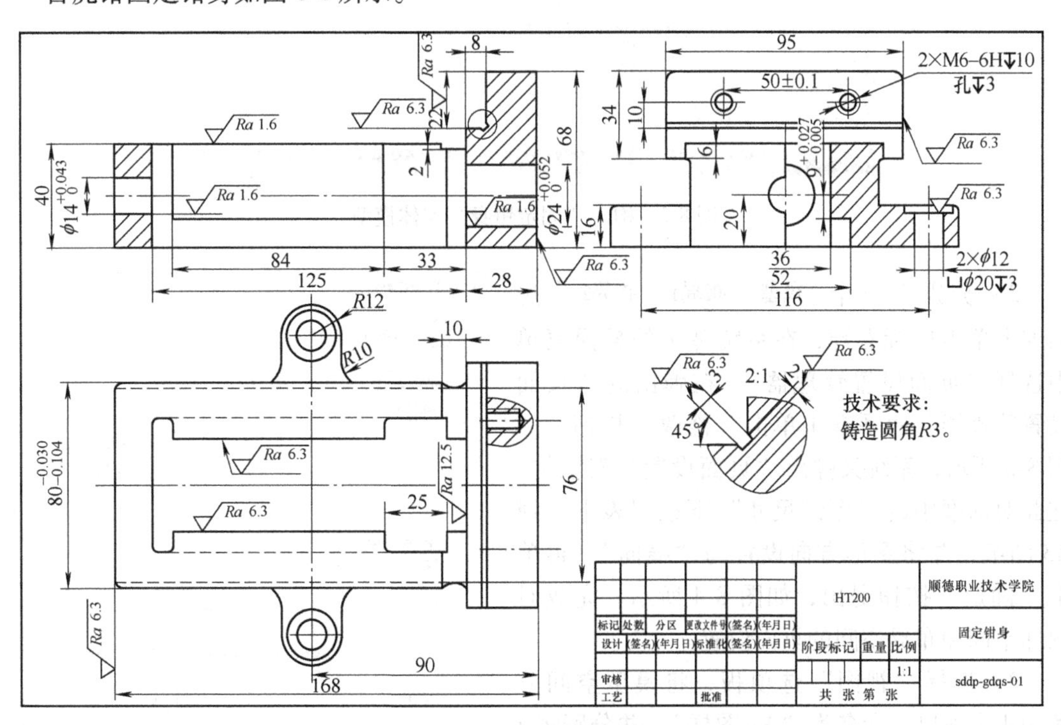

图 8-1 台虎钳固定钳身

该案例是典型的箱体类零件，通过对该零件的剖析，使用户掌握将零件三维模型及各个投影插入到图样空间进行注释，补画中心线、虚线，进行剖面填充，标注尺寸，注写文本或技术要求等工程图样所需的工作。充分了解零件由三维建模到二维工程图的转换设计过程。掌握 DWF、PDF 格式文件的发布方法。

操作视频

固定钳身图形转换

8.2 案例解析

根据图 8-1 所示零件各尺寸，构建一个“固定钳身”三维实体模型。再运用 AutoCAD 软件的由三维实体模型转换为二维工程图的功能，将构建的实体模型按图 8-1 所示的要求输出一个完整的二维工程图样，并将其以 PDF 格式进行文件发布。

1）在三维建模工作空间构建“固定钳身”三维实体模型，具体操作方法请参考第 7 章，此处不再赘述。将其命名为“固定钳身”。结果如图 8-2 所示。用户可打开源文件“例图 8-2”完成以下操作。

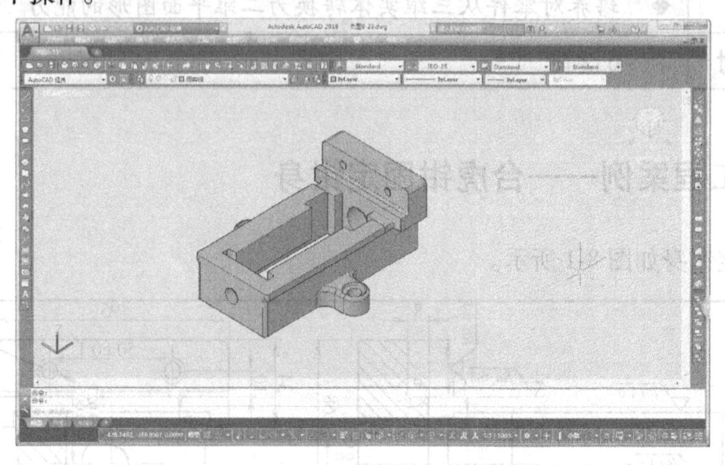

图 8-2 构建“固定钳身”实体模型

2）分别在三个 模型 / 布局1 / 布局2 选项卡上单击鼠标右键，在系统弹出的悬浮菜单中选择“页面设置管理器”，在弹出的“页面设置管理器”对话框中单击“修改”按钮，如图 8-3 所示，系统又弹出“页面设置”对话框，在此对话框中的“图纸尺寸”下拉列表中选择 A3 图纸，并将图形方向设置为“横向”。再单击“确定”按钮退出，如图 8-4 所示。完成对图样空间和布局空间的页面设置。

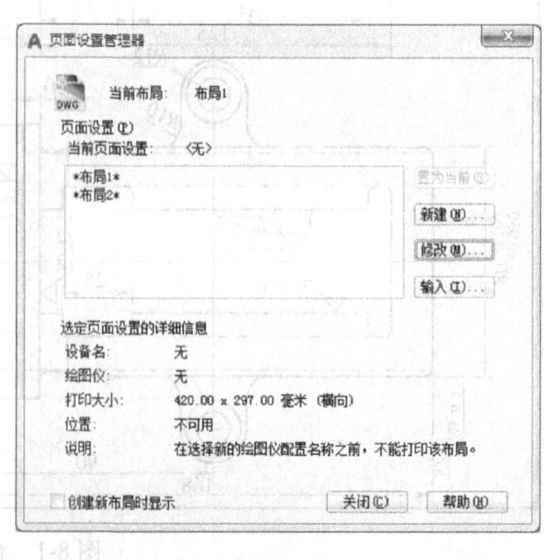

图 8-3 “页面设置管理器”对话框

3）选择“视图”选项板，将模型空间分解为 4 个视口，命名为“A3 图样”，并分别将 4 个视口的视点设置为主视图、俯视图、左视图

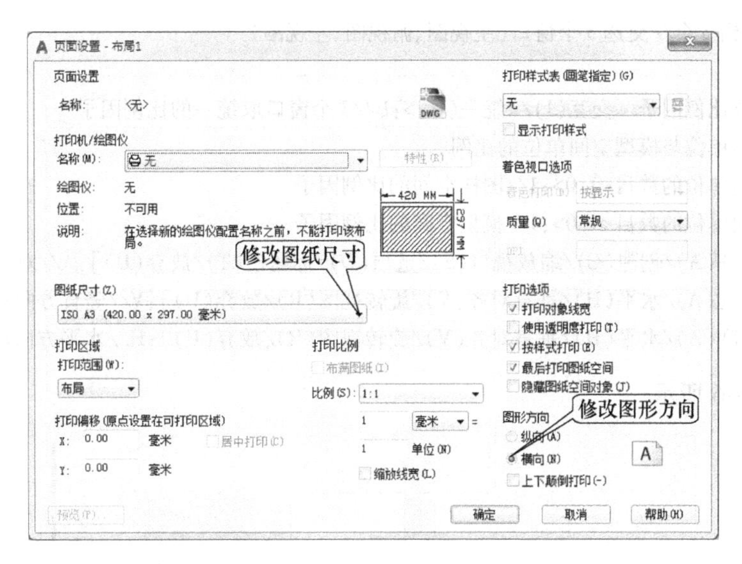

图 8-4　“页面设置”对话框

和西南等轴测视图。结果如图 8-5 所示。

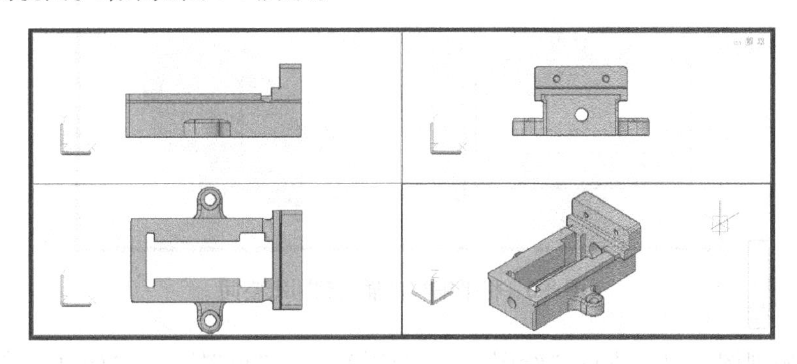

图 8-5　设置视口及视点

4）切换至“图样空间”布局 1，先删除布局空间的窗口。运用图样空间视口命令将 4 个平铺视口插入到图样空间。操作过程如下：

命令:_mview//图样空间视口命令

指定视口的角点或[开(ON)/关(OFF)/布满(F)/着色打印(S)/锁定(L)/对象(O)/多边形(P)/恢复(R)/图层(LA)/2/3/4]<布满>:R//将平铺视口插入到图样空间

输入视口配置名或[?]<*Active>:A3 图样//输入平铺视口名称

指定第一个角点或[布满(F)]<布满>://将平铺视口布满图样,鼠标单击图样的左下角

指定对角点://鼠标单击图样的右上角

结果如图 8-6 所示。

5）运用“图幅初始化”命令对齐各视图，并设置统一的比例，操作过程如下：

命令:_mvsetup//图幅初始化

输入选项[对齐(A)/创建(C)/缩放视口(S)/选项(O)/标题栏(T)/放弃(U)]:S//输入窗口的比例因子

选择要缩放的视口...

选择对象:找到 3 个//交选 3 个窗口(主视图、俯视图、左视图)
选择对象:
设置视口缩放比例因子。交互(I)/<统一(U)>:U//3 个窗口取统一的比例因子
设置图纸空间单位与模型空间单位的比例...
输入图纸空间单位的数目<1.0>:1//图样空间的比例因子
输入模型空间单位的数目<1.0>:1//模型空间的比例因子
输入选项[对齐(A)/创建(C)/缩放视口(S)/选项(O)/标题栏(T)/放弃(U)]:A//对齐视图
输入选项[角度(A)/水平(H)/垂直对齐(V)/旋转视图(R)/放弃(U)]:V//竖直方向对齐
输入选项[角度(A)/水平(H)/垂直对齐(V)/旋转视图(R)/放弃(U)]:H//水平方向对齐

结果如图 8-6 所示。

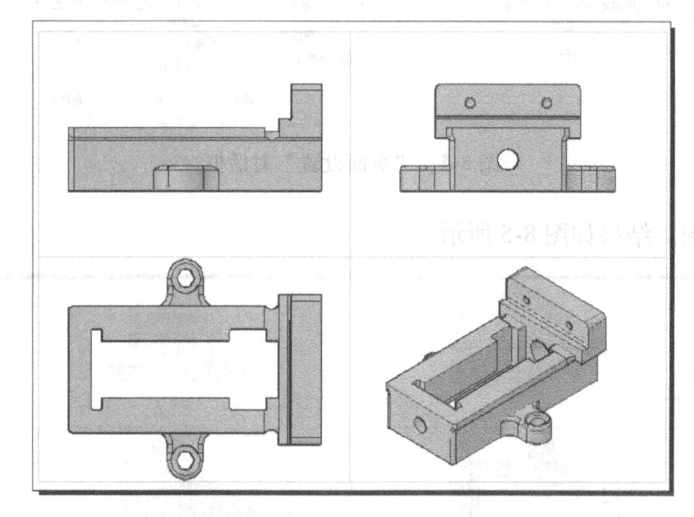

图 8-6 将平铺视口插入到图纸空间

6)激活俯视图窗口,执行"绘图"→"建模"→"设置"→"轮廓"命令,提取俯视图轮廓线,操作如下:

命令:_solprof//提取轮廓线命令
选择对象:找到 1 个
选择对象:
是否在单独的图层中显示隐藏的轮廓线?[是(Y)/否(N)]<是>:
是否将轮廓线投影到平面?[是(Y)/否(N)]<是>:
是否删除相切的边?[是(Y)/否(N)]<是>:
命令:_.vplayer
输入选项[?/颜色(C)/线型(L)/线宽(LW)/透明度(TR)/冻结(F)/解冻(T)/重置(R)/新建冻结(N)/视口默认可见性(V)]:_N//输入在所有视口中都冻结的新图层的名称:PV-4B5
输入选项[?/颜色(C)/线型(L)/线宽(LW)/透明度(TR)/冻结(F)/解冻(T)/重置(R)/新建冻结(N)/视口默认可见性(V)]:_T//输入要解冻的图层名:PV-4B5
指定视口[全部(A)/选择(S)/当前(C)]<当前>:
输入选项[?/颜色(C)/线型(L)/线宽(LW)/透明度(TR)/冻结(F)/解冻(T)/重置(R)/新建冻结(N)/视口默认可见性(V)]:

命令:_. vplayer

输入选项[?/颜色(C)/线型(L)/线宽(LW)/透明度(TR)/冻结(F)/解冻(T)/重置(R)/新建冻结(N)/视口默认可见性(V)]:_NEW//输入在所有视口中都冻结的新图层的名称:PH-4B5

输入选项[?/颜色(C)/线型(L)/线宽(LW)/透明度(TR)/冻结(F)/解冻(T)/重置(R)/新建冻结(N)/视口默认可见性(V)]:_T//输入要解冻的图层名:PH-4B5

指定视口[全部(A)/选择(S)/当前(C)]<当前>:

输入选项[?/颜色(C)/线型(L)/线宽(LW)/透明度(TR)/冻结(F)/解冻(T)/重置(R)/新建冻结(N)/视口默认可见性(V)]:

7）激活西南等轴测视图，将实体模型沿前后对称中心平面剖切成两部分。操作过程如下：

命令:_slice//剖切三维实体对象

选择要剖切的对象:找到 1 个//选择三维实体模型

选择要剖切的对象:

指定切面的起点或[平面对象(O)/曲面(S)/Z 轴(Z)/视图(V)/XY(XY)/YZ(YZ)/ZX(ZX)/三点(3)]<三点>:ZX//沿 *ZX* 平面剖切

指定 ZX 平面上的点<0,0,0>://捕捉 *ZX* 平面上的点(实体左端面圆孔的圆心)

在所需的侧面上指定点或[保留两个侧面(B)]<保留两个侧面>:B//保留实体的两侧

8）执行“格式”→“图层”，打开“图层特性管理器”对话框，新建一图层，并命名为“备用层”，选择实体前半部分并单击右键，在弹出的悬浮菜单中选择“特性”选项，在弹出的“特性”对话框中的“图层”下拉列表中选择“备用层”，将所选对象由“0”层移动到“备用层”，如图 8-7 所示。再关闭该图层。结果如图 8-8 所示。

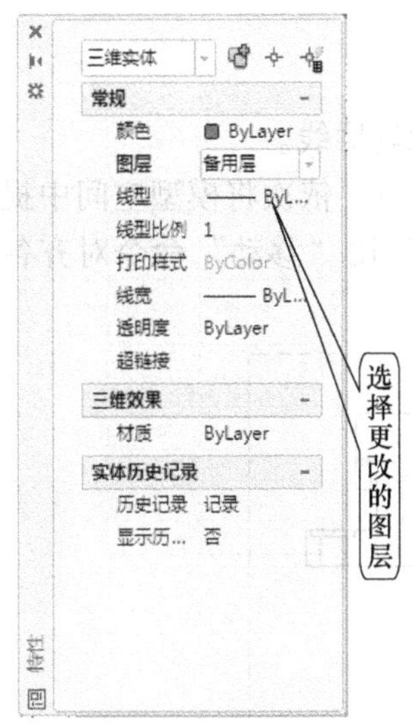

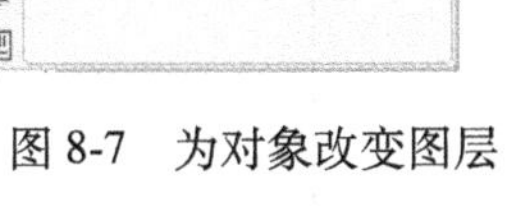

图 8-7 为对象改变图层

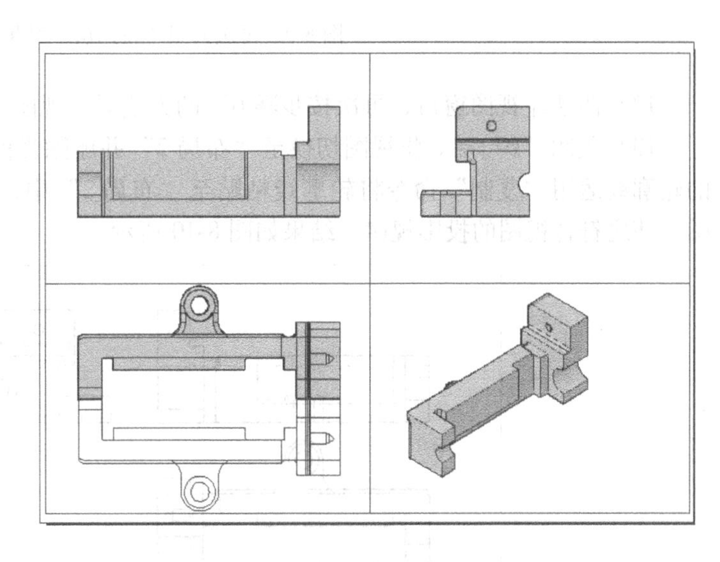

图 8-8 关闭“备用层”的结果

9）激活主视图窗口，按步骤 6）的方法对主视图提取轮廓线。

10）打开“备用层”，激活“西南等轴测”窗口，将实体前半部分沿安装孔位置进行剖切。操作过程如下：

命令:_slice
选择要剖切的对象:找到 1 个
选择要剖切的对象:
指定切面的起点或[平面对象(O)/曲面(S)/Z 轴(Z)/视图(V)/XY(XY)/YZ(YZ)/ZX(ZX)/三点(3)]
<三点>:yz//沿 YZ 平面剖切
指定 YZ 平面上的点<0,0,0>://捕捉安装孔的圆心
在所需的侧面上指定点或[保留两个侧面(B)]<保留两个侧面>:B//保留实体的两侧

11）将右半部分移动到“0”层，关闭“备用层”。再运用“并集”命令将留下的部分合并为一整体。结果如图 8-9 所示。

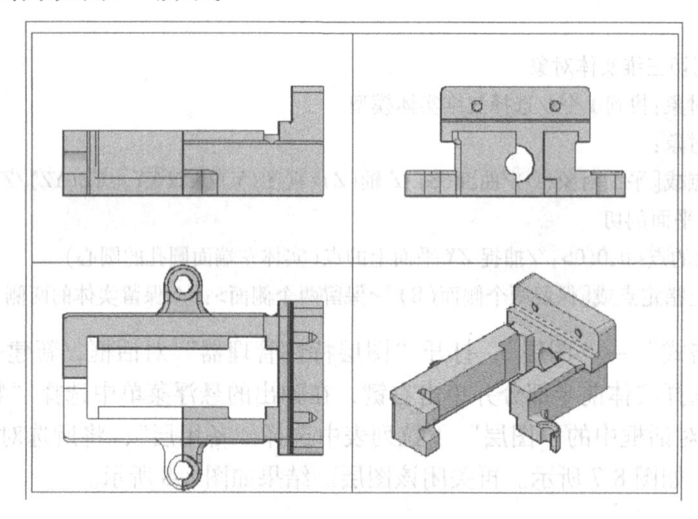

图 8-9　再次关闭“备用层”结果

12）激活左视图窗口，再次按步骤 6）的方法对左视图提取轮廓线。

13）关闭“0”层。将视图切换至“布局 2”并删除当前窗口。依次将模型空间中提取的轮廓线运用“复制”命令将轮廓线粘贴至“布局 2”中，并运用“移动”命令对齐各视图，使之符合视图的投影规律。结果如图 8-10 所示。

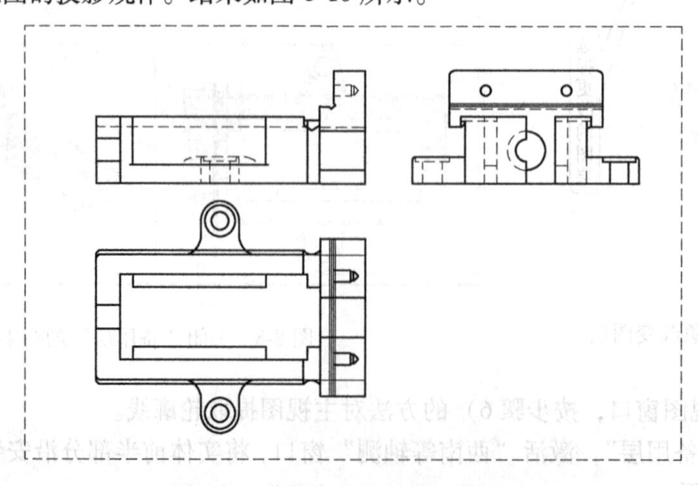

图 8-10　将轮廓线复制到“布局 2”

14）从图 8-10 可以看出，图样中的线型和线宽均不符合机械制图要求。因此，先将图形进行“分解”，然后再将可见轮廓线移动到“粗实线层”，不可见轮廓线移动到“虚线层”。因本例题中需保留的虚线较少，可直接关闭不可见轮廓线所在的图层“PH-4B5”、“PH-4B3”、“PH-4B1”，应用分解命令（Explode）将 3 个视图分解为若干个基本图形实体后，再将可见轮廓线转换到“粗实线层”。结果如图 8-11 所示。

☞**提示：**

在对二维图形编辑之前，应先建立相应的图层、文字样式、表面粗糙度图块等。推荐在第 1 章建立样板图的基础上来完成本章节的内容。

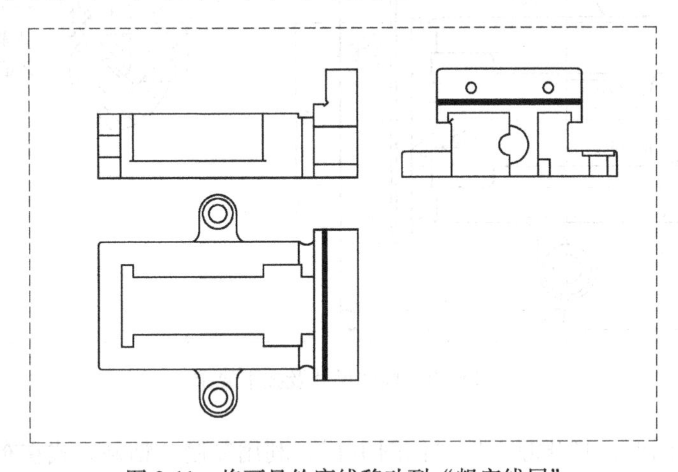

图 8-11　将可见轮廓线移动到“粗实线层”

15）根据工程图的要求，将图 8-11 中的轮廓线进行相应的修改，并在“中心线层”和“虚线层”内分别加画中心线和虚线。完善零件的表达方案。切换至“细实线层”，对剖切平面区域填充剖面线。并在俯视图中对螺钉孔作局部剖视。结果如图 8-12 所示。

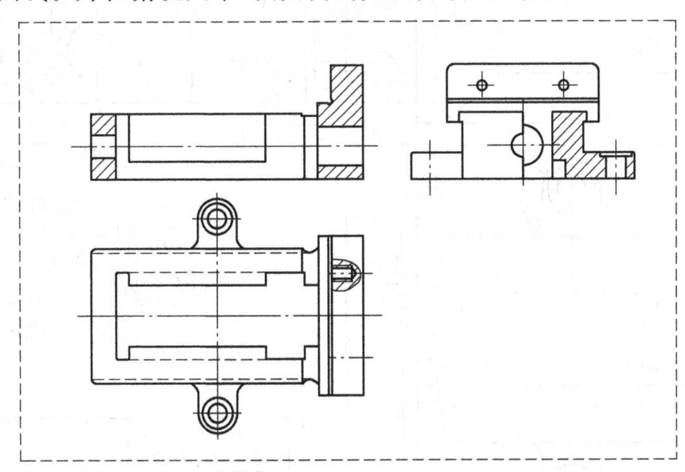

图 8-12　补画虚线、中心线和剖面线

16）在相应的图层内标注尺寸、标注零件表面精度要求、加画局部放大图、插入表面粗糙度图块及填写技术要求。结果如图 8-13 所示。

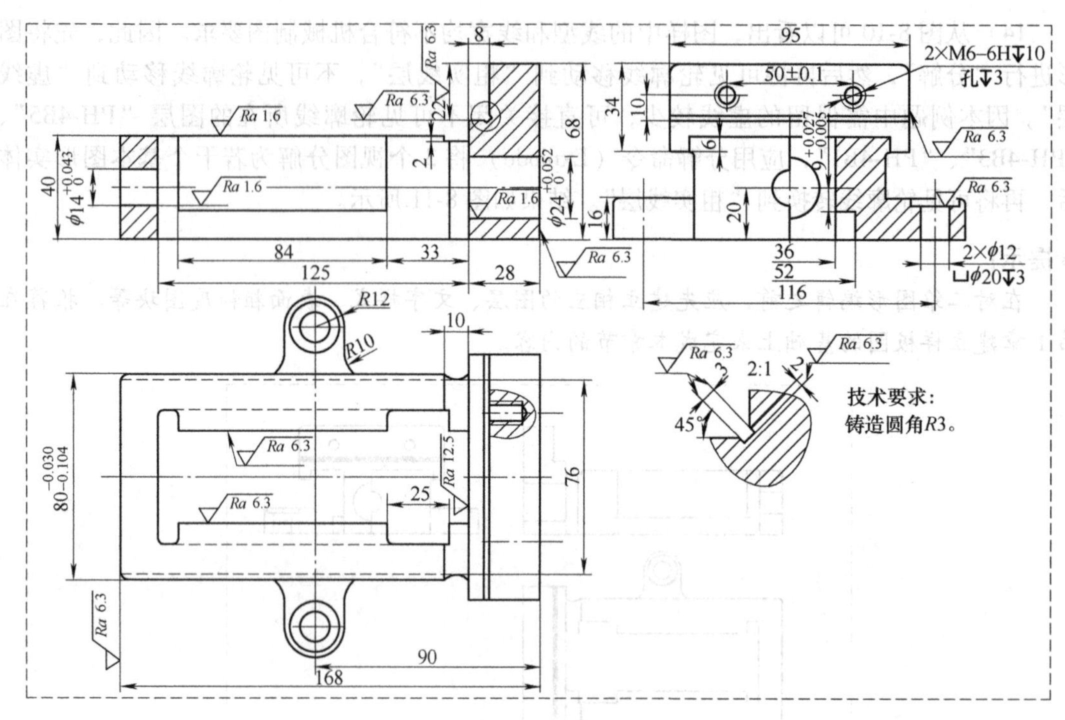

图 8-13　标注尺寸及技术要求

17）绘制 A3 图框，打开源文件“例图 1-1”，利用复制、粘贴方式在布局空间中插入标题栏，并将标题栏的内容按要求用编辑文字的方法进行相应的填写。结果如图 8-14 所示。

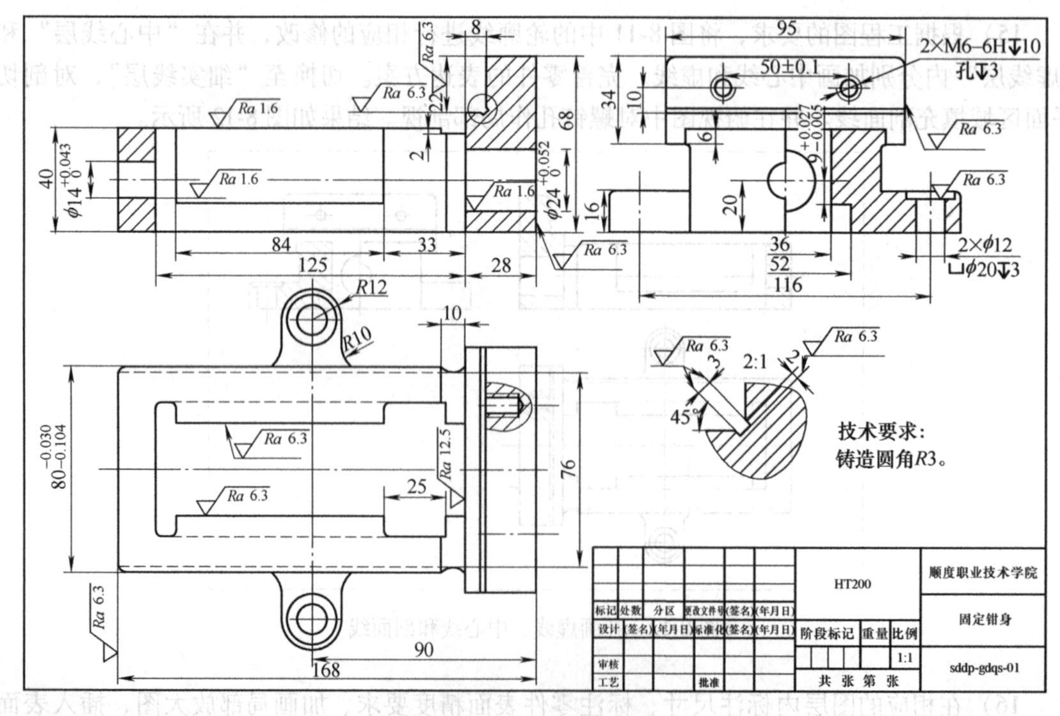

图 8-14　插入并填写标题栏

18）保存为 . dwg 文件，并命名为“固定钳身”。

19）将保存的“固定钳身 . dwg”文件以 PDF 格式进行发布。发布的方法可参见本章第 3 节“知识要点及拓展”部分。

☞**提示：**

如直接执行“文件”→“输出”，在系统弹出的对话框内保存的文件类型中没有输出 PDF 格式的文件类型。因此，需执行“工具”→“选项板”→“功能区”命令，软件界面以选项板的形式显示时才方便操作。单击“输出”选项板，在“输出为 DWF/PDF”选项板中选择“输出 PDF”按钮 PDF。系统弹出“另存为 PDF”对话框。再输入文件保存的名称即可完成输出和发布。

输出结果如图 8-15 所示。

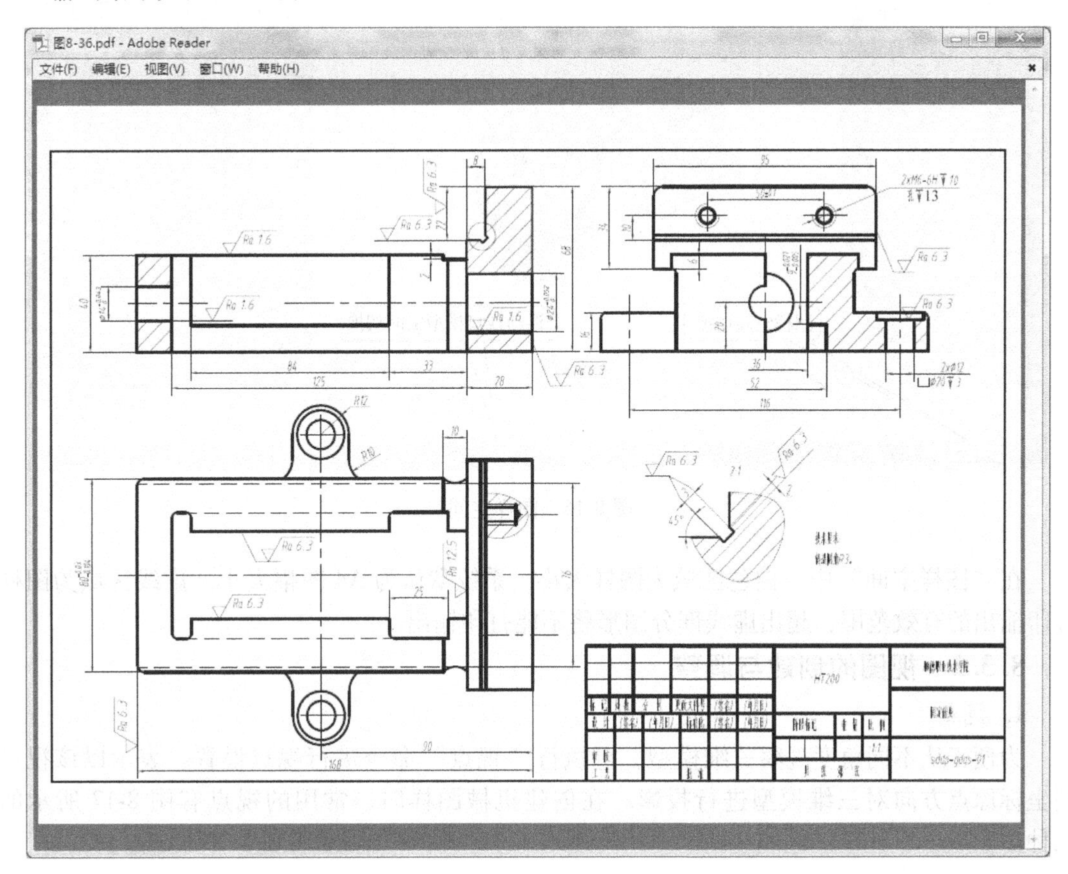

图 8-15　输出 PDF 文件

8.3　知识要点及拓展

8.3.1　模型空间与图样空间

模型空间是图形的设计、绘制空间，以上章节所有内容均是在模型空间中完成的。单击“模型空间”切换按钮 模型 布局1 布局2 +，即可在“模型空间”中进行三维或二维图形设计、添加必要的尺寸和文字说明等，完成所有绘图工作。但如需要对三维模型及各个投影进行注释、增加中心线、增加虚线、填充剖面线、标注尺寸、注写文字、添加技术要求、打印输出图样等完成工程图样所必需的要求，则需将三维图样切换到“图样空间”来完成这些工作。“图样空间”相当于一张图纸，也称为“布局空间”。单击“图样空间”切换按钮 模型 布局1 布局2 + ，进入图样空间，用户可在“图样空间”对三维模型进行各种二维平面图形的操作。如图 8-16 所示。

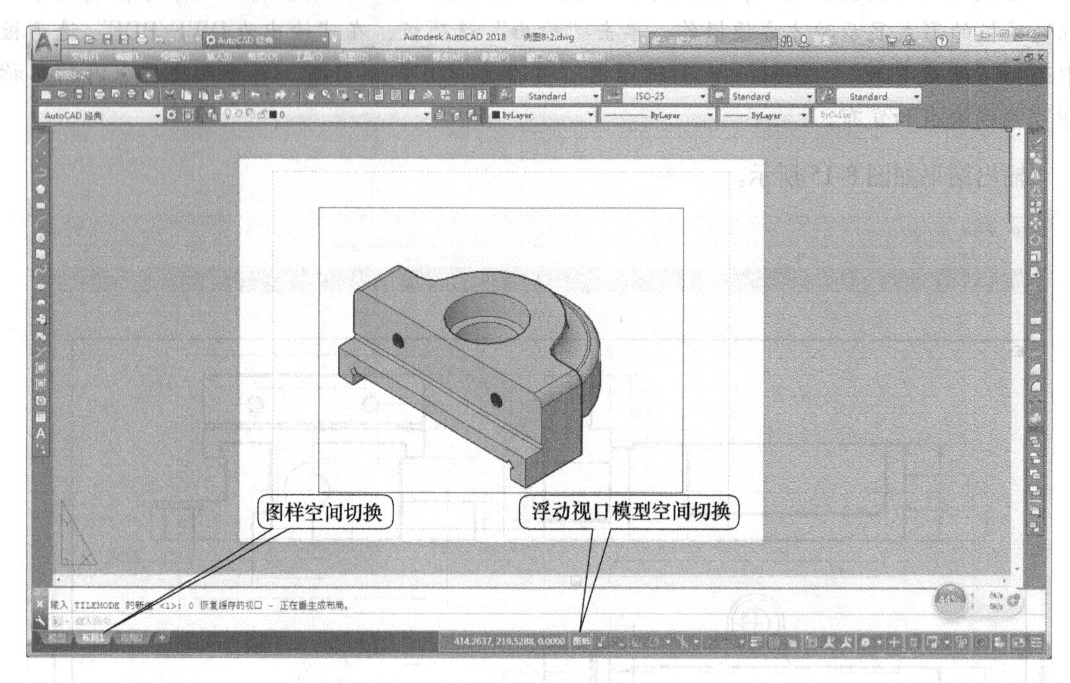

图 8-16　图样空间

在“图样空间”中，白色区域为图样大小，系统默认为 A4 图幅大小。虚线区域为图样打印输出的有效范围，超出虚线部分图形将不能打印输出。

8.3.2　视图的创建与调整

1. 视点

为便于从不同角度观察三维模型，可执行“视点”命令进行视点设置，表示以该视点到坐标原点方向对三维模型进行投影。在创建机械图样时，常用的视点有图 8-17 所示的几种。

图 8-17　视图工具图标

2. 创建“机械零件”视口

在进行机械零件模型绘制时，有时需同时观察形体的各个不同方向的投影，充分了解绘制的模型结构和各形体间的相对位置是否正确。通过对“视口”进行设置可将屏幕（图样）分成若干个平铺的窗口，对这些窗口设置不同的视点以观察所绘制的模型。

执行“视图”菜单→“视口”→“新建视口”命令，在弹出的对话框中可设置视口名称“机械图样”，确定标准视口数量为“4 个”，依次将其中 3 个视口的视觉样式更改为“二维线框”样式。结果如图 8-18 所示。

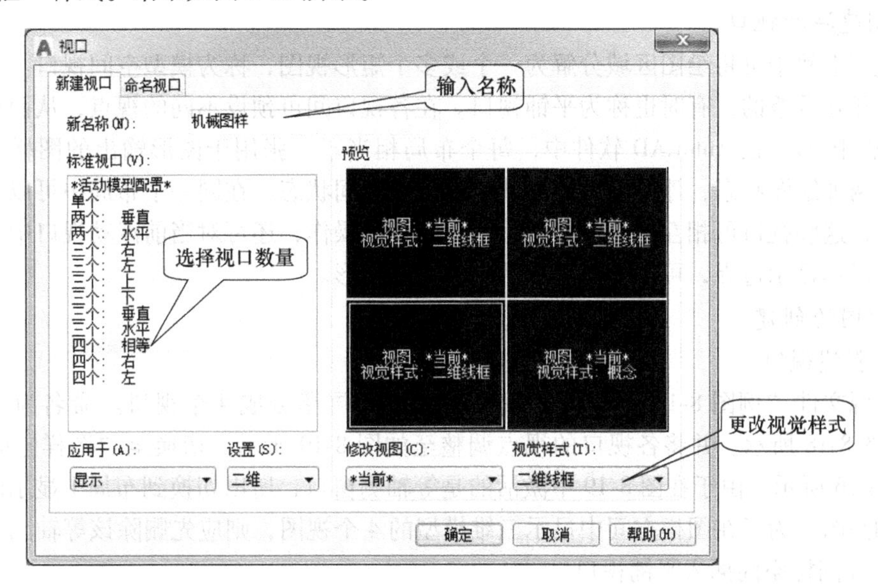

图 8-18　创建 4 个视口

在视口对话框中单击“确定”按钮后，绘图区将划分为 4 个相等的窗口。此时各视口的视点均是一致的。为便于观察，使之符合三视图的投影规律，应将各视口的视点依次进行设置。将光标移至左上角窗口，单击鼠标左键激活窗口，再选择图 8-17 所列图标中的“主视图”图标，以观察形体的正面投影。同理再将左下角的窗口设置为“俯视图”，观察形体的水平投影；右上角设置为“左视图”，观察形体的侧面投影；右下角设置为“西南等轴测”，观察形体的正等轴测投影。结果如图 8-19 所示。

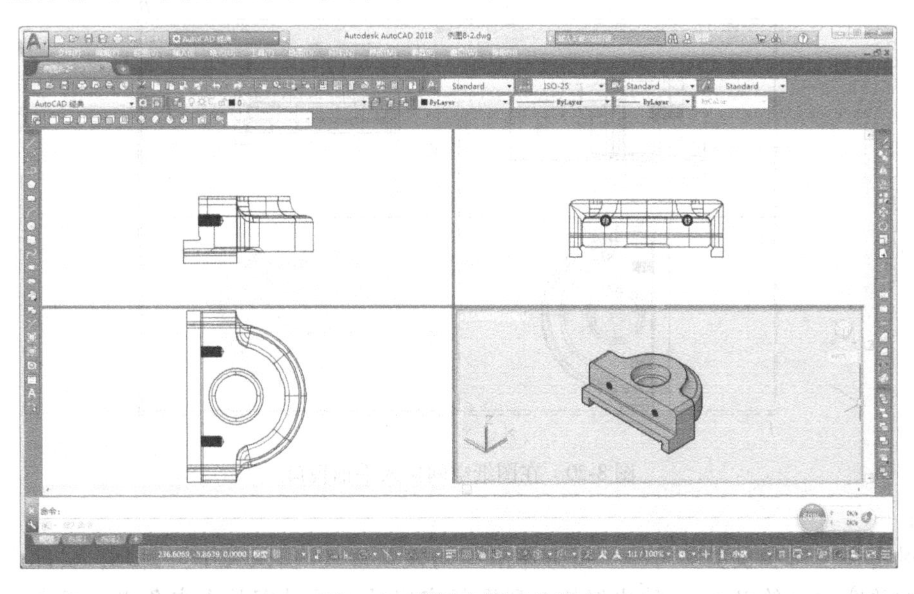

图 8-19　设置各视口的视点

☞提示：

如此时在任一窗口内进行绘图或编辑操作，各窗口均会产生相应的变化。

3. 创建浮动视口

在模型空间中可将绘图区域分解为一个或多个矩形视图，称为模型空间视口。其各视口间是不能相互重叠的，有时也称为平铺视口。在各视口间可预设不同的视点，从而便于从不同角度观察图形。在 AutoCAD 软件中，每个布局相当于一张用于图形输出的图样。在布局空间中有两种绘图状态，浮动模型空间状态和图样空间状态。在同一个布局中可以有若干个浮动视口，这些视口可相互重叠。可进行相关的移动操作，还可对当前浮动视口中的模型进行编辑，可不显示边界，可关闭而不显示窗口内的图形。

4. 视图的创建

（1）新建视口

打开源文件“例图 8-16”。在“模型空间”中将屏幕分成 4 个视口。命名为“机械图样”，如图 8-18 所示。并将各视口的视点调整至如图 8-19 所示。切换至“图样空间”布局 1，如图 8-16 所示。由于在图 8-19 中激活的是等轴测窗口，所以切换到布局 1 显示的是三维模型的轴测图。为了在图样空间中显示三维模型的 4 个视图，则应先删除该等轴测窗口。

（2）在图样空间插入平铺视口

运用图样空间视口命令将 4 个平铺视口插入到图样空间。操作过程如下：

命令：_mview//图样空间视口命令

指定视口的角点或[开(ON)/关(OFF)/布满(F)/着色打印(S)/锁定(L)/对象(O)/多边形(P)/恢复(R)/图层(LA)/2/3/4]<布满>:R//将“机械图样”平铺视口插入到图样空间

输入视口配置名或[?]<*Active>:机械图样//输入平铺视口名称

指定第一个角点或[布满(F)]<布满>://光标在单击虚线框内左下方 A 点，如图 8-20 所示。

指定对角点：正在重生成模型。//光标单击虚线框内右上方 B 点，如图 8-20 所示。

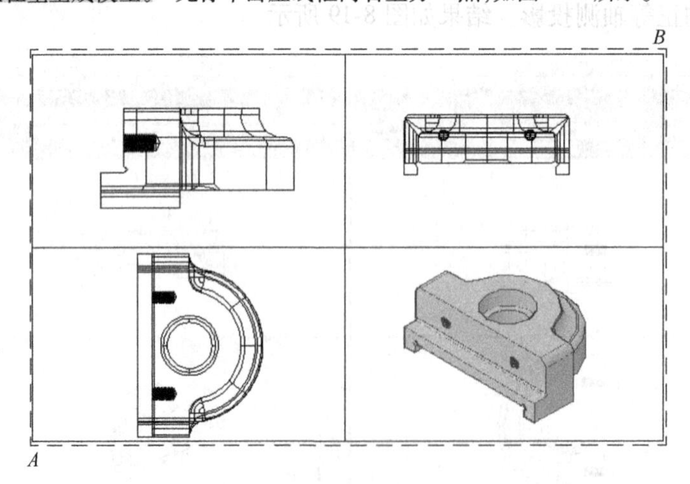

图 8-20 在图纸空间插入平铺视口

☞注意：

此时图样空间和模型空间的“图形界限”均设置为 A4 图纸大小。因此，实际上是将平铺视口中的窗口大约以 1∶1 的比例插入到图样空间的。再对布局 1 中各视口视点分别调整为“主视图”、“俯视图”、“左视图”、“西南等轴测”。结果如图 8-20 所示。

此时，该窗口的大小是可以任意调节或可相互重叠的。但注意图样空间和模型空间的实体是相互不同的。

5. 调整视图

从图 8-20 可以看出，各窗口中的视图没有对齐，比例因子也不同，需用“图幅初始化”命令使各视图对齐。并设置统一的比例，操作过程如下：

```
命令:_mvsetup//图幅初始化
输入选项[对齐(A)/创建(C)/缩放视口(S)/选项(O)/标题栏(T)/放弃(U)]:S//选择需缩放的视口
选择要缩放的视口...
选择对象:找到 3 个//交选 3 个窗口(主视图、俯视图、左视图)
选择对象:回车
设置视口缩放比例因子。交互(I)/<统一(U)>:U//3 个窗口取统一的比例因子
设置图样空间单位与模型空间单位的比例...
输入图样空间单位的数目<1.0>:1//图样空间的比例因子
输入模型空间单位的数目<1.0>:1//模型空间的比例因子
输入选项[对齐(A)/创建(C)/缩放视口(S)/选项(O)/标题栏(T)/放弃(U)]:回车
```

结果如图 8-21 所示。因该实体宽度尺寸较大，超出了窗口范围，所以可用夹点编辑的方式调整“俯视图”和“主视图”窗口大小。并激活浮动视口，适当调整视图的位置，使各视图完全显示在窗口内。如图 8-22 所示。

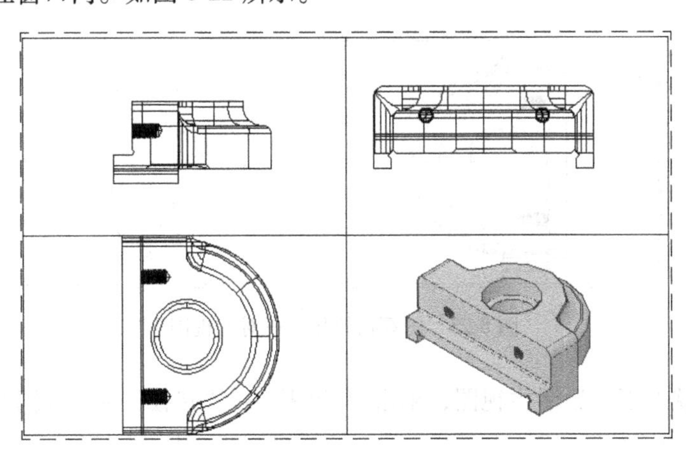

图 8-21 图幅初始化——统一比例

重复执行“图幅初始化”命令。对齐各视图。操作过程如下：

```
命令:_mvsetup
输入选项[对齐(A)/创建(C)/缩放视口(S)/选项(O)/标题栏(T)/放弃(U)]:A//对齐视图
输入选项[角度(A)/水平(H)/垂直对齐(V)/旋转视图(R)/放弃(U)]:V//竖直方向对齐,分别捕捉图
8-22 所示 A、B 两端点
输入选项[角度(A)/水平(H)/垂直对齐(V)/旋转视图(R)/放弃(U)]:H//水平方向对齐,分别捕捉图
8-22 所示 A、C 两端点
```

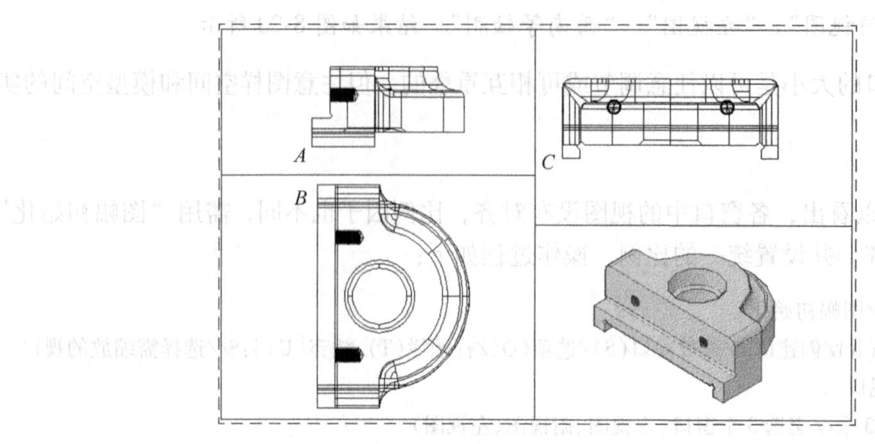

图 8-22 调整视口大小及视图位置

结果如图 8-23 所示。

6. 提取实体轮廓线

从图 8-23 中可以看出，视图中平面与曲面相切处存在线段，可采用提取轮廓线的命令进行处理。

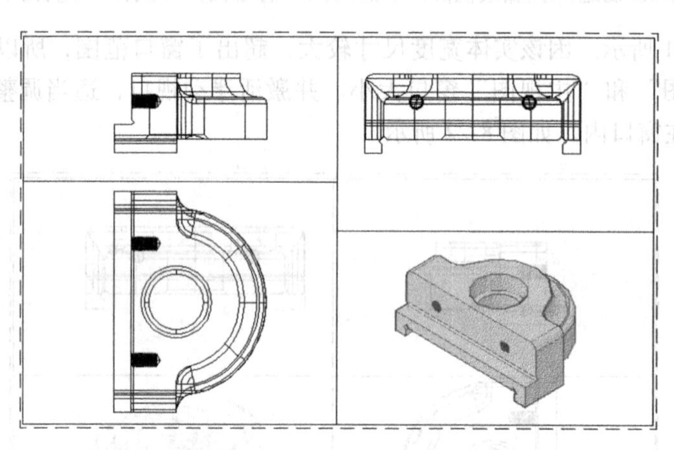

图 8-23 图幅初始化——对齐视图

在浮动视口状态下，激活主视图，单击“绘图”→“建模”→“设置”→“轮廓”命令。操作过程如下：

命令：_solprof//提取轮廓线命令

选择对象：找到 1 个//选择主视图中的实体

选择对象：回车

是否在单独的图层中显示隐藏的轮廓线？[是(Y)/否(N)]<是>://系统将可见轮廓线放置在自动建立的“PV-183”图层中，不可见轮廓线放置在自动建立的“PH-183”图层中。默认状态下两图层都是冻结的

是否将轮廓线投影到平面？[是(Y)/否(N)]<是>://将轮廓线放置在一个平面中

是否删除相切的边？[是(Y)/否(N)]<是>://删除切线

命令：_. vplayer

输入选项[？/颜色(C)/线型(L)/线宽(LW)/透明度(TR)/冻结(F)/解冻(T)/重置(R)/新建冻结(N)/

视口默认可见性(V)]:_N//输入在所有视口中都冻结的新图层的名称:PV-183

输入选项[?/颜色(C)/线型(L)/线宽(LW)/透明度(TR)/冻结(F)/解冻(T)/重置(R)/新建冻结(N)/视口默认可见性(V)]:_T//输入要解冻的图层名:PV-183

指定视口[全部(A)/选择(S)/当前(C)/当前以外(X)]<当前>:

输入选项[?/颜色(C)/线型(L)/线宽(LW)/透明度(TR)/冻结(F)/解冻(T)/重置(R)/新建冻结(N)/视口默认可见性(V)]:

命令:_. vplayer

输入选项[?/颜色(C)/线型(L)/线宽(LW)/透明度(TR)/冻结(F)/解冻(T)/重置(R)/新建冻结(N)/视口默认可见性(V)]:_NEW//输入在所有视口中都冻结的新图层的名称:PH-183

输入选项[?/颜色(C)/线型(L)/线宽(LW)/透明度(TR)/冻结(F)/解冻(T)/重置(R)/新建冻结(N)/视口默认可见性(V)]:_T//输入要解冻的图层名:PH-183

同理，按上述步骤，可依次将俯视图、左视图和轴测图中的轮廓线进行提取，其中可见轮廓线分别自动放置在系统建立的“PV-185”、“PV-181”和“PV-17F”3 个图层中；不可见轮廓线分别自动放置在系统建立的“PH-185”、“PH-181”和“PH-17F”3 个图层中。注意：每次提取轮廓线时系统默认提供的图层名称是不同的。

将三维实体模型所在的图层“0 层”关闭，并将不可见轮廓层设置为虚线；同时执行“视图”→“显示”→“UCS 图标”→“开”，将 4 个视口中的坐标系隐藏。结果如图 8-24 所示。

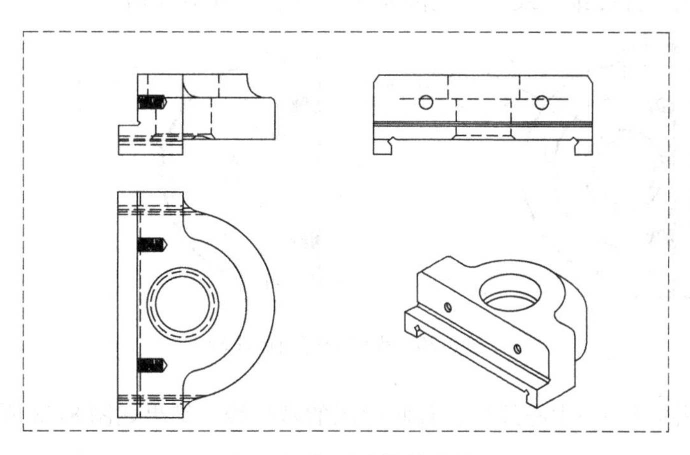

图 8-24　提取实体轮廓线

7. 编辑视图

1）在上述的操作过程中，视图的轮廓线是在三维模型的基础上提取的，实质上还是模型空间中的图形实体。在图样空间是不能编辑这些轮廓线的。为了在视图中添加尺寸标注、修改图线，可将模型空间平铺视口中提取的轮廓线复制到“布局 2”中实现。结果如图 8-25 所示。

☞**提示：**

需对从三维模型中提取的轮廓线进行编辑和修改，必须从“模型空间”平铺视口中复制轮廓线，再粘贴到“布局 2”中，不能直接从“布局 1”中复制。复制前须将“布局 2”的图幅大小设置为与“布局 1”一致。

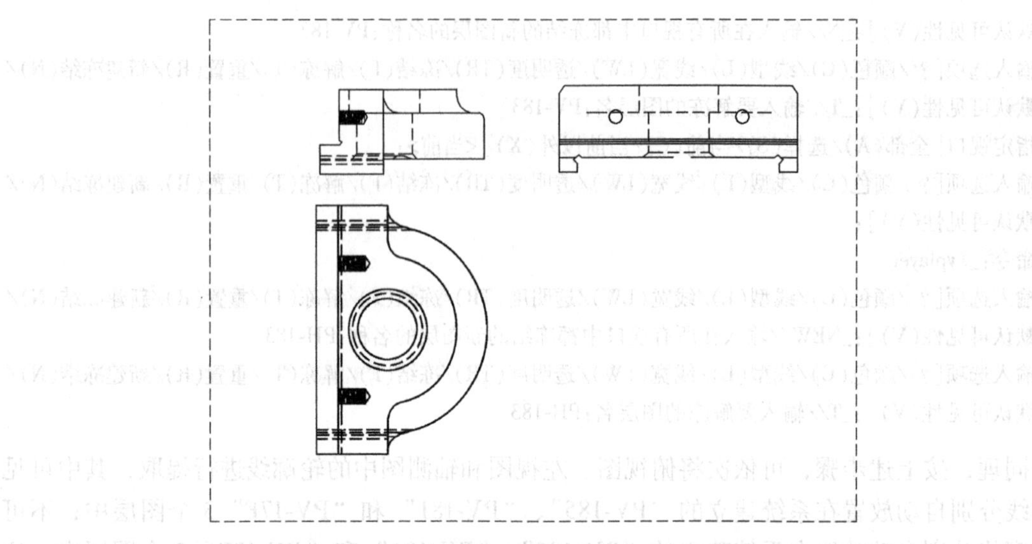

图 8-25　从平铺视口中复制轮廓线到“布局 2”中

2）将 3 个视图使用“修改”工具栏中的“分解”命令分解为单一图素，如图 8-26 所示。再对 3 个视图中的圆角、螺纹等结构进行处理。采用合适的表达方法，去除图中的虚线或关闭所有虚线层，建立一新图层——细实线层，将主视图改画为全剖视图，俯视图加画螺纹孔的局部剖视图，并在细实线层填充剖面线。结果如图 8-27 所示。

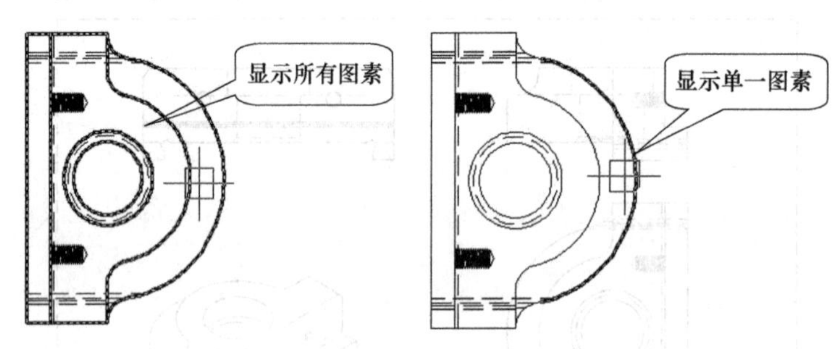

图 8-26　视图分解前后比较

3）建立一新图层——中心线层，补画视图的基准线。结果如图 8-28 所示。

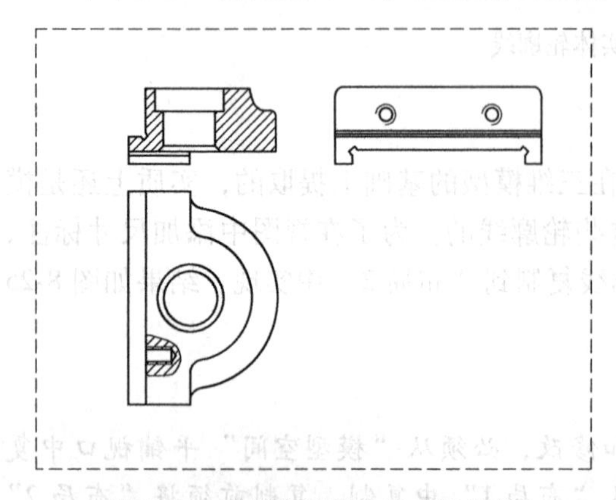

图 8-27　采用合适的方法表达零件

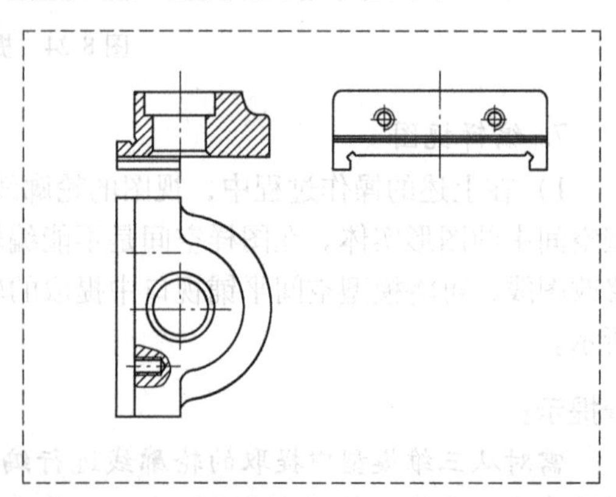

图 8-28　补画基准线

4）建立一新图层——尺寸标注层，为该零件标注尺寸，并加画槽的局部放大图形及注写零件的技术要求等。结果如图 8-29 所示。

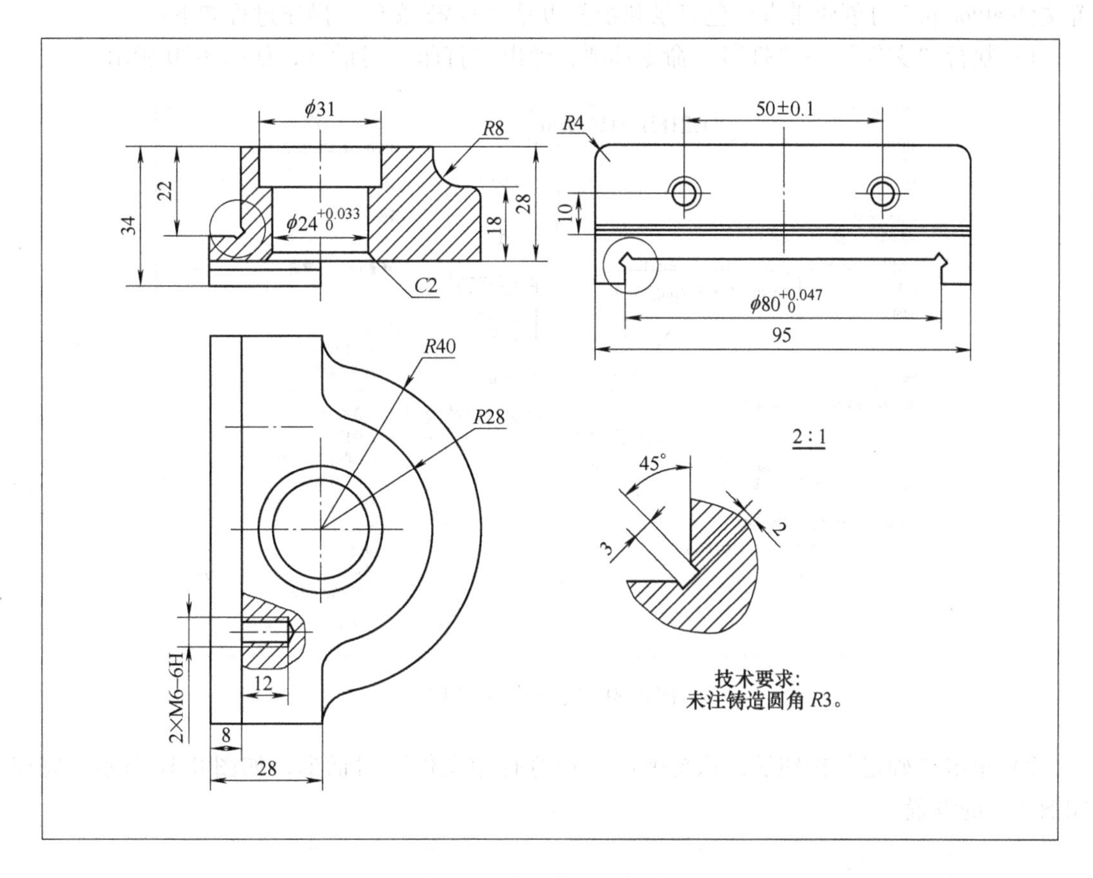

图 8-29　为零件图添加注释

8.3.3　图形的输出和发布

针对当前工程设计领域内设计信息共享的需求，现在，国际上通常采用 DWF（Drawing Web Format，图形网络格式）图形文件格式。DWF 是由 Autodesk 公司开发的一种开放、安全的文件格式，它可以将丰富的设计数据高效率地分发给需要查看、评审或打印这些数据的任何人。DWF 文件高度压缩，因此比设计文件更小，传递起来更加快速，无需一般 CAD 图形相关的额外开销（或管理外部链接和依赖性）。使用 DWF 文件格式，设计数据的发布者可以按照他们希望接收方所看到的那样选择特定的设计数据和打印样式，并可以将多个 DWG 文件中的多页图形集发布到单个 DWF 文件中。

DWF 文件可在任何装有网络浏览器和 Autodesk WHIP 插件的计算机中打开、查看和输出。DWF 文件支持图形文件的实时移动和缩放，并支持控制图层、命名视图和嵌入链接显示效果。DWF 文件是矢量压缩格式的文件，可提高图形文件打开和传输的速度，缩短下载时间。以矢量格式保存的 DWF 文件，完整地保留了打印输出属性和超链接信息，并且在进行局部放大时，基本能够保持图形的准确性。为基于 Internet 实现设计信息共享和协同设计提供了条件。

1. 输出 DWF 文件

要输出 DWF 文件，必须先创建 DWF 文件，在这之前还应创建 ePlot 配置文件。使用配置文件 ePlot. pc3 可创建带有白色背景和纸张边界的 DWF 文件。操作过程如下：

1）执行“文件”→“打印”命令选项，弹出“打印”对话框，如图 8-30 所示。

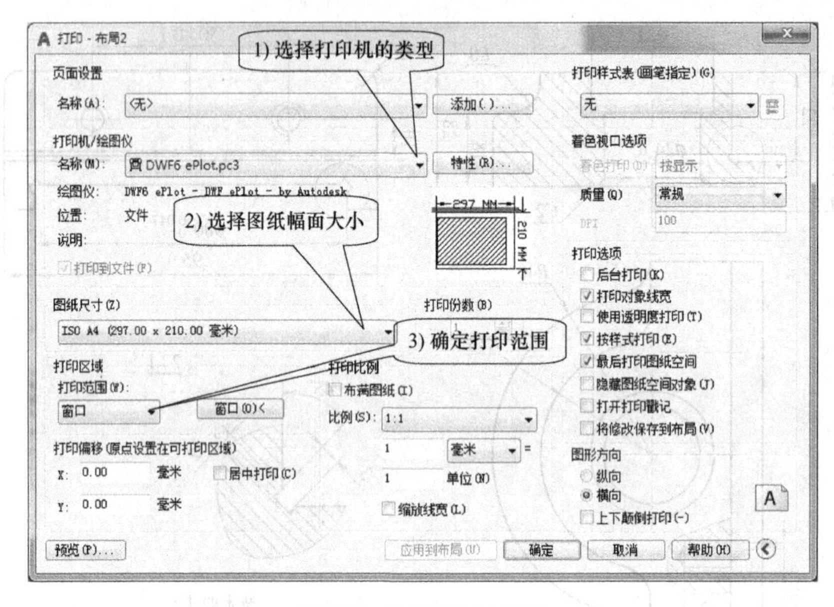

图 8-30 “打印”对话框

2）单击“确定”按钮后，系统弹出“浏览打印文件”对话框，如图 8-31 所示。完成如图所示的设置。

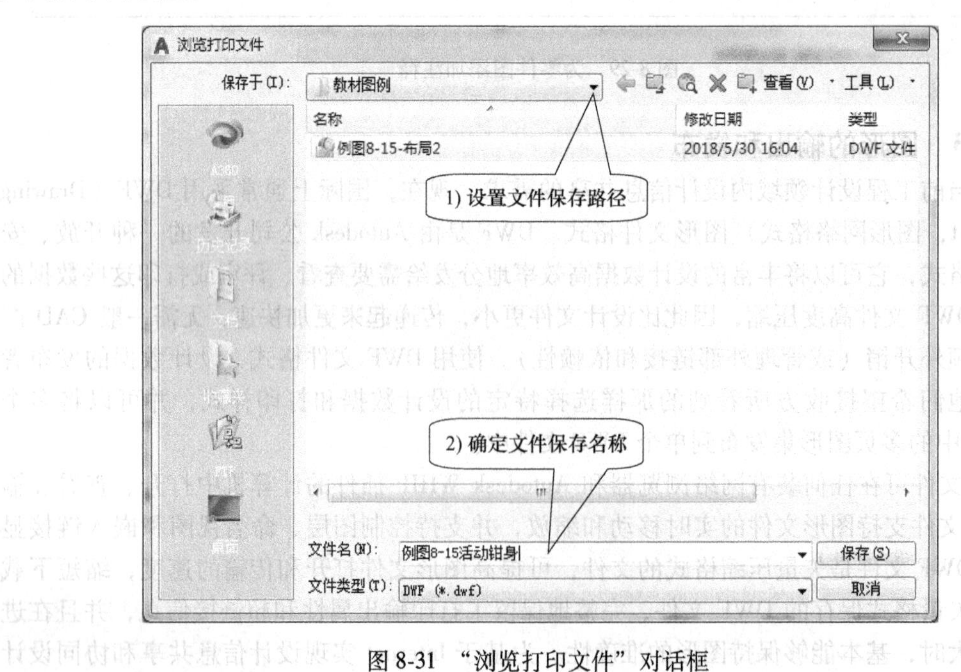

图 8-31 “浏览打印文件”对话框

3）单击“保存”按钮后，系统弹出“打印作业进度”窗口，显示打印作业进行速度，当退出进度显示时即创建 DWF 文件成功。

4）打开 DWF 文件查看。如果在计算机系统中安装了 4.0 或以上版本的 WHIP 插件和浏览器，则可在 Internet Explorer 或 Netscape Communicator 浏览器中查看 DWF 文件。如果 DWF 文件包含图层和命名视图，还可在浏览器中控制其显示特征。亦可按如下方法打开 DWF 文件。

新建一图形文件，将 DWF 文件拖放至其中，在如下的提示下完成操作：

```
命令:_dwfattach
要附着的 DWF 文件的路径:"F:\AutoCAD 应用\教材图例\例图 8-15-活动钳身 .dwf"
输入图纸的名称或[?]<活动钳身>:回车
指定插入点:0,0
基本图像大小:宽:327.9389,高:200.4000,Millimeters
指定缩放比例因子或[单位(U)]<1>:回车
指定旋转<0>:回车//退出
```

此时可在 AutoCAD 软件中观察 DWF 文件的效果。

2. 发布 DWF 文件

通过 AutoCAD 的 ePlot 功能，可将电子图形文件发布到 Internet 上，所创建的文件以 Web 图形格式（DWF）保存。用户可在安装了 Internet 浏览器和 Autodesk WHIP 4.0 插件的任何计算机中打开、查看和打印 DWF 文件。DWF 文件支持实时平移和缩放，可控制图层、命名视图和嵌入超链接的显示。

操作方法如下：

1）打开源文件“例图 8-29”，执行“文件”→“发布”命令选项，弹出“发布”对话框如图 8-32 所示。

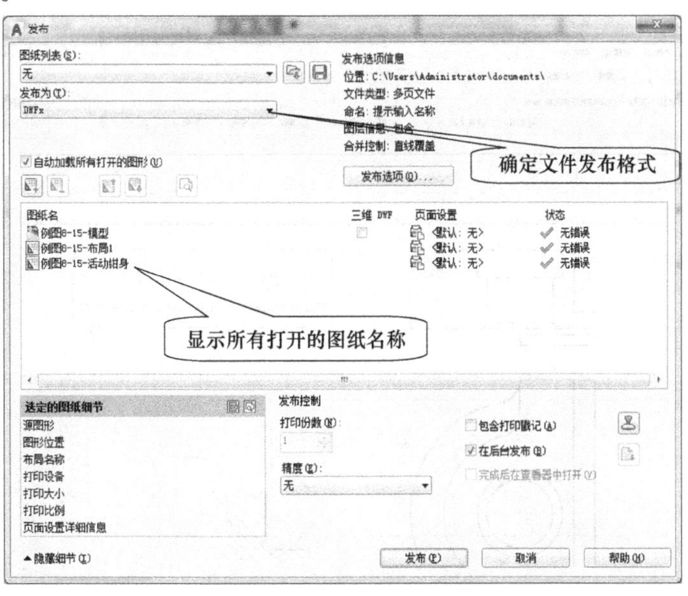

图 8-32　“发布”对话框

确定文件以 DWFx 格式文件发布。在“图纸名”框中，显示了所有打开的图形文件，可运用“添加图纸”按钮将需发布的图纸添加到该列表框中，也可对不需要发布的图纸用“删除图纸”按钮进行删除，还可运用“上移图纸”按钮或“下移图纸”按钮对所有显示的图纸进行排序。

2）在“发布”对话框中，单击“保存图纸列表”按钮，再单击“发布”按钮，系统弹出“指定 DWFx 文件”对话框。如图 8-33 所示。在该对话框中输入保存的文件名称，最后单击“选择”按钮，在状态栏中出现“完成打印和发布作业，未发现错误或警告”提示信息后，图纸集列表中所有图纸均成功保存为 DWFx 格式文件。

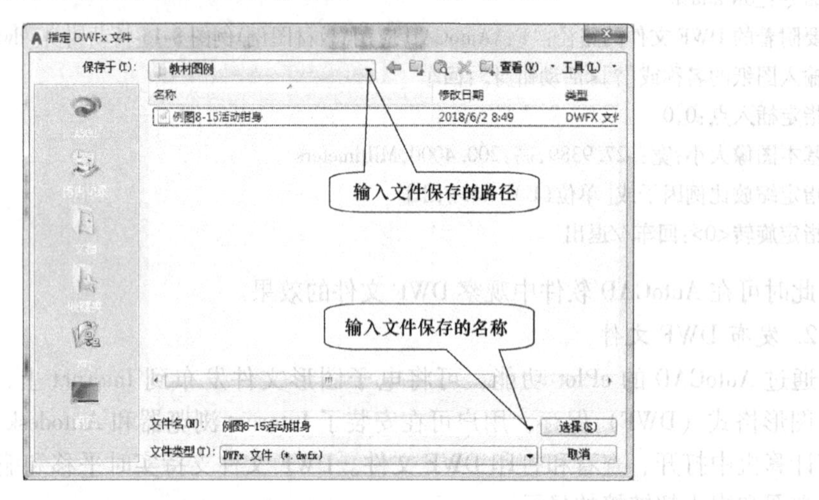

图 8-33 “指定 DWFx 文件”对话框

3）直接双击在指定路径下保存的 DWFx 格式文件，系统将以网页的形式打开显示，如图 8-34 所示。

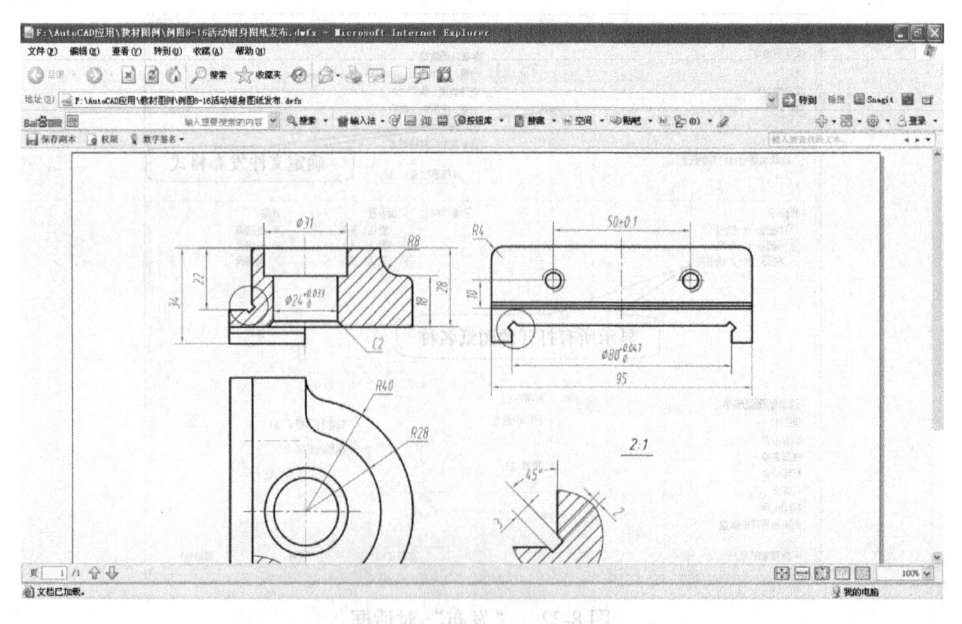

图 8-34 检验图纸发布效果

3. 输出 PDF 格式文件

在 AutoCAD 2018 中的图形文件以 PDF 格式输出，可使设计团队分享和重复使用设计成果变得极为便利，可获得高质量的输出文件效果。操作步骤如下：

1）执行“文件”→“页面设置管理器”命令选项，在系统弹出的对话框中进行相应的页面设置。

2）执行“工具”→“选项板”→“功能区”，软件界面以选项板的形式显示。单击“输出”选项板，在“输出为 DWF/PDF”选项板中选择“输出 PDF”按钮。系统弹出“另存为 PDF”对话框，如图 8-35 所示。在该对话框中输入文件保存的名称等内容。

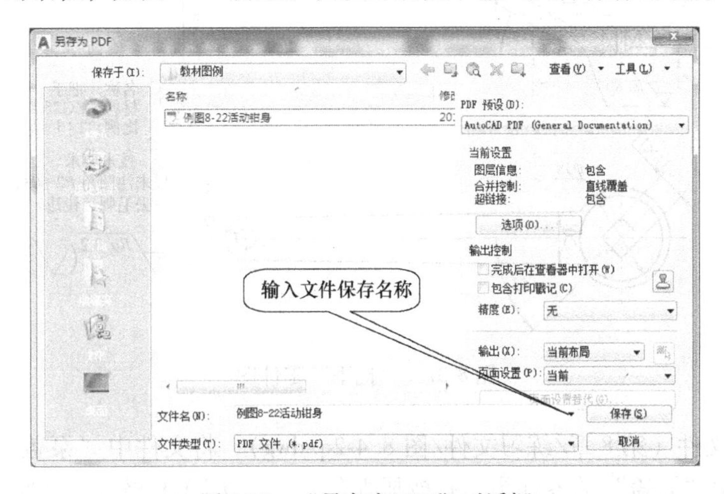

图 8-35　“另存为 PDF”对话框

3）单击“保存”按钮，当状态栏中显示“完成打印和发布作业，未发现错误或警告”提示信息后，文件以 PDF 格式输出成功。

4）利用专业软件打开并查看 PDF 格式文件，如图 8-36 所示。

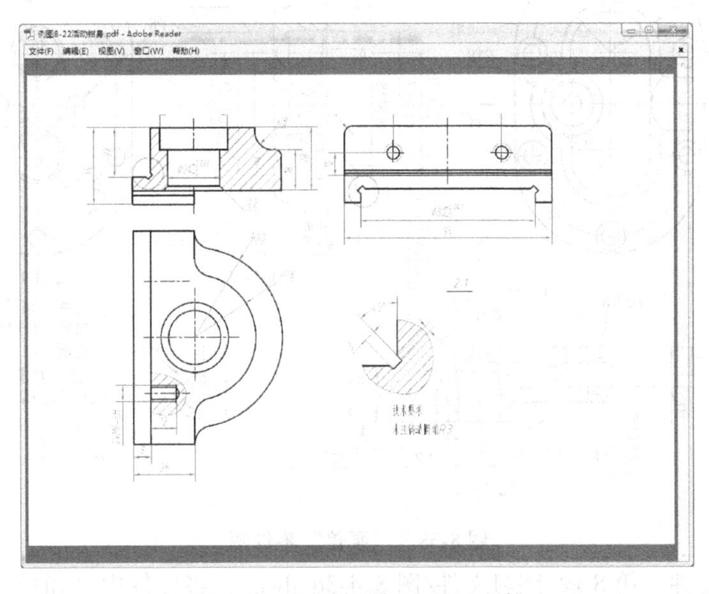

图 8-36　用阅读器打开 PDF 文件

8.4 熟能生巧

1）打开源文件（第 8 章/练习文件/图 8.4-1q. dwg），将文件中“把手”的三维实体编辑成图 8-37 所示“把手”的零件图，并抄画所有标注，以 DWFx 格式文件进行发布。

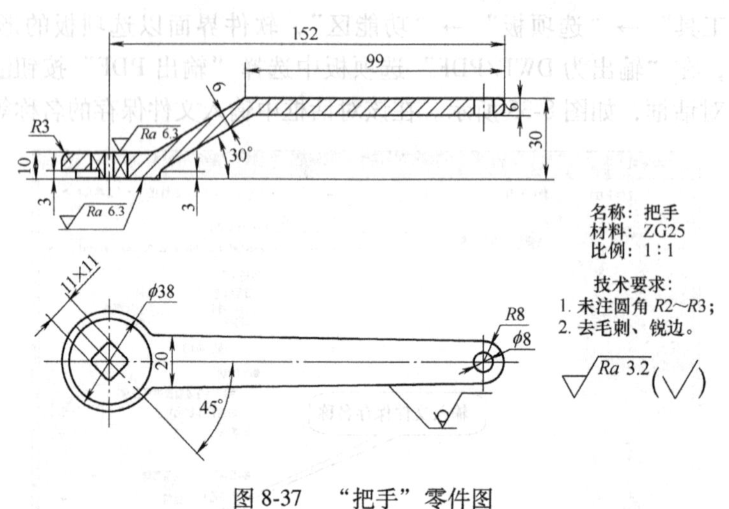

图 8-37 “把手”零件图

2）打开源文件（第 8 章/练习文件/图 8. 4-2q. dwg），将文件中“泵盖”的三维实体编辑成图 8-38 所示“泵盖”的零件图，并抄画所有标注，以 DWF 格式文件发布。

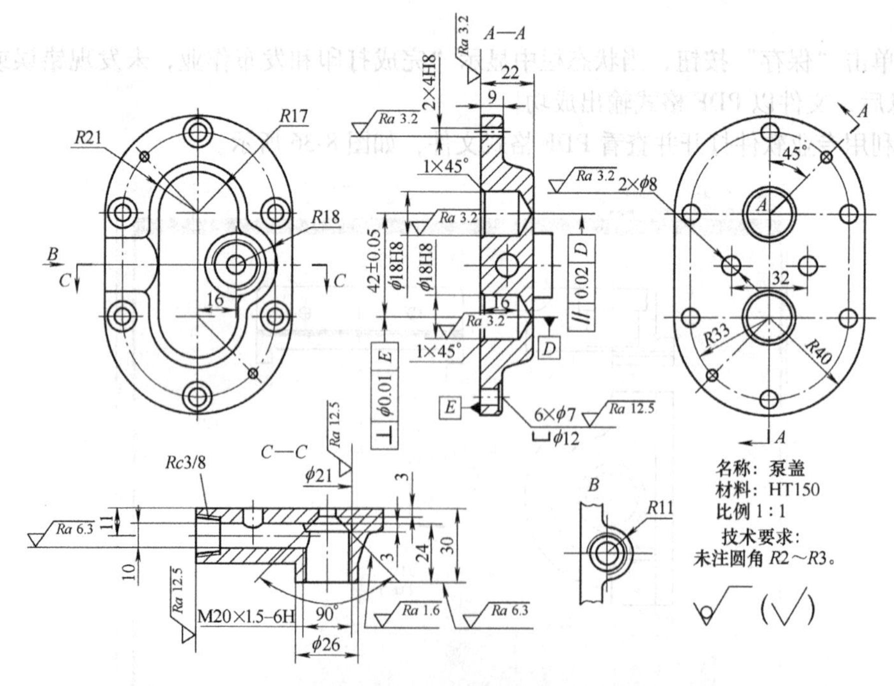

图 8-38 “泵盖”零件图

3）打开源文件（第 8 章/练习文件/图 8. 4-3q. dwg），将文件中“钳座”的三维实体编辑成图 8-39 所示“钳座”的零件图，并抄画所有标注，以 PDF 格式进行发布。

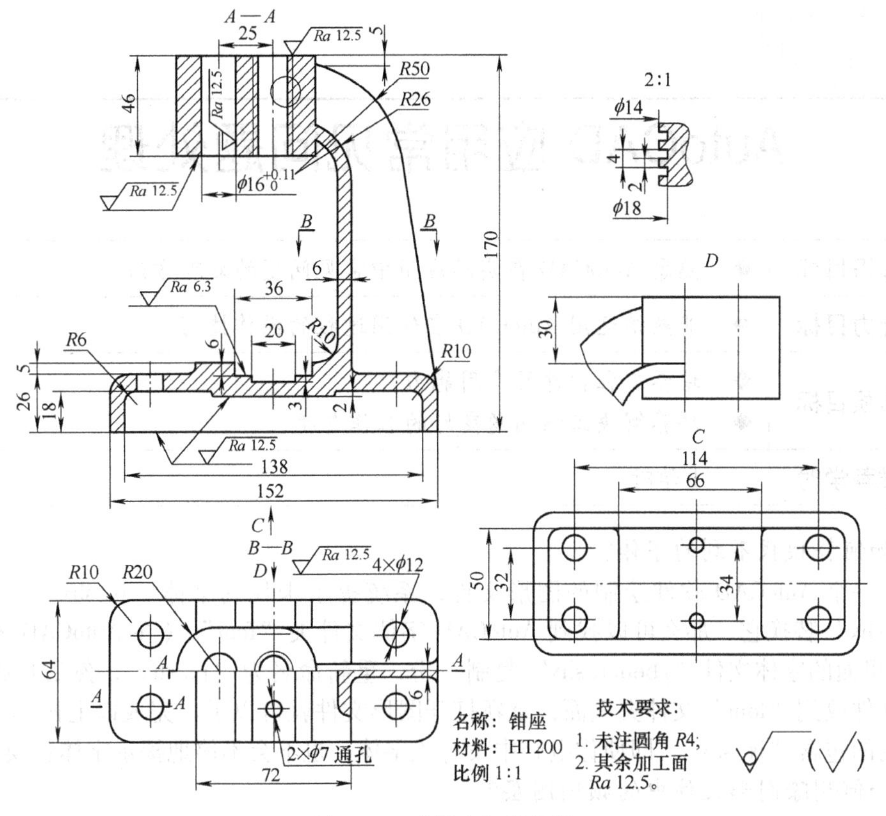

图 8-39　“钳座”零件图

4）打开源文件（第 8 章/练习文件/图 8. 4-4q. dwg），将文件中“输出轴”的三维实体编辑成图 8-40 所示“输出轴”的零件图，并抄画所有标注，以 PDF 格式进行发布。

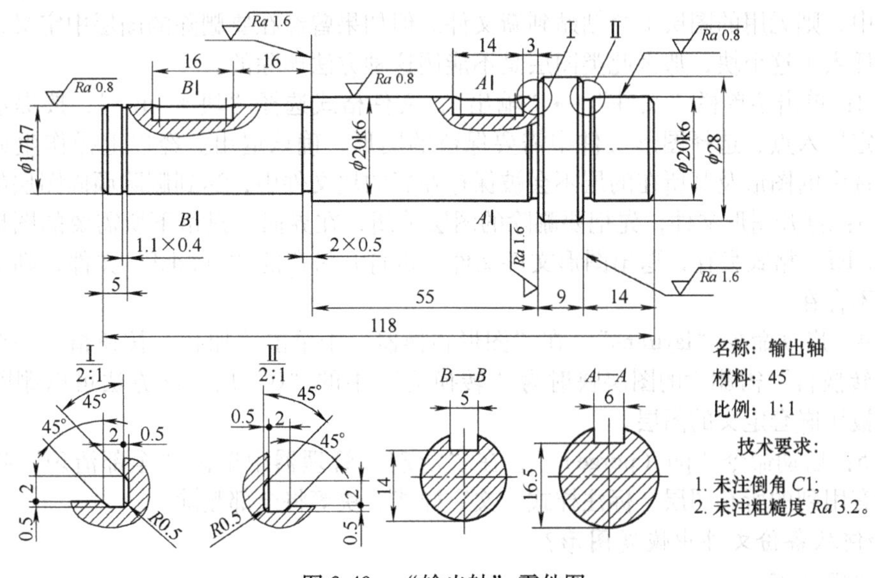

图 8-40　“输出轴”零件图

第 9 章

AutoCAD 应用常见问题处理

知识目标	◆ 熟悉 AutoCAD 在实际应用中常见问题的处理方法
能力目标	◆ 能熟练运用 AutoCAD 在使用过程的操作技巧
素质目标	◆ 培养工程软件的应用能力 ◆ 培养解决工程问题良好的工作态度
推荐学时	1 学时

1. 如何替换找不到的字体？

打开一个 AutoCAD 软件绘制的图形文件，系统提示未找到字体“jx. shx”，如果要用“gbenor. shx”替换它，那么可以找到 AutoCAD 字体文件夹“font”（在 AutoCAD 安装目录中），将里面的字体文件“gbenor. shx”复制一份，重新命名为“jx. shx”，然后再把重命名的字体文件放到“font”文件夹里面，重新打开图形文件就可以了。完成以上操作，以后如果打开的图包含“jx. shx”，即使你电脑中没有该字体，也不会不停地提示字体替换了。

2. 如何删除图形文件中的顽固图层？

图层“0”和图层“Defpoints”是默认图层，无法删除；自定义的图层必须保证此图层没有任何对象才能删除；当前图层（也就是正在使用的图层）不能删除，如果想要删除当前使用的图层，将当前图层改为“0”层，再删除即可。

方法 1：打开图形文件，将无用的图层全部关闭，按<Ctrl+A>键全选所有对象并粘贴到一新文件中，则无用的图层不会粘贴到新文件。但如果曾经在要删除的图层中定义过块，又在图形中插入了这个块，那么此类图层是不能用这种方法删除的。

方法 2：单击菜单栏“文件”→“输出”，文件格式选择“块 *. dwg”，按提示输入文件名、指定插入点、选择图形文件中需要保留的图形，确认退出。经以上操作生成的块文件，没有选中的图形及其所在的层不会被保存在新的块文件中，达到删除顽固图层的目的。

方法 3：打开图形文件，先把要删除的图层关闭，在界面上只留下所需要的图形，将图形以“ *. dxf”格式另存，退出图形文件文件，再打开另存的“ *. dxf”文件，则要删除的图层已经不存在。

方法 4：启动命令“laytrans”，在“图形转换器”中单击“加载”按钮指定一个图形文件，将“转换自”需删除的图层映射为“转换为”中的“0”层。此方法可以删除存在实体对象或被块嵌套定义的图层。

方法 5：启动命令“pu（purge）”，在“清理”管理器中单击“全部清理”按钮，则图形中没有用到的所有图层、标注样式、文字样式、块等将全部删除。

3. 如何从备份文件中恢复图形？

操作步骤如下：

1）显示所有文件，备份文件通常为隐藏文件（“我的电脑”→“工具”→“文件夹选项”→“查看”→“隐藏文件和文件夹”→“显示所有文件和文件夹”）。

2）显示文件的扩展名（“我的电脑”→“工具”→“文件夹选项”→“查看”→把“隐藏已知文件的扩展名”选项的钩去掉）。

3）找到备份文件（它的位置一般在原文件最后一次保存所在的文件夹中，格式为“ *. DAT”），将备份文件格式更改为“ *. DWG”，然后按普通图形文件打开即可。

4. AutoCAD 中的工具栏不见了怎么办？

方法 1：执行菜单栏“工具”→“选项”→“配置”→“重置”命令选项。

方法 2：输入并启动命令“MENULOAD”，单击“浏览”按钮，通过路径选择传统项菜单文件“ACAD. MNC”加载即可。

5. 如何关闭 CAD 中的备份文件“ *. BAK”？

方法 1：执行“工具”→“选项”命令，选择“打开和保存”选项卡，再在对话框中将“每次保存均创建备份”（即“CREAT BACKUP COPY WITH EACH SAVES”）前的钩去掉。

方法 2：启动命令“ISAVEBAK”，将“ISAVEBAK”的系统变量修改为 0。“ISAVEBAK”的系统变量为 1 时，每次保存都会创建“ *. BAK”备份文件。

6. 如何调整 AutoCAD 中绘图区左下方显示坐标的“图形坐标”框？

修改系统变量“COORDS”。系统变量“COORDS”为 0 时，是指用定点设备指定点，才更新坐标显示为最后指定点的坐标；系统变量为 1 时，是指随光标移动而不断更新坐标显示；系统变量为 2 时，是指随光标移动而不断更新坐标显示，当需要距离和角度时，显示相对于上一点的距离和角度。

7. 打开 dwg 文件时，系统弹出“AutoCADMessage”对话框，提示“Drawing file is not valid”，告诉用户文件不能打开怎么办？

先退出打开操作，然后打开“文件”菜单，选择“图形实用工具”→“修复”命令，或者打开一张新图纸，在命令行直接输入并启动命令“recover”，接着在“选择文件”对话框的文件路径中找到要恢复的文件，单击“确认”按钮后系统开始执行恢复文件。

8. 如何给 AutoCAD 工具栏添加命令及相应图标？

AutoCAD 的工具栏并没有显示所有可用命令，在使用过程中需要时由用户根据自己需要添加。

例如，绘图工具栏中默认没有“点，单点”命令（point），就要自己添加。操作如下：执行“视图”→“工具栏”选项，在“自定义用户界面”对话框中找到“点，单点”（可在“按类别过滤命令”列表中选择“绘图”以缩小搜索范围），按住左键将其拖放至对应的工具栏中，如不放至已有工具栏中，则以单独工具栏出现。

此时，刚拖出的“点，单点”命令没有图标，要为它添加图标。操作如下：把命令拖出后，不要关闭“自定义用户界面”对话框，选择“点，单点”命令，在面板的右下角单击按钮⊙展开“按钮图标”、“特性”对话框，给它选择相应的图标。此外，CAD 允许使用者给每个命令自定义图标。

如要删除命令，重复以上操作，单击菜单栏“视图”→“工具栏”，把要删除命令拖回，然后在弹出的操作对话框中单击“确定”按钮，然后单击“自定义用户界面”对话框下方“确定”按钮，退出即可。

9. 如何修改 AutoCAD 的快捷键？

快捷键的定义保存在“acad. pgp”文件中（路径“Autodesk\AutoCAD 2018\UserDataCache\Support”或执行“工具”→“自定义”→“编辑程序参数（acad. pgp）”），可以根据个人的使用习惯及喜好自由定义，但为确保准确、不重复、方便记忆，应该遵循以下原则：

1）不产生歧义。不要采用完全不相干的字母。例如，copy 这个命令，就不要用 v 这个字母来定义快捷键，这样容易造成误解、遗忘。

2）按命令的使用频率来定义快捷键，遵循依次采用“一个字母；一个字母重复两遍；两个相邻或相近字母；其他”的原则。例如，“copy（复制）”和“circle（圆）”。在 AutoCAD 的默认设置中，“copy”的快捷键为“co”或“cp”，“circle”的快捷键为“c”。这样的安排就不太合理，因为在绘图过程中，“copy”使用的频率比“circle”要高得多，所以首先应该是将“c”定义为“copy”的快捷键。然后，“circle”可以采用“cc”（第一和第四个字母），也可采用“ce”（首尾两个字母），这两个都被占用或不习惯的情况下，才采用“ci”。

设置快捷键的方法：

方法 1：通过路径“Autodesk\AutoCAD2018\UserDataCache\Support”或执行“工具”→“自定义”→“编辑程序参数（acad. pgp）”选项，打开参数文件“acad. pgp”按以下格式修改、添加。注意要将系统变量“ACADLSPASDOC”设为 1，或执行“工具”→“选项”→“系统”选项，选中“每个图形均加载 acad. lsp”。

方法 2：在命令行输入“（defun c:∮∮()(command "###" "@"));”程序，按<Enter>键，即可以直接输入快捷键启动命令。其中，∮∮表示自定义的快捷键名称，###表示原命令全称，@表示原快捷键名称。例如：自定义“缩放”→“全部”的快捷键，程序为“(defun c:ZA()(command "ZOOM" "A"));”，设置操作完成以后，输入 ZA，按<Enter>键执行范围缩放命令。

10. 如何为 AutoCAD 图形文件设置密码？

方法 1：执行“工具”→“选项”→“打开和保存”→“安全选项”，在“安全选项”对话框中输入密码，并在“加密图形特性”处打上勾即可。如果要取消密码，将“加密图形特性”处的勾去掉，即可把密码删掉。

方法 2：此方法适用于 AutoCAD 2004 及以上。

操作步骤如下：

1）将要加密的文件另存，在出现的“图形另存”对话框中选右上角的“工具”，然后在其下属菜单中选择“安全选项”。

2）在打开的“安全选项”对话框中的“密码”选项卡的输入框中输入密码，并在“加密图形特性”处打上勾。

3）操作完步骤 2)，单击“确定”按钮后，会出现密码确认对话框，在框内再次输入密码，两次输入的要完全一致，单击“确定”按钮完成加密操作。

11. 如何快速变换图层？

方法 1：选取想要变换图层的对象，然后单击图层工具栏的“图层控制”按钮，如图 9-

1 所示，将目的图层置为当前即可。

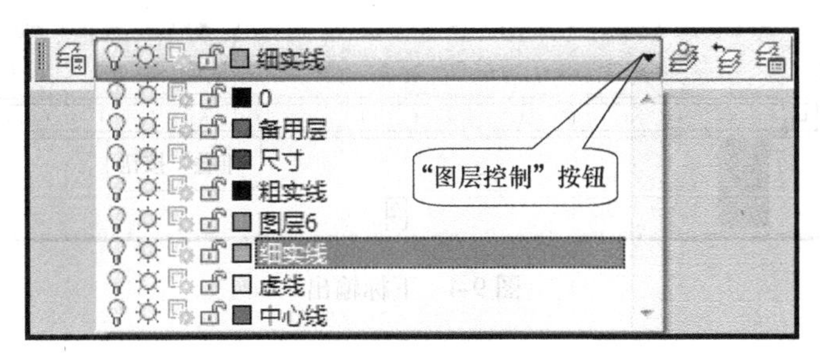

图 9-1 改变图层

方法 2：单击“标准”工具栏中“特性匹配”图标，按命令行提示选择源对象（即在目的图层上绘制的对象），然后选择目标对象（即要变换图层的对象），按<Enter>键确认即可。

12. 输入上下标、分数的方法是什么？

此操作使用多行文字编辑命令实现，具体如下：

1）上标：如输入“35^2”，在多行文字输入框中输入“352^”，然后选中“2^”，单击“堆叠”按钮即可。操作如图 9-2 所示，效果如图 9-3 所示。

图 9-2 上标输出

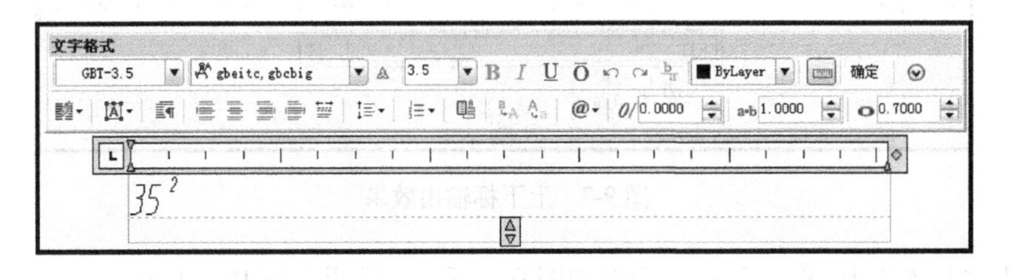

图 9-3 上标输出效果

2）下标：如输入“Tr”，在多行文字输入框中输入“T ^r”，然后选中“ ^r”（注意连^前空格一起选上），单击“堆叠”按钮即可。操作如图 9-4 所示，效果如图 9-5 所示。

3）上下标：如输入“$\phi14^{+0.01}_{-0.24}$”，在多行文字输入框中输入“ϕ14+0. 01^−0. 24”，然后选中“+0. 01^−0. 24”，单击“堆叠”按钮即可。操作如图 9-6 所示，效果如图 9-7 所示。

4）分数表达法一：如输入“$\frac{1}{18}$”，在多行文字输入框中输入“1/18”，然后选中“1/

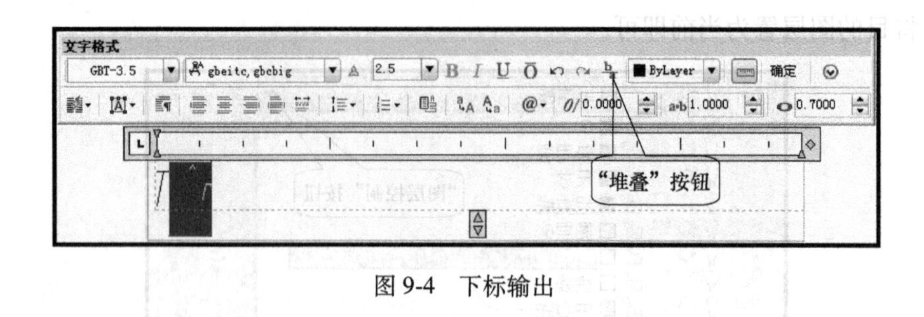

图 9-4　下标输出

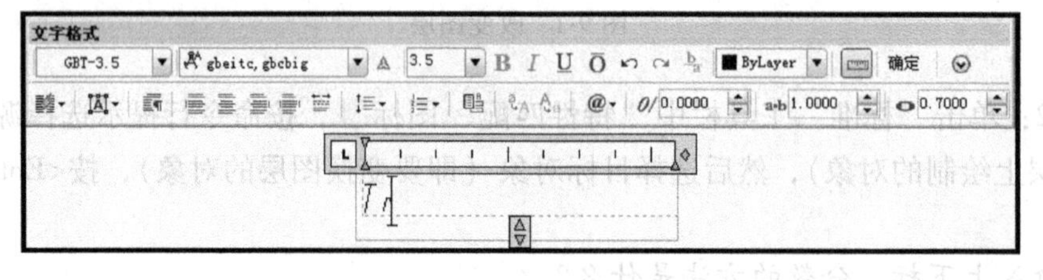

图 9-5　下标输出效果

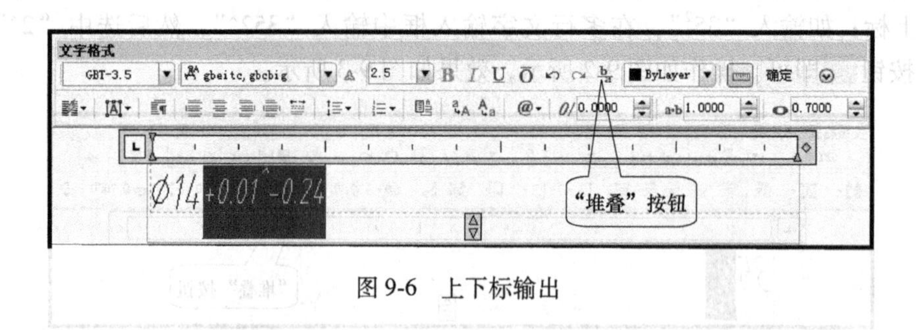

图 9-6　上下标输出

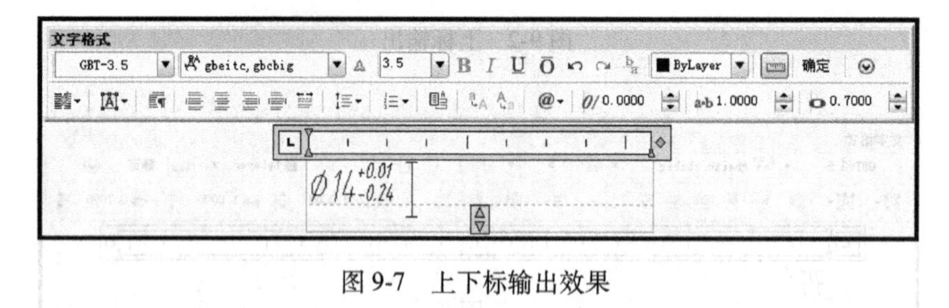

图 9-7　上下标输出效果

18”，单击“堆叠”按钮即可。操作如图 9-8 所示，效果如图 9-9 所示。

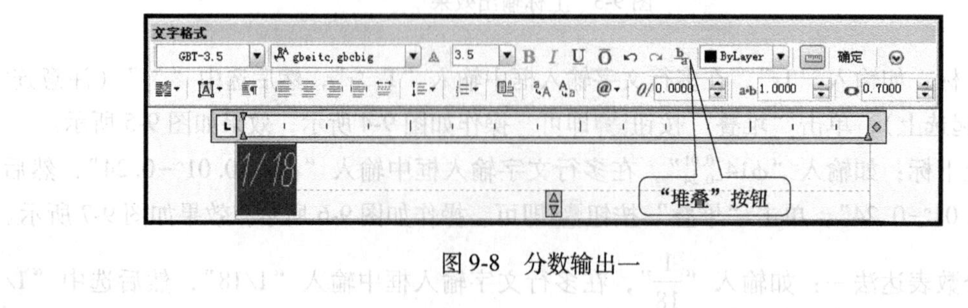

图 9-8　分数输出一

图 9-9　分数输出效果一

5）分数表达法二：如输入“$\frac{1}{15}$”，在多行文字输入框中输入“1#15”，然后选中“1#15”，单击“堆叠”按钮即可。操作如图 9-10 所示，效果如图 9-11 所示。

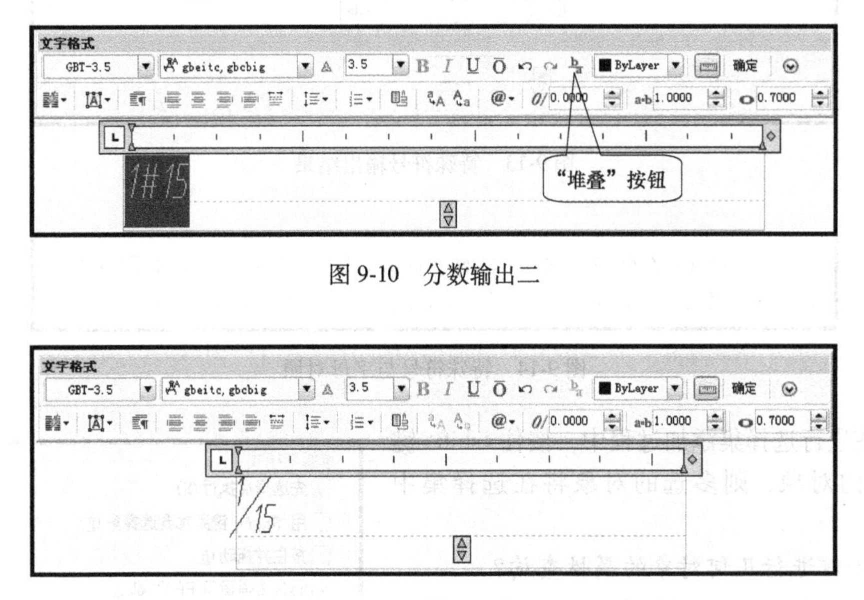

图 9-10　分数输出二

图 9-11　分数输出效果二

13. 如何输入特殊符号？

1）直径、角度等符号的输入。打开多行文字编辑器，在输入文字的矩形框里单击右键选择“符号”或单击按钮@，在菜单中选择需要的符号，或在菜单中选择“其他”，在打开的“字符映射表”选择符号。注意字符映射表的内容取决于字体，“字符映射表”的“字体”选择栏内选取不同的字体，可得到不同的符号列表。

2）标注中特殊符号的输入。如输入对称度符号⌯，打开多行文字编辑器，输入英文字母 i（小写），选上字母 i，在“字体”下拉列表中将字体改为 gdt 即可。操作如图 9-12 所示，效果如图 9-13 所示；另附其他符号与字母对照如图 9-14 所示。

14. 如何去掉选择集中多选的对象？

操作步骤如下：

1）单击菜单栏“工具”→“选项→“选择集”，在“选择集模式”分项中找到“用<shift>键添加到选择集（F）”选项，并将该选项前的勾去掉，如图 9-15 所示。

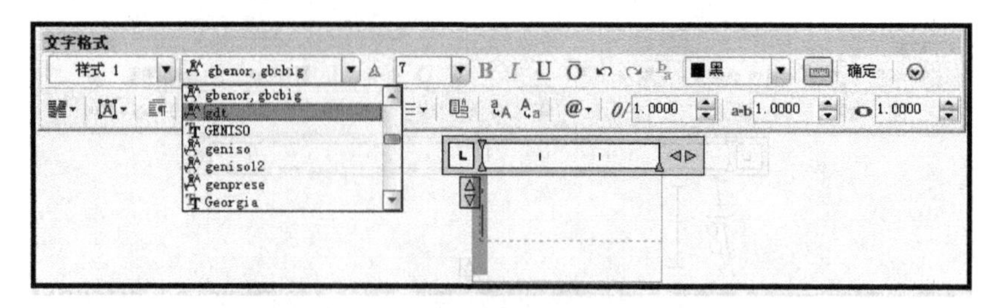

图 9-12　特殊符号输出

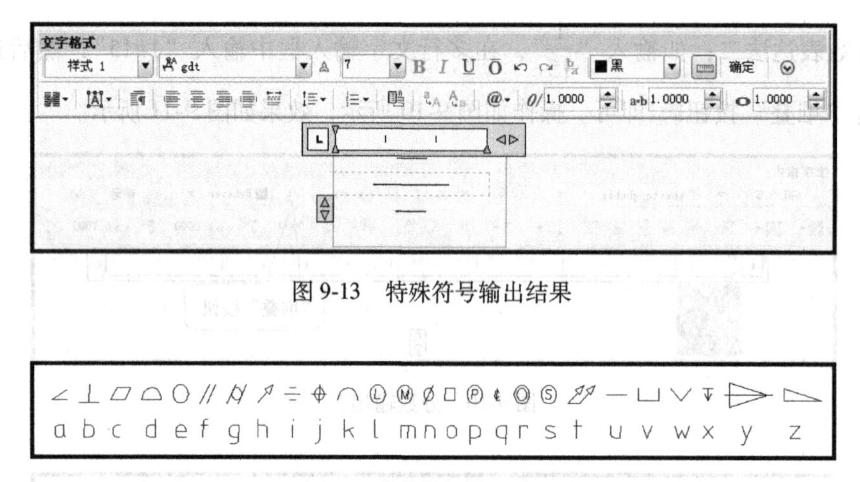

图 9-13　特殊符号输出结果

图 9-14　特殊符号与字母对照

2）在进行选择集添加过程中，按住<shift>键选择多选的对象，则多选的对象将在选择集中去掉。

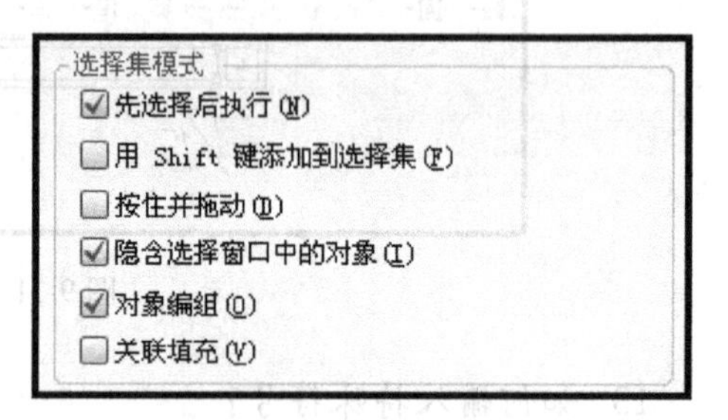

图 9-15　选择集模式

15. 如何进行几何对象的属性查询?

AutoCAD 提供几何对象点坐标（ID）、距离（Distance）、面积（Area）、面域/质量特性（Mass Properties）等的查询，可以方便查询指定点的坐标、指定点的距离、指定区域或对象的面积、实体的惯性矩、面积矩、实体的质心等几何属性。需要特别注意的是，对于曲线、多段线构造的闭合区域，应先用 region 命令将闭合区域转化为面域，再执行质量属性查询，才可查询该面域的惯性矩、面积矩等属性。操作过程如下：单击菜单栏“工具”→“查询”，在查询的二级菜单中（图 9-16）选择需要执行的查询操作，选择对象后按<Enter>键确认，即在命令行或 AutoCAD 文本窗口显示需要查询的几何信息。以“面域/质量特性”为例，操作如图 9-17 所示。

16. 如何快速计算二维图形的面积、周长?

1）对于简单图形，如矩形、三角形，可执行命令“area”（可以是命令行输入或单击对应命令图标），在命令行提示“指定第一个角点或[对象(O)/增加面积(A)/减少面积(S)/退出(X)]<对象(O)>:”后，打开“捕捉”依次选取矩形或三角形各交点后按<Enter>键，

AutoCAD 将自动计算面积（Area）、周长（Perimeter），并将结果列于命令行。

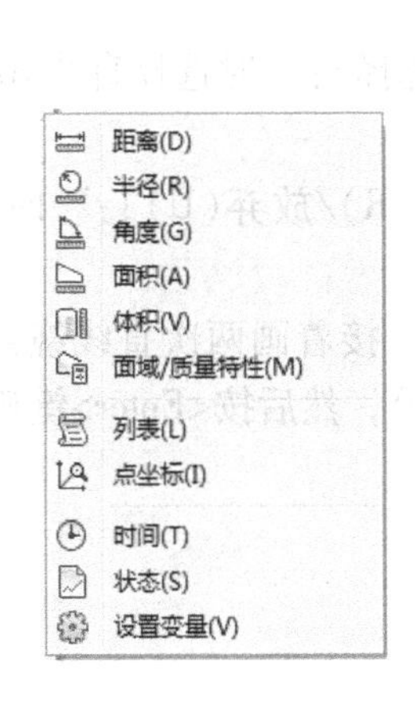

图 9-16 查询菜单

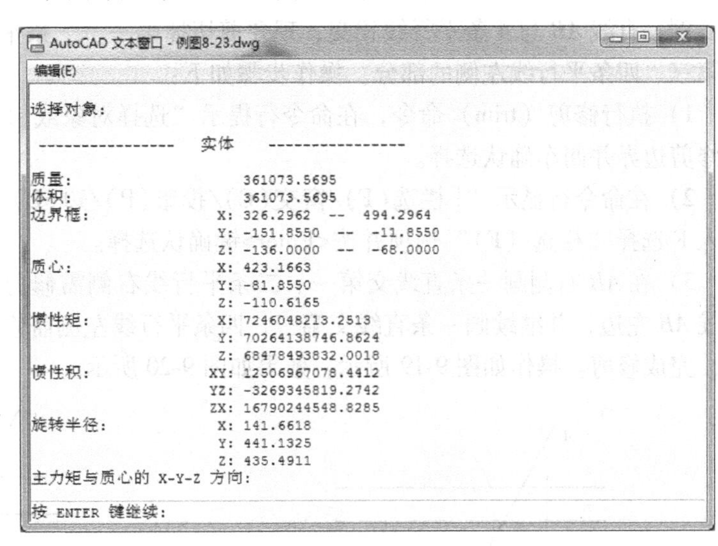

图 9-17 查询结果

2）对于简单图形，如圆或其他多段线（Polyline）、样条线（Spline）组成的二维封闭图形。执行命令“area”，在命令提示“指定第一个角点或[对象(O)/增加面积(A)/减少面积(S)/退出(X)]<对象(O)>:”后，输入“O”选择“对象（O）”选项，根据提示选择要计算的图形，AutoCAD 将自动计算面积、周长。

3）对于由简单直线、圆弧组成的复杂封闭图形，不能直接执行“area”命令计算图形面积。必须先使用面域（region）命令把要计算面积的图形创建为面域，然后再执行命令“area”，在命令提示“指定第一个角点或[对象(O)/增加面积(A)/减少面积(S)/退出(X)]<对象(O)>:”后，输入“O”选择“对象（O）”选项，根据提示选择刚建立的面域图形，AutoCAD 将自动计算面积、周长。以上操作效果如图 9-18 所示。

```
MEASUREGEOM
输入选项 [距离(D)/半径(R)/角度(A)/面积(AR)/体积(V)] <距离>: AR
指定第一个角点或 [对象(O)/增加面积(A)/减少面积(S)/退出(X)] <对象(O)>: O
选择对象:
区域 = 29228.0556, 周长 = 714.3000
输入选项 [距离(D)/半径(R)/角度(A)/面积(AR)/体积(V)/退出(X)] <面积>: X
键入命令
```

图 9-18 二维封闭对象面积、周长查询

17. <Tab>键在 AutoCAD 捕捉功能中有什么巧妙运用？

当需要捕捉一个对象上的特征点时，只要将鼠标靠近这个对象的特征点，不断地按<Tab>键，这个对象上的特征点（如直线的端点、中间点、垂直点、与物体的交点、圆的象限点、中心点、切点、垂直点、交点等）就会循环显示出来，当显示需要的特征点时，单击左键即可以捕捉到该特征点。注意当鼠标靠近两个对象的交点附近时，这两个对象的特殊点将先后轮换显示出来（其所属物体会变为虚线），这对于在图形局部较为复杂时捕捉特征点特别有效。

18. 如何用修剪（trim）命令同时修剪多条线段？

例：直线 *AB* 与 4 条平行线相交，现要剪切掉第一、二条平行线右侧的部分，并同时剪掉第三、四条平行线左侧的部分。操作步骤如下：

1）执行修剪（trim）命令，在命令行提示“选择对象或 <全部选择>:”时选择直线 *AB* 为修剪边界并回车确认选择。

2）在命令行显示“[栏选(F)/窗交(C)/投影(P)/边(E)/删除(R)/放弃(U)]:”时，输入 F 选择“栏选（F）”选项并按<Enter>键确认选择。

3）在 *AB* 右侧画一条直线交第一、二条平行线右侧需修剪部分，接着画两次直线绕到直线 *AB* 左边，并继续画一条直线交第三、四条平行线左侧需修剪部分，然后按<Enter>键确认，完成修剪。操作如图 9-19 所示，效果如图 9-20 所示。

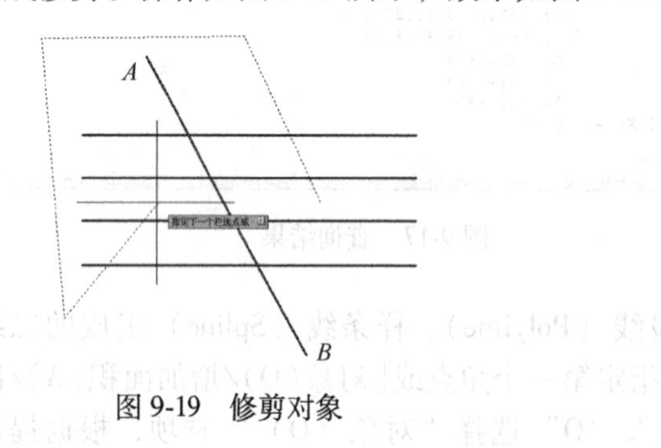

图 9-19　修剪对象

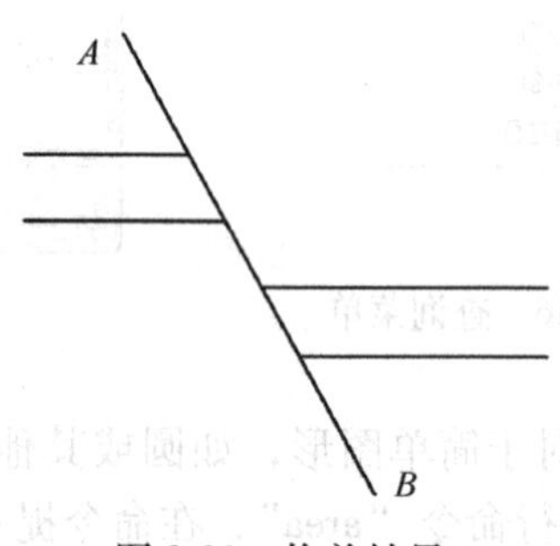

图 9-20　修剪结果

19. 如何扩大绘图空间？

方法 1：使用<Ctrl+0>组合键执行“全屏显示”（CleanScreen），只保留菜单栏和命令行，并把命令行尽量缩小。

方法 2：在桌面单击右键，在弹出菜单中选择“属性”→“设置”，在“屏幕分辨率”选项中将分辨率大小设定为大于屏幕大小的一到两个级别，便可以得到超大绘图空间了。

20. 如何将 AutoCAD 文件插入 WORD 文档中打印？

操作步骤如下：

1）在 Word 文档中单击菜单“插入”→“对象”，选择“AutoCAD 图形”并单击确定，此时 AutoCAD 会启动，打开一个空白文档。

2）在 AutoCAD 里把绘图区域的背景颜色改为白色（“工具”→“选项”→“显示”→“颜色”），否则打出来图形只有填充色，看不见图形。

3）将要打印的文件复制、粘贴到步骤 1 打开的空白文档中，并双击鼠标中键（滚轮）执行视图全部缩放，使图形最大化显示，然后单击保存并退出 AutoCAD 程序，图形就插入到 Word 文档当中了。

4）在 Word 文档中选择插入的 CAD 文件，右击选择“设置对象格式”即可对插入的图形进行大小、版式等调整。如果需要修改图形，则双击插入的 CAD 文件，AutoCAD 会启动并打开该图形，进行修改保存即可。

21. 如何修改尺寸标注的比例，使其与所绘制图表的比例一致？

选择菜单栏“格式”→“标注样式”（选择要修改的标注样式）→“修改”→“主单位”→“比例因子”，修改标注比例即可。

22. 如何在AutoCAD中插入Excel表格并轻松修改?

AutoCAD尽管有强大的绘图功能，但表格处理功能方面相对较弱，而在实际工作中，往往需要在AutoCAD中制作各种表格，如明细表等。在AutoCAD里用手工画线方法绘制表格，然后再填写文字是常用的做法，但此方法不仅效率低下，还很难高效、精确控制文字的书写位置，文字排版也很成问题。尽管AutoCAD支持对象链接与嵌入，可以插入Word或Excel的表格，但是一方面修改起来很麻烦，一点小小的修改就得进入Word或Excel，另一方面，一些特殊符号如沉孔符号、几何公差符号等，在Word或Excel中很难输入。经过实际运用，可以用以下方法解决：先在Excel中制作编辑好表格，复制到剪贴板，然后再在AutoCAD环境下单击菜单栏“编辑”→“选择性粘贴”→“AutoCAD图元”按<Enter>键确定，指定插入点插入后用“分解”命令炸开即可。

23. 如何控制实体显示?

在AutoCAD中，常用ISOLINES、DISPSILH、FACETRES三个系统变量控制实体的显示。

ISOLINES：该变量控制对象上每个面的轮廓线的数目。有效值为0~2047，默认值为4。默认值时实体以“线框”模式显示，实体上每个曲面以分格线的形式表述。分格线数目由该系统变量控制，分格线数值越大，实体越易于观察，但是等待显示时间越长。

DISPSILH：该变量控制“线框”模式下实体对象轮廓曲线的显示，并控制在实体对象被消隐时是否绘制网格，变量值取0或1。默认值为0，不显示轮廓边，设置为1，则显示轮廓边。

FACETRES：该变量调整消隐对象、着色对象和渲染对象的平滑度，对象的隐藏线被删除。有效值为0.01~10.0，默认值为0.5。其值越大，显示越光滑，执行消隐、着色、渲染命令时等待显示时间越长。通常在进行最终输出图样时，才增大其值。

24. 鼠标中键（滚轮）有什么用法?

1）双击鼠标中键可实现视图缩放命令“全部缩放（zoom）”。

2）滚动中键向前或向后，可实现视图缩放命令“实时缩放”。

3）按压中键不放并拖曳可实现“实时平移”。

4）<Shift>+按压中键不放并拖曳可实现“自由动态观察”。

5）<Ctrl>+按压中键不放并拖曳可实现6个方向的“随意式实时平移”。

25. 如何快速为两平行直线作相切半圆?

使用“圆角”（fillet）命令，选取两条平行线作圆角即可。此方法比先画相切圆然后再剪切的方法快捷很多，操作及结果图9-21所示。

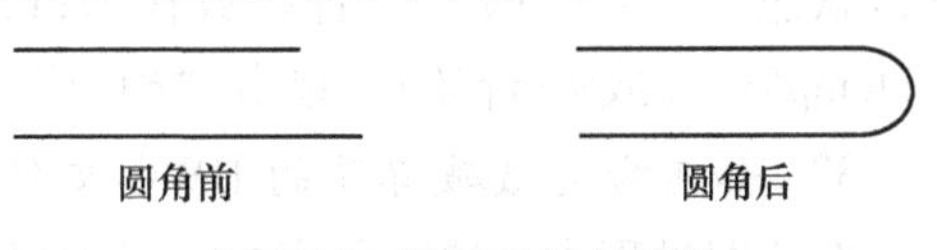

图9-21 平行线间的圆角

26. 如何快速输入距离?

执行命令过程中，在要求指定点的提示下，输入数字值，就能实现将下一个点沿光标所确定的方向、按输入的距离数值定位。

例如执行命令：直线（line）；指定第一点：指定点；指定下一点：将光标移到需要的方向并输入5；按<Enter>键确认即可。

27. 如何使显示粗糙的图形恢复平滑?

绘图的过程中，在使用视图缩放（如动态缩放、全部缩放）后，图形会变得粗糙（如圆变成了多边形），此时可以用重生成（regen）命令或全部重生成（regenall）命令来恢复图形的平滑状态。也可单击菜单栏“工具”→“选项”→“显示”，在“显示精度”选项组中将“圆和圆弧的平滑度”项目前的数值改大即可。该数值为1至20000之间的整数，数值越大，圆弧等曲线显示越光滑。

28. 如何测量某个对象的长度？

方法1：选用测量单位比例因子为1的标注样式，执行对齐标注命令，标注对象即可。

方法2：使用命令 distance（执行“工具”→“查询”→“距离”选项）。

方法3：使用命令 list（执行“工具”→“查询”→“列表”选项）。

29. 如何修改文件的保存格式？

AutoCAD 2018 中的默认保存格式是 AutoCAD 2007/LT2007 图形（*.dwg），以此格式保存，在低版本中无法打开。为解决这个问题，可进行以下操作：

方法1：执行“文件”→“另存为”，在“图形另存为”对话框中将文件类型改为“AutoCAD 2000 图形（*.dwg）”，单击“保存”按钮后该图形就以 AutoCAD 2000 格式保存了，可在 AutoCAD 2000 以上的任一版本 AutoCAD 软件中打开。

方法2：执行“工具”→“选项”，在“打开和保存”选项卡中将“文件保存”选项组下“另存为”的文件类型改为“AutoCAD 2000 图形（*.dwg）”，单击“确定”按钮退出。进行以上修改后，AutoCAD 中执行“保存”或“另存为”命令时，文件都以 AutoCAD 2000 格式保存，可在 AutoCAD 2000 以上的任一版本的 AutoCAD 软件中打开。

30. 如何减小文件存储空间？

方法1：在图形绘制好后，执行“清理”（purge）命令，清理多余的数据（如无用的块、未使用的图层，未使用的线型、文字样式、尺寸样式等），可以有效减少文件占用的空间。一般彻底清理需要执行“清理”命令两到三次。

方法2：执行写块（wblock）命令。把需要的图形用写块（wblock）命令以块的形式生成新的图形文件，可有效地减小文件占用的存储空间。

31. 如何将自动保存的图形复原？

在绘图过程中，AutoCAD 会按设定的时间定时将图形自动保存到“*.SV$”文件中，找到该文件将其改名为图形文件（*.dwg）即可在 AutoCAD 中打开，恢复自动保存的图形。默认状态下“*.SV$”文件存放在 Windows 的临时目录，单击“开始”→“运行”，输入“%temp%”（或%tmp%），单击“确定”按钮即可进入该目录。

32. 如何修复被破坏了的 DWG 文件？

在绘图过程中，遇到程序中止或死机等情况，会造成图形文件被破坏，无法正常打开。此时执行“文件”→“图形实用工具”→“修复”（或输入命令 recover）选项，选择需修复的文件，打开即可修复。这种方法修复成功率为50%。如果在程序执行自动保存过程中计算机断电的，则无法恢复该文件。

33. AutoCAD 中打印图样有哪两种方法？

方法1：模型空间打印。在模型空间，根据图形大小插入合适的图框，执行“文件”→“打印”选项，在“打印-模型”对话框中设置好“打印机/绘图仪”、“图纸尺寸”、“打印范围”、“图形方向”等项目，单击“预览”后打印或直接单击“确定”按钮完成打印。此方法适合用于打印数量不大的图样。对于数量较大的图样，如工程实际当中某机械设备的一系列的零件图等，建议使用第二种打印方法。

方法2：图样空间打印。

操作步骤如下：

① 切换到图样空间，进行页面设置（图纸尺寸、打印机/绘图仪等）。

② 删掉图样空间原有的视口。

③ 插入或绘制适合图样尺寸的图框、标题栏。

④ 单击菜单栏“视图”→“视口”，拖出一个合适的视口，双击激活视口，拖出要打印的图形。

⑤ 修改图形比例：双击激活视口后，执行“视图”→“缩放”→“比例”选项，根据提示输入比例因子，按<Enter>键确定。

⑥ 在设置好的图样布局图标处单击鼠标右键，选择“移动或复制”，在“移动或复制”对话框中选择步骤①~⑤设置好的图样布局，勾选“创建副本”后单击“确定”按钮，即在图样布局图标处生成一个副本，修改名称、图样内容即可。

⑦ 打印时在设置好的图样布局图标处单击鼠标右键选择“打印”，在“打印-布局”中设置好打印选项，单击“预览”后打印或直接单击“确定”按钮完成打印。

34. *为什么输入的汉字变成了问号或方框（即乱码）？*

AutoCAD中输入的汉字变成乱码的原因可能是：

1）对应的字型库中没有汉字字体，如hztxt. shx等。

2）当前系统中没有该汉字的字体文件。

3）对于某些符号，如希腊字母等，必须使用对应的字形文件，否则会显示成乱码。

AutoCAD中的修改乱码字体的方法：

1）调出AutoCAD的对象特性对话框<Ctrl+1>，选定出现乱码的文字，查看该文字是什么字体样式。

2）执行“格式”→“文字样式”选项，打开“文字样式”对话框。

3）在“文字样式”对话框中的“样式名”选项，将该字体样式的“shx字体”和“大字体”字体样式修改为自己计算机中有的字体。

4）单击“应用”按钮后关闭对话框，程序会自动刷新并显示文字，保存文件即可。

35. *如何用右键单击替代“回车”、“空格”键的确定功能？*

在AutoCAD中，常用的确定键有两个，一个是“回车”，另一个则是“空格”，但如果用户作一些设置，用右键来代替这两个键确定，则会大大提高绘图效率。具体设置如下：执行“工具”→“选项”→“用户系统配置”选项，在“Windows标准操作”中单击“自定义右键单击”按钮，将“自定义右键单击”对话框内“命令模式”的选项选择“确定”，单击“应用并关闭”退出。此时，右键具备了“回车”、“空格”的确定功能。

36. *对象复制有哪几种情况及处理方法？*

1）在同一图形文件中，若将对象只复制一次，则应选用复制（copy）命令。

2）在同一图形文件中，将某对象随意复制多次，则应选用复制（copy）命令的重复（multiple）选项；或使用普通复制（copyclip）或指定基点后复制（copybase）命令，将需要的图形复制到剪贴板，然后再使用普通粘贴（pasteclip）或以块的形式粘贴（pasteblock）命令粘贴到多处指定的位置。

3）在同一图形文件中，如果复制后的对象按一定规律排列，如形成若干行若干列，或者沿某圆周（圆弧）均匀分布，则应选用阵列（array）命令。

4）在同一图形文件中，欲生成多条彼此平行、间隔相等或不等的线条，或者生成一系列同心椭圆（弧）、圆（弧）等，则应选用偏移（offset）命令。

5）在同一图形文件中，如果需要复制的对象数量相当大，为了减少文件的大小或便于统一修改，则应把指定的图形用定义块（block）命令定义为块，再选用插入块（insert）命令将块插入即可。

6）在多个图形文档之间复制对象，可采用两种办法。

方法1：先在打开的源文件中使用普通复制（copyclip）或指定基点后复制（copybase）命令将对象复制到剪贴板中，然后在打开的目的文件中用普通粘贴（pasteclip）或以块的形式粘贴（pasteblock）二者之一将对象复制到指定位置。这与在快捷菜单中选择相应的选项是等效的。

方法2：用鼠标直接拖拽被选图形。此处要注意，在同一图形文件中拖拽只能是移动图形，而在两个图形文档之间拖拽才是复制图形。拖拽时，鼠标指针一定要指在选定图形的图线上而不是指在图线的夹点上。同时还要注意的是，用左键拖拽与用右键拖拽是有区别的。用左键是直接进行拖拽，而用右键拖拽时会弹出一快捷菜单，依据菜单提供的选项选择不同方式进行复制。

37. 如何解决 AutoCAD 在使用<Ctrl+C>快捷键复制时，所复制的对象距鼠标控制点很远这个问题？

在 AutoCAD 中，剪贴板复制功能中默认的基点在图形的左下角，如需精确复制位置，最好使用带基点复制。带基点复制是按 AutoCAD 的使用要求与 Windows 剪贴板结合的产物。在“编辑”菜单中或右键快捷菜单中有此命令。

38. 图形填充时找不到填充范围怎么办？

在 AutoCAD 中使用图形填充（gradient）命令时，经常遇到很久都找不到填充范围的情况，尤其是“*.dwg”文件本身对象比较多、比较大的时候，所花时间就更长。我们常用解决的方法是用“隔离”（layiso）命令让欲填充的范围所在的层孤立，再用图形填充（gradient）命令就可以迅速找到填充范围。

39. 在模型空间里设定好的线型比例，到图样空间里却无法显示，如何解决？

如果仅要求在图样空间的线型是合适的，而不考虑在模型空间的显示，那么把线型比例改回默认的1就可以了。如果想在图样空间和模型空间都是合适的线型，那么在设置线型比例时把“缩放时使用图纸空间单位”前的那个勾去掉就可以了。另外还可以将系统变量 psltscale 改为0，也可以实现以上目的。

40. 如何在 AutoCAD 中制作三维文字？

AutoCAD 制作三维文字首先要保证安装了 AutoCAD Express Tools。AutoCAD Express Tools 可在安装 AutoCAD 程序时选上或需要时使用安装程序补充安装。制作三维文字的步骤如下：

1）确认安装上 AutoCAD Express Tools 后，用多行文字（MT）命令创建文字，自定文字大小样式。

2）在命令行输入分解文字命令 txtexp，按<Enter>键确认；选择步骤1创建的文字，按<Enter>键确认。操作效果如图9-22所示。

3）由图 9-22 可看出，每个字中间都有些不规则线，使用修剪（TR）命令整理。操作效果如图 9-23 所示。

AutoCAD2011

图 9-22　分解文字

AutoCAD2011

图 9-23　修剪文字中多余图线

4）使用面域（REG）或编辑多段线（PEDIT）命令，将文字线框生成面域或多段线。

5）使用拉伸（EXT）命令，将已生成面域或多段线的文字进行拉伸。操作效果如图 9-24 所示。

6）使用差集（SU）命令，将文字中间的实体减去即可。操作效果如图 9-25 所示。

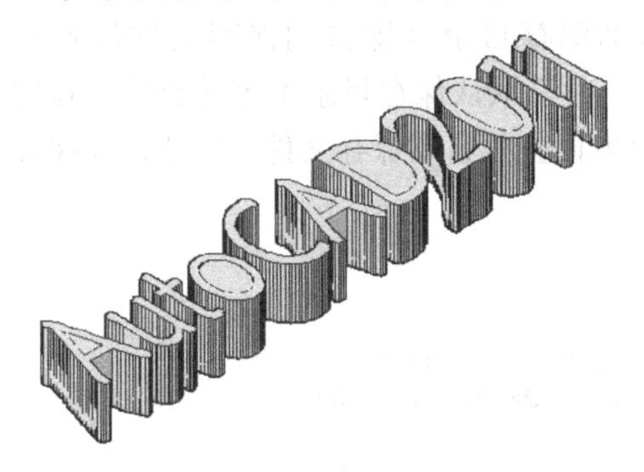

图 9-24　拉伸文字面域生成实体

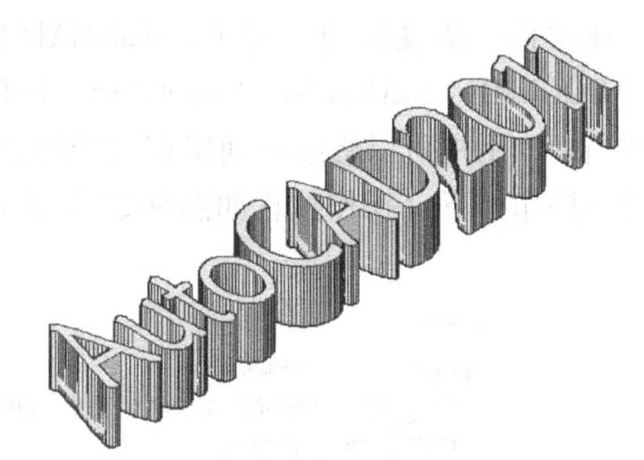

图 9-25　文字实体效果

41. AutoCAD 中如何实现米制、英制单位双标注？

单击菜单“格式”→“标注样式”或单击标注工具条中图标打开“标注样式管理器”，选择需要更改的尺寸样式并单击“修改”按钮，选择“换算单位”选项卡，勾选“显示换算单位”并在“换算单位倍数”后填上 0.03937007874016（1 除以 25.4，即米制与英制的换算关系），其他选项按需要设置，确定退出即可（操作结果如图 9-26 所示，尺寸线上方为米制单位，下方带括号为英制单位）。

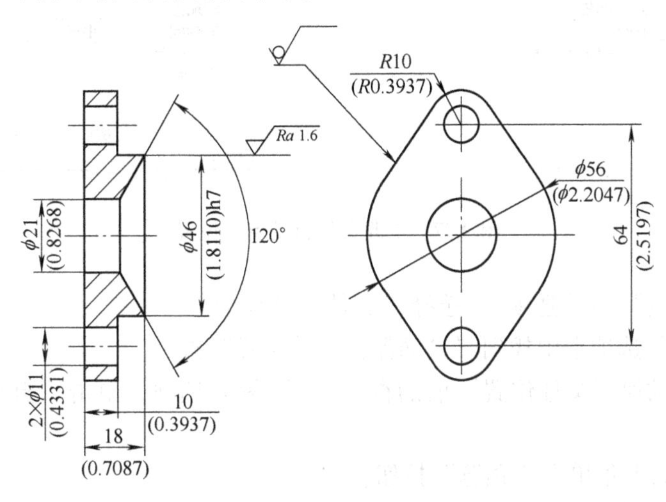

图 9-26　换算单位

42. <↑>、<↓>键的作用是什么？

在 AutoCAD 执行命令的过程中，系统能记住用户输入的每一条命令，再次使用相同的命令时不用再输入一遍，用<↑>、<↓>键即可在命令行循环显示已使用过的命令，选择后按<Enter>键执行即可。这在使用输入命令名称的方法执行命令时最为有用，能大大减少命令的输入量。

AutoCAD 记录的行数是有限的，但可通过设置来加大它的记录量，步骤如下：单击菜单栏“工具”→“参数选择”→“显示”，在“文字窗口参数”对话框中的第二行“在内存中保留文字窗口的文字行数”（即为设置记录的行数）输入的数值越大则记录的越多，记录数值范围为 25~2048。

43. 如何设置 AutoCAD 的自动保存目录？

在没有改动设置的情况下，AutoCAD 默认自动保存目录（即自动保存文件位置）为“C:\DOCUME~1\ADMINI~1\LOCALS~1\Temp\”。由于默认保存目录不容易查找，在实际使用当中，用户可以修改自动保存目录的位置，以方便查找自动保存文件。修改自动保存目录具体操作如下（操作过程如图 9-27 所示）：

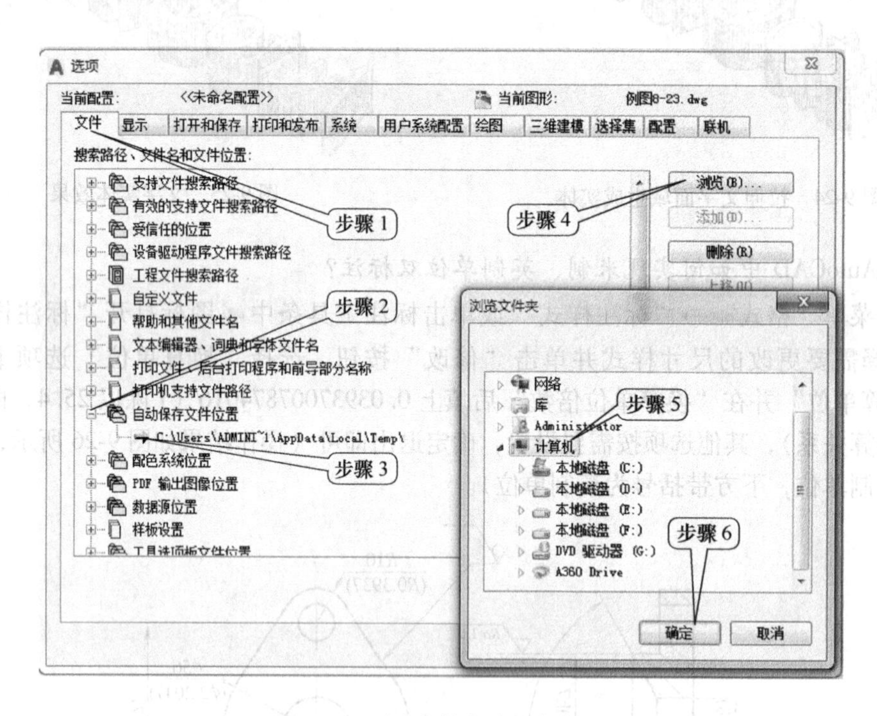

图 9-27 更改文件自动保存位置

1）执行“工具”→“选项”，选择“文件”选项卡。

2）在“文件”选项卡中找到“自动保存文件位置”选项。

3）单击“自动保存文件位置”前的符号“+”展开选项，单击“自动保存文件位置”下的原始路径。

4）在对话框右上角单击“预览”按钮。

5）在“预览文件夹”对话框中修改自动保存目录路径。

6）单击“确定”按钮退出。

44. AutoCAD 系统变量或参数更改后如何还原?

如果软件中系统变量或参数被无意更改，不需要重装，也不需要逐个更改，解决的方法是执行“工具”→“选项”→“配置”→“重置”即可。但恢复后，有些选项还需要一些调整，如十字光标的大小等。

45. 用 AutoCAD 打开一张旧图，有时会遇到异常错误而中断退出怎么处理?

可以新建一个图形文件，将旧图以图块形式插入，也许可以解决问题。

参 考 文 献

[1] 全国技术产品文件标准化技术委员会. 技术产品文件标准汇编 技术制图卷 [M]. 北京：中国标准出版社，2009.

[2] 秦大同，谢里阳. 现代机械设计手册 [M]. 北京：化学工业出版社，2011.

[3] 吴宗泽，冼建生. 机械零件设计手册 [M]. 2 版. 北京：机械工业出版社，2013.

[4] 黄劲枝，吴晖辉. 现代机械制图 [M]. 3 版. 北京：电子工业出版社，2016.

[5] 曾令宜，丁燕. AutoCAD 2014 工程绘图技能训练教程（机械类）[M]. 北京：高等教育出版社，2017.

[6] 李会文，程时甘. AutoCAD 2011 应用教程 [M]. 北京：机械工业出版社，2012.